普通高等教育"十一五"国家级规划教材
普通高等教育农业农村部"十三五"规划教材
全国高等农林院校"十三五"规划教材
四川省"十二五"普通高等教育本科规划教材
全国高等农业院校优秀教材
全国高等农林院校教材经典系列

生物统计附试验设计

第六版

明道绪　刘永建 ◎ 主编

中国农业出版社

北　京

内容简介

　　本教材包含绪论、资料的整理、资料的统计描述、常用概率分布、t 检验与 u 检验、方差分析、χ^2 检验、直线回归分析与相关分析、多元线性回归分析与多项式回归分析、协方差分析、非参数检验、试验设计与调查设计、常用生物统计方法的 SAS 程序、常用生物统计方法的 R 脚本、课程实验、常用数理统计表等内容，介绍基本的、常用的、重要的试验或调查设计方法，以及对试验或调查获得资料进行整理分析的方法和常用生物统计方法的 SAS 程序和 R 脚本；内容广度、深度选择恰当，具有科学性、系统性、针对性、实用性，基本概念、基本原理、基本方法叙述正确，条理清晰、简明扼要、深入浅出，实例丰富、过程详细、步骤完整；可作为高等农业院校动物科学类各本科专业生物统计课程教材，对于动物科学研究工作者也是一本提供试验或调查设计方法、提供对试验或调查获得的资料进行整理分析方法的重要参考书。

第六版编者名单

主　编　明道绪（四川农业大学）

　　　　刘永建（四川农业大学）

副主编　刘学洪（云南农业大学）

　　　　张　豪（华南农业大学）

参　编　宋代军（西南大学）

　　　　郭春华（西南民族大学）

　　　　李　利（四川农业大学）

　　　　徐向宏（甘肃农业大学）

　　　　金　凤（内蒙古农业大学）

　　　　蔡惠芬（贵州大学）

　　　　高鹏飞（山西农业大学）

　　　　陈　静（沈阳农业大学）

　　　　孙　伟（扬州大学）

第一版编者名单

主　编　俞渭江（贵州农学院）

参　编　曹守谟（内蒙古农牧学院）

　　　　王滋润（吉林农业大学）

　　　　杜荣臻（沈阳农学院）

　　　　谢文采（山西农学院）

　　　　明道绪（四川农学院）

　　　　于汉周（江苏农学院）

第二版编审者名单

主　编　俞渭江（贵州农学院）

参　编　缪尧源（东北农学院）

　　　　王滋润（吉林农业大学）

　　　　杜荣臻（沈阳农业大学）

　　　　谢文采（山西农业大学）

　　　　明道绪（四川农业大学）

　　　　于汉周（南京农业大学）

审　稿　周承钥（浙江农业大学）

　　　　付永芬（北京农业大学）

　　　　徐继初（浙江农业大学）

　　　　关彦华（北京农学院）

第三版编审者名单

主　编　明道绪（四川农业大学）

副主编　王钦德（山西农业大学）

　　　　耿社民（西北农林科技大学）

　　　　傅筑荫（贵州大学）

参　编　崔　岘（甘肃农业大学）

　　　　陈文广（华南农业大学）

　　　　盛建华（河南农业大学）

　　　　郭春华（西南民族学院）

　　　　金　凤（内蒙古农业大学）

　　　　宋代军（西南农业大学）

　　　　刘学洪（云南农业大学）

　　　　张红平（四川农业大学）

审　稿　荣廷昭（四川农业大学）

第四版编审者名单

主　编　明道绪（四川农业大学）

副主编　王钦德（山西农业大学）

　　　　刘学洪（云南农业大学）

　　　　张红平（四川农业大学）

参　编　崔　岘（甘肃农业大学）

　　　　宋代军（西南大学）

　　　　郭春华（西南民族大学）

　　　　金　凤（内蒙古农业大学）

　　　　蔡惠芬（贵州大学）

　　　　张　豪（华南农业大学）

审　稿　李学伟（四川农业大学）

第五版编者名单

主　编　明道绪（四川农业大学）

副主编　刘学洪（云南农业大学）

　　　　　张红平（四川农业大学）

参　编　宋代军（西南大学）

　　　　　郭春华（西南民族大学）

　　　　　李　利（四川农业大学）

　　　　　徐向宏（甘肃农业大学）

　　　　　金　凤（内蒙古农业大学）

　　　　　蔡惠芬（贵州大学）

　　　　　张　豪（华南农业大学）

　　　　　高鹏飞（山西农业大学）

　　　　　陈　静（沈阳农业大学）

　　　　　安晓萍（内蒙古农业大学）

第六版前言

本教材经申报批准立项为普通高等教育农业农村部"十三五"规划教材，四川农业大学明道绪教授、刘永建教授任主编。

本教材编写组由四川农业大学明道绪教授、刘永建教授、李利教授，云南农业大学刘学洪教授，西南大学宋代军教授，西南民族大学郭春华教授，甘肃农业大学徐向宏副教授，内蒙古农业大学金凤副教授，贵州大学蔡惠芬副教授，华南农业大学张豪教授，山西农业大学高鹏飞副教授，沈阳农业大学陈静博士，扬州大学孙伟教授组成。

本教材仍包含12章，第一章 绪论（明道绪编写）；第二章 资料的整理（陈静编写）；第三章 资料的统计描述（金凤编写）；第四章 常用概率分布（明道绪、孙伟编写）；第五章 t 检验与 u 检验（张豪编写）；第六章 方差分析（李利、高鹏飞编写）；第七章 χ^2 检验（刘学洪编写）；第八章 直线回归分析与相关分析（郭春华编写）；第九章 多元线性回归分析与多项式回归分析（徐向宏编写）；第十章 协方差分析（宋代军编写）；第十一章 非参数检验（徐向宏编写）；第十二章 试验设计与调查设计（蔡惠芬、刘永建编写）；文后有附录常用生物统计方法的 SAS 程序（刘永建编写）、常用生物统计方法的 R 脚本（刘永建编写）、课程实验（刘永建编写）、常用数理统计表（徐向宏选编），汉英名词对照表（刘永建编写）。建议选学的章、节、段用"*"注明。

本教材是对《生物统计附试验设计》第五版修订更改完成，增加了常用生物统计方法的 R 脚本和课程实验两部分内容，对个别章、节、段的标题作了更改，对个别文字叙述作了修改，对个别习题作了更改，对个别笔误作了更正。

本教材在修订过程中参考了有关中外文献和专著，编写者对这些文献和专著的作者，对热情指导、大力支持编写工作的中国农业出版社一并表示衷心感谢！

尽管本教材在第五版的基础上作了修订更改，但限于编写者的水平，也许教材还有需要进一步修订更改之处，敬请生物统计专家、教师和广大读者提出修订更改建议，以便再版时修订更改。

编　者
2019 年 12 月

第一版前言

本书是为高等农业院校畜牧专业而编写的。

根据畜牧专业对本门课程内容的要求，以及适应加快实现我国农业现代化和不断发展畜牧业新技术的需要，在内容方面着重于基本理论、基本技能和基本方法的讲授，力求由浅入深，循序渐进。并在各章后附有习题，作为学生进行课内课外作业练习之用。它对熟悉和掌握本门课程是必要的。

本教材为了达到、保持课程系统性以及加强基础理论的要求，将概率知识与理论分布作为专门一章，各院校可根据本专业《高等数学》的讲授情况，酌情增减。考虑到教材是教学中的一项基本建设，既需满足目前需要，又应兼顾今后发展，所以在教材中，还安排了一些选学内容，如：1. 差异显著性检验的非参数法；2. 方差分析中的基本假定和数据变换及同质性检验；3. 复相关等节。并标以"*"号，以资区别，各校在进行教学时，可视具体情况，自行处理。由于本门课程系数理统计方法在畜牧科学中的应用，考虑到学生已有一定的高等数学基础。所以在本教材中对某些公式的数学推导和原理作了一定的介绍，以利于启发学生的独立思考和培养学生分析问题的能力。

本教材引用了一些国内外文献和资料，初稿承兄弟院校生物统计课教师审查讨论，提出修改意见，修改稿形成后，又蒙赵仁镕教授审校，并提出宝贵意见，为此深表感谢！

由于编写时间短促和编写人员业务水平有限，错误和欠妥之处，欢迎同志们提出批评指正。

编　者

1979 年 6 月

目 录

第六版前言
第一版前言

第一章

绪　论

第一节　生物统计在动物科学研究中的作用

为了提高动物生产的水平和效益，推动动物科学发展，常常要进行科学研究。例如，畜禽、水产品种资源研究，畜禽、水产新品种选育，新的饲养、管理技术研究，某种畜禽疾病在某地区发病情况研究，兽药疗效研究等，这些研究都离不开试验或调查。进行试验或调查，首先必须解决的问题是如何合理地进行试验或调查设计。进行试验或调查中常常碰见这样的情况，由于试验或调查设计不合理，以至于无法从所获得的资料中提取有用的信息，造成人力、物力和时间的浪费。若试验或调查设计合理，用较少的人力、物力和时间即可收集到必要而有代表性的资料，从中提取有用的信息，达到试验或调查的预期目的，收到事半功倍之效。

通过试验或调查收集到的资料常常表现出一定程度的变异。例如，测量100头猪的日增重所得到的100个观测值，彼此不完全相同，表现出一定程度的变异；又如，测量200头黄牛的体高得到的200个观测值，也表现出一定程度的变异。产生这种变异的原因，有的已被人们所了解，例如，品种、性别、年龄、初始重、健康状况、饲养条件等不同，使得猪的日增重或黄牛的体高的观测值表现出变异。另外，还有许多内在和外在的影响猪的日增重或黄牛体高的因素还未被人们所认识。由于这些人们已了解的因素和尚未认识因而无法控制的因素的影响，使得通过试验或调查收集到的资料普遍具有变异性。所以进行试验或调查还必须解决的第二个问题是，如何科学地整理、分析所收集到的具有变异的资料，揭示出隐藏在内部的规律性。合理地进行试验或调查设计，科学地整理、分析所收集到资料是生物统计（biometrics）的基本任务。

生物统计是数理统计的原理和方法在生物科学研究中的应用，是一门应用数学。生物统计有助于有效进行试验或调查，在动物科学研究中的作用十分重要。

一、提供试验或调查设计方法

试验设计分为广义的试验设计与狭义的试验设计。广义的试验设计是指试验研究课题设计，也就是指试验计划的拟订，包含课题名称与试验目的，研究依据、内容及预期效果，试验方案和试验设计方法，试验动物的要求与数量，设置预试期，试验记录的试验指标与要求，试验资料的统计分析方法与效益估算，已具备的条件和研究进度安排，试验所需要的条件，研究人员分类，试验的时间、地点和工作人员，成果鉴定、撰写学术论文等内容。狭义的试验设计是指试验单位的选取、重复数目的确定和试验单位的分组。生物统计的试验设计通常指狭义的试验设计。合理的试验设计能控制和降低试验误差，提高试验的精确性，为统计分析无偏估计试验处理效应和试验误差提供必要且有代表性的资料。

调查设计分为广义的调查设计与狭义的调查设计。广义的调查设计是指调查计划的拟订，包括调查研究的目的、调查对象与范围、调查项目、样本容量、调查方法、调查组织工作等内容。狭义的调查设计是指抽样方法的选取，抽样单位、抽样数量的确定。生物统计的调查设计通常指狭义的调查设计。合理的调查设计能控制和降低抽样误差，提高调查的精确性，为可靠估计总体参数提供必要且有代表性的资料。

简而言之，试验设计或调查设计是为了获得必要且有代表性的资料。

二、提供数据整理和分析的方法

对试验或调查获得的资料进行整理的基本方法是根据资料的特性将其整理成统计表、绘制成统计图。利用统计表、统计图可以分析资料集中、分散的情况。根据资料计算相应的统计数，用以表示其数量特征，估计相应的总体参数。

对试验或调查获得的资料进行分析的最常用、最重要的方法是假设检验。通过试验或调查获得的是具有变异的资料。产生变异的原因是什么？是由于进行比较的处理间，例如不同品种、不同饲料配方间有真实差异或是由于无法控制的偶然因素所引起？假设检验的目的在于承认并尽量降低这些无法控制的偶然因素的干扰，将处理间是否存在真实差异揭示出来。假设检验的方法很多，常用的有 t 检验——主要用于两个处理平均数的假设检验，以判断两个处理的优劣；F 检验——主要用于多个处理平均数的假设检验，以判断多个处理的优劣；u 检验——主要用于两个百分数的假设检验，以判断两个样本百分数所在的总体百分数是否相同；χ^2 检验——主要用于次数资料和等级资料的假设检验，以判断属性类别分配是否符合已知属性类别分配的理论或学说，或判断某一质量性状各个属性类别或等级资料各个等级的构成比与某一因素是否有关等。

对试验或调查获得的资料进行分析的另一种常用、重要的统计分析方法是回归分析与相关分析。回归分析与相关分析是对试验指标或畜禽性状之间的关系进行分析，或者寻求它们之间的联系形式，或者展现它们之间的联系程度与性质。通过对试验或调查获得的资料进行回归分析与相关分析，揭示出试验指标或畜禽性状间的内在联系，为畜禽、水产新品种选育，对试验误差进行统计控制等提供依据。

还有一种对试验或调查获得的资料进行分析的统计分析方法是非参数检验。非参数检验是一种与样本所属的总体分布无关的假设检验，利用观测值之间的大小比较及大小顺序，对两个或多个样本所属总体位置是否相同进行检验，不对总体参数如总体平均数、总体方差、总体百分数等作出推断。当 t 检验、F 检验、u 检验、χ^2 检验等参数检验方法不能对动物科学研究所获得的某些资料进行分析时，则利用非参数检验方法进行分析。

生物统计提供试验或调查设计方法，提供对试验或调查获得的资料进行整理的分析方法，在动物科学研究中的作用十分重要，每一个动物科学研究工作者必须认真学习、熟练掌握、正确应用。可喜的是，随着生物统计的普及、计算工具的改进、分析软件 SAS、R 与 SPSS 等的引进和使用，越来越多的动物科学研究工作者熟练掌握、正确应用生物统计提供的试验或调查设计方法和用对试验或调查获得的资料进行整理分析方法从事动物科学研究，在提高动物生产水平和效益、推动动物科学发展上取得了显著成效。

第二节 生物统计常用术语

生物统计是一门应用数学，内含数理统计的数学概念、计算公式和数理统计表；从推断方式上要求不用传统的确定性推断方式，学会利用建立在概率论基础上的统计推断方式，这对初学者来说有一定难度。为了便于初学者学习，本教材从应用的角度、结合实际例子介绍生物统计的基本概念、基本原理、基本方法，每章后还附有一定数量的习题供初学者练习。要求初学者通过认真学习能正确理解生物统计的基本概念，了解基本原理，熟练掌握正确应用试验或调查设计方法和对试验或调查获得的资料进行整理分析的方法。

这一节先介绍几个生物统计的常用术语。

一、总体与样本

根据研究目的确定的研究对象的全体称为 **总体**（population），其中的一个研究对象称为 **个体**（individual）；从总体中抽取的一部分个体称为 **样本**（sample）。例如，研究中国荷斯坦牛头胎 305 d 产乳量，中国荷斯坦牛头胎 305 d 产乳量观测值的全体就构成中国荷斯坦牛头胎 305 d 产乳量观测值总体；观测 200 头中国荷斯坦牛头胎 305 d 产乳量所得到的 200 个观测值是中国荷斯坦牛头胎 305 d 产乳量观测值总体的一个样本，这个样本包含 200 个个体。

包含有限个个体的总体称为有限总体。例如上述中国荷斯坦牛头胎 305 d 产乳量观测值总体包含的个体数目很多，是一个有限总体。

包含无限多个个体的总体称为无限总体。例如，进行生物统计理论研究，服从正态分布的总体、服从 t 分布的总体，包含一切实数，是无限总体。

进行动物科学试验涉及的总体都是假设总体。例如，进行 5 种猪饲料的饲养试验收集到这 5 种猪饲料的日增重观测值，实际上并不存在这 5 种猪饲料的日增重观测值总体，只是假设存在这样的总体，把所进行的试验收集到的这 5 种猪饲料的日增重观测值当成是这 5 种猪饲料的日增重观测值总体的一个样本。

样本所包含的个体数目称为 **样本容量**（sample size），样本容量记为 n。例如，上述由 200 个中国荷斯坦牛头胎 305 d 产乳量观测值构成的样本，该样本容量 $n=200$。通常把样本容量 $n \leq 30$ 的样本称为小样本，把样本容量 $n > 30$ 的样本称为大样本。

统计分析一般是通过样本来了解总体。这是因为或者总体是无限的、假设的；即使是有限总体但包含的个体数目很多，例如，上述中国荷斯坦牛头胎 305 d 产乳量观测值总体就是包含个体数目很多的有限总体，要收集到包含个体数目很多的有限总体的全部观测值须花费大量人力、物力和时间；或者观测值的收集带有破坏性，例如，猪的瘦肉率测定，要求将猪屠宰后，把剥离板油和肾脏的胴体分割为瘦肉、脂肪、皮和骨四部分，再进行计算，不允许也没有必要对每一头猪一一屠宰来测定猪的瘦肉率。研究的目的是要了解总体，能观测到的却是样本，通过样本来推断总体是统计分析的基本特点。

为了能通过样本正确地推断总体，要求样本具有一定的容量和代表性。只有从总体随机抽取的样本才具有代表性。所谓随机抽取（random sampling）是指总体中的每一个个体都有同等的机会被抽取。

样本毕竟只是总体的一部分个体，尽管样本具有一定的容量也具有代表性，通过样本来推断总体也不可能是百分之百的正确。有很大的可靠程度，但有一定的错误率，这是统计分析的又一特点。所以，统计学家 Lienert（1973）指出，作为科学方法论的现代统计学究竟能提供什么？它能回答在抽样调查中所发现的差异、联系和规律性以什么样的概率纯属偶然？对于总体来说这些发现作为一般规律的可靠程度有多大？

二、参数与统计数

为了表示总体或样本的数量特征，需要计算出几个特征数。由总体全部个体计算的特征数称为**参数**（parameter），通常用希腊字母表示参数，例如，用 μ 表示总体平均数，用 σ 表示总体标准差。由样本全部个体计算的特征数称为**统计数**（statistic），通常用英文字母表示统计数，例如，用 $\bar{x}$ 表示样本平均数，用 s 表示样本标准差。由于总体参数常常不知道，通常用样本统计数估计相应的总体参数，例如，用样本平均数 $\bar{x}$ 估计总体平均数 μ，用样本标准差 s 估计总体标准差 σ 等。

三、准确性与精确性

准确性（accuracy）也称为准确度，指试验或调查所收集到的某一试验指标或调查项目的观测值与该试验指标或调查项目的观测值总体平均数接近的程度。设某一试验指标或调查项目的观测值总体平均数为 μ，观测值为 x，x 与 μ 差的绝对值 $|x-\mu|$ 小，观测值 x 的准确性高；x 与 μ 差的绝对值 $|x-\mu|$ 大，观测值 x 的准确性低。**精确性**（precision）也称为精确度，指试验或调查获得的同一试验指标或调查项目的重复观测值彼此接近的程度。同一试验指标或调查项目的任意两个观测值 x_i、x_j 差的绝对值 $|x_i-x_j|$ 小，观测值精确性高；同一试验指标或调查项目的任意两个观测值 x_i、x_j 差的绝对值 $|x_i-x_j|$ 大，观测值精确性低。准确性、精确性的意义如图 1-1 所示：

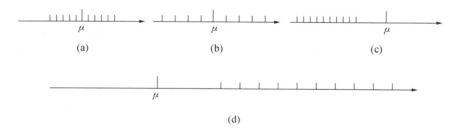

图 1-1　准确性与精确性示意图

图 1-1(a) 表示观测值密集地分布于观测值总体平均数 μ 两侧，观测值准确性高、精确性亦高；图 1-1(b) 表示观测值稀疏地分布于观测值总体平均数 μ 两侧，观测值准确性、精确性都低，观测值的平均数准确性高；图 1-1(c) 表示观测值密集地分布于远离观测值总体平均数 μ 的一侧，观测值准确性低，精确性高；图 1-1(d) 表示观测值稀疏地分布于远离观测值总体平均数 μ 的一侧，观测值准确性、精确性都低，观测值的平均数准确性低。

试验或调查获得的某一试验指标或调查项目观测值的准确性、精确性也就是试验或调查的准确性、精确性。试验或调查的准确性、精确性合称为试验或调查的正确性。试验或调查应严格按照试验或调查计划进行，准确进行观测记载，力求避免人为差错，特别要注意试验条件的一致性，供试动物的初始条件如品种、性别、年龄、健康状况、饲养条件、管理措施等应尽量控制一致，并通过合理的试验或调查设计努力提高试验或调查的准确性和精确性，即努力提高试验或调查的正确性。

由于试验或调查的试验指标或调查项目的观测值总体平均数 μ 常常不知道，所以试验或调查的准确性不易度量，利用统计方法可以度量试验或调查的精确性。

四、随机误差与系统误差

进行动物试验，试验处理常常受到各种非试验因素的影响，使试验处理效应不能准确地反映出来。也就是说，试验所得到的观测值，不只包含试验处理效应，还包含其他非试验因素的影响，试验所得到的观测值常常与观测值总体平均数有差异，这种差异在数值上的表现称为试验误差。试验误差分为两类——随机误差（random error）与系统误差（systematic error）。

随机误差也称为抽样误差（sampling error），这是由于许多无法控制的内在和外在的偶然因素，例如试验动物的初始条件、饲养条件、管理措施等尽管在试验中力求一致但不可能完全一致所造成的。随机误差带有偶然性，进行动物科学试验，即使十分小心也难以消除。随机误差影响试验的精确性，随机误差小，试验的精确性高；随机误差大，试验的精确性低。生物统计的试验误差指随机误差。

系统误差也称为片面误差（lopsided error），这是由于试验动物的初始条件如年龄、初始重、健康状况等相差较大，饲料种类、品质、饲养条件不尽相同，测量的仪器不准，标准试剂未经校正，以及观测、记载、抄录、计算中的错误所引起。系统误差影响试验的准确性，系统误差小，试验的准确性高；系统误差大，试验的准确性低。图1-1（c）、（d）所表示的情况，就是由于出现了系统误差。只要试验工作做得精细，系统误差容易克服。

图1-1(a) 表示观测值系统误差小，随机误差小，准确性高，精确性高。

*第三节 统计学发展概况

由于人类的统计实践是随着计数活动而产生的，因此，统计发展史可以追溯到远古的原始社会，也就是说距今足有5 000多年的漫长岁月。但是，能使人类的统计实践上升到理论，成为一门系统的学科统计学，却是近代的事情，距今只有300余年的短暂历史。统计学发展的概貌，划分为古典记录统计学、近代描述统计学和现代推断统计学三种形态。

一、古典记录统计学

古典记录统计学形成于17世纪中叶至19世纪中叶。统计学在这个兴起阶段，还是一门意义和范围不太明确的学问，在它用文字或数字如实记录与分析国家社会经济状况的过程中，初步建立了统计研究的方法和规则。到概率论被引进之后，才逐渐成为一种较成熟的方法。最初卓有成效地把古典概率论引进统计学的是法国天文学家、数学家、统计学家拉普拉斯（P. S. Laplace，1749—1827）。因此，后来比利时大统计学家凯特勒（A. Quetelet，1796—1874）指出，统计学应从拉普拉斯开始。

（一）拉普拉斯的主要贡献

1. 发展了概率论的研究 拉普拉斯对于概率论的表述发表于1774年。从1812年起，先后出过四版《概率分析理论》，是他的代表作。书中，拉普拉斯最早系统地把数学分析方法运用到概率论研究中去，建立了严密的概率数学理论。该书不仅总结了他自己过去的研究，还总结了前一代学者研究概率论的成果，成为古典概率论的集大成者。

2. 推广了概率论在统计中的应用 拉普拉斯通过结合天文学、物理学的研究从事概率论研究。他明确指出：概率论能在广泛范围中应用，能解决一系列的实际问题。他在实际推广中的成绩是多方面的，主要表现在人口统计、观察误差理论和概率论对于天文问题的应用。1809—1812 年，他结合概率分布模型和中心极限思想研究最小二乘法，首次为统计学中这项后来最常用的方法奠定了理论基础。

3. 明确了统计学的大数法则　拉普拉斯认为："由于现象发生的原因，是为我们所不知或知道了也因为原因繁复而不能计算；发生原因又往往受偶然因素或无一定规律性因素所扰乱，以至事物发展发生的变化，只有进行长期大量观察，才能求得发展的真实规律。概率论能研究此项发展改变原因所起作用的成分，并可指明成分多少。"这是他通过对天文学的研究后所得的体会。他发现在观察天体运动现象中，若观察的次数足够多，能使个体的特征趋于消失，而呈现出某种同一现象。他指出这其中一定存在着某些原因，而非出于偶然。

4. 进行了大样本推断的尝试　在统计发展史上，人口的推算问题，多少年来成为统计学家耿耿于怀的难题。直到 19 世纪初，拉普拉斯才用概率论的原理迈出了关键的一步。在理论上，1781 年拉普拉斯在《论概率》一文中，建立了概率积分，为计算区间误差提供了有力手段。1781—1786 年提出"拉普拉斯定理"（中心极限定理的一部分），初步建立了大样本推断的理论基础。拉普拉斯于 1786 年写了一篇关于巴黎人口的出生、婚姻、死亡的文章，文中提出根据法国特定地方的出生率推算全国总人口数。他抽选了 30 个市县，进行深入调查，推算出全国总人口数。尽管他采用的方法和推算的结果还比较粗糙，但在统计发展史上，他利用样本来推断总体的思想方法，为后人开创了一条抽样调查的新路子。

另一位对概率论与统计学的结合研究上作出贡献的是德国大数学家高斯（C. F. Gauss，1777—1855）。

（二）高斯的主要贡献

1. 建立最小二乘法　在学生时代，高斯就开始了最小二乘法的研究。1794 年，他读了数学家兰伯特（J. H. Lambert，1728—1777）的作品，讨论如何采用平均数法，从观测值（x_i，y_i）中确定线性关系 $y=\alpha+\beta x$ 中的 2 个系数。1795 年，设想以偏差平方和 $\sum_{i=1}^{n}(y_i-a-bx_i)^2$ 最小求得的 a 与 b 来估计 α 与 β。1798 年，完成最小二乘法的整个思考结构，正式发表于 1809 年。

2. 发现高斯分布　调查、观察或测量中的误差，不仅是不可避免的，而且一般是无法把握的。高斯以他丰富的天文观察和在 1821—1825 年土地测量，发现观测值 x 与观测值总体平均数 μ 的误差变异，服从现代人们最熟悉的正态分布。他运用极大似然法和数学知识，推导出测量误差的概率分布公式。"误差分布曲线"这个术语就是高斯提出来的，后人为了纪念他，称这个分布曲线为高斯分布曲线，也就是现在的正态分布曲线。高斯所发现的一般误差概率分布曲线以及据此来测定天文观察误差的方法，不仅在理论上，而且在应用上都有极重要的意义。

二、近代描述统计学

近代描述统计学形成于 19 世纪中叶至 20 世纪上半叶。由于这种"描述"特色由一批原是研究生物进化的学者们提炼而成，因此历史上称他们为生物统计学派。生物统计学派的创始人是英国的高尔顿（F. Galton，1822—1911），主将是高尔顿的学生皮尔逊（K. Pearson，1857—1936）。

（一）高尔顿的主要贡献

1. 初创生物统计学　为了研究人类智能的遗传问题，高尔顿仔细地阅读了 300 多人的传记，初步确定这些人中间多少人有亲属关系以及关系的密切程度。然后再从一组组知名人士中分别考察，以便从总体上来了解智力遗传的规律性。为了收集更多人的特性和能力的统计资料，高尔顿自

1882 年起开设"人体测量实验室"。在连续 6 年中，共测量了 9 337 人的"身高、体重、阔度、呼吸力、拉力和压力、手击的速率、听力、视力、色觉及个人的其他性状"，他深入钻研那些资料中隐藏着的内在联系，最终得出"祖先遗传法则"。他努力探索那些能把大量数据加以描述与比较的方法和途径，引入了中位数、百分位数、四分位数、四分位差以及分布、相关、回归等重要的统计学概念与方法。1901 年，高尔顿及其学生皮尔逊在为《生物计量学》（biometrika）杂志所写的创刊词中，首次为他们所运用的统计方法论明确提出了"生物统计"（biometry）一词。高尔顿解释道："所谓生物统计学，是应用于生物学科中的现代统计方法。"从高尔顿及后续者的研究实践来看，他们把生物统计学看作为一种应用统计学，即用统计方法来研究生物科学中的问题，更主要的是发展在生物科学应用中的统计方法本身。

2. 对统计学的贡献

（1）关于"变异"。变异是进化论中的重要概念，高尔顿首次以统计方法加以处理，最终导致了英国生物统计学派的创立。1889 年，高尔顿把总体的定量测定法引入遗传研究中。高尔顿通过总体测量发现，动物或植物的每一个种别都可以决定一个平均类型。在一个种别中，所有个体都围绕着这个平均类型，并把它当做轴心向多方面变异。这就是他在《遗传的天赋》一书中提出的"平均数离差法则"。

（2）关于"相关"。统计相关法是高尔顿创造的。关于相关研究的起因，最早是他因度量甜豌豆的大小，觉察到子代在遗传后有"返于中亲"的现象。1877 年，他搜集大量人体身高数据后，计算分析高个子父母、矮个子父母以及一高一矮父母的后代各有多少个高个子和矮个子子女，从而把父母高的后代高个子比较多、父母矮的后代高个子比较少这一定性认识具体化为父母与子女之间在身高方面的定量关系。1888 年，高尔顿在《相关及其主要来自人体的度量》一文中，充分论述了"相关"的统计意义，并提出了高尔顿相关函数（即现在常用的相关系数）的计算公式。

（3）关于"回归"。1870 年，高尔顿研究人类身高的遗传发现：高个子父母的子女，其身高有低于他们父母身高的趋势；相反，矮个子父母的子女，其身高却往往有高于他们父母身高的趋势，从人口全局来看，高个子的人"回归"于一般人身高的期望值，而矮个子的人则作相反的"回归"。这是统计学上"回归"的最初含义。1886 年，高尔顿在论文《在遗传的身高中向中等身高的回归》中，正式提出了"回归"概念。

（二）皮尔逊的主要贡献

对生物统计学倾注心血，并把它上升到通用方法论高度的是皮尔逊。皮尔逊的一生是统计研究的一生，他对统计学的主要贡献有：

1. 变异数据的处理 生物学试验或调查所获得的数据常常是零乱的，很难看出其所以然。为此，皮尔逊首先探求处理数据的方法，他所首创的频数分布表与频数分布图如今已成为对试验或调查获得的资料进行整理的基本方法。

2. 分布曲线的选配 19 世纪以前，人们认为以频数分布描述变异值，最终都表现为正态分布曲线。但是，皮尔逊从生物统计资料的分布中，注意到许多生物性状的度量不具有正态分布，而常常呈偏态分布，甚至倾斜度很大；也不一定都是单峰，也有非单峰的。说明"唯正态"信念并不可靠。1894 年，他在"关于不对称频率曲线的分解"一文中首先把非对称的观察曲线分解为几个正态曲线。他利用所谓"相对斜率"的方法得到 12 种分布曲线，其中包括正态分布、矩形分布、J 形分布、U 形分布或铃形分布等。后来经 R. 费舍尔的进一步研究，皮尔逊分布曲线中第Ⅰ、Ⅱ、Ⅲ、Ⅳ及Ⅶ型出现在小样本理论内。尽管皮尔逊的曲线体系的推导方法是缺乏理论基础的，但也给人们不少启迪。

3. 卡方检验法的提出 1900 年，皮尔逊又重新独立地发现了 χ^2 分布，并提出了有名的"卡方检验法"(test of χ^2)。皮尔逊获得了统计数：$\chi_q^2 = \sum$(实际次数－理论次数)^2/理论次数，并证明了当观察次数充分大时，χ_q^2 总是近似地服从自由度为（$k-1$）的 χ^2 分布，其中 k 表示所划分的组数。在自然现象的范围内，χ^2 检验法运用得很广泛。后经 R. 费舍尔补充，成为了小样本推断统计的早期方法之一。

4. 回归与相关的发展　经皮尔逊进一步作了发展后，回归与相关这两个出自于生物统计学领域的概念，便被推广为一般统计方法论的重要概念。1896 年，他在《进化论的数理研究：回归、遗传和随机交配》一文中得出至今仍被广泛使用的相关系数计算公式：$\sum (x-\bar{x})(y-\bar{y})\big/\sqrt{\sum (x-\bar{x})^2 \sum (y-\bar{y})^2}$。皮尔逊还得出回归方程式：$\hat{y}=a+bx$（其中 a 与 b 是根据最小二乘法计算获得的），回归系数 b 的计算公式：y 随 x 而变，$b_{yx} = \sum (x-\bar{x})(y-\bar{y})\big/\sum (x-\bar{x})^2$；$x$ 随 y 而变，$b_{xy} = \sum (x-\bar{x})(y-\bar{y})\big/\sum (y-\bar{y})^2$。在 1897—1905 年，皮尔逊还提出复相关、总相关、相关比等概念，不仅发展了高尔顿的相关理论，还为相关建立了数学基础。

三、现代推断统计学

　　现代推断统计学形成于 20 世纪初叶至 20 世纪中叶。人类历史进入 20 世纪后，无论社会领域还是自然领域都向统计学提出更多的要求。各种事物与现象之间繁杂的数量关系以及一系列未知的数量变化，单靠记录或描述的统计方法已难以奏效。因此，相继产生"推断"的方法来掌握事物总体的真正联系以及预测未来的发展。从描述统计学到推断统计学，这是统计发展过程中的一个大飞跃。统计学发展中的这场深刻变革是在农业田间试验领域中完成的。因此，历史上称之为农业试验学派。对现代推断统计的建立贡献最大的是英国统计学家哥塞特（W. S. Gosset，1876—1937）和费舍尔（R. A. Fisher，1890—1962）。

（一）哥塞特的 t 检验与小样本思想

　　1908 年，哥塞特以"学生"（Student）为笔名，在《生物计量学》杂志上发表了《平均数的概率误差》。由于这篇文章提供了"学生 t 检验"的基础，为此，许多统计学家把 1908 年看做是统计推断理论发展史上的里程碑。后来，哥塞特又连续发表了《相关系数的概率误差》（1909）、《非随机抽样的样本平均数分布》（1909）、《从无限总体随机抽样平均数的概率估算表》（1917），等等。他在这些论文中，第一，比较了平均误差与标准误差的两种计算方法；第二，研究了泊松分布应用中的样本误差问题；第三，建立了相关系数的抽样分布；第四，导入了"学生"分布，即 t 分布。这些论文的完成，为"小样本理论"奠定了基础；同时，也为以后的样本资料的统计分析与解释开创了一条崭新的路子。由于哥塞特开创的理论使统计学开始由大样本向小样本、由描述向推断发展，因此，有人把哥塞特推崇为推断统计学的先驱者。

（二）R. 费舍尔的统计理论与方法

　　R. 费舍尔一生先后共写作论文 329 篇。在世界各国流传最广泛的统计学著作是：1925 年出版的《供研究人员用的统计方法》、1930 年出版的《自然选择的遗传原理》、1935 年出版的《试验设计》、1938 年与耶特斯（F. Yates，1902—1994）合著出版的《供生物学、农学与医学研究用的统计表》、1938 年出版的《统计估计理论》、1950 年出版的《对数理统计的贡献》、1956 年出版的《统计方法和科学推断》等。当时，他在统计学方面居世界领先地位，他的贡献是多方面的。

　　1. 通用方法论　R. 费舍尔非常强调统计学是一门通用方法论，他认为无论对各种自然现象或社会生活现象的研究，统计方法及其计算公式"正如同其他数学科目一样，这里同一公式适用于一切问题的研究"。他指出"统计学是应用数学的最重要部分，并可以视为对观察得来的材料进行加工的数学"。

2. 假设无限总体 R. 费舍尔认为，研究各种事物现象，包括社会经济现象，必须把具体物质内容的信息舍弃掉，让统计处理的只是"统计总体"。比如说，"若我们已有关于1万名新兵身高的资料，那么，统计研究的对象不是新兵的整体，而是各种身高尺寸的总体"。显然，R. 费舍尔只是对构成统计总体各个个体的某些标志感兴趣而不是各个个体本身。其目的就是为了使问题简化，便于统计上的处理。他在1922年所写的《关于理论统计学的数学基础》一文中，提出了一个重要的概念"假设无限总体"。"所谓假设无限总体，即现有的资料就是它的随机样本。"

3. 抽样分布 R. 费舍尔跨进统计学界就是从研究概率分布开始的。1915年，他在《生物计量学》杂志上发表《无限总体样本相关系数值的频率分布》。由于这篇论文对相关系数的计算公式作了论证，对后来的整个推断统计的发展有一定贡献。因此，有人把这篇论文称为现代推断统计学的第一篇论文。1922年，R. 费舍尔导出相关系数 r 的 Z 分布，后来还编制了《Z 曲线末端面积为 0.05、0.01 和 0.001 的 Z 数值分布表》。1924年，R. 费舍尔对 t 分布、χ^2 分布和 Z 分布加以综合研究，使哥塞特的 t 检验也能适用于大样本，使皮尔逊的 χ^2 检验也能适用于小样本。1938年，R. 费舍尔与耶特斯合编了《F 分布显著性水平表》，为该分布的研究与应用提供了方便。

4. 方差分析 方差和方差分析两词，由 R. 费舍尔于1918年在《孟德尔遗传试验设计间的相对关系》一文中所首创。方差分析也称为变异数分析，方差分析的利用开始于1923年 R. 费舍尔与麦凯基（W. A. Mackenzie）合写的《对收获量变化的研究》一文中。1925年，R. 费舍尔在《供研究人员用的统计方法》中对方差分析以及协方差分析进一步作了完整的叙述。"方差分析法是一种在若干能相互比较的资料组中，把产生变异的原因加以区分开来的方法与技术。"方差分析简单实用，大大提高了试验资料的分析效率，对大样本、小样本都可使用。

5. 试验设计 自1923年起，R. 费舍尔陆续发表了关于在农业试验中控制试验误差的论文。1925年，他提出随机区组法和拉丁方法，到1926年，R. 费舍尔发表了试验设计方法的梗概；这些方法在1935年进一步得到完善，并首先在卢桑姆斯坦德农业试验站（Rothamsted Experimental Station）中得到检验与应用，后来又被他的学生推广到许多其他科学领域。

6. 随机化原则 R. 费舍尔在创建试验设计理论的过程中，提出了十分重要的"随机化"原则。他认为这是保证取得无偏估计的有效措施，也是进行可靠的假设检验的必要基础。所以，他把随机化原则放在极重要的地位，"要扫除可能扰乱资料的无数原因，除了随机化方法外，别无他法。"1938年，他和耶特斯合作编制了有名的 Fisher - Yates 随机数字表。利用随机数字表保证总体中每一个个体有相同的机会被抽取。这样，R. 费舍尔就把随机化原则以最明确、最具体化的形式引入统计工作与统计研究中。

R. 费舍尔在统计发展史上的地位是显赫的。这位多产作家的研究成果特别适用于农业与生物学领域，它的影响已经渗透到一切应用统计学，由此所提炼出来的推断统计学已越来越被广大领域所接受。因此，美国统计学家约翰逊（P. O. Johnson）于1959年出版的《现代统计方法：描述和推断》一书中指出："从1920年起一直到今天的这段时期，称之为统计学的费舍尔时代是恰当的。"

四、统计学在中国的传播

1913年，顾澄教授（1882—1947）翻译了统计名著《统计学之理论》。这是英国统计学家尤尔（G. U. Yule，1871—1951）在1911年新出版的关于描述统计学的著作，也就是英美数理统计学传入中国之始。之后有1922年翻译英国爱尔窦登（E. M. Elderton，1878—1954）的《统计学原理》、

1929 年翻译美国金氏（W. I. King，1880—1962）的《统计方法》、1938 年翻译鲍莱（A. L. Bowley，1869—1957）的《统计学原理》、1941 年翻译密尔斯（F. C. Mills，1892—1964）的《统计方法》。密尔斯的著作对中国统计学界影响较大，被推崇为统计学范本。R. 费舍尔的理论和方法也很快传入中国。在 20 世纪 30 年代，"生物统计与田间试验"就作为农学专业的必修课程，最早有 1935 年王绶编著出版的《实用生物统计法》，随后有范福仁著、于 1942 年出版的《田间试验之设计与分析》。

中华人民共和国成立后，中国科学院生物物理研究所的杨纪柯在介绍、推广数理统计方法上做了大量工作。1963 年他与汪安琦一起翻译出版了斯奈迪格（G. W. Snedecor，1881—1974）著《应用于农学和生物学试验的数理统计方法》；同年，他编写出版了《数理统计方法在医学科学中的应用》。接着，郭祖超的《医用数理统计方法》（1963）、范福仁的《田间试验技术》（1964）和《生物统计学》（1966）、赵仁熔的《大田作物田间试验统计方法》（1964）相继出版。20 世纪 70 年代，中国科学院数理研究所数理统计组的《常用数理统计方法》（1973）、《回归分析方法》（1974）、《正交试验法》（1975）、《方差分析》（1977）、薛仲三的《医学统计方法和原理》（1978）、上海师范大学数学系概率统计教研组的《回归分析及其试验设计》（1978）等陆续问世。这些都有力地推动了数理统计方法在中国的普及和应用。

1978 年 12 月，国家统计局在四川峨眉召开了统计教学、科研规划座谈会。会上明确提出"统计工作部门应该更好地运用数理统计方法"，迎来了数理统计方法在中国普及、应用、发展的春天。这以后我国高等农业院校植物生产类、动物生产类各本科专业，综合性大学、高等师范院校生物学类各本科专业普遍开设了生物统计课程；一些高等农业院校先后给硕士研究生开设了高级生物统计课程。生物统计的教材、编著、译著如雨后春笋般涌现，教材与编著有：南京农业大学马育华主编的农业院校统编教材《田间试验和统计方法》（1979 年第一版，1988 年第二版；2000 年重编版，盖钧镒主编，更名为《试验统计方法》），贵州农学院俞渭江主编的农业院校统编教材《生物统计附试验设计》（1980 年第一版、1989 年第二版；2002 年第三版、2008 年第四版、2014 年第五版明道绪主编），林德光编著的《生物统计的数学原理》（1982），张尧庭、方开泰编著的《多元统计分析引论》（1982），莫惠栋编著的《农业试验统计》（1988 年第一版，1994 年第二版），李春喜等编著的《生物统计学》（1997），明道绪主编的全国高等农林院校"十一五"规划教材（硕士研究生教学用书）《高级生物统计》（2006）等。译著有：杨纪珂、孙长鸣翻译的斯蒂尔（R. G. D. Steel）、托里（J. H. Torrie）著适用于生物科学的《数理统计的原理与方法》（1979），关彦华、王平翻译的吉田实（日）著《畜牧试验设计》（1984），潘玉春、刘明孚翻译的李景均（美）著《试验统计学导论》（1995）等。随着计算机的迅速普及，统计分析软件 SAS、R 和 SPSS 等的引进，统计学在中国的应用与研究出现了崭新的局面，取得了丰硕成果。

习 题

1. 什么是生物统计？它在动物科学研究中有何作用？

2. 什么是总体、个体、样本、样本容量？统计分析的两个特点是什么？

3. 什么是参数、统计数？二者有何关系？

4. 什么是试验或调查的准确性与精确性？怎样提高试验或调查的准确性与精确性？

5. 什么是随机误差与系统误差？怎样控制、降低随机误差，避免系统误差？

6. 统计学发展的概貌划分为哪三种形态？拉普拉斯、高斯、高尔顿、皮尔逊、哥塞特、费舍尔对统计学的发展作出了什么主要贡献？

第二章

资料的整理

试验或调查获得的资料，往往是零乱的，通过对资料进行整理，才能清楚资料集中与分散的情况，为进一步对资料进行统计分析提供基础。本章先介绍资料的分类，然后介绍不同类型资料的整理方法。

第一节　资料的分类

正确进行资料的分类是正确进行资料整理的前提。通过试验或调查所获得的资料按其性质的不同，分为数量性状资料、质量性状资料、等级资料3类。

一、数量性状资料

数量性状（quantitative trait）是指能够以量测或计数的结果表示其数量特征的性状。量测或计数数量性状而获得的资料称为**数量性状资料**（data of quantitative trait）。数量性状资料的获得有量测和计数两种方式，因而数量性状资料分为计量资料和计数资料两种。

（一）计量资料

计量资料是指用量测方式，即用度、量、衡等计量工具直接量测获得的数量性状资料。其观测值用重量、长度、面积等表示，例如日增重、产乳量、体高、胸围、眼肌面积等。计量资料的各个观测值不一定是整数，可以带有小数，其小数位数的多少由度量工具的精度而定，各个观测值的变异是连续的，因此计量资料也称为连续性变异资料。

（二）计数资料

计数资料是指用计数方式获得的数量性状资料。例如猪的产仔数、鸡的产蛋数、鱼的尾数、母猪的乳头数等。计数资料的各个观测值只能是整数，各个观测值的变异是不连续的，因此计数资料也称为不连续性变异资料或间断性变异资料。

二、质量性状资料

质量性状（qualitative trait）是指能观察到而不能直接量测或计数的性状，例如颜色、性别、生死等。质量性状本身不能直接用数量表示，要获得质量性状的数量资料，须将质量性状数量化，以便于进行统计分析。将质量性状数量化的方法有以下两种。

（一）统计次数法

对于一定的总体或样本，根据某一质量性状的类别统计其次数，以各类别次数作为质量性状各类别的数量，从而将质量性状数量化。例如，研究猪的毛色遗传，白猪与黑猪杂交，子二代白猪、黑猪、花猪的头数分类统计列于表 2-1。

表 2-1 白猪与黑猪杂交子二代毛色分离情况

毛色	次数	频率（%）
白色	332	73.78
黑色	96	21.33
花色	22	4.89
合计	450	100.00

利用统计次数法将质量性状数量化得来的数量资料称为次数资料。

（二）评分法

对某一质量性状，按其类别不同，分别给予评分。例如，在研究猪的肉色遗传时，将屠宰后 2 h 的猪眼肌横切面的颜色与标准图谱对比，由浅到深分别给予 1~5 分的评分，将屠宰后 2 h 的猪眼肌横切面的颜色数量化。

三、等级资料

等级资料（ranked data）是指将观察单位按所考察的指标或性状分为几个等级，统计各个等级出现的观察单位数得到的资料。等级资料既有次数资料的特点，又有程度或量的不同。例如，粪便潜血试验的阳性反应是在涂有粪便的棉签上加试剂后观察颜色出现得快慢及深浅程度，分为 6 个等级，统计各个等级出现的棉签数得到的资料；又如，用某种药物治疗畜禽的某种疾病，疗效分为无效、好转、显效和控制 4 个等级，统计各个等级出现的供试畜禽数而得到的资料，就是等级资料。等级资料也是一种次数资料。等级资料在兽医研究中是常见的。

3 种不同类型的资料相互间是有区别的，但有时可根据研究的目的和统计分析方法的要求将一种类型资料转化为另一种类型资料。例如，兽医临床检测动物的白细胞总数得到的资料属于计数资料，根据检测的目的，可按白细胞总数分为正常或不正常 2 个类别，统计 2 个类别的检测动物数，这样，计数资料就转化为次数资料；如果按白细胞总数分为过高、正常、过低 3 个等级，统计各等级的检测动物数，计数资料就转化为等级资料。

第二节 资料的检查核对与整理方法

在对资料进行整理之前，应先对资料进行检查核对，然后根据资料的类型及研究的目的对资料进行整理。

一、资料的检查核对

资料的检查核对目的在于确保资料的完整性和正确性。资料的完整性是指资料无遗缺或重复。资料的正确性是指资料的观测记载无差错或未进行不合理的归并。检查核对资料要特别注意特大、特小的异常观测值（可结合专业知识判断）。对于重复、异常或遗缺的观测值，应予以删除或补齐；对错误、相互矛盾的观测值应予以更正。资料的检查核对是对资料进行统计分析第一项必须完成的非常重要的工作，因为只有完整、正确的资料，才能真实反映试验或调查的客观情况，才能通过统计分析得出正确的结论。

二、资料的整理方法

对资料进行检查核对后，根据样本容量 n 的大小确定是否将观测值分组。若样本容量 $n \leqslant 30$，即资料为小样本，不必将观测值分组，直接对资料进行统计分析；若样本容量 $n > 30$，即资料为大样本，宜将观测值分组，整理成次数分布表。将大样本资料整理成次数分布表，利用次数分布表可以呈现资料集中与分散的情况。资料的类型不同，资料整理的方法也不同，现分别介绍如下。

（一）计数资料的整理

现以表 2-2 列出的 50 枚受精种蛋孵化出雏鸡的天数为例，说明将计数资料整理成次数分布表的方法。

表 2-2　50 枚受精种蛋孵化出雏鸡的天数（d）

21	20	20	21	23	22	22	22	21	22	20	23	22	23	22	19	22	23
24	22	19	22	21	21	21	22	22	24	22	21	21	22	22	23	22	22
21	22	22	23	22	23	22	22	22	23	23	22	21	22				

50 枚受精种蛋孵化出雏鸡的天数在 19～24 d 范围内，有 6 个不同的观测值：19，20，21，22，23，24。用 6 个不同观测值将 50 枚受精种蛋孵化出雏鸡的天数分组，共分为 6 组，次数分布列于表 2-3。

表 2-3　50 枚受精种蛋孵化出雏鸡天数的次数分布表

孵化出雏鸡的天数（d）	画线计数	次数
19	‖	2
20	‖	3
21	卌 卌	10
22	卌 卌 卌 卌 ‖‖	24
23	卌 ‖‖	9
24	‖	2
合计		50

从表 2-3 看到，50 枚种蛋有 43 枚种蛋孵化出雏鸡的天数在 21～23 d 范围内，占 86%；有 5 枚种蛋孵化出雏鸡的天数为 19 d 和 20 d，占 10%；有 2 枚种蛋孵化出雏鸡的天数为 24 d，占 4%。

有些计数资料，观测值多，变异范围大，若以变异范围内每一个可能的不同观测值为一组，则分组数太多而每组所包含的观测值太少，甚至个别组包含的观测值个数为0，资料集中与分散的情况显示不出来。对于这样的计数资料，可扩大为几个相邻的可能的不同观测值为一组，适当减少分组数，将观测值分组后，整理成的次数分布表就能较明显地显示出资料集中与分散的情况。例如，观察记载某品种100只蛋鸡年产蛋数，其变异范围为200～299枚。对于这样的计数资料，如果以变异范围内每一个可能的不同观测值为一组，可分为100组，分组数太多，如果扩大为以10个相邻的可能的不同观测值为一组，分为10组，即200～209，210～219，…，290～299（注意，第一组应包含最小观测值，最后一组应包含最大观测值），将资料中的每个观测值一一归组画线计数，整理成次数分布表，就较明显地显示出资料集中与分散的情况。100只蛋鸡年产蛋数次数分布列于表2-4。

表2-4　100只蛋鸡年产蛋数的次数分布表

年产蛋数（枚）	画线计数	次数
200～209	‖	2
210～219	卌 ‖‖	8
220～229	卌 卌 卌	15
230～239	卌 卌 卌 卌	20
240～249	卌 卌 卌 卌 ‖‖	23
250～259	卌 卌 卌 ‖	17
260～269	卌 ‖‖	8
270～279	‖‖‖	4
280～289	‖	2
290～299	‖	1
合　计		100

从表2-4看到，100只蛋鸡中有75只蛋鸡的年产蛋数在220～259枚范围内，占75%；有10只蛋鸡的年产蛋数在200～219枚范围内，占10%；有7只蛋鸡的年产蛋数在270～299枚范围内，占7%。

（二）计量资料的整理

对于计量资料，将观测值分组需要求全距，确定分组数、组距、组中值、组限，将全部观测值一一归组画线计数，列出次数分布表。下面结合实际例子说明将计量资料整理成次数分布表的方法与步骤。

【例2.1】　将列于表2-5的126头基础母羊体重资料整理成次数分布表。

表2-5　126头基础母羊体重资料（kg）

53.0	50.0	51.0	57.0	56.0	51.0	48.0	46.0	62.0	51.0	61.0	56.0	62.0	58.0	46.5	48.0
46.0	50.0	54.5	56.0	40.0	53.0	51.0	57.0	54.0	59.0	52.0	47.0	57.0	59.0	54.0	50.0
52.0	54.0	62.5	50.0	50.0	53.0	51.0	54.0	56.0	50.0	52.0	50.0	52.0	43.0	53.0	48.0
50.0	60.0	58.0	52.0	64.0	50.0	47.0	37.0	46.0	45.0	42.0	53.0	58.0	47.0	50.0	
50.0	45.0	55.0	62.0	51.0	50.0	43.0	53.0	42.0	56.0	54.5	45.0	56.0	54.0	65.0	61.0
47.0	52.0	49.0	49.0	51.0	45.0	52.0	54.0	48.0	57.0	45.0	53.0	54.0	57.0	54.0	54.0
45.0	44.0	52.0	50.0	52.0	52.0	50.0	54.0	43.0	57.0	56.0	54.0	49.0	55.0	50.0	
48.0	46.0	56.0	45.0	45.0	51.0	46.0	49.0	48.5	49.0	55.0	52.0	58.0	54.5		

1. 求全距 资料中最大观测值与最小观测值之差称为全距，亦称为极差（range），记为 R，即

$$R = x_{max} - x_{min},$$

表 2-5 中，基础母羊的最大体重为 65.0 kg，最小体重为 37.0 kg，于是全距 R 为

$$R = 65.0 - 37.0 = 28.0 (kg)。$$

2. 确定分组数 分组数的多少根据样本容量及资料的变异范围大小确定，一般以达到既简化资料统计数的计算又不影响反映资料集中与分散的情况为确定分组数原则。分组数要适当，不宜过多，亦不宜过少。分组数过多，虽然计算出的统计数接近于利用未分组资料计算出的统计数，但计算量大，且反映不出资料集中与分散的情况；分组数过少，不仅计算出的统计数与利用未分组资料计算出的统计数相差较大，而且也反映不出资料集中与分散的情况。样本容量与分组数列于表 2-6。

表 2-6 样本容量与分组数

样本容量 n	分组数 k
60~100	7~10
100~200	10~12
200~500	12~17
500 以上	17~30

本例，$n=126$，根据表 2-6 列出的样本容量与分组数，初步确定分组数 $k=10$。

3. 确定组距 每组最大值与最小值之差称为组距，记为 i。观测值分组要求各组的组距相等。组距的大小由全距与分组数确定，计算公式为

$$组距 \, i = \frac{全距 \, R}{分组数 \, k},$$

本例

$$i = \frac{28.0}{10} \approx 3.0。$$

4. 确定组限及组中值 各组的最大值与最小值称为组限，最小值称为下限，最大值称为上限。每一组的中点值称为组中值，它是该组的代表值。组中值与组限、组距的关系如下，

$$组中值 = \frac{下限 + 上限}{2} = 下限 + \frac{组距}{2} = 上限 - \frac{组距}{2}。$$

由于相邻两组的组中值之差等于组距，所以当第一组的组中值确定之后，加上组距就是第二组的组中值，第二组的组中值加上组距就是第三组的组中值，其余类推。

组距确定之后，先选定第一组的组中值。将观测值分组，为了避免第一组中观测值过多，第一组的组中值以接近或等于资料中的最小观测值为好。第一组组中值确定之后，该组组限即可确定，其余各组的组中值和组限也可相继确定。注意，最后一组的上限应大于资料中的最大观测值。

表 2-5 中，最小观测值为 37.0，将第一组的组中值取为 37.5。因为组距已确定为 3.0，所以第一组的下限 = 37.5 - 3.0/2 = 36.0；第一组的上限也就是第二组的下限 = 36.0 + 3.0 = 39.0；第二组的上限也就是第三组的下限 = 39.0 + 3.0 = 42.0；依此类推，一直到某一组的上限大于资料中的最大观测值为止。于是分组为：36.0~39.0，39.0~42.0，…，63.0~66.0。等于前一组上限和后一组下限的观测值，约定将其归入后一组。通常将上限略去不写，即第一组记为 36.0~，第二组记为 39.0~，…，最后一组记为 63.0~。

5. 归组画线计数，列出次数分布表 将资料中的每个观测值一一归组画线计数，列出次数分布表。例如，表 2-5 中，第一个观测值 53.0，应归入表 2-7 中第六组，即归入 51.0~ 这一组；第二个观测值 50.0，应归入表 2-7 中第五组，即归入 48.0~这一组。126 头基础母羊体重的次数分布列于表 2-7。

表 2-7　126 头基础母羊体重的次数分布表

组　别（kg）	组中值（kg）	画线计数	次数
36.0～	37.5	丨	1
39.0～	40.5	丨	1
42.0～	43.5	正 丨	6
45.0～	46.5	正 正 正 丨丨丨	18
48.0～	49.5	正 正 正 正 正 丨	26
51.0～	52.5	正 正 正 正 正 丨丨	27
54.0～	55.5	正 正 正 正 正 丨	26
57.0～	58.5	正 正 丨丨	12
60.0～	61.5	正 丨丨	7
63.0～	64.5	丨丨	2
合　计			126

　　归组画线计数各组次数之和应等于样本容量 n，若不等，说明归组画线计数有误，应予纠正。注意，实际的分组数有时与初步确定的分组数不同。若第一组下限与资料中的最小观测值相差较大或实际组距比计算的组距小，实际的分组数有可能比初步确定的分组数多；若第一组下限与资料中的最小观测值相差较小或实际组距比计算的组距大，实际的分组数有可能比初步确定的分组数少。本例实际的分组数与初步确定的分组数相同。实际的分组数与初步确定的分组数相同与否这无关紧要。

　　从表 2-7 看到，126 头基础母羊体重有 109 头基础母羊体重在 45.0～60.0 kg 范围内，占 86.51%；有 8 头基础母羊体重在 36.0～45.0 kg 范围内，占 6.35%；有 9 头基础母羊体重在 60.0～66.0 kg 范围内，占 7.14%。

（三）次数资料和等级资料的整理

　　次数资料是根据质量性状的类别统计次数获得，也就是次数资料的整理；等级资料是根据等级统计次数获得，也就是等级资料的整理，所以可直接将次数资料和等级资料列为次数分布表。例如，纯种有角羊与无角羊交配，杂交子一代全为无角羊，观察杂交子二代山羊 120 只，根据有角无角统计次数，纯种有角羊与无角羊杂交子二代有角无角分离情况的次数分布列于表 2-8。

表 2-8　纯种有角羊与无角羊杂交子二代有角无角分离情况次数分布表

类　别	山羊只数	频率（%）
无　角	87	72.50
有　角	33	27.50
合　计	120	100.00

　　又如，将 78 头死亡仔猪根据死亡原因——冻死、发育不良、肺炎、白痢、寄生虫统计次数，仔猪死亡原因次数分布列于表 2-9。

表 2-9 仔猪死亡原因次数分布表

死亡原因	死亡数	频率（%）
冻 死	15	19.23
发育不良	20	25.64
肺 炎	13	16.67
白 痢	10	12.82
寄生虫	20	25.64
合 计	78	100.00

第三节 常用统计表与统计图

统计表用表格表示试验或调查获得的资料的特征、内部构成、相互关系，统计图用几何图形表示试验或调查获得的资料的特征、内部构成、相互关系。用统计表与统计图可以把试验或调查获得的资料的特征、内部构成、相互关系等简明、形象地表示出来，便于比较分析。

一、统 计 表

（一）统计表的结构与要求

统计表由表号、标题、横标目、纵标目、线条、数字及合计构成，基本结构如下表所示。

表号 标 题

总横标目（或空白）	纵标目	合 计
横标目	数字资料	
合 计		

编制统计表的基本要求：

（1）标题要简明扼要说明表的内容，注明时间、地点。

（2）标目分横标目与纵标目两项。横标目列在表的左侧，用以表示被说明事物的主要标志；纵标目列在表的上端，说明横标目各统计指标内容，注明单位，例如 kg、cm 等。

（3）一律用阿拉伯数字，数字小数点对齐，小数位数一致。无数字用"—"表示；数字是"0"，填写"0"。

（4）表的上下两条边线略粗，纵、横标目间及合计用细线分开，表的左右边线可省去，表的左上角一般不用斜线。

（二）统计表的种类

统计表根据横标目与纵标目是否分组分为简单表和复合表两类。

1. 简单表 由一组横标目和一组纵标目组成。此类表适用于简单资料的统计，例如，表 2-10 为由一组横标目和一组纵标目组成的简单表。

表 2-10 某品种鸡杂交子二代冠形分离情况次数分布表

冠　形	次数	频率（%）
玫瑰冠	106	74.13
单　冠	37	25.87
合　计	143	100.00

2. 复合表　由两组或两组以上的横标目与一组纵标目组成，或由一组横标目与两组或两组以上的纵标目组成，或由两组或两组以上的横、纵标目组成。复合表适用于复杂资料的统计。例如，表 2-11 为由一组横标目与两组纵标目组成的复合表。

表 2-11 血清试管法和血清凹板法诊断猪囊虫感染强度检出率（%）比较表

囊虫感染强度	血清试管法			血清凹板法		
	阳性反应数	血清样品数	检出率（%）	阳性反应数	血清样品数	检出率（%）
+++	18	20	90.00	15	20	75.00
++	12	13	92.31	11	13	84.62
+	29	49	59.18	27	49	55.10
合　计	59	82	71.95	53	82	64.63

二、统　计　图

常用的统计图有直方图（histogram）、折线图（broken-line chart）、线图（linear chart）、长条图（bar chart）、圆图（pie chart）等。统计图的选用取决于资料的类型，通常选用直方图、折线图表示计量资料的次数分布；选用线图表示计量资料随另一个变量而变化的情况；选用长条图表示次数资料、等级资料的次数或频率分布；选用圆图表示计量资料、次数资料、等级资料的构成比。

（一）绘制统计图的基本要求

（1）标题简明扼要，列于图的下方。
（2）纵坐标轴、横坐标轴应有刻度，注明单位。
（3）横坐标轴由左至右、纵坐标轴由下而上、数值由小到大；图形长宽比例约 5∶4 或 6∶5。
（4）图中需用不同颜色或线条表示不同的试验单位的试验指标、或表示不同调查对象的调查项目，应有图例说明。

（二）常用统计图及其绘制方法

1. 直方图（也称为柱形图、矩形图）　对计量资料，可根据次数分布表绘制次数分布直方图以表示资料的分布情况。绘制方法是：在横坐标轴上标记组限，在纵坐标轴上标记次数，在各组的组限上作出其高度等于次数的矩形，即得次数分布直方图。例如，根据表 2-7 绘制的次数分布直方图，绘制于图 2-1。

2. 折线图　对于计量资料，还可根据次数分布表绘制次数分布折线图。绘制方法是：在横坐标轴上标记组中值，纵坐标轴上标记次数，以各组组中值为横坐标、以次数为纵坐标描点，用线段依次连接各点，即得次数分布折线图。例如，根据表2-7绘制次数分布折线图，绘制于图2-2。

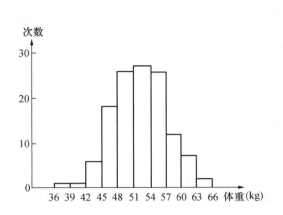

图2-1　126头基础母羊体重次数分布直方图

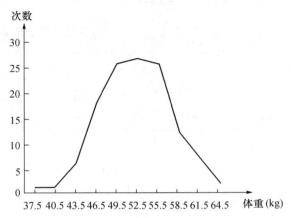

图2-2　126头基础母羊体重次数分布折线图

3. 线图　用来表示试验获得的试验单位的同一试验指标的观测值（例如猪的体重）随另一个变量（例如月龄）的变化情况，或调查获得的调查对象的同一调查项目的观测值随另一个变量的变化情况。线图有单式线图和复式线图两种。

（1）单式线图。表示试验获得的一个试验单位的同一试验指标的观测值随另一个变量的变化情况，或调查获得的一个调查对象的同一调查项目的观测值随另一个变量的变化情况。例如，某猪场长白猪从出生到6月龄出栏平均体重随月龄的变化情况列于表2-12，根据表2-12绘制单式线图，绘制于图2-3。

表2-12　长白猪0～6月龄体重变化（kg）

	月龄						
	0（出生）	1	2	3	4	5	6
体重	2.0	13.5	27.5	43.0	61.2	83.8	118.5

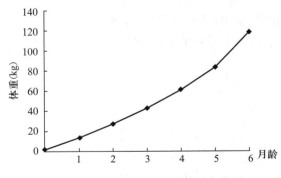

图2-3　长白猪0～6月龄体重变化图

（2）复式线图。在同一图上表示试验获得的几个试验单位的同一试验指标的观测值随另一个变量的变化情况，或调查获得的几个调查对象的同一调查项目的观测值随另一个变量的变化情况。可用实线"——"、断线"………"、点线"••••"、横点线"-•-•-"等分别表示几个试验单位或调查对象。例如，长白猪、大约克猪、荣昌猪3个品种猪从出生到6月龄出栏平均体重的变化情况列于表2-13，根据表2-13绘制复式线图，绘制于图2-4。

表 2-13 3 个品种猪 0~6 月龄体重变化情况 （kg）

	月龄						
	0（出生）	1	2	3	4	5	6
长白猪	2.0	13.5	27.5	43.0	61.2	83.8	118.5
大约克猪	1.8	12.0	24.5	38.0	53.6	72.3	104.5
荣昌猪	1.6	10.0	21.0	32.0	45.0	60.5	85.7

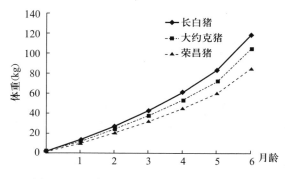

图 2-4 3 个品种猪 0~6 月龄体重变化图

4. 长条图 用等宽长条的长短表示次数资料的各类别、等级资料的各等级的次数或频率。若只涉及一项研究指标，绘制单式长条图；若涉及两项或两项以上的研究指标，绘制复式长条图。

绘制长条图的基本要求：

（1）纵坐标轴从"0"开始，间隔相等，标明所表示的是次数或频率。

（2）横坐标轴是长条图的共同基线。对于次数资料、等级资料，在横坐标轴上标明各长条表示的类别或等级，长条的长度等于该类别或等级的次数或频率，长条的宽度相等，相邻长条的间隔相同，相邻长条间隔的宽度可与长条宽度相同或者是其一半。

（3）在绘制复式长条图时，将同一类别、等级的两项或两项以上研究指标的长条绘制在一起，各长条所表示的研究指标用图例说明，同一类别、等级的各长条间不留间隔。

例如，根据表 2-10 绘制的长条图是单式长条图，绘制于图 2-5。

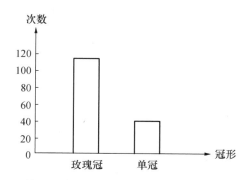

图 2-5 某品种鸡杂交子二代冠形分离的次数分布长条图

4 种动物性食品的 6 种营养成分列于表 2-14，根据表 2-14 绘制的长条图是复式长条图，绘制于图 2-6。

表 2-14 **4 种动物性食品的 6 种营养成分（%）**

食品类别	营养成分					
	蛋白质	脂肪	糖类	无机盐	水分	其他
牛奶	3.3	4.0	5.0	0.7	87.0	—
牛肉	19.2	9.2	—	1.0	62.1	8.5
鸡蛋	11.9	9.3	1.2	0.9	65.5	11.2
咸带鱼	15.5	3.7	1.8	10.0	29.0	40.0

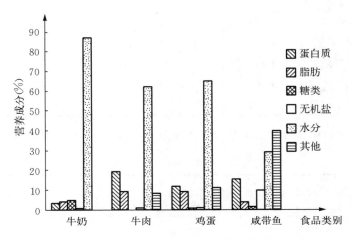

图 2-6 4 种动物性食品的 6 种营养成分长条图

5. 圆图 用于表示计量资料、次数资料、等级资料的构成比。所谓构成比，就是各种成分、类别、等级的百分比。把圆图的全面积作为 100%，根据各种成分、类别、等级的构成比将圆图分成若干个扇形，以各个扇形的面积分别表示各种成分、类别、等级的百分比。

绘制圆图的基本要求：

(1) 圆图每 3.6°圆心角所对应的扇形面积表示 1%。

(2) 圆图上各扇形按照资料顺序或大小顺序，以时钟 9 时或 12 时为起点，顺时针方向排列。

(3) 圆图中各扇形用线条分开或绘上不同颜色，注明简要文字及百分比。

例如，根据表 2-14 绘制 4 种动物性食品的 6 种营养成分圆图，绘制于图 2-7。

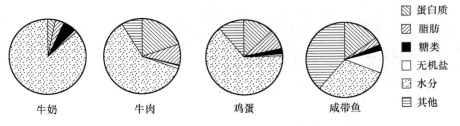

图 2-7 4 种动物性食品的 6 种营养成分圆图

1. 资料分为哪 3 类？它们有何区别与联系？

2. 为什么要对资料进行整理？怎样将计量资料整理成次数分布表？

3. 统计表与统计图有何用途？常用统计表、统计图有哪些？编制统计表、绘制统计图有何基本要求？

4. 某品种 100 头猪的血红蛋白含量资料（单位：g/100 mL）列于下表，第一组下限取为 9.1，组距 i 取为 0.7，将列出的资料整理成次数分布表，并绘制次数分布直方图与折线图。

某品种 100 头猪的血红蛋白含量（g/100 mL）

13.4	13.8	14.4	14.7	14.8	14.4	13.9	13.0	13.0	12.8	12.5	12.3	12.1	11.8	11.0	10.1
11.1	10.1	11.6	12.0	12.0	12.7	12.6	13.4	13.5	13.5	14.0	15.0	15.1	14.1	13.5	13.5
13.2	12.7	12.8	16.3	12.1	11.7	11.2	10.5	10.5	11.3	11.8	12.2	12.4	12.8	12.8	13.3
13.6	14.1	14.5	15.2	15.3	14.6	14.2	13.7	13.4	12.9	12.9	12.4	12.3	11.9	11.1	10.7
10.8	11.4	11.5	12.2	12.1	12.8	9.5	12.3	12.5	12.7	13.0	13.1	13.9	14.2	14.9	12.4
13.1	12.5	12.7	12.0	12.4	11.6	11.5	10.9	11.1	11.6	12.6	13.2	13.8	14.1	14.7	15.6
15.7	14.7	14.0	13.9												

5. 1~9 周龄大型肉鸭杂交组合 GW 和 GY 的料肉比列于下表，根据列出的资料绘制线图。

1~9 周龄大型肉鸭杂交组合 GW 和 GY 的料肉比

	周龄								
	1	2	3	4	5	6	7	8	9
GW	1.42	1.56	1.66	1.84	2.13	2.48	2.83	3.11	3.48
GY	1.47	1.71	1.80	1.97	2.31	2.91	3.02	3.29	3.57

6. 2006 年四川省 5 个县乳牛的增长率列于下表，根据列出的资料绘制长条图。

2006 年四川省 5 个县乳牛的增长率（%）

	县名				
	双流县	名山县	宣汉县	青川县	泸定县
增长率	22.6	13.8	18.2	31.3	9.5

7. 某肉品化学成分的百分比列于下表，根据列出的资料绘制圆图。

某肉品化学成分的百分比（%）

	化学成分				
	水分	蛋白质	脂肪	无机盐	其他
百分比	62.0	15.3	17.2	1.8	3.7

第三章

资料的统计描述

使用统计表、统计图可以简明、形象地表示试验或调查获得的资料的特征、内部构成、相互关系。仅用统计表、统计图表示试验或调查获得的资料的特征、内部构成、相互关系是比较粗略的。为了对资料进行统计分析，还须定量地对资料的特征作统计描述。统计学用平均数（mean）、标准差（standard deviation）、变异系数（coefficient of variation）3 个统计数描述资料的特征，现分别介绍如下。

第一节　平　均　数

平均数是最常用的统计数，是资料的代表数。在动物科学研究和生产实践中，平均数，例如平均日增重、平均产奶量、平均产毛量、平均产蛋量等被广泛用来表示各种技术措施的效果、畜禽的生产性能，用来进行各种技术措施的效果、畜禽的生产性能的比较。平均数包括算术平均数（arithmetic mean）、中位数（median）、几何平均数（geometric mean）、众数（mode）、调和平均数（harmonic mean）5 种。

一、算术平均数

（一）算术平均数的定义

资料中各个观测值的总和除以观测值个数所得之商称为算术平均数，简称平均数或均数，记为 $\bar{x}$。设某一资料包含 n 个观测值 x_1，x_2，$\cdots$，x_n，算术平均数 $\bar{x}$ 的计算公式为

$$\bar{x} = \frac{x_1 + x_2 + \cdots + x_n}{n} = \frac{1}{n}\sum_{i=1}^{n} x_i。 \tag{3-1}$$

其中，$\sum$ 为总和符号；$\sum_{i=1}^{n} x_i$ 表示从第一个观测值 x_1 累加到第 n 个观测值 x_n。若 $\sum_{i=1}^{n} x_i$ 意义已明确，可将 $\sum_{i=1}^{n} x_i$ 简写为 $\sum x$，式（3-1）可改写为

$$\bar{x} = \frac{1}{n}\sum x。$$

（二）算术平均数的计算方法

算术平均数根据样本大小以及大样本资料是否分组采用直接法或加权法计算。

1. 直接法　对于小样本资料或未分组的大样本资料直接根据式（3-1）计算平均数。

【例3.1】　某公牛站测得10头成年公牛的体重为500，520，535，560，585，600，480，510，505，490（kg）。求10头成年公牛的平均体重。

将 $\sum\limits_{i=1}^{10} x_i = 500 + 520 + \cdots + 490 = 5\,285$，$n = 10$，代入式（3-1）计算 $\bar{x}$，

$$\bar{x} = \frac{1}{n}\sum_{i=1}^{n} x_i = \frac{5\,285}{10} = 528.5\,(\text{kg})，$$

即10头成年公牛的平均体重为528.5 kg。

2. 加权法　对于已列出次数分布表的大样本资料，利用次数分布表，采用加权法计算平均数，计算公式为

$$\bar{x} = \frac{f_1 x_1 + f_2 x_2 + \cdots + f_k x_k}{f_1 + f_2 + \cdots + f_k} = \frac{\sum\limits_{i=1}^{k} f_i x_i}{\sum\limits_{i=1}^{k} f_i} = \frac{\sum fx}{\sum f}。 \qquad (3-2)$$

其中，x_i 为第 i 组的组中值，f_i 为第 i 组的次数，k 为分组数。

第 i 组的次数 f_i 是权衡第 i 组组中值 x_i 在资料中所占比重大小的数量，因此将次数 f_i 称为组中值 x_i 的"权"，加权法也因此而命名。

【例3.2】　100头长白猪母猪的仔猪1月龄窝重（kg）的次数分布列于表3-1。用加权法求100头长白猪母猪的仔猪1月龄平均窝重。

表3-1　100头长白猪母猪的仔猪1月龄窝重次数分布表

组别	组中值 x	次数 f	fx
10～	15	3	45
20～	25	6	150
30～	35	26	910
40～	45	30	1 350
50～	55	24	1 320
60～	65	8	520
70～	75	3	225
合　计		100	4 520

将 $\sum fx = 4\,520$，$\sum f = 100$，代入式（3-2）计算 $\bar{x}$，

$$\bar{x} = \frac{\sum fx}{\sum f} = \frac{4\,520}{100} = 45.2\,(\text{kg})，$$

即100头长白猪母猪的仔猪1月龄平均窝重为45.2 kg。

计算来自同一总体的几个样本平均数的平均数，若样本容量不等，应将几个样本平均数以几个样本容量为权采用加权法计算来自同一总体的几个样本平均数的平均数。

【例3.3】　某乳牛群有荷斯坦牛1 500头，乳牛的平均体重为750 kg；另一乳牛群有荷斯坦牛1 200头，乳牛的平均体重为725 kg。若将这两个乳牛群混合在一起，混合后乳牛的平均体重为多少？

此例两个乳牛群所包含的乳牛头数不等，计算两个乳牛群混合后乳牛的平均体重，应以两个乳牛群的乳牛头数为权，求两个乳牛群平均体重的加权平均数。根据式（3-2），得

$$\overline{x} = \frac{\sum fx}{\sum f} = \frac{1\,500 \times 750 + 1\,200 \times 725}{1\,500 + 1\,200} = \frac{1\,995\,000}{2\,700} = 738.89(\text{kg}),$$

即两个乳牛群混合后乳牛的平均体重为 738.89 kg。

(三) 算术平均数的基本性质

性质 1 样本中各个观测值与其平均数之差（简称为离均差）的总和为零，简述为离均差之和为零，即

$$\sum_{i=1}^{n}(x_i - \overline{x}) = 0 \quad \text{或简写为} \quad \sum(x - \overline{x}) = 0 。$$

性质 2 样本中各个观测值与其平均数之差的平方和小于各个观测值与不等于其平均数的任意数值之差的平方和，简述为离均差平方和最小。即

$$\sum(x - \overline{x})^2 < \sum(x - a)^2 \quad (a \neq \overline{x}) 。$$

上述算术平均数的两个性质可以利用代数方法予以证明，这里仅予以叙述，不予以证明。

对于总体而言，通常用希腊字母 μ 表示总体平均数，包含 N 个个体的有限总体的平均数的计算公式为

$$\mu = \frac{1}{N}\sum_{i=1}^{N} x_i 。 \tag{3-3}$$

由于总体平均数 μ 常常不知道，通常用样本平均数 $\overline{x}$ 估计总体平均数 μ。一个统计数的数学期望（mathematical expectation）等于所估计的总体参数，此统计数称为该总体参数的无偏估计值。统计学已证明样本平均数 $\overline{x}$ 是总体平均数 μ 的无偏估计值（unbiased estimate）。

二、中 位 数

(一) 中位数的定义

将资料中所有观测值从小到大依次排列，当样本容量 n 是奇数时，位于中间的观测值；当样本容量 n 是偶数时，位于中间的两个观测值的平均数，称为中位数，记为 M_d。当所获得的资料呈偏态分布时，中位数的代表性优于算术平均数。

(二) 中位数的计算方法

中位数的计算方法因资料是否分组有所不同。

1. 未分组资料中位数的计算方法 对于未分组资料，先将资料中的各个观测值从小到大依次排列，

(1) 样本容量 n 为奇数，位于中间的观测值 $x_{(n+1)/2}$ 为中位数，即

$$M_d = x_{(n+1)/2} 。$$

(2) 样本容量 n 为偶数，位于中间的两个观测值 $x_{n/2}$ 和 $x_{n/2+1}$ 的平均数为中位数，即

$$M_d = \frac{x_{n/2} + x_{n/2+1}}{2} 。 \tag{3-4}$$

【例 3.4】 9 只西农萨能奶山羊的妊娠天数从小到大依次排列为 144，145，147，149，150，151，153，156，157(d)。求 9 只西农萨能奶山羊妊娠天数的中位数。

此例 $n = 9$，为奇数，于是

$$M_d = x_{(n+1)/2} = x_{(9+1)/2} = x_5 = 150 \ (\text{d}),$$

即 9 只西农萨能奶山羊妊娠天数的中位数为 150 d。

【例 3.5】 某犬场发生犬瘟热，10 只仔犬从发现症状到死亡天数从小到大依次排列为 7，8，8，9，11，12，12，13、14，14（d）。求 10 只仔犬从发现症状到死亡天数的中位数。

此例 $n=10$，为偶数，于是

$$M_d=\frac{x_{n/2}+x_{n/2+1}}{2}=\frac{x_{10/2}+x_{10/2+1}}{2}=\frac{x_5+x_6}{2}=\frac{11+12}{2}=11.5\ (d)，$$

即 10 只仔犬从发现症状到死亡天数的中位数为 11.5 d。

2. 已分组资料中位数的计算方法 若资料已分组，整理成次数分布表，可利用次数分布表计算中位数，计算公式为

$$M_d=L+\frac{i}{f}\left(\frac{n}{2}-c\right)。 \tag{3-5}$$

其中，L 为中位数所在组的下限，i 为组距，f 为中位数所在组的次数，n 为总次数，c 为小于中位数所在组的累加次数。

【例 3.6】 某乳牛场 68 头健康母牛从分娩到第一次发情间隔时间的次数分布列于表 3-2。求该乳牛场 68 头健康母牛从分娩到第一次发情间隔时间的中位数。

表 3-2 68 头健康母牛从分娩到第一次发情间隔时间次数分布表

间隔时间（d）	头数	累加头数
12～26	1	1
27～41	2	3
42～56	13	16
57～71	20	36
72～86	16	52
87～101	12	64
102～116	2	66
≥117	2	68

此例，$i=15$，$n=68$，中位数只能在累加头数为 36 的"57～71"这一组，于是 $L=57$，$f=20$，$c=16$，将 $L=57$，$f=20$，$c=16$ 代入式（3-5）计算 M_d，

$$M_d=L+\frac{i}{f}\left(\frac{n}{2}-c\right)=57+\frac{15}{20}\times\left(\frac{68}{2}-16\right)=70.5\ (d)。$$

即该乳牛场 68 头健康母牛从分娩到第一次发情间隔时间的中位数为 70.5 d。

三、几何平均数

资料中的 n 个观测值相乘之积开 n 次方所得的 n 次方根称为几何平均数，记为 G。几何平均数主要用于畜牧业、水产业的生产动态分析，畜禽疾病及药物效价的统计分析等。例如畜禽、水产养殖的增长率，抗体的滴度，药物的效价，畜禽疾病的潜伏期等，几何平均数的代表性优于算术平均数。

设某一资料包含 n 个观测值 x_1，x_2，…，x_n，几何平均数 G 的计算公式为

$$G=\sqrt[n]{x_1x_2x_3\cdots x_n}=(x_1x_2x_3\cdots x_n)^{\frac{1}{n}}。 \tag{3-6}$$

【例 3.7】 某波尔山羊群 1997—2000 年各年度的存栏数和增长率列于表 3-3。求该波尔山羊群 1997—2000 年各年度存栏数的平均年增长率。

表 3-3 某波尔山羊群各年度存栏数与增长率

年度	存栏数（只）	增长率（%）
1997	140	—
1998	200	42.86
1999	280	40.00
2000	350	25.00

根据式（3-6）求该波尔山羊群 1997—2000 年各年度存栏数的平均年增长率，得

$$G = \sqrt[n]{x_1 x_2 x_3 \cdots x_n} = \sqrt[3]{42.86 \times 40 \times 25} = 35.00,$$

即该波尔山羊群 1997—2000 年度存栏数的平均年增长率为 35%。

若某一计量资料的各个观测值之间呈倍数关系（即等比关系），须用几何平均数表示其平均水平。

【例 3.8】 测得 10 份高产乳牛的血清对某型病毒之血凝抑制效价的倒数为 5，5，5，5，5，10，10，10，20，40。求 10 份高产乳牛血清抗体的平均效价。

此例各个观测值之间呈倍数关系（即等比关系），须用几何平均数表示其平均水平。根据式（3-6）求 10 份高产乳牛血清抗体的平均效价，得

$$G = \sqrt[n]{x_1 x_2 x_3 \cdots x_n} = \sqrt[10]{5 \times 5 \times 5 \times 5 \times 5 \times 10 \times 10 \times 10 \times 20 \times 40} = 8.71,$$

即 10 份高产乳牛的血清抗体效价倒数的几何平均数为 8.71，也就是说 10 份高产乳牛血清抗体的平均效价为 1/8.71。

四、众　数

资料中出现次数最多的观测值或次数最多一组的组中值称为众数，记为 M_0。例如，列于表 2-3 的 50 枚受精种蛋出雏天数次数分布，观测值 22 出现的次数最多，该资料的众数为 22 d。又如，列于表 3-2 的 68 头健康母牛从分娩到第一次发情间隔时间次数分布，57～71 这一组次数最多，这一组的组中值为（57+71）/2=64，该资料的众数为 64 d。

五、调和平均数

资料中各个观测值倒数的算术平均数的倒数称为调和平均数，记为 H。设某一资料包含 n 个观测值 x_1，x_2，…，x_n，调和平均数 H 的计算公式为

$$H = \frac{1}{\frac{1}{n}\left(\frac{1}{x_1} + \frac{1}{x_2} + \cdots + \frac{1}{x_n}\right)} = \frac{1}{\frac{1}{n}\sum_{i=1}^{n}\frac{1}{x_i}} 。 \tag{3-7}$$

调和平均数主要用于反映畜群不同阶段的平均增长率或畜群不同规模的平均规模。

【例 3.9】 某保种牛群不同世代牛群保种的规模分别为：0 世代 200 头，1 世代 220 头，2 世代 210 头，3 世代 190 头，4 世代 210 头。求该保种牛群 5 个世代的平均规模。

根据式（3-7）求该保种牛群 5 个世代的平均规模，

$$H = \frac{1}{\frac{1}{n}\left(\frac{1}{x_1} + \frac{1}{x_2} + \cdots + \frac{1}{x_n}\right)} = \frac{1}{\frac{1}{5} \times \left(\frac{1}{200} + \frac{1}{220} + \frac{1}{210} + \frac{1}{190} + \frac{1}{210}\right)} = \frac{5}{0.0243} = 205.76（头），$$

即该保种牛群 5 个世代的平均规模为 205.76 头。

对于同一资料，算术平均数≥几何平均数≥调和平均数。若资料中各个观测值全相同，取等号；若资料中各个观测值不全相同，取大于号。

上述5种平均数最常用的是算术平均数。在实际工作中，若不特别声明，平均数通常指算术平均数。

第二节　标　准　差

一、标准差的意义

平均数作为资料的代表数，其代表性的强弱与资料中各个观测值变异程度的大小有关。若资料中各个观测值变异程度小，则平均数对资料的代表性强；若资料中各个观测值变异程度大，则平均数对资料的代表性弱。因而仅用平均数对一个资料的特征作统计描述是不全面的，还需引入一个表示资料中各个观测值变异程度大小的统计数。

全距（极差）是表示资料中各个观测值变异程度大小计算最简便的统计数。若全距大，则资料中各个观测值变异程度大；若全距小，则资料中各个观测值变异程度小。但是全距只涉及资料中的最大观测值和最小观测值，不能全面、准确表示资料中各个观测值变异程度的大小，比较粗略。当资料很多而又要迅速对各个资料观测值变异程度的大小作出初步判断时，可以利用全距这个统计数。

为了全面、准确表示资料中各个观测值变异程度的大小，人们首先想到以平均数为标准，求出各个观测值与平均数之差，即离均差 $(x-\bar{x})$。虽然离均差能表示一个观测值偏离平均数的性质与程度，但因为离均差有正、有负，离均差之和为零，即 $\sum(x-\bar{x})=0$，因而不能用离均差之和 $\sum(x-\bar{x})$ 表示资料中各个观测值变异程度的大小。为了解决离均差有正、有负，离均差之和为零的问题，先将各个离均差平方，即 $(x-\bar{x})^2$，再求离均差平方和，即 $\sum(x-\bar{x})^2$，简称为平方和（sum of squares），记为 SS；由于离均差平方和随样本容量的改变而改变，为了消除样本容量的影响，将平方和除以样本容量，即 $\sum(x-\bar{x})^2/n$，求出离均差平方的平均数；统计学已证明，求离均差平方的平均数，分母不用样本容量 n，而用 $n-1$，统计学将 $n-1$ 称为自由度（degrees of freedom），记为 df。于是，用统计数 $\sum(x-\bar{x})^2/(n-1)$ 表示资料中各个观测值变异程度的大小。

统计数 $\sum(x-\bar{x})^2/(n-1)$ 称为**均方**（mean square，缩写为 MS），也称为样本方差（variance），记为 s^2，即

$$s^2=\frac{\sum(x-\bar{x})^2}{n-1}。 \tag{3-8}$$

样本方差相应的总体参数称为总体方差，记为 σ^2（σ 是希腊字母）。由于总体方差 σ^2 常常不知道，通常用样本方差 s^2 估计总体方差 σ^2。统计学已证明，样本方差 s^2 是总体方差 σ^2 的无偏估计值。

包含 N 个个体的有限总体，总体方差 σ^2 的计算公式为

$$\sigma^2=\frac{\sum(x-\mu)^2}{N}, \tag{3-9}$$

其中，μ 为总体平均数。

由于样本方差带有原观测值度量单位的平方单位，在仅表示资料中各个观测值变异程度的大小

而不作其他分析时，常常需要与平均数配合使用，这时应将平方单位还原，即应求出样本方差的平方根。样本方差 s^2 的平方根称为样本标准差，记为 s，即

$$s = \sqrt{\frac{\sum (x - \bar{x})^2}{n-1}}。 \tag{3-10}$$

样本标准差 s 是表示资料中各个观测值变异程度大小的统计数。

由于
$$\sum (x - \bar{x})^2 = \sum (x^2 - 2x\bar{x} + \bar{x}^2) = \sum x^2 - 2\bar{x}\sum x + n\bar{x}^2$$

$$= \sum x^2 - 2\frac{(\sum x)^2}{n} + n(\frac{\sum x}{n})^2 = \sum x^2 - \frac{(\sum x)^2}{n},$$

式（3-10）可以改写为

$$s = \sqrt{\frac{\sum x^2 - \frac{1}{n}(\sum x)^2}{n-1}}。 \tag{3-11}$$

样本标准差 s 相应的总体参数称为总体标准差，记为 σ。包含 N 个个体的有限总体，总体标准差 σ 的计算公式为

$$\sigma = \sqrt{\frac{\sum (x - \mu)^2}{N}}。 \tag{3-12}$$

由于总体标准差 σ 常常不知道，通常用样本标准差 s 估计总体标准差 σ。注意，样本标准差 s 不是总体标准差 σ 的无偏估计值。

二、标准差的计算方法

（一）直接法

对于小样本资料或未分组的大样本资料，直接根据式（3-10）或式（3-11）计算标准差。

【例 3.10】 计算 10 只辽宁绒山羊产绒量 450，450，500，500，550，550，550，600，600，650（g）的标准差。

此例 $n = 10$，$\sum x = 5\,400$，$\sum x^2 = 2\,955\,000$，代入式（3-11）计算标准差 s，

$$s = \sqrt{\frac{\sum x^2 - \frac{1}{n}(\sum x)^2}{n-1}} = \sqrt{\frac{2\,955\,000 - \frac{1}{10} \times 5\,400^2}{10-1}} = 65.83(g)，$$

即 10 只辽宁绒山羊产绒量的标准差为 65.83 g。

（二）加权法

对于已整理成次数分布表的大样本资料，利用次数分布表，采用加权法计算标准差。计算公式为

$$s = \sqrt{\frac{\sum f(x - \bar{x})^2}{\sum f - 1}} = \sqrt{\frac{\sum fx^2 - \frac{1}{\sum f}(\sum fx)^2}{\sum f - 1}}， \tag{3-13}$$

其中，f 为各组次数，x 为各组的组中值，$\sum f = n$ 为总次数。

【例 3.11】 利用表 3-4 某纯系蛋鸡 200 枚蛋重（g）资料的次数分布表，采用加权法计算标准差。

表 3 - 4　某纯系蛋鸡 200 枚蛋重资料次数分布及标准差计算表

组别	组中值 x	次数 f	fx	fx^2
44.15~	45.0	3	135.0	6 075.00
45.85~	46.7	6	280.2	13 085.34
47.55~	48.4	16	774.4	37 480.96
49.25~	50.1	22	1 102.2	55 220.22
50.95~	51.8	30	1 554.0	80 497.20
52.65~	53.5	44	2 354.0	125 939.00
54.35~	55.2	28	1 545.6	85 317.12
56.05~	56.9	30	1 707.0	97 128.30
57.75~	58.6	12	703.2	41 207.52
59.45~	60.3	5	301.5	18 180.45
61.15~	62.0	4	248.0	15 376.00
合计		200	10 705.1	575 507.11

将 $\sum f = 200$，$\sum fx = 10\ 705.1$，$\sum fx^2 = 575\ 507.11$ 代入式（3 - 13）计算标准差 s，

$$s = \sqrt{\frac{\sum fx^2 - \dfrac{1}{\sum f}(\sum fx)^2}{\sum f - 1}} = \sqrt{\frac{575\ 507.11 - \dfrac{1}{200} \times 10\ 705.1^2}{200 - 1}} = 3.55(\text{g}),$$

即某纯系蛋鸡 200 枚蛋重的标准差为 3.55 g。

第三节　变异系数

样本标准差是表示资料中各个观测值变异程度大小的统计数。由于它带有与资料观测值相同的度量单位，不能用来比较度量单位不相同、或者度量单位相同但平均数不相同的两个或多个资料观测值变异程度的大小，需引入另一个表示资料中各个观测值变异程度大小的统计数，用来比较两个或多个资料观测值变异程度的大小。变异系数正是这样的统计数。

变异系数是样本标准差 s 与样本平均数 $\bar{x}$ 的比值，以百分数表示，记为 CV，计算公式为

$$CV = \frac{s}{\bar{x}} \times 100\%。 \tag{3 - 14}$$

变异系数是一个不带单位的百分数，可以用来比较两个或多个资料观测值变异程度的大小。

【例 3.12】　已知某良种猪场长白猪成年母猪体重平均数为 190 kg、标准差为 10.5 kg；大约克猪成年母猪体重平均数为 196 kg、标准差为 8.5 kg。这两个品种哪一个品种成年母猪体重的变异程度大？

此例两个品种成年母猪体重观测值虽然度量单位相同，但平均数不相同，只能用变异系数比较两个品种成年母猪体重变异程度的大小。由于

长白猪成年母猪体重的变异系数 $CV = \dfrac{10.5}{190} \times 100\% = 5.53\%$，

大约克猪成年母猪体重的变异系数 $CV = \dfrac{8.5}{196} \times 100\% = 4.34\%$，

所以长白猪成年母猪体重的变异程度大于大约克猪成年母猪体重的变异程度。

注意，变异系数是样本标准差 s 与样本平均数 $\bar{x}$ 的比值，利用变异系数 CV 表示资料中各个观测值变异程度大小，须将样本平均数 $\bar{x}$ 和样本标准差 s 也列出。

  习 题

1. 常用的平均数有哪 5 种？怎样计算？各在什么情况下应用？

2. 什么是算术平均数？算术平均数有哪两个基本性质？样本平均数 $\bar{x}$ 与总体平均数 μ 有何关系？

3. 什么是样本标准差？怎样计算样本标准差？样本标准差 s 与总体标准差 σ 有何关系？

4. 什么是变异系数？怎样计算变异系数？为什么利用变异系数 CV 表示资料中各个观测值变异程度的大小，须将样本平均数 $\bar{x}$ 和样本标准差 s 也列出？

5. 10 头母猪第一胎产仔数为 9，8，7，10，12，10，11，14，8，9（头）。计算这 10 头母猪第一胎产仔数的平均数、标准差、变异系数。

6. 利用列于下面的某品种 120 头 6 月龄母猪的体长（cm）次数分布表，采用加权法计算 120 头 6 月龄母猪体长的平均数、标准差、变异系数。

某品种 120 头 6 月龄母猪的体长次数分布表

组别	组中值 x	次数 f
80~	84	2
88~	92	10
96~	100	29
104~	108	28
112~	116	20
120~	124	15
128~	132	13
136~	140	3

7. 某年某猪场发生猪瘟，观测得 10 头病猪的潜伏期从小到大依次排列为 2，2，3，3，4，4，4，5，9，12(d)。求病猪潜伏期的中位数。

8. 某良种羊群 2005—2010 年 6 个年度群体规模分别为 240，320，360，400，420，450（只）。求该良种羊群的群体规模年平均增长率。

9. 某保种牛场，保种牛群连续 5 个世代的规模分别为 120，130，140，120，110（头）。计算该保种牛群平均世代规模。

10. 随机抽测甲、乙两地某品种各 8 头成年母牛的体高（cm）列于下表，比较甲、乙两地某品种成年母牛体高的变异程度。

甲、乙两地某品种各 8 头成年母牛的体高（cm）

甲地	137	133	130	128	127	119	136	132
乙地	128	130	129	130	131	132	129	130

常用概率分布

第四章

为了便于读者理解统计分析的基本原理，正确掌握和应用以后各章所介绍的统计分析方法，本章在介绍概率论的两个基本概念——事件、概率的基础上，重点介绍动物科学试验研究常用的几种随机变量的概率分布——正态分布、二项分布、泊松分布以及样本平均数的抽样分布和 t 分布。

第一节　事件与概率

一、事　件

（一）必然现象与随机现象

在自然界、生产实践和科学试验中，人们能观察到各种各样的现象，把它们归纳起来，大体上分为两大类：一类是可预言其结果，即在保持条件不变的情况下重复进行试验，其结果总是确定的，必然发生或必然不发生。例如，在 1 个标准大气压下水加热到 100 ℃必然沸腾；从未受精的种蛋必然不可能孵化出雏鸡等。这类现象称为**必然现象**（inevitable phenomena）或确定性现象（definite phenomena）。另一类现象是事前不可预言其结果，即在保持条件不变的情况下重复进行试验，其结果未必相同。例如，抛掷一枚质地均匀对称的硬币，其结果可能是出现币值一面朝上，也可能是出现币值一面朝下；又如，在正常孵化条件下孵化 6 枚种蛋，可能"孵化出 0 只雏鸡"，也可能"孵化出 1 只雏鸡"，…，也可能"孵化出 6 只雏鸡"，事前不可能断言其孵化结果，呈现偶然性。进行一次观察或试验其结果呈现偶然性的现象，称为**随机现象**（random phenomena）或**不确定性现象**（indefinite phenomena）。

人们通过长期的观察或试验并深入研究之后，发现随机现象或不确定性现象有如下特点：在一定条件下，进行一次观察或试验有多种可能的结果出现，事前人们不能预言将出现哪种结果，对一次或少数几次观察或试验而言，其结果呈现偶然性、不确定性；但在相同条件下进行大量重复观察或试验，其结果却呈现出某种固有的特定的规律性——频率的稳定性，称之为随机现象的统计规律性。例如，一头临产的妊娠母牛产公犊或产母犊是事前不能确定的，但随着妊娠母牛头数的增加，产公犊或产母犊的频率逐渐接近 0.5。

概率论与数理统计就是研究、揭示随机现象统计规律的一门学科。

（二）随机试验与随机事件

1. 随机试验　根据某一研究目的，在一定条件下对自然现象所进行的观察或试验统称为**试验**（trial）。一个试验若具有下述 3 个特性，则称其为**随机试验**（random trial），简称为试验：

（1）试验可以在相同条件下多次重复进行。

（2）每次试验的可能结果不止一种，并且事先知道会有哪些可能的结果。

（3）每次试验总是出现这些可能结果中的一种，但在一次试验之前却不能肯定这次试验会出现哪一种结果。

例如，在正常孵化条件下孵化 6 枚种蛋孵化出雏鸡情况；又如，观察 1 头临产妊娠母牛所产犊牛的性别情况，它们都具有随机试验的 3 个特性，因此都是随机试验。

2. 随机事件　随机试验的每一种可能结果称为**随机事件**（random event），简称为**事件**（event）。随机事件通常用大写英文字母 A，B，C 等表示。随机事件在一定条件下可能发生，也可能不发生。

（1）基本事件。不能再分的随机事件称为**基本事件**（elementary event），也称为**样本点**（sample point）。例如，在编号为 1，2，3，…，10 的 10 头仔猪中随机抽取 1 头，有 10 种不同的可能结果："取得 1 头编号是 1 的仔猪"，"取得 1 头编号是 2 的仔猪"，…，"取得 1 头编号是 10 的仔猪"，这 10 个随机事件都是不可能再分的随机事件，它们都是基本事件。

由几个基本事件组合而成的随机事件称为**复合事件**（compound event）。例如，在编号为 1，2，3，…，10 的 10 头仔猪中随机抽取 1 头，"取得 1 头编号是 2 的倍数的仔猪"是一个复合事件，它由"取得 1 头编号是 2 的仔猪""取得 1 头编号是 4 的仔猪""取得 1 头编号是 6 的仔猪""取得 1 头编号是 8 的仔猪""取得 1 头编号是 10 的仔猪"5 个基本事件组合而成。

（2）必然事件。在一定条件下必然会发生的事件称为**必然事件**（certain event）。必然事件用大写希腊字母 Ω 表示。例如，在严格按照妊娠期母猪饲养管理要求的饲养条件下，妊娠正常的母猪在 114 d 左右产仔，就是一个必然事件。

（3）不可能事件。在一定条件下不可能发生的事件称为**不可能事件**（impossible event）。不可能事件用大写希腊字母 $\varnothing$ 表示。例如，在正常孵化条件下从未受精的种蛋孵化出雏鸡，就是一个不可能事件。

必然事件与不可能事件实际上是确定性现象，即它们不是随机事件。为了方便起见，把它们当成两个特殊的随机事件。

二、概　　率

研究随机试验，仅知道发生哪些可能结果即发生哪些随机事件是不够的，还需了解各种随机事件发生的可能性大小。这就要求有一个能够表示随机事件发生可能性大小的数量指标，这个数量指标应该是随机事件本身所固有的，不随人的主观意志而改变。表示随机事件发生可能性大小的数量指标称为随机事件的**概率**（probability）。随机事件 A 的概率记为 $P(A)$。下面先介绍概率的统计定义，然后介绍概率的古典定义。

（一）概率的统计定义

在相同条件下进行 n 次重复试验，若随机事件 A 发生的次数为 m，则把 m/n 称为随机事件 A 的**频率**（frequency）；试验重复数 n 逐渐增大，随机事件 A 的频率越来越稳定地接近某一数值 p，则把数值 p 称为随机事件 A 的概率。

这样定义的随机事件的概率称为统计概率（statistical probability），或者称为后验概率（posterior probability）。

例如，为了确定抛掷一枚硬币出现币值一面朝上这个事件的概率，历史上有人曾做过成千上万次抛掷硬币的试验。抛掷一枚硬币出现币值一面朝上的试验记录列于表4-1。

表4-1　抛掷一枚硬币出现币值一面朝上的试验记录

试验者	抛掷次数 n	出现币值一面朝上的次数 m	频率 m/n
蒲　丰	4 040	2 048	0.506 9
皮尔逊	12 000	6 019	0.501 6
皮尔逊	24 000	12 012	0.500 5

表4-1表明，随着试验次数的增多，"抛掷一枚硬币出现币值一面朝上"这个随机事件发生的频率越来越稳定地接近0.5，则把0.5称为"抛掷一枚硬币出现币值一面朝上"这个随机事件的概率。

在一般情况下，随机事件的统计概率 p 是不可能准确得到的。通常将试验次数 n 充分大随机事件 A 的频率 m/n 作为该随机事件统计概率 p 的近似值，即

$$P(A) \approx \frac{m}{n} \quad （n \text{充分大}）。 \tag{4-1}$$

（二）概率的古典定义

对于某些随机事件，用不着进行多次重复试验确定其概率，而是根据随机事件本身的特性直接计算其概率。

有很多随机试验具有以下特性：

（1）试验的所有可能结果只有有限个，即样本空间中的基本事件只有有限个。

（2）各个试验的可能结果出现的可能性相等，即所有基本事件的发生的可能性相等。

（3）试验的所有可能结果两两互不相容。

具有上述特性的随机试验称为古典概型（classical model）。对于古典概型，概率的定义如下：

设样本空间由 n 个发生的可能性相等的基本事件构成，若随机事件 A 包含 m 个基本事件，则随机事件 A 的概率为 m/n，即

$$P(A) = \frac{m}{n}。 \tag{4-2}$$

这样定义的随机事件的概率称为古典概率（classical probability），或者称为先验概率（prior probability）。

【例4.1】　在编号为1，2，3，…，10的10头仔猪中随机抽取1头，求随机事件 $A=$ "抽得1头编号≤4的仔猪"、随机事件 $B=$ "抽得1头编号是2的倍数的仔猪"的概率。

因为该试验样本空间由10个发生的可能性相等的基本事件构成，即 $n=10$，随机事件 A 包含4个基本事件，即抽得编号为1，2，3，4中的任何1头仔猪，随机事件 A 便发生，$m_A=4$，所以

$$P(A) = \frac{m_A}{n} = \frac{4}{10} = 0.4。$$

随机事件 B 包含5个基本事件，即抽得编号为2，4，6，8，10中的任何1头仔猪，随机事件 B 便发生，$m_B=5$，所以

$$P(B) = \frac{m_B}{n} = \frac{5}{10} = 0.5。$$

【例 4.2】 在 N 头乳牛中，有 M 头曾有流产史，从这群乳牛中随机抽出 n 头乳牛，求其中有 m 头乳牛曾有流产史的概率是多少？求若 $N=30$，$M=8$，$n=10$，$m=2$，乳牛曾有流产史的概率是多少？

将"从有 M 头乳牛曾有流产史的 N 头乳牛中随机抽出 n 头乳牛，其中有 m 头乳牛曾有流产史"这个随机事件记为 A。

因为从 N 头乳牛中随机抽出 n 头乳牛的基本事件总数为 C_N^n，随机事件 A 所包含的基本事件数为 $C_M^m \cdot C_{N-M}^{n-m}$，所以随机事件 A 的概率为

$$P(A)=\frac{C_M^m \cdot C_{N-M}^{n-m}}{C_N^n}。 \qquad (4-3)$$

将 $N=30$，$M=8$，$n=10$，$m=2$ 代入式（4-3）计算 $P(A)$，

$$P(A)=\frac{C_8^2 \cdot C_{30-8}^{10-2}}{C_{30}^{10}}=\frac{\dfrac{8!}{6!\times 2!}\times \dfrac{22!}{14!\times 8!}}{\dfrac{30!}{20!\times 10!}}=0.298\,0。$$

即从有 8 头乳牛曾有流产史的 30 头乳牛中随机抽出 10 头乳牛，其中有 2 头乳牛曾有流产史的概率为 0.298 0。

（三）随机事件概率的性质

根据随机事件概率的定义，随机事件概率具有如下基本性质：

(1) 随机事件 A 的概率 $P(A)$ 介于 0 与 1 之间，即 $0 \leqslant P(A) \leqslant 1$。

(2) 必然事件 Ω 的概率为 1，即 $P(\Omega)=1$。

(3) 不可能事件 $\varnothing$ 的概率为 0，即 $P(\varnothing)=0$。

三、小概率事件实际不可能性原理

随机事件的概率表示进行一次试验随机事件发生的可能性大小。若随机事件的概率很小，例如小于 0.05，0.01，0.001，称为小概率事件。小概率事件虽然不是不可能事件，但进行一次试验，小概率事件发生的可能性很小，不发生的可能性很大，以至于实际上可以把小概率事件看成是不可能发生的事件。进行一次试验，把小概率事件看成是实际不可能发生的事件称为小概率事件实际不可能性原理，简称为小概率原理。小概率事件实际不可能性原理是进行假设检验的基本依据。下一章介绍假设检验的基本原理，将详细叙述小概率事件实际不可能性原理的应用。

第二节　概率分布

随机事件的概率表示一次试验某一种可能结果发生的可能性大小。若要全面了解试验，必须知道试验的全部可能结果及其发生的概率，即必须知道随机试验的概率分布（probability distribution）。为了研究随机试验的概率分布，先利用随机变量（random variable）表示试验结果。

一、随机变量

进行一次试验有多种可能结果，每一种可能结果都可用一个数表示，把这些数作为变量 x 的取值，可用取值为这些数的变量 x 表示试验结果。

【例4.3】 对100头病畜用某种药物治疗，治疗结果有101种可能，即"0头治愈""1头治愈""2头治愈"…"100头治愈"。用治愈头数作为变量x的取值，即变量x的取值为0，1，2，…，100。可用取值为0，1，2，…，100的变量x表示对100头病畜用某种药物治疗的101种可能结果。

【例4.4】 在正常孵化条件下，孵化1枚种蛋有两种可能结果，即"孵化出雏鸡"与"未孵化出雏鸡"。用$x=0$表示"未孵化出雏鸡"，$x=1$表示"孵化出雏鸡"，即x的取值为0，1。可用取值为0，1的变量x表示孵化1枚种蛋的两种可能结果。

【例4.5】 测定内江猪仔猪的初生重，测定值在区间[0.51，5.00]（kg）内，可用在区间[0.51，5.00]（kg）内取值的变量x表示测定内江猪仔猪初生重的各种可能结果。变量x所取的值可以是区间[0.51，5.00]（kg）内的任何数值。

若表示试验结果的变量x的取值可以一一列出，且变量x的每一个取值的概率是确定的，则变量x称为**离散型随机变量**（discrete random variable）；若表示试验结果的变量x的取值为某区间内的任何数值，且变量x在其取值区间内的任一区间内取值的概率是确定的，则变量x称为**连续型随机变量**（continuous random variable）。

利用随机变量表示试验结果，研究随机试验概率分布转为研究随机变量的概率分布。

二、离散型随机变量的概率分布

若离散型随机变量x的取值为x_i（$i=1$，2，…），取值为x_i的概率为p_i，记为

$$P(x=x_i)=p_i \quad (i=1，2，\cdots)，\tag{4-4}$$

式（4-4）称为离散型随机变量x的概率分布。常用列于下面的**分布列**（distribution series）表示离散型随机变量的概率分布

$$\begin{bmatrix} x_1 & x_2 & \cdots & x_n & \cdots \\ p_1 & p_2 & \cdots & p_n & \cdots \end{bmatrix}$$

离散型随机变量的概率分布具有$p_i \geq 0$和$\sum p_i = 1$这两个基本性质。

三、连续型随机变量的概率分布

连续型随机变量的概率分布不能用分布列表示，因为其可能的取值不可能一一列出。对连续型随机变量x概率分布的研究，要确定的是变量x在其取值区间内的任一区间[a，b)内取值的概率，即确定$P(a \leq x < b)$的值，下面利用密度曲线予以说明。

根据表2-7绘制频率密度分布直方图，绘制于图4-1。图中纵坐标为频率与组距的比值称为频率密度。每一个直方（即矩形）的面积为126头基础母羊体重在该组的频率。126头基础母羊体重在其取值区间内的任一区间[a，b)内取值的频率为区间[a，b)内的全部直方的面积之和。可以设想，若样本容量越来越大（$n \to +\infty$），组分得越来越小（$i \to 0$），基础母羊体重在其取值区间内的任一区间[a，b)内取值的频率将逐渐趋近于一个稳定值——概率。与此同时，频率密度分布直方图各个矩形上端中点的连线——频率密度分布折线将逐渐趋向于一条曲线。换句话说，当$n \to +\infty$、$i \to 0$时，频率密度分布折线的极限是一条稳定的函数曲线。若样本是取自连续型随机变量，则这条函数曲线是光滑的。这条曲线排除了抽样和测量的误差，反映了基础母羊体重概率分布的规律。这条曲线称为密度曲线，相应的函数称为密度函数。若把基础母羊体重记为x，其密度函数记为$f(x)$，则基础母羊体重x在区间[a，b)内取值的概率为

$$P(a \leqslant x < b) = \int_a^b f(x)\mathrm{d}x 。 \tag{4-5}$$

式（4-5）为连续型随机变量 x 在区间 $[a, b)$ 内取值的概率的计算公式。换句话说，连续型随机变量 x 在区间 $[a, b)$ 内取值的概率等于以该区间为底、密度曲线为顶的曲边梯形（图4-1中画斜线的曲边梯形）的面积。式（4-5）表明连续型随机变量 x 在区间 $[a, b)$ 内取值的概率由密度函数 $f(x)$ 确定。

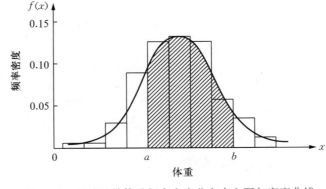

图4-1　基础母羊体重频率密度分布直方图与密度曲线

连续型随机变量 x 的概率分布具有以下性质：

（1）连续型随机变量 x 的密度函数 $f(x)$ 大于或等于 0，即 $f(x) \geqslant 0$。

（2）连续型随机变量 x 取某一个值 c（c 为任意实数）的概率等于 0，

$$P(x = c) = \int_c^c f(x)\mathrm{d}x = 0,$$

所以，对于连续型随机变量 x，仅研究 x 在某一个区间 $[a, b)$ 内取值的概率，而不研究 x 取某一个值的概率。

（3）连续型随机变量 x 在 $(-\infty, +\infty)$ 内取值为一必然事件，所以

$$P(-\infty < x < +\infty) = \int_{-\infty}^{+\infty} f(x)\mathrm{d}x = 1 。 \tag{4-6}$$

第三节　正态分布

正态分布是一种连续型随机变量的概率分布。进行动物试验研究，许多数量性状资料，例如乳牛的产乳量、黄牛的体长、仔猪的初生重、羊的产毛量等服从或近似服从正态分布。许多对于试验或调查获得的资料进行统计分析的方法，如 t 检验、F 检验、回归分析与相关分析等都是以资料服从正态分布为前提。此外，还有不少随机变量的概率分布在一定条件下以正态分布为其极限分布。无论对于统计学的理论研究，还是对于试验或调查获得的资料进行统计分析，正态分布均具有十分重要的意义和作用。

一、正态分布的定义及其特征

（一）正态分布的定义

若连续型随机变量 x 的密度函数 $f(x)$ 为

$$f(x) = \frac{1}{\sigma\sqrt{2\pi}} \mathrm{e}^{-\frac{(x-\mu)^2}{2\sigma^2}} 。 \tag{4-7}$$

其中，μ 为总体平均数，σ^2 为总体方差，则随机变量 x 称为服从**正态分布**（normal distribution），记为 $x \sim N(\mu, \sigma^2)$。相应的分布函数 $F(x)$ 为

$$F(x) = \frac{1}{\sigma\sqrt{2\pi}} \int_{-\infty}^x \mathrm{e}^{\frac{(x-\mu)^2}{2\sigma^2}} \mathrm{d}x 。 \tag{4-8}$$

正态分布密度曲线如图4-2所示。

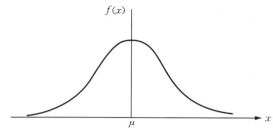

图4-2 正态分布密度曲线

(二) 正态分布的特征

正态分布具有如下特征:

(1) 密度函数 $f(x)$ 在 $x=\mu$ 处达到极大, 极大值 $f(\mu)=\dfrac{1}{\sigma\sqrt{2\pi}}$。

(2) 密度函数 $f(x)$ 是非负函数, 以 x 轴为渐近线, 正态分布从 $-\infty$ 至 $+\infty$。

(3) 密度曲线是单峰、对称的悬钟形曲线, 对称轴为 $x=\mu$。

(4) 密度曲线在 $x=\mu\pm\sigma$ 处各有一个拐点, 在区间 $(-\infty, \mu-\sigma)$ 和 $(\mu+\sigma, +\infty)$ 内是下凸的, 在区间 $[\mu-\sigma, \mu+\sigma]$ 内是上凸的。

(5) 正态分布有两个参数——总体平均数 μ 和总体标准差 σ。μ 是位置参数, 若 σ 固定不变, μ 愈大, 密度曲线沿 x 轴愈向右移动; μ 愈小, 密度曲线沿 x 轴愈向左移动, 如图4-3所示。σ 是变异度参数, 若 μ 固定不变, σ 愈大, x 的取值愈分散在 μ 左右, 密度曲线愈 "矮、胖"; σ 愈小, x 的取值愈集中在 μ 附近, 密度曲线愈 "高、瘦", 如图4-4所示。

(6) 密度曲线与横轴构成的曲边三角形的面积为1, 即

$$P(-\infty < x < +\infty) = \int_{-\infty}^{+\infty} \frac{1}{\sigma\sqrt{2\pi}} e^{-\frac{(x-\mu)^2}{2\sigma^2}} dx = 1。$$

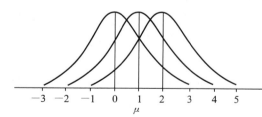
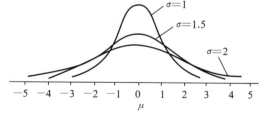

图4-3 σ 相同 μ 不同的3条正态分布密度曲线　　图4-4 μ 相同 σ 不同的3条正态分布密度曲线

二、标准正态分布

总体平均数 $\mu=0$、总体方差 $\sigma^2=1$ 的正态分布称为标准正态分布 (standard normal distribution)。随机变量 u 服从标准正态分布记为 $u\sim N(0, 1)$。标准正态分布的密度函数、分布函数分别记为 $\varphi(u)$ 和 $\Phi(u)$, $\varphi(u)$ 和 $\Phi(u)$ 的计算公式为

$$\varphi(u) = \frac{1}{\sqrt{2\pi}} e^{-\frac{u^2}{2}}, \tag{4-9}$$

$$\Phi(u) = \frac{1}{\sqrt{2\pi}} \int_{-\infty}^{u} e^{-\frac{1}{2}u^2} du。 \tag{4-10}$$

标准正态分布密度曲线如图 4-5 所示。

对于服从正态分布 $N(\mu, \sigma^2)$ 的随机变量 x，可以通过标准化变换

$$u = \frac{x - \mu}{\sigma} \qquad (4-11)$$

将其变换为服从标准正态分布的随机变量 u。通过标准化变换所得到的随机变量 u 称为标准正态变量或标准正态离差 (standard normal deviate)。

对不同的 u 值按式 (4-10) 计算，将计算结果编制成表，称为标准正态分布表，标准正态分布表列于附表 4-1，在附表 4-1 中可查到 u 在任一区间内取值的概率。

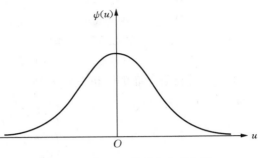

图 4-5　标准正态分布密度曲线

三、正态分布的概率计算

关于正态分布的概率计算，从标准正态分布的概率计算入手。

(一) 标准正态分布的概率计算

随机变量 $u \sim N(0, 1)$，u 在区间 $[u_1, u_2)$ 内取值的概率为

$$
\begin{aligned}
P(u_1 \leqslant u < u_2) &= \frac{1}{\sqrt{2\pi}} \int_{u_1}^{u_2} \mathrm{e}^{-\frac{1}{2}u^2} \mathrm{d}u \\
&= \frac{1}{\sqrt{2\pi}} \int_{-\infty}^{u_2} \mathrm{e}^{-\frac{1}{2}u^2} \mathrm{d}u - \frac{1}{\sqrt{2\pi}} \int_{-\infty}^{u_1} \mathrm{e}^{-\frac{1}{2}u^2} \mathrm{d}u \qquad (4-12) \\
&= \Phi(u_2) - \Phi(u_1)。
\end{aligned}
$$

$\Phi(u_1)$ 与 $\Phi(u_2)$ 可在附表 4-1 中查出。

附表 4-1 只对于 $-4.99 \leqslant u \leqslant 4.99$ 列出了 $\Phi(u)$ 的数值。表中，u 的整数部分及小数点后第 1 位数字列于第一列，u 的小数点后第 2 位数字列于第一行。例如，$u = 1.75$，1.7 列于第一列，0.05 列于第一行，1.7 所在行与 0.05 所在列相交处的数值为 0.959 94，即 $\Phi(1.75) = 0.959\,94$。

有时会对于给定的 $\Phi(u)$ 值，例如 $\Phi(u) = 0.284$，反过来查 u 值。这时只要在附表 4-1 中找到与 0.284 最接近的数值 0.284 3，0.284 3 所在行的第一列数是 -0.5，所在列的第一行数是 0.07，即相应的 u 值为 -0.57，即 $\Phi(-0.57) = 0.284$。若要求更准确的 u 值，可用线性插值法计算。

表中用了 $.0^3 23\,36$，$.9^3 76\,74$ 这种写法，它们分别是 0.000 233 6，0.999 767 4 的缩写，0^3 表示连续 3 个 0，9^3 表示连续 3 个 9。

根据式 (4-11) 和标准正态分布密度曲线的对称性可推导出下列关系式，再借助附表 4-1，便能很方便地计算标准正态分布的有关概率。

$$
\begin{aligned}
&P(0 \leqslant u < u_1) = \Phi(u_1) - 0.5, \\
&P(u \geqslant u_1) = \Phi(-u_1), \\
&P(|u| \geqslant u_1) = 2\Phi(-u_1), \qquad (4-13) \\
&P(|u| < u_1) = 1 - 2\Phi(-u_1), \\
&P(u_1 \leqslant u < u_2) = \Phi(u_2) - \Phi(u_1)。
\end{aligned}
$$

【例 4.6】　随机变量 $u \sim N(0, 1)$，求 $P(u < -1.64)$，$P(u \geqslant 2.58)$，$P(|u| \geqslant 2.56)$，$P(0.34 \leqslant u < 1.53)$。

根据式 (4-13)，查附表 4-1，得

$P(u < -1.64) = 0.050\ 50$,

$P(u \geqslant 2.58) = \Phi(-2.58) = 0.004\ 940$,

$P(|u| \geqslant 2.56) = 2\Phi(-2.56) = 2 \times 0.005\ 234 = 0.010\ 468$,

$P(0.34 \leqslant u < 1.53) = \Phi(1.53) - \Phi(0.34) = 0.936\ 99 - 0.633\ 1 = 0.303\ 89$。

服从标准正态分布的随机变量 u 在区间 $[-k, k)$（$k = 1, 2, 3, 1.96, 2.58$）内取值的概率应用较多（图 4-6），

$$P(-1 \leqslant u < 1) = 0.682\ 6,$$

$$P(-2 \leqslant u < 2) = 0.954\ 5,$$

$$P(-3 \leqslant u < 3) = 0.997\ 3,$$

$$P(-1.96 \leqslant u < 1.96) = 0.95,$$

$$P(-2.58 \leqslant u < 2.58) = 0.99。$$

随机变量 u 在上述区间以外取值的概率分别为

$P(|u| > 1) = 2\Phi(-1) = 1 - P(-1 \leqslant u < 1) = 1 - 0.682\ 6 = 0.317\ 4$,

$P(|u| > 2) = 2\Phi(-2) = 1 - P(-2 \leqslant u < 2) = 1 - 0.954\ 5 = 0.045\ 5$,

$P(|u| > 3) = 2\Phi(-3) = 1 - P(-3 \leqslant u < 3) = 1 - 0.997\ 3 = 0.002\ 7$,

$P(|u| > 1.96) = 2\Phi(-1.96) = 1 - P(-1.96 \leqslant u < 1.96) = 1 - 0.95 = 0.05$,

$P(|u| > 2.58) = 2\Phi(-2.58) = 1 - P(-2.58 \leqslant u < 2.58) = 1 - 0.99 = 0.01$。

（二）一般正态分布的概率计算

随机变量 $x \sim N(\mu, \sigma^2)$，x 在区间 $[x_1, x_2)$ 内取值的概率 $P(x_1 \leqslant x < x_2)$ 等于图 4-7 中画斜线的曲边梯形的面积，即

$$P(x_1 \leqslant x < x_2) = \frac{1}{\sigma\sqrt{2\pi}} \int_{x_1}^{x_2} \mathrm{e}^{-\frac{(x-\mu)^2}{2\sigma^2}} \mathrm{d}x。 \qquad (4-14)$$

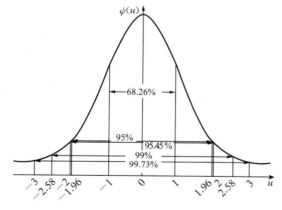

图 4-6　标准正态分布的三个常用概率

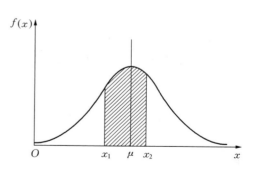

图 4-7　正态分布的概率

对式（4-14）作变量变换，令 $u = (x-\mu)/\sigma$，得 $\mathrm{d}x = \sigma\mathrm{d}u$，于是

$$P(x_1 \leqslant x < x_2) = \frac{1}{\sigma\sqrt{2\pi}} \int_{x_1}^{x_2} \mathrm{e}^{-\frac{(x-\mu)^2}{2\sigma^2}} \mathrm{d}x$$

$$= \frac{1}{\sigma\sqrt{2\pi}} \int_{\frac{(x_1-\mu)}{\sigma}}^{\frac{(x_2-\mu)}{\sigma}} \mathrm{e}^{-\frac{1}{2}u^2} \sigma\mathrm{d}u$$

$$= \frac{1}{\sqrt{2\pi}} \int_{u_1}^{u_2} \mathrm{e}^{-\frac{1}{2}u^2} \mathrm{d}u$$

$$= \Phi(u_2) - \Phi(u_1),$$

其中，$u_1 = (x_1 - \mu)/\sigma$，$u_2 = (x_2 - \mu)/\sigma$。

上述结论表明服从正态分布 $N(\mu, \sigma^2)$ 的随机变量 x 在区间 $[x_1，x_2)$ 内取值的概率等于服从标准正态分布 $N(0, 1)$ 的随机变量 u 在区间 $[(x_1 - \mu)/\sigma，(x_2 - \mu)/\sigma)$ 内取值的概率。计算服从正态分布 $N(\mu, \sigma^2)$ 的随机变量 x 在区间 $[x_1，x_2)$ 内取值的概率，只需将区间的下限 x_1、上限 x_2 作标准化变换，通过查标准正态分布表求得。

【例 4.7】　随机变量 $x \sim N(30.26，5.10^2)$，求 $P(21.64 \leqslant x < 32.98)$。

将区间的下限、上限 $x_1 = 21.64$、$x_2 = 32.98$ 作标准化变换，

$$u_1 = \frac{21.64 - 30.26}{5.10} = -1.69，\quad u_2 = \frac{32.98 - 30.26}{5.10} = 0.53，$$

于是　　　　$P(21.64 \leqslant x < 32.98) = P(-1.69 \leqslant u < 0.53) = \Phi(0.53) - \Phi(-1.69)$
$$= 0.701\,9 - 0.045\,51 = 0.656\,39。$$

服从正态分布 $N(\mu, \sigma^2)$ 的随机变量 x 在区间 $[\mu - k\sigma，\mu + k\sigma)$（$k = 1，2，3，1.96，2.58$）内取值的概率应用较多，

$$P(\mu - \sigma \leqslant x < \mu + \sigma) = 0.682\,6，$$
$$P(\mu - 2\sigma \leqslant x < \mu + 2\sigma) = 0.954\,5，$$
$$P(\mu - 3\sigma \leqslant x < \mu + 3\sigma) = 0.997\,3，$$
$$P(\mu - 1.96\sigma \leqslant x < \mu + 1.96\sigma) = 0.95，$$
$$P(\mu - 2.58\sigma \leqslant x < \mu + 2.58\sigma) = 0.99。$$

随机变量 x 在区间 $(\mu - k\sigma，\mu + k\sigma)$ 之外取值的概率 $P(x < \mu - k\sigma) + P(x > \mu + k\sigma)$ 称为两尾概率（two-tailed probability），记为 α，即 $P(x < \mu - k\sigma) + P(x > \mu + k\sigma) = \alpha$。例如，随机变量 x 在 $(\mu - 1.96\sigma，\mu + 1.96\sigma)$ 之外取值的两尾概率为

$$P(x < \mu - 1.96\sigma) + P(x > \mu + 1.96\sigma) = 1 - P(\mu - 1.96\sigma \leqslant x < \mu + 1.96\sigma) = 1 - 0.95 = 0.05。$$

又如，随机变量 x 在 $(\mu - 2.58\sigma，\mu + 2.58\sigma)$ 之外取值的两尾概率为

$$P(x < \mu - 2.58\sigma) + P(x > \mu + 2.58\sigma) = 1 - P(\mu - 2.58\sigma \leqslant x < \mu + 2.58\sigma) = 1 - 0.99 = 0.01。$$

随机变量 x 小于 $(\mu - k\sigma)$ 的概率 $P(x < \mu - k\sigma)$ 与随机变量 x 大于 $(\mu + k\sigma)$ 的概率 $P(x > \mu + k\sigma)$ 称为一尾概率（one-tailed probability），为 $\alpha/2$，即 $P(x < \mu - k\sigma) = P(x > \mu + k\sigma) = \alpha/2$。例如，随机变量 x 小于 $(\mu - 1.96\sigma)$ 的一尾概率 $P(x < \mu - 1.96\sigma)$ 与随机变量 x 大于 $(\mu + 1.96\sigma)$ 的一尾概率 $P(x > \mu + 1.96\sigma)$ 为

$$P(x < \mu - 1.96\sigma) = P(x > \mu + 1.96\sigma) = 0.05/2 = 0.025。$$

又如，随机变量 x 小于 $(\mu - 2.58\sigma)$ 的一尾概率 $P(x < \mu - 2.58\sigma)$ 与随机变量 x 大于 $(\mu + 2.58\sigma)$ 的一尾概率 $P(x > \mu + 2.58\sigma)$ 为

$$P(x < \mu - 2.58\sigma) = P(x > \mu + 2.58\sigma) = 0.01/2 = 0.005。$$

两尾概率 $P(x < \mu - 1.96\sigma) + P(x > \mu + 1.96\sigma) = 0.05$，如图 4-8 所示。

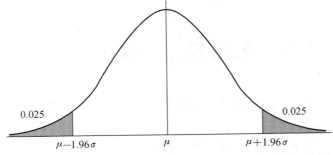

图 4-8　两尾概率 $P(x < \mu - 1.96\sigma) + P(x > \mu + 1.96\sigma) = 0.05$

一尾概率 $P(x<\mu-1.96\sigma)=P(x>\mu+1.96\sigma)=0.025$，如图 4-9 所示。

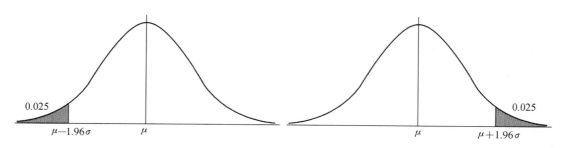

图 4-9　一尾概率 $P(x<\mu-1.96\sigma)=P(x>\mu+1.96\sigma)=0.025$

附表 4-2 给出了满足 $P(\mid u\mid>u_\alpha)=\alpha$ 的双侧分位数 u_α。只要已知两尾概率 α，在附表 4-2 中就可查出两侧分位数 u_α，查表方法与查附表 4-1 相同。

【例 4.8】　随机变量 $u\sim N(0, 1)$，求

(1) $P(u<-u_\alpha)+P(u\geqslant u_\alpha)=0.10$ 的 u_α；(2) $P(-u_\alpha\leqslant u<u_\alpha)=0.86$ 的 u_α。

因为附表 4-2 中的 α 是

$$\alpha=1-\frac{1}{\sqrt{2\pi}}\int_{-u_\alpha}^{u_\alpha} e^{-\frac{1}{2}u^2}\,\mathrm{d}u,$$

所以

(1) $P(u<-u_\alpha)+P(u\geqslant u_\alpha)=1-P(-u_\alpha\leqslant u<u_\alpha)=0.10=\alpha$，由附表 4-2 查得：$u_{0.10}=1.644\,854$。

(2) $P(-u_\alpha\leqslant u<u_\alpha)=0.86$，$\alpha=1-P(-u_\alpha\leqslant u<u_\alpha)=1-0.86=0.14$，由附表 4-2 查得：$u_{0.14}=1.475\,791$。

对于 $x\sim N(\mu, \sigma^2)$，只要将其变换为 $u\sim N(0, 1)$，即可由两尾概率 α 查出双侧分位数 u_α。

【例 4.9】　已知猪血红蛋白含量 $x\sim N(12.86, 1.33^2)$，若 $P(x<l_1)=0.03$，$P(x\geqslant l_2)=0.03$，求 l_1，l_2。

由题意可知，$\alpha/2=0.03$，$\alpha=0.06$，因为

$$P(x<l_1)=P\left(\frac{x-12.86}{1.33}<\frac{l_1-12.86}{1.33}\right)=P(u<-u_\alpha)=0.03,$$

$$P(x\geqslant l_2)=P\left(\frac{x-12.86}{1.33}\geqslant\frac{l_2-12.86}{1.33}\right)=P(u\geqslant u_\alpha)=0.03,$$

故　　　$P(x<l_1)+P(x\geqslant l_2)=P(u<-u_\alpha)+P(u\geqslant u_\alpha)=1-P(-u_\alpha\leqslant P<u_\alpha)=0.06=\alpha$。

在附表 4-2 中查得，$u_{0.06}=1.880\,794$，所以

$$\frac{l_1-12.86}{1.33}=-1.880\,794, \quad \frac{l_2-12.86}{1.33}=1.880\,794,$$

于是　　　$l_1=12.86-1.880\,794\times1.33=10.36$，$l_2=12.86+1.880\,794\times1.33=15.36$。

第四节　二项分布

一、伯努利试验及其概率计算公式

进行 n 次试验，若各次试验结果互不影响，即每次试验结果出现的概率都不依赖于其他各次试验的结果，这 n 次试验称为是独立的。

进行 n 次独立试验，若每次试验出现且只出现事件 A 与其对立事件 $\overline{A}$ 之一，出现事件 A 的概率是 p（$0<p<1$），出现对立事件 $\overline{A}$ 的概率是 $1-p=q$，这 n 次独立试验称为 n 重伯努利试验，简称为伯努利试验（Bernoulli trial）。

进行动物科学试验研究，经常选择的试验指标是一种离散型随机变量，例如孵化 n 枚种蛋孵化出的雏鸡数，n 头病畜治疗后的治愈数，n 尾鱼苗的成活数等，可用伯努利试验来表述。

n 重伯努利试验事件 A 可能发生 0，1，2，$\cdots$，n 次，统计学已证明 n 重伯努利试验事件 A 发生 k（$0 \leqslant k \leqslant n$）次的概率 $P_n(k)$ 的计算公式为

$$P_n(k)=C_n^k p^k q^{n-k}, \quad k=0, 1, 2, \cdots, n。 \tag{4-15}$$

将式（4-15）与二项展开式

$$(q+p)^n = \sum_{k=0}^n C_n^k p^k q^{n-k}$$

比较发现，n 重伯努利试验事件 A 发生 k 次的概率等于 $(q+p)^n$ 展开式中的第 $k+1$ 项，所以式（4-15）也称为二项概率计算公式。

二、二项分布的定义及其特征

（一）二项分布的定义

若随机变量 x 所有可能的取值为零和正整数 0，1，2，$\cdots$，n，随机变量 x 取值 k 的概率计算公式为

$$P_n(k)=C_n^k p^k q^{n-k}, \quad k=0, 1, 2, \cdots, n，$$

其中 $p>0$，$q>0$，$p+q=1$，则随机变量 x 称为服从参数为 n 和 p 的**二项分布**（binomial distribution），记为 $x \sim B(n, p)$。

二项分布是一种离散型随机变量的概率分布。容易验证，二项分布具有概率分布的基本性质，即

1. $P(x=k)=P_n(k) \geqslant 0(k=0, 1, \cdots, n)$。
2. 二项分布的概率之和等于 1，即

$$\sum_{k=0}^n C_n^k p^k q^{n-k} = (q+p)^n = 1。$$

根据式（4-15）可以推导出二项分布概率 $P(x \leqslant m)$，$P(x \geqslant m)$，$P(m_1 \leqslant x \leqslant m_2)$ 的计算公式，

$$P(x \leqslant m) = P_n(k \leqslant m) = \sum_{k=0}^m C_n^k p^k q^{n-k}, \tag{4-16}$$

$$P(x \geqslant m) = P_n(k \geqslant m) = \sum_{k=m}^n C_n^k p^k q^{n-k}, \tag{4-17}$$

$$P(m_1 \leqslant x \leqslant m_2) = P_n(m_1 \leqslant k \leqslant m_2) = \sum_{k=m_1}^{m_2} C_n^k p^k q^{n-k}(m_1 < m_2)。 \tag{4-18}$$

（二）二项分布的特征

二项分布由 n 和 p 两个参数决定，n 只能取正整数；p 能取 0 与 1 之间的任何数值；因为 $q=1-p$，所以 q 不是另一个独立参数。二项分布有如下特征：

1. 若 p 较小且 n 不大，分布是偏倚的。但随着 n 的增大，分布逐渐趋于对称，如图 4-10 所示。

2. 若 p 趋于 0.5，分布趋于对称，如图 4-11 所示。

3. 对于固定的 n 及 p，若 k 增大，$P_n(k)$ 先随 k 增大而增大并达到其极大值；达到其极大值之后，$P_n(k)$ 随 k 增大而减小。

4. 若 n 较大，np、nq 较接近，二项分布接近于正态分布；当 $n \to \infty$ 时，二项分布的极限分布是正态分布。

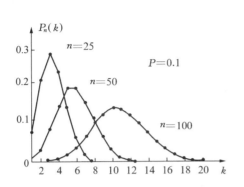

图 4-10　p 相同 n 不相同的二项分布比较

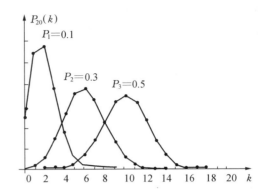

图 4-11　n 相同 p 不相同的二项分布比较

三、二项分布的概率计算及其应用条件

【例 4.10】　纯种白猪与纯种黑猪杂交，根据孟德尔遗传理论，子二代白猪与黑猪的比率为 3：1。求纯种白猪与纯种黑猪杂交子二代窝产 10 头仔猪中有 7 头白猪的概率。

根据题意，$n=10$，子二代是白猪的概率 $p=3/4=0.75$，子二代是黑猪的概率 $q=1/4=0.25$。设纯种白猪与纯种黑猪杂交子二代窝产 10 头仔猪中有白猪 x 头，$x \sim B(10, 0.75)$。纯种白猪与纯种黑猪杂交子二代窝产 10 头仔猪中有 7 头白猪的概率为

$$P(x=7)=P_{10}(7)=C_{10}^7 \times 0.75^7 \times 0.25^3 = \frac{10!}{7!3!} \times 0.75^7 \times 0.25^3 = 0.250\ 3,$$

即纯种白猪与纯种黑猪杂交子二代窝产 10 头仔猪中有 7 头白猪的概率为 0.250 3。

【例 4.11】　乳牛隐性乳腺炎患病率为 30%，求（1）15 头乳牛无 1 头患隐性乳腺炎的概率；（2）15 头乳牛最多有 1 头患隐性乳腺炎的概率。

根据题意，$n=15$，乳牛患隐性乳腺炎的概率 $p=0.3$，乳牛未患隐性乳腺炎的概率 $q=1-0.3=0.7$。设 15 头乳牛患隐性乳腺炎的乳牛头数为 x，$x \sim B(15, 0.3)$。于是，

（1）15 头乳牛无 1 头患隐性乳腺炎的概率为

$$P(x=0)=P_{15}(0)=C_{15}^0 \times 0.3^0 \times 0.7^{15}=0.004\ 7。$$

（2）15 头乳牛最多有 1 头乳牛患隐性乳腺炎的概率为

$$P(x \leqslant 1)=P_{15}(0)+P_{15}(1)$$
$$=C_{15}^0 \times 0.3^0 \times 0.7^{15}+C_{15}^1 \times 0.3^1 \times 0.7^{14}=0.004\ 7+0.030\ 5=0.035\ 2。$$

【例 4.12】　仔猪黄痢病在常规治疗下的死亡率为 20%，求 5 头感染黄痢病仔猪经常规治疗后所有可能的死亡头数的概率。

根据题意，$n=5$，仔猪黄痢病在常规治疗下的死亡概率 $p=0.2$，仔猪黄痢病在常规治疗下的生存概率 $q=1-0.2=0.8$。设 5 头感染黄痢病仔猪经常规治疗后死亡头数为 x，$x \sim B(5, 0.2)$，其所有可能的取值为 0，1，2，3，4，5，根据式（4-15）计算各个概率，

$$P(x=0)=P_5(0)=C_5^0 \times 0.2^0 \times 0.8^5=0.327\ 7,$$

$$P(x=1)=P_5(1)=C_5^1 \times 0.2^1 \times 0.8^4=0.409\,6,$$
$$P(x=2)=P_5(2)=C_5^2 \times 0.2^2 \times 0.8^3=0.204\,8,$$
$$P(x=3)=P_5(3)=C_5^3 \times 0.2^3 \times 0.8^2=0.051\,2,$$
$$P(x=4)=P_5(4)=C_5^4 \times 0.2^4 \times 0.8^1=0.006\,4,$$
$$P(x=5)=P_5(5)=C_5^5 \times 0.2^5 \times 0.8^0=0.000\,3。$$

随机变量 $x \sim B(5，0.2)$ 的分布列为

$$\begin{bmatrix} 0 & 1 & 2 & 3 & 4 & 5 \\ 0.327\,7 & 0.409\,6 & 0.204\,8 & 0.051\,2 & 0.006\,4 & 0.000\,3 \end{bmatrix}$$

以上各例表明二项分布的应用要求具备以下 3 个条件：

（1）各个观察单位只具有互相对立的两种结果，例如患病或未患病，死亡或生存，属于二项分类资料。

（2）已知发生某一种结果（例如患病）的概率为 p，发生其对立结果（未患病）的概率为 $1-p=q$，要求 p 是从大量观察获得的比较稳定的数值。

（3）n 个观察单位的观察结果互相独立，即每个观察单位的观察结果不会影响其他观察单位的观察结果。

四、二项分布的平均数与标准差

前面已经指出，二项分布由 n 和 p 两个参数决定。统计学已证明，若 $x \sim B(n，p)$，x 的总体平均数 μ、总体标准差 σ 与参数 n、p 有如下关系：

当 x 为事件 A 发生的次数 k 时，

$$\mu=np, \quad \sigma=\sqrt{npq}。 \tag{4-19}$$

【例 4.13】　求例 4.12 的平均死亡头数和死亡头数的标准差。

将 $p=0.2$，$n=5$ 代入式（4-19）计算 μ、σ，

平均死亡头数 $\mu=5 \times 0.2=1.0$(头)，

死亡头数的标准差 $\sigma=\sqrt{npq}=\sqrt{5 \times 0.2 \times 0.8}=0.894\,4$(头)。

若 x 为事件 A 发生的频率 k/n，

$$\mu_p=p, \quad \sigma_p=\sqrt{\frac{pq}{n}}。 \tag{4-20}$$

σ_p 为总体百分数标准误。二项分布的参数 p 常常是未知的，用样本百分数 $\hat{p}$ 估计；将样本百分数标准误记为 $s_{\hat{p}}$，$s_{\hat{p}}$ 的计算公式为

$$s_{\hat{p}}=\sqrt{\frac{\hat{p}\hat{q}}{n}}, \quad \hat{q}=1-\hat{p}。 \tag{4-21}$$

样本百分数标准误 $s_{\hat{p}}$ 是总体百分数标准误 σ_p 的估计值。

第五节　泊松分布

泊松分布（Poisson's distribution）是一种用来描述和分析随机发生在单位空间或时间里的稀有事件的概率分布。要观察这类事件，样本容量 n 必须很大。在生物学、医学试验研究中，服从泊松分布的随机变量是常见的。例如，畜群中某种患病率很低的非传染性疾病患病数或死亡数，畜群

中出生的畸形怪胎数，每升饮水中的大肠杆菌数，计数器小方格中的血球数，单位空间中某种野生动物或昆虫数等，都服从泊松分布。

一、泊松分布的定义

若随机变量 x 只取零和正整数 0，1，2，…，随机变量 x 取值 k 的概率计算公式为

$$P(x=k)=\frac{\lambda^k}{k!}\mathrm{e}^{-\lambda}，（k=0，1，\cdots），\tag{4-22}$$

其中 $\lambda>0$，$\mathrm{e}=2.718\,28\cdots$ 是自然对数的底数，则随机变量 x 称为服从参数为 λ 的泊松分布，记为 $x\sim P(\lambda)$。

泊松分布是一种离散型随机变量的概率分布。泊松分布有一个重要特征——总体平均数 μ 与总体方差 σ^2 相等，都等于常数 λ，即 $\mu=\sigma^2=\lambda$。利用这一特征，可以初步判断一个离散型随机变量是否服从泊松分布。

【例 4.14】 调查某种猪场闭锁育种群仔猪畸形数，共记录 200 窝，畸形仔猪数的次数分布列于表 4-2。判断畸形仔猪数是否服从泊松分布。

表 4-2 畸形仔猪数的次数分布

	\multicolumn{5}{c}{每窝畸形仔猪数 k}	合计
	0	1	2	3	≥4	
窝　数 f	120	62	15	2	1	200

利用畸形仔猪数的次数分布采用加权法计算样本平均数 $\bar{x}$ 与均方 s^2，

$$\bar{x}=\frac{\sum fk}{\sum f}=\frac{120\times0+62\times1+15\times2+2\times3+1\times4}{200}=\frac{102}{200}=0.51，$$

$$
\begin{aligned}
s^2&=\frac{\sum fk^2-\dfrac{1}{\sum f}\left(\sum fk\right)^2}{\sum f-1}\\[2mm]
&=\frac{(120\times0^2+62\times1^2+15\times2^2+2\times3^2+1\times4^2)-\dfrac{1}{200}\times102^2}{200-1}=0.52。
\end{aligned}
$$

因为 $\bar{x}=0.51$ 与 $s^2=0.52$ 很接近，所以可以初步判断畸形仔猪数服从泊松分布。

λ 是泊松分布所依赖的唯一参数。λ 愈小，分布愈偏倚，随着 λ 的增大，分布趋于对称，如图 4-12 所示。$\lambda=20$，泊松分布接近于正态分布；$\lambda=50$，可以认为泊松分布呈正态分布。所以在实际工作中，$\lambda\geqslant20$ 就可以用正态分布近似处理泊松分布的问题。

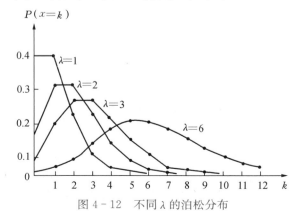

图 4-12 不同 λ 的泊松分布

二、泊松分布的概率计算

泊松分布的概率计算依赖于参数 λ，只要参数 λ 确定了，将 $k=0$，1，2，… 代入式（4-22）即可求得各个概率 $P(x=k)$。泊松分布的参数 λ 常常是未知的，只能计算出样本平均数 $\bar{x}$ 代替式（4-22）中的 λ，计算出 $k=0$，1，2，… 的各个概率 $P(x=k)$。

例如，例4.14已初步判断畸形仔猪数服从泊松分布，并已算出样本平均数 $\bar{x}=0.51$。将0.51代替式（4-22）中的 λ，畸形仔猪数的各个概率计算公式为

$$P(x=k)=\frac{0.51^k}{k!}e^{-0.51}(k=0，1，2，\cdots)。$$

因为 $e^{0.51}=1.6653$，$e^{-0.51}=1/1.6653$，所以畸形仔猪数的各个概率为

$$P(x=0)=\frac{0.51^0}{0!\times1.6653}=0.6005，\quad P(x=1)=\frac{0.51^1}{1!\times1.6653}=0.3063，$$

$$P(x=2)=\frac{0.51^2}{2!\times1.6653}=0.0781，\quad P(x=3)=\frac{0.51^3}{3!\times1.6653}=0.0133，$$

$$P(x=4)=\frac{0.51^4}{4!\times1.6653}=0.0017，\quad P(x>4)=1-\sum_{k=0}^{4}p(x=k)=1-0.9999=0.0001。$$

将上面各个概率乘以记录窝数 $N=\sum f=200$，按泊松分布计算各个理论窝数。泊松分布与相应的频率分布列于表4-3。

表4-3 畸形仔猪数的泊松分布

	每窝畸形仔猪数 k					合计
	0	1	2	3	≥4	
窝数 f	120	62	15	2	1	200
频率	0.6000	0.3100	0.0750	0.0100	0.0050	1.00
概率	0.6005	0.3063	0.0781	0.0133	0.0018	1.00
理论窝数	120.10	61.26	15.62	2.66	0.36	200

将实际计算的频率与根据 $\lambda=0.51$ 的泊松分布计算的概率相比较，发现畸形仔猪的频率分布与 $\lambda=0.51$ 的泊松分布十分接近。这进一步说明畸形仔猪数服从泊松分布。

【例4.15】 为监测饮用水的污染情况，检验某社区每毫升饮用水中细菌数，共记录400 mL饮用水中细菌数，每毫升饮用水中细菌数的次数分布列于表4-4。判断每毫升饮用水中细菌数的分布是否服从泊松分布。若服从泊松分布，按泊松分布计算每毫升饮用水中细菌数的概率及理论次数，并将频率分布与泊松分布作比较。

表4-4 每毫升饮用水中细菌数的次数分布

	每毫升水中细菌数 k				合计
	0	1	2	≥3	
次数 f	243	120	31	6	400

利用每毫升饮用水中细菌数的次数分布采用加权法计算样本平均数 $\bar{x}=0.5$，均方 $s^2=0.496$，因为 $\bar{x}=0.5$ 与 $s^2=0.496$ 很接近，所以可以初步判断每毫升饮用水中细菌数服从泊松分布。以 $\bar{x}=0.5$ 代替式（4-22）中的 λ，每毫升饮用水中细菌数的概率的计算公式为

$$P(x=k)=\frac{0.5^k}{k!}e^{-0.5}，\quad (k=0，1，2，\cdots)。$$

各个概率以及理论次数的计算结果列于表 4-5。

表 4-5　每毫升饮用水中细菌数的泊松分布

	每毫升水中细菌数 k				合　计
	0	1	2	$\geqslant 3$	
实际次数 f	243	120	31	6	400
频　率	0.607 5	0.300 0	0.077 5	0.015 0	1.00
概　率	0.606 5	0.303 3	0.075 8	0.014 4	1.00
理论次数	242.60	121.32	30.32	5.76	400

将实际计算的频率与根据 $\lambda=0.5$ 的泊松分布计算的概率相比较，发现每毫升饮用水中的细菌数的频率分布与 $\lambda=0.5$ 的泊松分布十分接近，这进一步说明用泊松分布描述单位容积（或面积）中细菌数的分布是适宜的。

应当注意，二项分布的应用条件也是泊松分布的应用条件。例如二项分布要求 n 次试验是相互独立的，这也是泊松分布的要求。然而一些具有传染性的罕见疾病的发病数，因为首例发生之后可成为传染源，会影响到后续病例的发生，所以不符合泊松分布的应用条件。在单位时间、单位面积或单位容积内，所观察的事物由于某些原因分布不随机，例如细菌在牛奶中成群落存在，不服从泊松分布。

第六节　样本平均数的抽样分布与标准误

研究总体与从中抽取的样本的关系是统计学的中心内容。对总体与样本的关系的研究可从两方面着手，一是从总体到样本，研究样本的抽样分布（sampling distribution）；二是从样本到总体，利用样本推断总体。统计推断（statistical inference）以总体分布和样本抽样分布的关系为基础。为了能正确利用样本推断总体，正确理解统计推断的结论，须对样本的抽样分布有所了解。

从总体中随机抽取若干个个体组成样本，即使每次抽取的样本容量相等，其统计数（如样本平均数 $\bar{x}$，样本标准差 s）也将随样本的不同而不同，因而统计数也是随机变量，也有其概率分布。统计数的概率分布称为抽样分布。本节仅讨论样本平均数的抽样分布。

一、样本平均数的抽样分布

从总体**随机抽样**（random sampling）的方法可分为返置抽样和不返置抽样两种。返置抽样指每次抽出一个个体，这个个体返置回原总体；不返置抽样指每次抽出的个体不返置回原总体。对于无限总体，返置与否各个个体被抽到的机会相同，可以采取不返置抽样。对于有限总体，应采取返置抽样，否则各个个体被抽到的机会就不相同。

设一总体，平均数为 μ，方差为 σ^2，总体的各个个体为 x，将此总体称为原总体或 x 总体。现从 x 总体随机抽取容量为 n 的样本，样本平均数为 $\bar{x}$。从 x 总体抽出很多甚至无穷多个容量为 n 的样本，这些样本平均数 $\bar{x}$ 有大有小，不尽相同，与 x 总体平均数 μ 往往呈现出不同程度的差异。这种差异是由于随机抽样产生的，称为**抽样误差**（sampling error）。样本平均数 $\bar{x}$ 也是一个随机变量，其概率分布称为样本平均数抽样分布。由样本平均数 $\bar{x}$ 构成的总体称为样本平均数抽样总体或 $\bar{x}$ 总体，其平均数和标准差分别记为 $\mu_{\bar{x}}$ 和 $\sigma_{\bar{x}}$。$\sigma_{\bar{x}}$ 是样本平均数抽样总体的标准差，简称为**总体标准误**（the overall standard error），表示平均数抽样误差的大小。统计学已证明 $\bar{x}$ 总体的两个参数——总体平均数 $\mu_{\bar{x}}$、总体标准误 $\sigma_{\bar{x}}$ 与 x 总体的两个参数——总体平均数 μ、总体标准差 σ 有如下关系，

$$\mu_{\bar{x}}=\mu, \quad \sigma_{\bar{x}}=\frac{\sigma}{\sqrt{n}}。 \tag{4-23}$$

下面进行一个模拟抽样试验，以验证这一关系。

设一有限总体包含 4 个个体：2，3，3，4，$N=4$。根据 $\mu=\sum x/N$ 和 $\sigma^2=\sum(x-\mu)^2/N$ 计算该总体的平均数 μ、方差 σ^2 与标准差 σ 为

$$\mu=3, \quad \sigma^2=\frac{1}{2}, \quad \sigma=\sqrt{\frac{1}{2}}。$$

从包含 N 个个体的有限总体作样本容量为 n 的返置随机抽样，所有可能的样本数为 N^n。对于上述 $N=4$ 的有限总体，若作样本容量 $n=2$ 的返置随机抽样，所有可能的样本数为 $4^2=16$；若作样本容量 $n=4$ 的返置随机抽样，所有可能的样本数为 $4^4=256$。$N=4$ 样本容量 $n=2$ 和 $n=4$ 的返置随机抽样的样本平均数 $\bar{x}$ 的次数分布列于表 4-6。

表 4-6　$N=4$ 样本容量 $n=2$ 和 $n=4$ 的返置随机抽样的样本平均数 $\bar{x}$ 的次数分布表

$N^n=4^2=16$				$N^n=4^4=256$			
$\bar{x}$	f	$f\bar{x}$	$f\bar{x}^2$	$\bar{x}$	f	$f\bar{x}$	$f\bar{x}^2$
2.0	1	2.0	4.00	2.00	1	2.00	4.000 0
2.5	4	10.0	25.00	2.25	8	18.00	40.500 0
3.0	6	18.0	54.00	2.50	28	70.00	175.000 0
3.5	4	14.0	49.00	2.75	56	154.00	423.500 0
4.0	1	4.0	16.00	3.00	70	210.00	630.000 0
				3.25	56	182.00	591.500 0
				3.50	28	98.00	343.000 0
				3.75	8	30.00	112.500 0
				4.00	1	4.00	16.000 0
合计	16	48.0	148.00	合计	256	768.00	2 336.000 0

利用表 4-6，对于样本容量 $n=2$ 的返置随机抽样，采用加权法计算样本平均数抽样总体的平均数 $\mu_{\bar{x}}$、方差 $\sigma_{\bar{x}}^2$ 与标准差 $\sigma_{\bar{x}}$，

$$\mu_{\bar{x}}=\frac{\sum f\bar{x}}{N^n}=\frac{48.0}{16}=3=\mu,$$

$$\sigma_{\bar{x}}^2=\frac{\sum f\bar{x}^2-\frac{1}{N^n}(\sum f\bar{x})^2}{N^n}=\frac{148-\frac{48^2}{16}}{16}=\frac{4}{16}=\frac{1}{4}=\frac{1/2}{2}=\frac{\sigma^2}{n},$$

$$\sigma_{\bar{x}}=\sqrt{\sigma_{\bar{x}}^2}=\sqrt{\frac{1}{4}}=\frac{\sqrt{1/2}}{\sqrt{2}}=\frac{\sigma}{\sqrt{n}}。$$

利用表 4-6，对于样本容量 $n=4$ 的返置随机抽样，采用加权法计算样本平均数抽样总体的平均数 $\mu_{\bar{x}}$、方差 $\sigma_{\bar{x}}^2$ 与标准差 $\sigma_{\bar{x}}$，

$$\mu_{\bar{x}}=\frac{\sum f\bar{x}}{N^n}=\frac{768}{256}=3=\mu,$$

$$\sigma_{\bar{x}}^2=\frac{\sum f\bar{x}^2-\frac{1}{N^n}(\sum f\bar{x})^2}{N^n}=\frac{2\,336-\frac{768^2}{256}}{256}=\frac{32}{256}=\frac{1}{8}=\frac{1/2}{4}=\frac{\sigma^2}{n},$$

$$\sigma_{\bar{x}} = \sqrt{\sigma_{\bar{x}}^2} = \sqrt{\frac{1}{8}} = \frac{\sqrt{1/2}}{\sqrt{4}} = \frac{\sigma}{\sqrt{n}}。$$

这就验证了 $\mu_{\bar{x}} = \mu$，$\sigma_{\bar{x}} = \dfrac{\sigma}{\sqrt{n}}$ 的正确性。

下述两个定理说明了随机变量 x 与随机变量 $\bar{x}$ 概率分布的关系。

定理 1：若随机变量 $x \sim N(\mu, \sigma^2)$，x_1，x_2，$\cdots$，x_n 是从 x 总体随机抽取的样本，样本平均数 $\bar{x} = \sum x / n$ 的概率分布也是正态分布，且 $\mu_{\bar{x}} = \mu$，$\sigma_{\bar{x}} = \sigma / \sqrt{n}$，即 $\bar{x} \sim N(\mu, \sigma^2/n)$。

定理 2：若随机变量 x 不服从正态分布，其总体平均数为 μ、总体方差为 σ^2，x_1，x_2，$\cdots$，x_n 是从此总体随机抽取的样本，n 足够大，样本平均数 $\bar{x} = \sum x / n$ 的概率分布，当 n 足够大时逼近正态分布 $N(\mu, \sigma^2/n)$。这就是中心极限定理（central limit theorem）。

上述两个定理说明了样本平均数 $\bar{x}$ 的抽样分布或者是正态分布或者逼近正态分布。

中心极限定理指明，不论随机变量 x 是连续型还是离散型，也不论随机变量 x 服从何种分布，一般只要 $n > 30$，就可认为样本平均数 $\bar{x}$ 的抽样分布是正态分布。若随机变量 x 的分布不很偏倚，只要 $n > 20$ 时，样本平均数 $\bar{x}$ 的抽样分布就近似于正态分布了。

二、标 准 误

总体标准误 $\sigma_{\bar{x}} = \sigma / \sqrt{n}$ 的大小表示样本平均数 $\bar{x}$ 抽样误差的大小，即精确性的高低。总体标准误 $\sigma_{\bar{x}}$ 大，表示各个样本平均数 $\bar{x}$ 变异程度大，样本平均数的精确性低；总体标准误 $\sigma_{\bar{x}}$ 小，表示各个样本平均数 $\bar{x}$ 变异程度小，样本平均数的精确性高。总体标准误 $\sigma_{\bar{x}}$ 的大小与原总体标准差 σ 成正比，与样本容量 n 的平方根成反比。从某总体抽样，因为总体标准差 σ 是一常数，所以只有增大样本容量 n 才能降低样本平均数 $\bar{x}$ 的抽样误差。

在实际工作中，总体标准差 σ 常常是未知的，因而无法求得总体标准误 $\sigma_{\bar{x}}$。此时，用样本标准差 s 估计总体标准差 σ。于是，用 $\dfrac{s}{\sqrt{n}}$ 估计 $\sigma_{\bar{x}}$。将 $\dfrac{s}{\sqrt{n}}$ 记为 $s_{\bar{x}}$，$s_{\bar{x}}$ 称为样本标准误或均数标准误。样本标准误 $s_{\bar{x}}$ 是样本平均数 $\bar{x}$ 抽样误差的估计值。若样本中各观测值为 x_1，x_2，$\cdots$，x_n，样本标准误 $s_{\bar{x}}$ 的计算公式为

$$s_{\bar{x}} = \frac{s}{\sqrt{n}} = \sqrt{\frac{\sum(x - \bar{x})^2}{n(n-1)}} = \sqrt{\frac{\sum x^2 - \frac{1}{n}\left(\sum x\right)^2}{n(n-1)}}。 \qquad (4-24)$$

应当注意，样本标准差 s 与样本标准误 $s_{\bar{x}}$ 是既有关系又有区别的两个统计数。式（4-24）已表明二者的关系。二者的区别在于：样本标准差 s 是表示样本中各个观测值变异程度大小的统计数，它的大小表示样本平均数 $\bar{x}$ 对该样本代表性的强弱；样本标准误 $s_{\bar{x}}$ 是样本平均数 $\bar{x}$ 的标准差，它是样本平均数 $\bar{x}$ 抽样误差的估计值，它的大小表示样本平均数 $\bar{x}$ 精确性的高低。

对于大样本资料，常将样本标准差 s 与样本平均数 $\bar{x}$ 配合使用，记为 $\bar{x} \pm s$，用以表示所考察指标或性状的优良性与稳定性；对于小样本资料，常将样本标准误 $s_{\bar{x}}$ 与样本平均数 $\bar{x}$ 配合使用，记为 $\bar{x} \pm s_{\bar{x}}$，用以表示所考察指标或性状的优良性与抽样误差的大小。

第七节　t 分 布

前已述及，若 $x \sim N(\mu, \sigma^2)$，则 $\bar{x} \sim N(\mu, \sigma^2/n)$。若将随机变量 $\bar{x}$ 标准化 $u = (\bar{x} - \mu)/\sigma_{\bar{x}}$，则

$u \sim N(0, 1)$。总体标准差 σ 常常是未知的，以样本标准差 s 代替总体标准差 σ 所得到的统计数 $(\bar{x}-\mu)/s_{\bar{x}}$ 记为 t，即

$$t = \frac{\bar{x}-\mu}{s_{\bar{x}}}。 \qquad (4-25)$$

统计数 t 不再服从标准正态分布，而是服从自由度 $df=n-1$ 的 t 分布(t - distribution)。t 的取值区间是（$-\infty$，$+\infty$）。

设 $f(t)$ 为 t 分布的密度函数，t 分布密度曲线如图 4-13 所示。t 分布有如下特征：

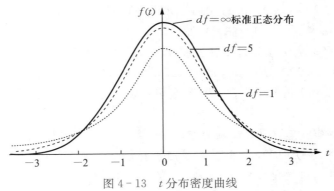

图 4-13 t 分布密度曲线

（1）t 分布受自由度制约，每一个自由度都有一条 t 分布密度曲线。

（2）t 分布密度曲线以纵坐标轴为对称轴左右对称；$t=0$，分布密度函数取得最大值。

（3）与标准正态分布密度曲线相比，t 分布密度曲线顶部略低，两尾部略高而平。df 越小，这种趋势越明显。df 越大，t 分布越趋近于标准正态分布。$n>30$，t 分布与标准正态分布的区别很小；$n>100$，t 分布基本与标准正态分布相同；$n \to \infty$，t 分布与标准正态分布完全一致。

t 分布的分布函数 $F(t_\alpha)$ 为

$$F(t_\alpha) = \int_{-\infty}^{t_\alpha} f(t)\mathrm{d}t, \qquad (4-26)$$

t 在区间（t_α，$+\infty$）内取值的概率——右尾概率为 $1-F(t_\alpha)$。由于 t 分布左右对称，t 在区间（$-\infty$，$-t_\alpha$）内取值的概率——左尾概率也为 $1-F(t_\alpha)$。t 在区间（t_α，$+\infty$）内取值的概率与 t 在区间（$-\infty$，$-t_\alpha$）内取值的概率之和——两尾概率为 $2[1-F(t_\alpha)]$。对于不同自由度 t 分布的两尾概率 p 及其对应的临界 t 值已编制成 t 值表，列于附表 4-3。该表第一列为自由度 df，表头为两尾概率 p 值，表中数字为临界 t 值。

例如，对于 $df=16$，查附表 4-3 得两尾概率等于 0.05 的临界 t 值为 $t_{0.05(16)}=2.120$，其意义为

$$P(-\infty<t<-2.120)=P(2.120<t<+\infty)=0.025,$$
$$P(-\infty<t<-2.120)+P(2.120<t<+\infty)=0.05。$$

附表 4-3 表明，自由度 df 一定，两尾概率 p 值越大，临界 t 值越小；两尾概率 p 值越小，临界 t 值越大。两尾概率 p 值一定，临界 t 值随自由度 df 的增大而减小；自由度 df 为 ∞，临界 t 值与标准正态分布的临界 u 值相同。

1. 什么是随机试验？它具有哪 3 个特性？
2. 什么是随机事件、必然事件、不可能事件？

3. 什么是概率的统计定义？什么是概率的古典定义？随机事件的概率具有哪些基本性质？

4. 什么是小概率事件实际不可能性原理？

5. 离散型随机变量概率分布与连续型随机变量概率分布有何区别？

6. 什么是正态分布、标准正态分布？正态分布有何特征？

7. 若随机变量 $u \sim N(0, 1)$，求 $P(u<-1.4)$，$P(u \geqslant 1.49)$，$P(|u| \geqslant 2.58)$，$P(-1.21 \leqslant u<0.45)$，并作出示意图。

8. 若随机变量 $u \sim N(0, 1)$，求下列各式的 u_α。

(1) $P(u<-u_\alpha)+P(u \geqslant u_\alpha)=0.1$；0.52。 (2) $P(-u_\alpha \leqslant u<u_\alpha)=0.42$；0.95。

9. 若猪血红蛋白含量 $x \sim N(12.86, 1.33^2)$，

(1) 求猪血红蛋白含量 x 在区间 [11.53，14.19) 内取值的概率。

(2) 若 $P(x<l_1)=0.025$，$P(x>l_2)=0.025$，求 l_1，l_2。

10. 设随机变量 x 服从正态分布，其平均数 $\mu=10$。若 $P(x \geqslant 12)=0.1056$，求 x 在区间 [6，16) 内取值的概率。

11. 什么是二项分布？怎样计算二项分布的平均数、方差和标准差？

12. 已知随机变量 $x \sim B(100, 0.1)$，求该随机变量 x 的平均数 μ、标准差 σ。

13. 若乳牛患某种疾病的死亡率为 30%，现有患该种疾病的乳牛 5 头，求

(1) 有 3 头病畜死亡的概率。

(2) 有 3 头以上（含 3 头）病畜死亡的概率。

(3) 最多有 2 头病畜死亡的概率。

14. 若随机变量 $x \sim B(10, 0.6)$，求 $P(2 \leqslant x \leqslant 6)$，$P(x \geqslant 7)$，$P(x<3)$。

15. 某种疾病的死亡率为 0.5%。求在患有该种疾病的 360 个病例中，(1) 有 3 例及 3 例以上死亡的概率；(2) 有 5 例死亡的概率。

16. 什么是泊松分布？其平均数、方差有何特征？

17. 已知随机变量 $x \sim P(4)$，求 $P(x=1)$，$P(x=2)$，$P(x \geqslant 4)$。

18. 样本平均数抽样总体的平均数 $\mu_{\bar{x}}$、标准差 $\sigma_{\bar{x}}$ 与原总体的平均数 μ、标准差 σ 有何关系？

19. 什么是样本标准误 $s_{\bar{x}}$？样本标准误 $s_{\bar{x}}$ 与样本标准差 s 有何关系与区别？$\bar{x} \pm s$ 与 $\bar{x} \pm s_{\bar{x}}$ 表达的意义是什么？

20. t 分布密度曲线与标准正态分布密度曲线有何区别与关系？

t 检验与 u 检验

前面第三章的内容属于描述统计学（descriptive statistics）范畴，利用样本平均数和标准差等统计数描述资料的特征。从本章到第十一章的内容属于推断统计学（inferential statistics）范畴，介绍统计推断（statistical inference）的原理与方法。统计推断是指根据样本和假定模型对总体作出的以概率形式表述的推断，包括假设检验（hypothesis testing，test of hypothesis）和参数估计（parametric estimation）两个内容。

对试验或调查获得的资料进行分析的最常用、最重要的统计分析方法是假设检验。假设检验的方法很多，常用的有 t 检验、F 检验、u 检验和 χ^2 检验等。尽管这些假设检验方法的用途及使用条件不同，但检验的基本原理、基本步骤是相同的。本章结合 t 检验实际例子阐明假设检验的基本原理、基本步骤；介绍单个样本平均数的假设检验 t 检验、两个样本平均数的假设检验 t 检验、百分数资料的假设检验 u 检验；介绍总体参数的区间估计（interval estimation）。

第一节　假设检验的基本原理

一、假设检验的意义

为了便于理解，下面结合一个实际例子说明假设检验的意义。随机抽测在相同饲养管理条件下年龄和胎次相同的 10 头长白猪和 10 头大白猪经产母猪的产仔数记录如下（单位：头）：

10 头长白猪经产母猪产仔数：11，11，9，12，10，13，13，8，10，13

10 头大白猪经产母猪产仔数：8，11，12，10，9，8，8，9，10，7

10 头长白猪经产母猪平均产仔数 $\bar{x}_1=11$ 头，设长白猪经产母猪产仔数总体平均数为 μ_1，$\bar{x}_1=11$ 头是 μ_1 的估计值；10 头大白猪经产母猪平均产仔数 $\bar{x}_2=9.2$ 头，设大白猪经产母猪产仔数总体平均数为 μ_2，$\bar{x}_2=9.2$ 头是 μ_2 的估计值。若根据这两个样本平均产仔数之差 $\bar{x}_1-\bar{x}_2=1.8$ 头，就得出 μ_1 与 μ_2 不同的结论，统计学认为，这样得出的结论是不可靠的。这是因为形成 $\bar{x}_1-\bar{x}_2=1.8$ 头有两种可能：一种可能是 μ_1 与 μ_2 相同，由于试验误差引起；另一种可能是除包含试验误差外，还包含由于 μ_1 与 μ_2 不同所产生的差异。因此必须判断 $\bar{x}_1-\bar{x}_2=1.8$ 头是 μ_1 与 μ_2 相同，由于试验误差引起；还是除包含试验误差外，还包含由于 μ_1 与 μ_2 不同所产生的差异。如何判断形成 $\bar{x}_1-\bar{x}_2=1.8$ 头来自哪一种可能？怎样通过样本来推断总体？这正是假设检验要解决的问题。

试验研究的目的就是要对总体平均数 μ_1 与 μ_2 是否相同作出推断。由于总体平均数 μ_1、μ_2 未知，在进行假设检验时只能以样本平均数 $\bar{x}_1$、$\bar{x}_2$ 作为检验对象，由两个样本平均数 $\bar{x}_1$ 与 $\bar{x}_2$ 之差推断两个样本所属总体平均数 μ_1 与 μ_2 是否相同。

为什么以样本平均数作为检验对象？这是因为样本平均数具有下述 3 个特性：

（1）离均差平方和 $\sum (x-\bar{x})^2$ 最小。说明样本平均数与样本各个观测值最接近，平均数是资料的代表数。

（2）样本平均数是总体平均数的无偏估计值，即 $E(\bar{x})=\mu$。

（3）样本平均数 $\bar{x}$ 的抽样分布或者是正态分布，或者逼近正态分布。

所以，以样本平均数作为检验对象，根据两个样本平均数 $\bar{x}_1$ 与 $\bar{x}_2$ 之差推断两个样本所属总体平均数 μ_1 与 μ_2 是否相同是有依据的。但是不能仅根据样本平均数 $\bar{x}_1$ 与 $\bar{x}_2$ 之差直接作出总体平均数 μ_1 与 μ_2 是否相同的结论，其原因在于试验误差是不可避免的。

通过试验得到某个处理的 n 个观测值 x_i（$i=1$，2，$\cdots$，n），观测值 x_i 既由 x_i 所属总体的特征决定，又受诸多无法控制的随机因素的影响。所以观测值 x_i 由两部分组成，即

$$x_i = \mu + \varepsilon_i,$$

其中，μ 为某个处理的观测值总体平均数，表示总体特征；ε_i 为试验误差，表示诸多无法控制的随机因素的影响。于是，

$$\bar{x} = \frac{1}{n}\sum_{i=1}^{n} x_i = \frac{1}{n}\sum_{i=1}^{n}(\mu+\varepsilon_i) = \mu + \bar{\varepsilon},$$

说明样本平均数 $\bar{x}$ 并不等于总体平均数 μ，它还包含试验误差 $\bar{\varepsilon}$。

对于两个处理的两个样本平均数 $\bar{x}_1$、$\bar{x}_2$，

$$\bar{x}_1 = \mu_1 + \bar{\varepsilon}_1, \quad \bar{x}_2 = \mu_2 + \bar{\varepsilon}_2,$$

$$\bar{x}_1 - \bar{x}_2 = (\mu_1 - \mu_2) + (\bar{\varepsilon}_1 - \bar{\varepsilon}_2),$$

两个样本平均数之差（$\bar{x}_1 - \bar{x}_2$）包含两部分：一部分是两个总体平均数之差（$\mu_1 - \mu_2$），称为试验的真实差异；另一部分是试验误差（$\bar{\varepsilon}_1 - \bar{\varepsilon}_2$）。也就是说两个样本平均数之差（$\bar{x}_1 - \bar{x}_2$）包含试验的真实差异（$\mu_1 - \mu_2$）和试验误差（$\bar{\varepsilon}_1 - \bar{\varepsilon}_2$），它只是试验的表面差异。虽然试验的真实差异（$\mu_1 - \mu_2$）未知，但试验的表面差异（$\bar{x}_1 - \bar{x}_2$）是可以计算的，借助数理统计方法可以对试验误差作出估计。所以，可从试验的表面差异与试验误差相比较推断试验的真实差异是否存在，这就是假设检验的基本思想。假设检验的目的在于判断试验的表面差异（$\bar{x}_1 - \bar{x}_2$）除包含试验误差（$\bar{\varepsilon}_1 - \bar{\varepsilon}_2$）外是否还包含试验的真实差异（$\mu_1 - \mu_2$），对总体平均数 μ_1 与 μ_2 是否相同作出推断。

二、假设检验的基本步骤

仍以上述随机抽测 10 头长白猪和 10 头大白猪经产母猪的产仔数为例说明假设检验的基本步骤。

1. 对试验样本所属总体参数提出假设　此例假设 $\mu_1=\mu_2$ 或 $\mu_1-\mu_2=0$，即假设长白猪经产母猪产仔数的总体平均数 μ_1 与大白猪经产母猪产仔数的总体平均数 μ_2 相同，意味着试验的真实差异 $\mu_1-\mu_2=0$，试验的表面差异 $\bar{x}_1-\bar{x}_2=1.8$ 头只包含试验误差。这种假设称为无效假设（null hypothesis），记为 H_0：$\mu_1=\mu_2$ 或 $\mu_1-\mu_2=0$。对无效假设进行检验，通过检验可能被否定，也可能未被否定。提出无效假设 H_0：$\mu_1=\mu_2$ 或 $\mu_1-\mu_2=0$ 的同时，还应提出无效假设被否定应接受的假设，称为**备择假设**（alternative hypothesis），记为 H_A。本例的备择假设为 H_A：$\mu_1 \neq \mu_2$ 或 $\mu_1-\mu_2 \neq 0$，即假设长白猪与大白猪经产母猪产仔数的总体平均数 μ_1 与 μ_2 不相同或 μ_1 与 μ_2 之差不等于 0，也就是说存在试验的真实差异，意味着试验的表面差异 $\bar{x}_1-\bar{x}_2$ 除包含试验误差外，还包含试验

的真实差异。

2. 假定无效假设正确，寻求合适的统计数，研究所得到的统计数的抽样分布，计算无效假设正确的概率　此例，假定无效假设 H_0：$\mu_1＝\mu_2$ 正确，统计学将所得到的统计数记为 t，统计数 t 的计算公式为

$$t＝\frac{\overline{x}_1－\overline{x}_2}{s_{\overline{x}_1－\overline{x}_2}},$$

其中，$s_{\overline{x}_1－\overline{x}_2}$ 为均数差数标准误，计算公式为

$$s_{\overline{x}_1－\overline{x}_2}＝\sqrt{\frac{\sum(x_1－\overline{x}_1)^2＋\sum(x_2－\overline{x}_2)^2}{(n_1－1)＋(n_2－1)}\left(\frac{1}{n_1}＋\frac{1}{n_2}\right)},\qquad(5-1)$$

n_1，n_2 为两个样本容量。

所得到的统计数 t 服从自由度 $df＝(n_1－1)＋(n_2－1)$ 的 t 分布。

此例，$\overline{x}_1－\overline{x}_2＝11－9.2＝1.8$，根据式（5-1）计算 $s_{\overline{x}_1－\overline{x}_2}$，

$$\begin{aligned}s_{\overline{x}_1－\overline{x}_2}&＝\sqrt{\frac{\sum(x_1－\overline{x}_1)^2＋\sum(x_2－\overline{x}_2)^2}{(n_1－1)＋(n_2－1)}\left(\frac{1}{n_1}＋\frac{1}{n_2}\right)}\\&＝\sqrt{\frac{28＋21.6}{(10－1)＋(10－1)}\times\left(\frac{1}{10}＋\frac{1}{10}\right)}＝0.742,\end{aligned}$$

于是

$$t＝\frac{\overline{x}_1－\overline{x}_2}{s_{\overline{x}_1－\overline{x}_2}}＝\frac{11－9.2}{0.742}＝2.426。$$

下面估计 $|t|\geqslant2.426$ 的两尾概率，即估计 $P(|t|\geqslant2.426)$。此例，$df＝(n_1－1)＋(n_2－1)＝(10－1)＋(10－1)＝18$，查附表 4-3，两尾概率为 0.05 的临界 t 值 $t_{0.05(18)}＝2.101$，两尾概率为 0.01 的临界 t 值 $t_{0.01(18)}＝2.878$，即

$$P(|t|>2.101)＝P(t<-2.101)＋P(t>2.101)＝0.05,$$
$$P(|t|>2.878)＝P(t<-2.878)＋P(t>2.878)＝0.01。$$

由于根据两个样本观测值计算所得的 t 值为 2.426，介于两个临界 t 值之间，即

$$t_{0.05(18)}<2.426<t_{0.01(18)},$$

所以，$|t|\geqslant2.426$ 的概率 p 介于 0.01 与 0.05 之间，即 $0.01<p<0.05$，如图 5-1 所示。说明无效假设正确的概率 p，即试验的表面差异只包含试验误差的概率 p 介于 0.01 与 0.05 之间。

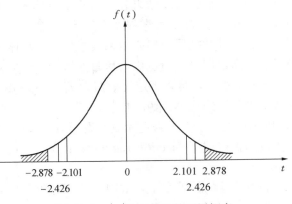

图 5-1　$|t|\geqslant2.426$ 的两尾概率

3. 根据"小概率事件实际不可能原理"推断无效假设是否被否定　小概率事件实际不可能原理就是进行一次试验把小概率事件看成是实际上不可能发生的事件。根据这一原理，若试验的表面差异只包含试验误差的概率小于 0.05，可以认为进行一次试验，试验表面差异只包含试验误差实际上是不可能的，否定无效假设 H_0：$\mu_1＝\mu_2$，接受备择假设 H_A：$\mu_1\neq\mu_2$，即总体平均数 μ_1 与 μ_2 不相同，存在试验的真实差异。若试验的表面差异只包含试验误差的概率大于 0.05，无效假设 H_0：$\mu_1＝\mu_2$ 正确的可能性大，不能被否定，因而也就不能接受备择假设 H_A：$\mu_1\neq\mu_2$，可以认为总体平均数 μ_1 与 μ_2 相同。

此例，试验的表面差异只包含试验误差的概率 p 介于 0.01 与 0.05 之间，即 $0.01<p<0.05$，否定 H_0：$\mu_1＝\mu_2$，接受 H_A：$\mu_1\neq\mu_2$，即长白猪与大白猪经产母猪产仔数总体平均数 μ_1 与 μ_2 不

相同。

假设检验：首先对样本所属总体参数提出无效假设与备择假设；其次假定无效假设正确，寻求合适的统计数，研究所得统计数的抽样分布，计算无效假设正确的概率；然后根据小概率事件实际不可能原理对无效假设是否被否定作出推断，所以假设检验实际上是应用称为"概率性质的反证法"对样本所属总体参数提出的无效假设作出统计推断。

这里所采用的假设检验，因为计算的统计数记为 t，t 服从自由度 $df = (n_1 - 1) + (n_2 - 1)$ 的 t 分布，所以称为 t 检验。

三、显著水平与两种类型的错误

(一) 显著水平

进行假设检验，无效假设是否被否定的依据是"小概率事件实际不可能原理"。用来确定无效假设是否被否定的概率标准称为**显著水平**（significance level），记为 α。生物学试验研究进行假设检验常用显著水平 $\alpha = 0.05$ 或 $\alpha = 0.01$。$\alpha = 0.05$ 称为 5% 显著水平或显著水平，$\alpha = 0.01$ 称为 1% 显著水平或极显著水平。

对于此例所采用的 t 检验，若 $|t| < t_{0.05}$，试验的表面差异只包含试验误差的概率 $p > 0.05$，即试验的表面差异只包含试验误差的可能性大，不能否定 $H_0 : \mu_1 = \mu_2$。统计学把这一假设检验结果表述为两个总体平均数 μ_1 与 μ_2 差异不显著，可以认为总体平均数 μ_1 与 μ_2 相同；若 $t_{0.05} \leqslant |t| < t_{0.01}$，试验的表面差异只包含试验误差的概率 p 介于 0.01 与 0.05 之间，即 $0.01 < p \leqslant 0.05$，试验的表面差异只包含试验误差的可能性小，否定 $H_0 : \mu_1 = \mu_2$，接受 $H_A : \mu_1 \neq \mu_2$。统计学把这一假设检验结果表述为两个总体平均数 μ_1 与 μ_2 差异显著，可以认为总体平均数 μ_1 与 μ_2 不相同，推断的可靠程度不低于 95%；若 $|t| \geqslant t_{0.01}$，试验的表面差异只包含试验误差的概率 p 不超过 0.01，即 $p \leqslant 0.01$，试验的表面差异只包含试验误差的可能性更小，否定 $H_0 : \mu_1 = \mu_2$，接受 $H_A : \mu_1 \neq \mu_2$。统计学把这一假设检验结果表述为两个总体平均数 μ_1 与 μ_2 差异极显著，可以认为总体平均数 μ_1 与 μ_2 不相同，推断的可靠程度不低于 99%。

因为统计学把假设检验结果表述为两个总体平均数 μ_1 与 μ_2 差异不显著、或差异显著、或差异极显著，所以假设检验也称为**显著性检验**（test of significance）。

进行 t 检验，是否否定无效假设 $H_0 : \mu_1 = \mu_2$，是用实际计算出的检验统计数 t 的绝对值 $|t|$ 与显著水平为 α 的临界 t 值 t_α 比较。若 $|t| \geqslant t_\alpha$，则在 α 水平上否定无效假设 $H_0 : \mu_1 = \mu_2$；若 $|t| < t_\alpha$，则不能在 α 水平上否定无效假设 $H_0 : \mu_1 = \mu_2$。区间 $(-\infty, -t_\alpha]$ 和 $[t_\alpha, +\infty)$ 称为 α 水平无效假设的否定域（rejection region），区间 $(-t_\alpha, t_\alpha)$ 称为 α 水平无效假设的接受域（acceptance region）。

假设检验的显著水平，常用 $\alpha = 0.05$ 和 0.01，也可选用 $\alpha = 0.10$ 或 $\alpha = 0.001$ 等。选用哪种显著水平，应根据试验的要求或试验结论的重要性确定。若试验中难以控制的因素较多，试验误差较大，显著水平可选用低些，即 α 的数值可选用大些；若试验耗费较大，对精确度要求较高，不容许反复，或者试验结论的应用事关重大，显著水平应选用高些，即 α 的数值应选用小些。显著水平 α 对假设检验的结论是有影响的，通常在拟定试验计划时就应确定下来。

(二) 两类错误

因为进行假设检验无效假设否定与否的依据是"小概率事件实际不可能原理"，但小概率事件不是不可能事件，所以所得出的结论不可能有百分之百的可靠程度。假设检验可能出现两种类型的错误：Ⅰ型错误（type Ⅰ error）与Ⅱ型错误（type Ⅱ error）。Ⅰ型错误又称为 α 错误，就是把非真

实差异错判为真实差异，即实际上 $H_0: \mu_1 = \mu_2$ 正确，检验结果却否定了 $H_0: \mu_1 = \mu_2$，接受了 $H_A: \mu_1 \neq \mu_2$，犯了"弃真"错误。犯Ⅰ类型错误的概率不超过所选用的显著水平 α。Ⅱ型错误又称为 β 错误，就是把真实差异错判为非真实差异，即实际上 $H_A: \mu_1 \neq \mu_2$ 正确，检验结果却未否定 $H_0: \mu_1 = \mu_2$，未接受 $H_A: \mu_1 \neq \mu_2$，却接受了 $H_0: \mu_1 = \mu_2$，犯了"纳伪"错误。犯Ⅱ类型错误的概率记为 β，β 通常随 $|\mu_1 - \mu_2|$ 的减小或试验误差的增大而增大，因为 $|\mu_1 - \mu_2|$ 越小或试验误差越大，就越容易将试验的真实差异错判为非真实的差异。因此，若经 t 检验得出"差异显著"或"差异极显著"的结论，至少有95%或99%的可靠程度认为 μ_1 与 μ_2 不相同，判断错误的概率不超过5%或1%；若经 t 检验得出"差异不显著"的结论，只能认为在本次试验条件下，μ_1 与 μ_2 没有差异的假设 $H_0: \mu_1 = \mu_2$ 未被否定，这有两种可能：或者 μ_1 与 μ_2 确实没有差异，或者 μ_1 与 μ_2 有差异因为试验误差大被掩盖了。因而，不能仅凭统计推断就简单地作出绝对肯定或绝对否定的结论。"有很大的可靠程度，但有一定的错误率"，这是假设检验的基本特点。

假设检验的两类错误归纳于表 5-1：

表 5-1 假设检验的两类错误

客观实际	检验结果	
	否定 H_0	未否定 H_0
H_0 成立	Ⅰ型错误（α）	推断正确（$1-\alpha$）
H_0 不成立	推断正确（$1-\beta$）	Ⅱ型错误（β）

为了降低犯两类错误的概率，适当选用显著水平 α，适当增加试验重复次数。因为选用数值小的显著水平 α 可以降低犯Ⅰ类型错误的概率，但与此同时增大了犯Ⅱ型错误的概率，所以显著水平 α 的选用要同时考虑犯两类错误概率的大小。对于动物科学试验研究，由于试验条件不容易控制一致，试验误差较大，为了降低犯Ⅱ型错误的概率，也可选用显著水平 $\alpha = 0.10$ 或 $\alpha = 0.20$（注意，选用这些显著水平，一定要予以注明）。通常适当增加试验处理的重复次数，降低试验误差，提高试验的精确度，降低犯Ⅱ型错误的概率。

四、两尾检验与一尾检验

上例所进行的两个样本平均数的假设检验——t 检验，无效假设为 $H_0: \mu_1 = \mu_2$，备择假设为 $H_A: \mu_1 \neq \mu_2$。此时，备择假设包括 $\mu_1 > \mu_2$ 与 $\mu_1 < \mu_2$。假设检验的目的在于判断 μ_1 与 μ_2 是否相同，不考虑谁大谁小。此时，在 α 水平 H_0 的否定域为 $(-\infty, -t_\alpha]$ 和 $[t_\alpha, +\infty)$，对称地位于横坐标轴——t 轴的左、右两侧尾部，每侧尾部的概率为 $\frac{\alpha}{2}$，即 $P(-\infty < t \leqslant -t_\alpha) = P(t_\alpha \leqslant t < +\infty) = \frac{\alpha}{2}$，如图 5-2 所示。利用两侧尾部概率进行的假设检验称为**两尾检验**（two-tailed test），也称为**两侧检验**（two-sided test），t_α 为 α 水平两尾检验的临界 t 值。

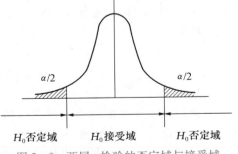

图 5-2 两尾 t 检验的否定域与接受域

进行两个样本平均数的假设检验，有的假设检验的目的与两尾检验的目的不同。例如采用某种新配套技术措施以期提高鸡的产蛋量。进行新配套技术措施与常规技术措施平均产蛋量的假设检验，目的在于推断新配套技术措施是否提高鸡的平均产蛋量。设新配套技术措施鸡产蛋量的总体平

均数为 μ_1，常规技术措施鸡产蛋量的总体平均数为 μ_2。此时，无效假设为 $H_0：\mu_1=\mu_2$，备择假设为 $H_A：\mu_1>\mu_2$，H_0 的否定域在 t 轴的右侧，在 α 水平上 H_0 的否定域为 $[t_\alpha，+\infty)$，右侧尾部的概率为 α，即 $P(t_\alpha\leqslant t<\infty)=\alpha$，如图 5-3（A）所示。

进行两个样本平均数的假设检验，无效假设为 $H_0：\mu_1=\mu_2$，备择假设为 $H_A：\mu_1<\mu_2$，H_0 的否定域在 t 轴的左侧，在 α 水平 H_0 的否定域为 $(-\infty，-t_\alpha]$，左侧尾部的概率为 α，即 $P(-\infty< t\leqslant -t_\alpha)=\alpha$，如图 5-3（B）所示。

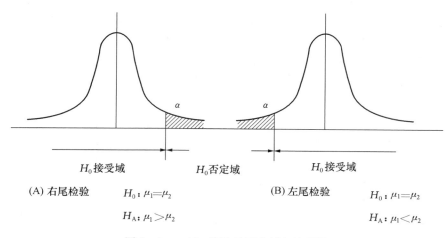

（A）右尾检验 $H_0：\mu_1=\mu_2$ （B）左尾检验 $H_0：\mu_1=\mu_2$

        $H_A：\mu_1>\mu_2$ $H_A：\mu_1<\mu_2$

图 5-3 一尾 t 检验的否定域与接受域

利用一侧尾部概率进行的假设检验称为**一尾检验**（one-tailed test），也称为**一侧检验**（one-sided test）。此时 t_α 为 α 水平一尾 t 检验的临界 t 值。一尾 t 检验的 $t_\alpha=$ 两尾 t 检验的 $t_{2\alpha}$，例如，一尾 t 检验的 $t_{0.05}=$ 两尾 t 检验的 $t_{0.10}$；一尾 t 检验的 $t_{0.01}=$ 两尾 t 检验的 $t_{0.02}$。

对两个样本平均数进行一尾 t 检验也进行两尾 t 检验，一尾 t 检验在 α 水平显著，只相当于两尾 t 检验在 2α 水平显著。所以，对两个样本平均数进行两尾 t 检验与一尾 t 检验所得的结论不一定相同。两尾 t 检验显著，一尾 t 检验一定显著；一尾 t 检验显著，两尾 t 检验未必显著。

采用一尾 t 检验还是两尾 t 检验应根据理论知识、实践经验及检验的目的在试验设计时就确定。事先不知道所比较的两个处理观测值总体平均数 μ_1、μ_2 谁大谁小，检验的目的在于推断两个处理观测值总体平均数 μ_1 与 μ_2 是否相同，采用两尾 t 检验；根据理论知识或实践经验判断第一个处理的观测值总体平均数 μ_1 比第二个处理的观测值总体平均数 μ_2 大（或小），检验的目的在于推断第一个处理的观测值总体平均数 μ_1 是否比第二个处理的观测值总体平均数 μ_2 大（或小），采用一尾 t 检验。

五、假设检验的注意事项

上面以两个样本平均数的假设检验——t 检验为例详细阐述了假设检验的基本原理、基本步骤。进行假设检验还应注意以下事项。

1. 合理进行试验设计，准确进行试验和观察记载，尽量降低试验误差，避免系统误差 若资料包含有较大的试验误差与系统误差，有许多遗漏、缺失甚至错误，再好的统计方法也无济于事。因此，收集到正确、完整而又足够的资料是通过假设检验获得正确结论的基本前提。

2. 选用的假设检验方法应符合其应用条件 由于资料的类型、试验设计方法、样本容量等的不同，所选用的假设检验方法也不同，因而在选用检验方法时，应认真考虑其适用条件，不能错用。上面所举的例子属于"非配对设计"两个样本平均数的假设检验——t 检验。

3. 根据采用两尾检验或采用一尾检验选用无效假设和备择假设　进行假设检验时，无效假设和备择假设的选用，决定了采用两尾检验或是一尾检验。

4. 正确理解假设检验结论的统计意义　假设检验以样本统计数作为检验对象，通过检验对总体参数作出统计推断。假设检验的结论"差异不显著""差异显著"或"差异极显著"都是对总体参数作出的推断。所有假设检验（包括参数检验与非参数检验）的结论都是对总体而言。

"差异不显著"是指试验的表面差异只包含试验误差的可能性大于显著水平 0.05，不能理解为"没有差异"。此时存在两种可能：一是无真实差异；二是有真实差异，但被试验误差所掩盖，表现不出差异的显著性，若减小试验误差或增大样本容量，能表现出差异显著性。也就是说，推断为"差异不显著"应考虑有可能犯 II 型错误。

"差异显著"或"差异极显著"不应该理解为"相差很大"或"相差非常大"，也不能认为在实际应用上一定就有重要或很重要的价值。"差异显著"或"差异极显著"是指试验的表面差异只包含试验误差的概率小于 0.05 或 0.01，可以认为存在真实差异的水平。有些试验虽然试验的表面差异大，但由于试验误差大，也许不能推断为"差异显著"；有些试验虽然试验的表面差异小，但由于试验误差小，反而可能推断为"差异显著"。

显著水平的高低表示统计推断可靠程度的高低，在 0.05 水平上否定无效假设的可靠程度不低于 95%，犯 I 型错误的概率不高于 5%；在 0.01 水平上否定无效假设的可靠程度不低于 99%，犯 I 型错误的概率不高于 1%。

特别要强调的是，假设检验只能判断无效假设能否被否定，不能证明无效假设是正确的。

5. 根据试验研究目的选用无效假设和备择假设，正确计算检验统计数　"非配对设计"两个样本平均数的假设检验 t 检验，无效假设 H_0 与备择假设 H_A 的选用，一般如前所述，但有时也有例外。例如经过收益与成本的综合经济分析，用高质量的 I 号饲料饲喂畜禽比用 II 号饲料饲喂畜禽提高的成本需用畜禽生产性能提高 d 个单位获得的收益来相抵。检验用高质量的 I 号饲料饲喂畜禽与用 II 号饲料饲喂畜禽在收益上是否有差异，无效假设为 H_0：$\mu_1 - \mu_2 = d$，备择假设为 H_A：$\mu_1 - \mu_2 \neq d$（两尾检验）；或检验用高质量的 I 号饲料饲喂畜禽在收益上是否高于用 II 号饲料饲喂畜禽，无效假设为 H_0：$\mu_1 - \mu_2 = d$，备择假设为 H_A：$\mu_1 - \mu_2 > d$（一尾检验）。检验用高质量的 I 号饲料饲喂畜禽与用 II 号饲料饲喂畜禽在收益上是否有差异的 t 检验 t 值的计算公式为，

$$t = \frac{(\bar{x}_1 - \bar{x}_2) - d}{s_{\bar{x}_1 - \bar{x}_2}}。 \tag{5-2}$$

若不能否定无效假设，可以认为用高质量的 I 号饲料饲喂畜禽得失相抵。

进行两尾 t 检验，t 落入 α 水平上的否定域 $(-\infty, -t_\alpha]$ 和 $[t_\alpha, +\infty)$ 中的 $[t_\alpha, +\infty)$，即 $t \geq t_\alpha$（注意，此处 α 为两尾概率）；进行一尾 t 检验，t 落入 α 水平的否定域 $[t_\alpha, +\infty)$，即 $t \geq t_\alpha$（注意，此处 α 为一尾概率），否定了无效假设 H_0：$\mu_1 - \mu_2 = d$，才能认为用高质量的 I 号饲料饲喂畜禽可获得更多的收益。

6. 报告统计推断结论时，应列出根据样本计算所得到的检验统计数　例如 t，注明是一尾检验还是两尾检验，并写出 p 的取值范围：$p > 0.05$ 或 $0.01 < p < 0.05$，$p \leq 0.01$。

第二节　单个样本平均数的假设检验——t 检验

单个样本平均数假设检验的目的在于检验样本所属总体平均数 μ 与已知总体平均数 μ_0 是否相同，即检验该样本是否取自总体平均数为 μ_0 的总体。已知的总体平均数 μ_0 一般是一些公认的理论

数值、经验数值或期望数值，例如畜禽正常生理指标、怀孕期、家禽出雏天数以及生产性能指标等。单个样本平均数的假设检验采用 t 检验，基本步骤如下：

1. 提出无效假设与备择假设

$$H_0: \mu = \mu_0, \quad H_A: \mu \neq \mu_0。$$

2. 计算 t 值 t 值的计算公式为

$$t = \frac{\overline{x} - \mu_0}{s_{\overline{x}}}, \quad df = n-1, \tag{5-3}$$

其中，n 为样本容量，$\overline{x}$ 为样本平均数，$s_{\overline{x}} = s/\sqrt{n}$ 为样本标准误。

3. 统计推断 根据自由度 $df = n-1$ 查附表 4-3，得临界 t 值 $t_{0.05(n-1)}$，$t_{0.01(n-1)}$。将计算所得的 t 值的绝对值 $|t|$ 与临界 t 值比较作出统计推断，若 $|t| < t_{0.05(n-1)}$，$p > 0.05$，不能否定 $H_0: \mu = \mu_0$，表明样本所属总体平均数 μ 与已知总体平均数 μ_0 差异不显著，可以认为该样本是取自总体平均数为 μ_0 的总体；若 $t_{0.05(n-1)} \leqslant |t| < t_{0.01(n-1)}$，$0.01 < p \leqslant 0.05$，否定 $H_0: \mu = \mu_0$，接受 $H_A: \mu \neq \mu_0$，表明样本所属总体平均数 μ 与已知总体平均数 μ_0 差异显著；若 $|t| \geqslant t_{0.01(n-1)}$，$p \leqslant 0.01$，否定 $H_0: \mu = \mu_0$，接受 $H_A: \mu \neq \mu_0$，表明样本所属总体平均数 μ 与已知总体平均数 μ_0 差异极显著。

若在 $\alpha = 0.05$ 水平上进行一尾检验，只需将计算所得 t 值的绝对值 $|t|$ 与由附表 4-3 查得 $\alpha = 0.10$ 的临界 t 值 $t_{0.10}$ 比较，即可作出统计推断。

【例 5.1】 正常情况下母猪的怀孕期平均为 114 d。抽测 10 头母猪的怀孕期分别为 116，115，113，112，114，117，115，116，114，113(d)。检验样本所属总体平均数 μ 与 114(d) 是否相同。

此例 $\mu_0 = 114$，提出检验样本所属总体平均数 μ 与 μ_0 是否相同，应进行两尾 t 检验。

(1) 提出无效假设与备择假设。

$$H_0: \mu = 114, \quad H_A: \mu \neq 114。$$

(2) 计算 t 值。将 $n = 10$ 计算所得的 $\overline{x} = 114.5$，$s = 1.581$ 代入式（5-3），得

$$t = \frac{\overline{x} - \mu_0}{s_{\overline{x}}} = \frac{114.5 - 114}{1.581/\sqrt{10}} = \frac{0.5}{0.5} = 1.000。$$

(3) 统计推断。根据自由度 $df = n-1 = 10-1 = 9$，查附表 4-3，得临界 t 值 $t_{0.05(9)} = 2.262$，因为 $t = 1 < t_{0.05(9)}$，$p > 0.05$，不能否定 $H_0: \mu = 114$，表明样本所属总体平均数 μ 与 114(d) 差异不显著，可以认为该样本取自母猪怀孕期为 114 d 的总体，即母猪平均怀孕期未发生改变。

【例 5.2】 饲料配方要求每 1 000 kg 饲料中维生素 C 含量应高于 246 g。从某饲料厂生产的饲料中随机抽测 12 个样品，测得维生素 C 含量为 255，260，262，248，244，245，250，238，246，248，258，270(g/1 000 kg)。检验该厂生产的饲料是否符合要求。

此例 $\mu_0 = 246$，提出检验该厂生产的饲料是否符合要求，应进行一尾 t 检验。

(1) 提出无效假设与备择假设。设某饲料厂生产的饲料维生素 C 含量总体平均数为 μ。

$$H_0: \mu = 246, \quad H_A: \mu > 246。$$

(2) 计算 t 值。将 $n = 12$ 计算所得的 $\overline{x} = 252$，$s = 9.115$ 代入式（5-3），得

$$t = \frac{\overline{x} - \mu_0}{s_{\overline{x}}} = \frac{252 - 246}{9.115/\sqrt{12}} = \frac{6}{2.631} = 2.281。$$

(3) 统计推断。此例，自由度 $df = n-1 = 12-1 = 11$，一尾 t 检验的 $t_{0.05(11)} =$ 两尾 t 检验的 $t_{0.10(11)} = 1.796$，因为 $t = 2.281 >$ 一尾 t 检验的 $t_{0.05(11)}$，$p < 0.05$，否定 $H_0: \mu = 246$，接受 $H_A: \mu > 246$，表明某饲料厂生产的饲料维生素 C 含量总体平均数 μ 显著高于 246 g/1 000 kg，即该厂生产的饲料维生素 C 含量符合要求。

第三节 两个样本平均数的假设检验——t 检验

两个样本平均数假设检验的目的在于检验两个样本所属总体平均数是否相同。两个样本平均数的假设检验，因试验设计方法不同，分为非配对设计和配对设计两种。

一、非配对设计两个样本平均数的假设检验

非配对设计也称为成组设计，是指进行两个处理的试验，将试验单位随机分成两组，对两组试验单位各实施一个处理。非配对设计两组的试验单位相互独立，所得的两个样本相互独立，其容量不一定相等。非配对设计试验资料的一般形式如表 5－2 所示。

表 5－2 非配对设计试验资料的一般形式

处理	观测值 x_{ij}	样本容量 n_i	平均数 $\bar{x}$	总体平均数 μ
1	x_{11}，x_{12}，$\cdots$，x_{1n_1}	n_1	$\bar{x}_1 = \sum x_{1j}/n_1$	μ_1
2	x_{21}，x_{22}，$\cdots$，x_{2n_2}	n_2	$\bar{x}_2 = \sum x_{2j}/n_2$	μ_2

非配对设计两个样本平均数的假设检验采用 t 检验，基本步骤如下：

1. 提出无效假设与备择假设 设 μ_1 与 μ_2 分别为两个样本所属总体平均数。

$$H_0: \mu_1 = \mu_2, \quad H_A: \mu_1 \neq \mu_2。$$

2. 计算 t 值 t 值的计算公式为

$$t = \frac{\bar{x}_1 - \bar{x}_2}{s_{\bar{x}_1 - \bar{x}_2}}, \quad df = (n_1 - 1) + (n_2 - 1), \tag{5-4}$$

其中，$s_{\bar{x}_1 - \bar{x}_2}$ 为均数差数标准误，计算公式为

$$
\begin{aligned}
s_{\bar{x}_1 - \bar{x}_2} &= \sqrt{\frac{\sum(x_1 - \bar{x}_1)^2 + \sum(x_2 - \bar{x}_2)^2}{(n_1 - 1) + (n_2 - 1)}\left(\frac{1}{n_1} + \frac{1}{n_2}\right)} \\
&= \sqrt{\frac{\left[\sum x_1^2 - (\sum x_1)^2/n_1\right] + \left[\sum x_2^2 - (\sum x_2)^2/n_2\right]}{(n_1 - 1) + (n_2 - 1)}\left(\frac{1}{n_1} + \frac{1}{n_2}\right)} \\
&= \sqrt{\frac{(n_1 - 1)s_1^2 + (n_2 - 1)s_2^2}{(n_1 - 1) + (n_2 - 1)}\left(\frac{1}{n_1} + \frac{1}{n_2}\right)}。
\end{aligned}
\tag{5-5}
$$

当 $n_1 = n_2 = n$ 时，

$$s_{\bar{x}_1 - \bar{x}_2} = \sqrt{\frac{\sum(x_1 - \bar{x}_1)^2 + \sum(x_2 - \bar{x}_2)^2}{n(n-1)}} = \sqrt{\frac{s_1^2}{n} + \frac{s_2^2}{n}} = \sqrt{s_{\bar{x}_1}^2 + s_{\bar{x}_2}^2}, \tag{5-6}$$

n_1、n_2，$\bar{x}_1$、$\bar{x}_2$，s_1^2、s_2^2 分别为两个样本容量、平均数、均方。

3. 统计推断 根据自由度 $df = (n_1 - 1) + (n_2 - 1)$ 查附表 4－3，得临界 t 值 $t_{0.05(n_1+n_2-2)}$、$t_{0.01(n_1+n_2-2)}$，将计算所得 t 值的绝对值 $|t|$ 与临界 t 值比较作出统计推断，若 $|t| < t_{0.05(n_1+n_2-2)}$，$p > 0.05$，不能否定 $H_0: \mu_1 = \mu_2$，表明总体平均数 μ_1 与 μ_2 差异不显著，可以认为 μ_1 与 μ_2 相同；若 $t_{0.05(n_1+n_2-2)} \leqslant |t| < t_{0.01(n_1+n_2-2)}$，$0.01 < p \leqslant 0.05$，否定 $H_0: \mu_1 = \mu_2$，接受 $H_A: \mu_1 \neq \mu_2$，表明总体平均数 μ_1 与 μ_2 差异显著；若 $|t| \geqslant t_{0.01(n_1+n_2-2)}$，$p \leqslant 0.01$，否定 $H_0: \mu_1 = \mu_2$，接受 $H_A: \mu_1 \neq \mu_2$，表明总体平均数 μ_1 与 μ_2 差异极显著。

【例5.3】 某种猪场分别测定12头长白猪和11头蓝塘猪后备种猪90 kg时的背膘厚度，测定结果列于表5-3。检验该两品种猪后备种猪90 kg时的平均背膘厚度是否相同。

表5-3 12头长白猪和11头蓝塘猪后备种猪90 kg时的背膘厚度

品种	头数 n_i	背膘厚度（cm）										
长白猪	12	1.20	1.32	1.10	1.28	1.35	1.08	1.18	1.25	1.30	1.12	1.19	1.05
蓝塘猪	11	2.00	1.85	1.60	1.78	1.96	1.88	1.82	1.70	1.68	1.92	1.80	

（1）提出无效假设与备择假设。设 μ_1 与 μ_2 分别为长白猪与蓝塘猪后备种猪90 kg时的背膘厚度总体平均数。

$$H_0: \mu_1 = \mu_2, \quad H_A: \mu_1 \neq \mu_2。$$

（2）计算 t 值。此例，$n_1 = 12$，$n_2 = 11$，$\overline{x}_1 = 1.202$，$s_1 = 0.0998$，$SS_1 = 0.1096$；$\overline{x}_2 = 1.817$，$s_2 = 0.123$，$SS_2 = 0.1508$，因为

$$s_{\overline{x}_1 - \overline{x}_2} = \sqrt{\frac{\sum(x_1 - \overline{x}_1)^2 + \sum(x_2 - \overline{x}_2)^2}{(n_1 - 1) + (n_2 - 1)}\left(\frac{1}{n_1} + \frac{1}{n_2}\right)}$$

$$= \sqrt{\frac{0.1096 + 0.1508}{(12-1) + (11-1)} \times \left(\frac{1}{12} + \frac{1}{11}\right)} = \sqrt{0.00216} = 0.0465,$$

于是

$$t = \frac{\overline{x}_1 - \overline{x}_2}{s_{\overline{x}_1 - \overline{x}_2}} = \frac{1.202 - 1.817}{0.0465} = -13.226。$$

（3）统计推断。根据自由度 $df = (n_1 - 1) + (n_2 - 1) = (12 - 1) + (11 - 1) = 21$ 查附表4-3，得临界 t 值 $t_{0.01(21)} = 2.831$，因为 $|t| = 13.226 > t_{0.01(21)}$，$p < 0.01$，否定 $H_0: \mu_1 = \mu_2$，接受 $H_A: \mu_1 \neq \mu_2$，表明长白猪后备种猪90 kg时的平均背膘厚度与蓝塘猪后备种猪90 kg时的平均背膘厚度差异极显著，这里表现为长白猪后备种猪90 kg时的平均背膘厚度极显著地低于蓝塘猪后备种猪90 kg时的平均背膘厚度。

【例5.4】 某家禽研究所进行两种饲料对比试验，每种饲料各饲喂8只粤黄鸡，其余饲养管理条件完全一致，试验时间为60 d，粤黄鸡增重资料列于表5-4。检验粤黄鸡饲喂两种饲料的平均增重是否相同。

表5-4 粤黄鸡饲料对比试验增重

饲料	n_i	增重（g）							
A	8	720	710	735	695	715	705	700	705
B	8	680	695	700	715	708	685	698	688

（1）提出无效假设与备择假设。设 μ_1 与 μ_2 分别为两种饲料饲喂粤黄鸡增重的总体平均数。

$$H_0: \mu_1 = \mu_2, \quad H_A: \mu_1 \neq \mu_2。$$

（2）计算 t 值。此例，$n_1 = n_2 = 8$，经计算得 $\overline{x}_1 = 710.625$，$s_1^2 = 160.268$，$\overline{x}_2 = 696.125$，$s_2^2 = 138.125$。因为

$$s_{\overline{x}_1 - \overline{x}_2} = \sqrt{\frac{s_1^2 + s_2^2}{n}} = \sqrt{\frac{160.268 + 138.125}{8}} = 6.107,$$

于是

$$t = \frac{\overline{x}_1 - \overline{x}_2}{s_{\overline{x}_1 - \overline{x}_2}} = \frac{710.625 - 696.125}{6.107} = 2.374。$$

（3）统计推断。根据自由度 $df = (n_1 - 1) + (n_2 - 1) = (8 - 1) + (8 - 1) = 14$ 查附表4-3，得临界 t 值 $t_{0.05(14)} = 2.145$，$t_{0.01(14)} = 2.977$，因为 $t_{0.05(14)} < t = 2.374 < t_{0.01(14)}$，$0.05 < p < 0.01$，否定 $H_0: \mu_1 = \mu_2$，接受 $H_A: \mu_1 \neq \mu_2$，表明A、B两种饲料饲喂粤黄鸡的平均增重差异显著，这里表现

为 A 饲料饲喂粤黄鸡的平均增重显著高于 B 饲料饲喂粤黄鸡的平均增重。

进行非配对设计，若试验单位的总数（$n_1 + n_2$）不变，两个样本容量相等的均数差数标准误 $s_{\bar{x}_1 - \bar{x}_2}$ 小于两个样本容量不相等的均数差数标准误 $s_{\bar{x}_1 - \bar{x}_2}$，因而两个样本容量相等的检验效率高于两个样本容量不等的检验效率。所以进行非配对设计，要求两个样本容量相等即两个处理重复数相等。

二、配对设计两个样本平均数的假设检验

非配对设计要求试验单位尽可能一致。若试验单位差异较大，例如试验动物的年龄、体重相差较大，采用非配对设计试验误差较大，试验的精确性较低，宜采用配对设计，以降低试验误差，提高试验的精确性。

配对设计先根据配对的要求将试验单位两两配对，然后将配成对子的两个试验单位随机分配到两个处理组中。配对的要求是，配成对子的两个试验单位的初始条件尽量一致，不同对子之间试验单位的初始条件允许有差异。每一个对子就是试验处理的一个重复。配对的方式有两种：自身配对与同源配对。

（1）自身配对：指同一试验单位在两个不同时间分别接受两个处理，或同一试验单位的两个对称部位分别接受两个处理，或对同一试验单位的试验指标用两种方法测定等。例如，一头病畜治疗前后的临床检查，对畜产品中毒物或药物残留量用两种方法测定等就是自身配对。

（2）同源配对：指将来源相同、初始条件接近的两个试验单位配成一对。例如，将品种、窝别、性别相同，体重接近的两头仔猪配成一对就是同源配对。

配对设计试验资料的一般形式列于表 5-5。

表 5-5 配对设计试验资料的一般形式

处理	观测值				样本容量	样本平均数	总体平均数
1	x_{11}	x_{12}	⋯	x_{1n}	n	$\bar{x}_1 = \sum x_{1n}/n$	μ_1
2	x_{21}	x_{22}	⋯	x_{2n}	n	$\bar{x}_2 = \sum x_{2n}/n$	μ_2
$d_j = x_{1j} - x_{2j}$	d_1	d_2	⋯	d_n	n	$\bar{d} = \bar{x}_1 - \bar{x}_2$	$\mu_d = \mu_1 - \mu_2$

配对设计两个样本平均数的假设检验采用 t 检验，基本步骤如下：

1. 提出无效假设与备择假设

$$H_0: \mu_d = 0, \quad H_A: \mu_d \neq 0,$$

其中，μ_d 为两个样本配对数据差值 d 的总体平均数，它等于两样本所属总体平均数 μ_1 与 μ_2 之差，即 $\mu_d = \mu_1 - \mu_2$。所提出的无效假设、备择假设 $H_0: \mu_d = 0$、$H_A: \mu_d \neq 0$ 相当于 $H_0: \mu_1 = \mu_2$，$H_A: \mu_1 \neq \mu_2$。

2. 计算 t 值 t 值的计算公式为

$$t = \frac{\bar{d}}{s_{\bar{d}}}, \quad df = n - 1, \tag{5-7}$$

其中，$s_{\bar{d}}$ 为差数标准误，计算公式为

$$s_{\bar{d}} = \frac{s_d}{\sqrt{n}} = \sqrt{\frac{\sum (d - \bar{d})^2}{n(n-1)}} = \sqrt{\frac{\sum d^2 - \frac{1}{n}(\sum d)^2}{n(n-1)}}。 \tag{5-8}$$

其中，d_j 为两个样本各对数据之差 $d_j=x_{1j}-x_{2j}$，$j=1$，2，$\cdots$，n；$\bar{d}=\dfrac{\sum d}{n}$；$s_d$ 为差数 d 的标准差；n 为配对的对子数，即试验的重复数。

3. 统计推断 根据自由度 $df=n-1$ 查附表 4-3，得临界 t 值 $t_{0.05(n-1)}$、$t_{0.01(n-1)}$，将计算所得 t 值的绝对值 $|t|$ 与临界 t 值比较作出统计推断，若 $|t|<t_{0.05(n-1)}$，$p>0.05$，不能否定 $H_0:\mu_d=0$，表明总体平均数 μ_1 与 μ_2 差异不显著，可以认为 μ_1 与 μ_2 相同；若 $t_{0.05(n-1)}\leqslant|t|<t_{0.01(n-1)}$，$0.01<p\leqslant0.05$，否定 $H_0:\mu_d=0$，接受 $H_A:\mu_d\neq0$，表明总体平均数 μ_1 与 μ_2 差异显著；若 $|t|\geqslant t_{0.01(n-1)}$，$p\leqslant0.01$，否定 $H_0:\mu_d=0$，接受 $H_A:\mu_d\neq0$，表明总体平均数 μ_1 与 μ_2 差异极显著。

【例 5.5】 用 10 只家兔测试某批注射液对体温的影响，测定每只家兔注射前后的体温列于表 5-6。检验家兔注射该批注射液前后平均体温是否相同。

表 5-6 10 只家兔注射前后的体温（℃）

	\multicolumn{10}{c}{兔 号}
	1	2	3	4	5	6	7	8	9	10
注射前	37.8	38.2	38.0	37.6	37.9	38.1	38.2	37.5	38.5	37.9
注射后	37.9	39.0	38.9	38.4	37.9	39.0	39.5	38.6	38.8	39.0
$d=x_1-x_2$	−0.1	−0.8	−0.9	−0.8	0	−0.9	−1.3	−1.1	−0.3	−1.1

（1）提出无效假设与备择假设。

$H_0:\mu_d=0$，即家兔注射前后平均体温相同；

$H_A:\mu_d\neq0$，即家兔注射前后平均体温不同。

（2）计算 t 值。经过计算得 $\bar{d}=-0.73$，$s_{\bar{d}}=s_d/\sqrt{n}=0.445/\sqrt{10}=0.141$，于是

$$t=\frac{\bar{d}}{s_{\bar{d}}}=\frac{-0.73}{0.141}=-5.177。$$

（3）统计推断。根据自由度 $df=n-1=10-1=9$ 查附表 4-3，得临界 t 值 $t_{0.01(9)}=3.250$，因为 $|t|=5.177>t_{0.01(9)}$，$p<0.01$，否定 $H_0:\mu_d=0$，接受 $H_A:\mu_d\neq0$，表明家兔注射该批注射液前后平均体温差异极显著，注射该批注射液使平均体温极显著升高。

【例 5.6】 从内江猪的 8 窝仔猪中每窝选出性别相同、体重接近的仔猪两头进行甲、乙两种饲料对比试验，将每窝两头仔猪随机分配到甲、乙两个饲料组中，甲、乙两种饲料饲喂甲、乙两个饲料组中内江猪仔猪 30 d，内江猪仔猪增重资料列于表 5-7。检验两种饲料饲喂的内江猪仔猪平均增重是否相同。

表 5-7 两种饲料对比试验内江猪仔猪增重（kg）

	\multicolumn{8}{c}{窝 号}
	1	2	3	4	5	6	7	8
甲饲料	10.0	11.2	11.0	12.1	10.5	9.8	11.5	10.8
乙饲料	9.8	10.6	9.0	10.5	9.6	9.0	10.8	9.8
$d=x_1-x_2$	0.2	0.6	2.0	1.6	0.9	0.8	0.7	1.0

（1）提出无效假设与备择假设。

$H_0:\mu_d=0$，即甲、乙两种饲料饲喂的内江猪仔猪平均增重相同；

$H_A:\mu_d\neq0$，即甲、乙两种饲料饲喂的内江猪仔猪平均增重不同。

（2）计算 t 值。经过计算得 $\bar{d}=0.975$，$s_{\bar{d}}=s_d/\sqrt{n}=0.572\,6/\sqrt{8}=0.202\,4$，

于是
$$t=\frac{\overline{d}}{s_{\overline{d}}}=\frac{0.975}{0.202\,4}=4.817。$$

（3）统计推断。根据自由度 $df=n-1=8-1=7$ 查附表 4-3，得临界 t 值 $t_{0.01(7)}=3.499$，因为 $t=4.817>t_{0.01(7)}$，$p<0.01$，否定 H_0：$\mu_d=0$，接受 H_A：$\mu_d\neq0$，表明甲饲料与乙饲料饲喂的内江猪仔猪平均增重差异极显著，这里表现为甲饲料饲喂的内江猪仔猪平均增重极显著高于乙饲料饲喂的内江猪仔猪平均增重。

例 5.5、例 5.6 是两个样本平均数假设检验的两尾 t 检验，若进行两个样本平均数假设检验的一尾 t 检验，应注意问题的性质、备择假设 H_A 的提出、临界 t 值的查取（一尾 t 检验的 $t_{0.05}=$ 两尾 t 检验的 $t_{0.10}$，一尾 t 检验的 $t_{0.01}=$ 两尾 t 检验的 $t_{0.02}$），计算 $s_{\overline{d}}$、计算 t 值与两尾 t 检验相同。

第四节　百分数资料的假设检验——u 检验

在第四章介绍二项分布时曾指出，由具有两个类别的质量性状，利用统计次数法得来的次数资料进而计算出的百分数资料，例如成活率、死亡率、孵化率、感染率、阳性率等服从二项分布。这类百分数资料的假设检验应根据二项分布进行。当样本容量 n 较大，p 不过小，且 np 和 nq 均大于 5 时，二项分布接近标准正态分布。所以，对于服从二项分布的百分数资料，当 n 足够大时，可以近似采用标准正态分布进行假设检验。因为服从标准正态分布的随机变量记为 u，$u\sim N(0,1)$，所以这里采用的假设检验称为 u 检验。u 检验的临界 u 值为 $u_{0.05}=1.96$，$u_{0.01}=2.58$。适用于近似采用 u 检验所需要的二项分布百分数资料的样本容量 n 列于表 5-8。

表 5-8　近似采用 u 检验的服从二项分布百分数资料的样本容量 n

样本百分数 $\hat{p}$	较小样本百分数的次数 $n\hat{p}$	样本容量 n
0.5	15	30
0.4	20	50
0.3	24	80
0.2	40	200
0.1	60	600
0.05	70	1 400

服从二项分布的百分数资料的假设检验分为单个样本百分数的假设检验与两个样本百分数的假设检验两种。

一、单个样本百分数的假设检验

单个样本百分数假设检验的目的在于检验一个服从二项分布的样本百分数 $\hat{p}$ 所属二项总体百分数 p 与已知的二项总体百分数 p_0 是否相同，即检验该样本百分数 $\hat{p}$ 是否来自总体百分数为 p_0 的二项总体。这里所检验的百分数服从二项分布，但 n 足够大，p 不过小，np 和 nq 均大于 5，可以近似采用 u 检验进行假设检验；若 np 和（或）nq 小于或等于 30，须对 u 进行连续性矫正，连续性矫正 u 记为 u_c。检验的基本步骤如下：

1. 提出无效假设与备择假设
$$H_0：p=p_0，H_A：p\neq p_0。$$

2. 计算 u 值或 u_c 值　u 值或 u_c 值的计算公式为

$$u = \frac{\hat{p} - p_0}{s_{\hat{p}}}, \tag{5-9}$$

$$u_c = \frac{|\hat{p} - p_0| - \dfrac{0.5}{n}}{s_{\hat{p}}}, \tag{5-10}$$

其中，$\hat{p}$ 为样本百分数，p_0 为已知的二项总体百分数，$s_{\hat{p}}$ 为样本百分数标准误，计算公式为

$$s_{\hat{p}} = \sqrt{\frac{p_0(1 - p_0)}{n}}。 \tag{5-11}$$

3. 统计推断 若 $|u|$（或 $|u_c|$）< 1.96，$p > 0.05$，不能否定 H_0：$p = p_0$，表明样本百分数 $\hat{p}$ 所属二项总体百分数 p 与已知的二项总体百分数 p_0 差异不显著，可以认为样本百分数 $\hat{p}$ 所属二项总体百分数 p 与已知的二项总体百分数 p_0 相同；若 $1.96 \leqslant |u|$（或 $|u_c|$）< 2.58，$0.01 < p \leqslant 0.05$，否定 H_0：$p = p_0$，接受 H_A：$p \neq p_0$，表明样本百分数 $\hat{p}$ 所属二项总体百分数 p 与已知的二项总体百分数 p_0 差异显著；若 $|u|$（或 $|u_c|$）$\geqslant 2.58$，$p \leqslant 0.01$，否定 H_0：$p = p_0$，接受 H_A：$p \neq p_0$，表明样本百分数 $\hat{p}$ 所属二项总体百分数 p 与已知的二项总体百分数 p_0 差异极显著。

【例 5.7】 据往年调查，某地区乳牛隐性乳腺炎患病率为 30%。现对该地区某乳牛场 500 头乳牛进行检测，有 175 头乳牛患隐性乳腺炎。检验该地区某乳牛场隐性乳腺炎患病率是否与往年相同。

此例，已知总体百分数 $p_0 = 30\%$，样本百分数 $\hat{p} = 175/500 = 35\%$，因为 $np_0 = 500 \times 30\% = 150 > 30$，不对 u 进行连续性矫正。检验基本步骤如下：

（1）提出无效假设与备择假设。设该地区某乳牛场隐性乳腺炎患病率为 p。

$\qquad H_0$：$p = 30\%$，即该地区某乳牛场的隐性乳腺炎患病率与往年相同；

$\qquad H_A$：$p \neq 30\%$，即该地区某乳牛场的隐性乳腺炎患病率与往年不同。

（2）计算 u 值。根据式（5-11）计算 $s_{\hat{p}}$，根据式（5-9）计算 u 值，

$$s_{\hat{p}} = \sqrt{\frac{p_0(1 - p_0)}{n}} = \sqrt{\frac{0.3 \times (1 - 0.3)}{500}} = 0.020\,5,$$

$$u = \frac{\hat{p} - p_0}{s_{\hat{p}}} = \frac{0.35 - 0.30}{0.020\,5} = 2.439。$$

（3）统计推断。因为 $1.96 < u = 2.439 < 2.58$，$0.01 < p < 0.05$，否定 H_0：$p = 30\%$，接受 H_A：$p \neq 30\%$，表明该地区某乳牛场的隐性乳腺炎患病率与往年显著不同，这里表现为该地区某乳牛场的隐性乳腺炎患病率显著高于往年。

例 5.7 是单个样本百分数假设检验的两尾 u 检验，若进行单个样本百分数假设检验的一尾 u 检验，应注意问题的性质、备择假设 H_A 的提出、临界 u 值的查取（一尾 u 检验的 $u_{0.05} =$ 两尾 u 检验的 $u_{0.10} = 1.64$，一尾 u 检验的 $u_{0.01} =$ 两尾 u 检验的 $u_{0.02} = 2.33$），计算 $s_{\hat{p}}$、计算 u 值或 u_c 值与两尾 u 检验相同。

二、两个样本百分数的假设检验

服从二项分布的两个样本百分数 $\hat{p}_1$、$\hat{p}_2$ 的假设检验的目的在于检验两个样本百分数 $\hat{p}_1$、$\hat{p}_2$ 所属两个二项总体百分数 p_1、p_2 是否相同。若两个样本的 np、nq 均大于 5，可以近似采用 u 检验进行假设检验，若 np 和（或）nq 小于或等于 30 时，须对 u 进行连续性矫正。检验的基本步骤如下：

1. 提出无效假设与备择假设

$$H_0：p_1 = p_2，\quad H_A：p_1 \neq p_2。$$

2. 计算 *u* 值或 u_c 值 *u* 值或 u_c 值的计算公式为

$$u = \frac{\hat{p}_1 - \hat{p}_2}{s_{\hat{p}_1 - \hat{p}_2}},$$ (5-12)

$$u_c = \frac{|\hat{p}_1 - \hat{p}_2| - 0.5/n_1 - 0.5/n_2}{s_{\hat{p}_1 - \hat{p}_2}}。$$ (5-13)

其中，$\hat{p}_1 = \frac{x_1}{n_1}$，$\hat{p}_2 = \frac{x_2}{n_2}$ 为两个样本百分数；$s_{\hat{p}_1 - \hat{p}_2}$ 为样本百分数差数标准误，计算公式为

$$s_{\hat{p}_1 - \hat{p}_2} = \sqrt{\bar{p}(1-\bar{p})\left(\frac{1}{n_1} + \frac{1}{n_2}\right)},$$ (5-14)

$\bar{p}$ 为合并样本百分数，

$$\bar{p} = \frac{n_1\hat{p}_1 + n_2\hat{p}_2}{n_1 + n_2} = \frac{x_1 + x_2}{n_1 + n_2}。$$

3. 统计推断 若 $|u|$（或 $|u_c|$）< 1.96，$p > 0.05$，不能否定 H_0：$p_1 = p_2$，表明两个二项总体百分数 p_1 和 p_2 差异不显著，可以认为两个二项总体百分数 p_1 和 p_2 相同；若 $1.96 \leq |u|$（或 $|u_c|$）< 2.58，$0.01 < p \leq 0.05$，否定 H_0：$p_1 = p_2$，接受 H_A：$p_1 \neq p_2$，表明两个二项总体百分数 p_1 和 p_2 差异显著；若 $|u|$（或 $|u_c|$）≥ 2.58，$p \leq 0.01$，否定 H_0：$p_1 = p_2$，接受 H_A：$p_1 \neq p_2$，表明两个二项总体百分数 p_1、p_2 差异极显著。

【例 5.8】 某养猪场第一年饲养杜长大商品仔猪 9 800 头，死亡 980 头；第二年饲养杜长大商品仔猪 10 000 头，死亡 950 头。检验该养猪场第一年仔猪死亡率与第二年仔猪死亡率是否相同。

此例，两个样本死亡率分别为

$$\hat{p}_1 = \frac{x_1}{n_1} = \frac{980}{9\,800} = 10\%, \quad \hat{p}_2 = \frac{x_2}{n_2} = \frac{950}{10\,000} = 9.5\%,$$

合并的样本死亡率为

$$\bar{p} = \frac{x_1 + x_2}{n_1 + n_2} = \frac{980 + 950}{9\,800 + 10\,000} = 9.747\%。$$

因为　　　　　$n_1\bar{p} = 9\,800 \times 9.747\% = 955.206,$

$$n_1\bar{q} = n_1(1-\bar{p}) = 9\,800 \times (1-9.747\%) = 8\,844.794,$$

$$n_2\bar{p} = 10\,000 \times 9.747\% = 974.7,$$

$$n_2\bar{q} = n_2(1-\bar{p}) = 10\,000 \times (1-9.747\%) = 9\,025.3,$$

即 $n_1 p$，$n_1 q$，$n_2 p$，$n_2 q$ 均大于 30，可以近似采用 *u* 检验，且不对 *u* 进行连续性矫正。检验基本步骤如下：

(1) 提出无效假设与备择假设。设该养猪场第一年仔猪死亡率为 p_1，第二年仔猪死亡率为 p_2。

$$H_0: p_1 = p_2, \quad H_A: p_1 \neq p_2。$$

(2) 计算 *u* 值。根据式 (5-14) 计算 $s_{\hat{p}_1 - \hat{p}_2}$，根据式 (5-12) 计算 *u* 值，

$$s_{\hat{p}_1 - \hat{p}_2} = \sqrt{\bar{p}(1-\bar{p})\left(\frac{1}{n_1} + \frac{1}{n_2}\right)} = \sqrt{9.747\% \times (1-9.747\%) \times \left(\frac{1}{9\,800} + \frac{1}{10\,000}\right)}$$

$$= 0.004\,22,$$

$$u = \frac{\hat{p}_1 - \hat{p}_2}{s_{\hat{p}_1 - \hat{p}_2}} = \frac{10\% - 9.5\%}{0.004\,22} = 1.185。$$

(3) 统计推断。因为 $u = 1.185 < 1.96$，$p > 0.05$，不能否定 H_0：$p_1 = p_2$，表明该养猪场第一年仔猪死亡率与第二年仔猪死亡率差异不显著，可以认为该养猪场第一年仔猪死亡率与第二年仔猪死亡率相同。

例 5.8 是两个样本百分数假设检验的两尾 u 检验，若进行两个样本百分数假设检验的一尾 u 检验，应注意问题的性质、备择假设 H_A 的提出、临界 u 值的查取（一尾 u 检验的 $u_{0.05}=$ 两尾 u 检验的 $u_{0.10}=1.64$，一尾 u 检验的 $u_{0.01}=$ 两尾 u 检验的 $u_{0.02}=2.33$），计算 $s_{\hat{p}_1-\hat{p}_2}$，计算 u 值或 u_c 值与两尾 u 检验相同。

第五节　总体参数的区间估计

参数估计是统计推断的另一个重要内容。估计总体参数区分为**点估计**（point estimation）和**区间估计**（interval estimation）。将样本统计数作为总体参数的估计值称为点估计。点估计只给出总体参数的估计值，没有考虑抽样误差，也没有指出估计的可靠程度。在一定概率保证下给出总体参数的取值范围称为区间估计。所给出的取值范围称为**置信区间**（confidence interval），给出的概率保证称为**置信度或置信概率**（confidence probability）。本节介绍正态总体平均数 μ 和二项总体百分数 p 的置信区间。

一、正态总体平均数 μ 的置信区间

一个来自总体平均数为 μ 的正态总体的样本，包含 n 个观测值 x_1，x_2，$\cdots$，x_n，样本平均数 $\bar{x}=\sum x/n$，样本标准误 $s_{\bar{x}}=s/\sqrt{n}$。因为 $t=(\bar{x}-\mu)/s_{\bar{x}}$ 服从自由度 $df=n-1$ 的 t 分布。若两尾概率为 α，t 在区间 $[-t_\alpha,\ t_\alpha]$ 内取值的概率为 $1-\alpha$，

$$p(-t_\alpha \leqslant t \leqslant t_\alpha)=1-\alpha， \tag{5-15}$$

将式（5-15）中的 t 改为 $(\bar{x}-\mu)/s_{\bar{x}}$，式（5-15）改为

$$p\left(-t_\alpha \leqslant \frac{\bar{x}-\mu}{s_{\bar{x}}} \leqslant t_\alpha\right)=1-\alpha。$$

对 $-t_\alpha \leqslant \dfrac{\bar{x}-\mu}{s_{\bar{x}}} \leqslant t_\alpha$ 变形得

$$\bar{x}-t_\alpha s_{\bar{x}} \leqslant \mu \leqslant \bar{x}+t_\alpha s_{\bar{x}}， \tag{5-16}$$

即

$$p(\bar{x}-t_\alpha s_{\bar{x}} \leqslant \mu \leqslant \bar{x}+t_\alpha s_{\bar{x}})=1-\alpha。$$

式（5-16）称为总体平均数 μ 置信度为 $1-\alpha$ 的置信区间。其中，$t_\alpha s_{\bar{x}}$ 称为置信半径；$\bar{x}-t_\alpha s_{\bar{x}}$ 称为置信下限，$\bar{x}+t_\alpha s_{\bar{x}}$ 称为置信上限；置信上、下限之差 $2t_\alpha s_{\bar{x}}$ 称为置信距，置信距越小，估计的精确度就越高。

常用的置信度为 95% 和 99%，根据式（5-16）可得总体平均数 μ 置信度为 95% 和 99% 的置信区间为

$$\bar{x}-t_{0.05} s_{\bar{x}} \leqslant \mu \leqslant \bar{x}+t_{0.05} s_{\bar{x}}， \tag{5-17}$$

$$\bar{x}-t_{0.01} s_{\bar{x}} \leqslant \mu \leqslant \bar{x}+t_{0.01} s_{\bar{x}}。 \tag{5-18}$$

【例 5.9】　某品种猪 10 头仔猪的初生重为 1.5，1.2，1.3，1.4，1.8，0.9，1.0，1.1，1.6，1.2(kg)。求该品种猪仔猪初生重总体平均数 μ 置信度为 95% 和 99% 的置信区间。

经计算得 $\bar{x}=1.3$，$s_{\bar{x}}=0.09$；根据自由度 $df=n-1=10-1=9$，查附表 4-3，得 $t_{0.05(9)}=2.262$，$t_{0.01(9)}=3.250$，因此

95% 置信半径为　$t_{0.05} s_{\bar{x}}=2.262\times0.09=0.20$，

95% 置信下限为　$\bar{x}-t_{0.05} s_{\bar{x}}=1.3-0.20=1.10$，

95% 置信上限为　$\bar{x}+t_{0.05} s_{\bar{x}}=1.3+0.20=1.50$，

所以该品种猪仔猪初生重总体平均数 μ 置信度为 95% 的置信区间为
$$1.10\ \mathrm{kg} \leqslant \mu \leqslant 1.50\ \mathrm{kg},$$
也就是说，有 95% 的把握估计该品种猪仔猪平均初生重介于 1.10 kg 与 1.50 kg 之间。

又因为

99% 置信半径为 $\quad t_{0.01}s_{\bar{x}}=3.25 \times 0.09 = 0.29$，

99% 置信下限为 $\quad \bar{x}-t_{0.01}s_{\bar{x}}=1.3-0.29=1.01$，

99% 置信上限为 $\quad \bar{x}+t_{0.01}s_{\bar{x}}=1.3+0.29=1.59$，

所以该品种猪仔猪初生重总体平均数 μ 置信度为 99% 的置信区间为
$$1.01\ \mathrm{kg} \leqslant \mu \leqslant 1.59\ \mathrm{kg},$$
也就是说，有 99% 的把握估计该品种猪仔猪平均初生重介于 1.01 kg 与 1.59 kg 之间。

二、二项总体百分数 *p* 的置信区间

样本百分数 $\hat{p}$ 是二项总体百分数 p 的点估计值。二项总体百分数 p 的置信区间是在置信度为 95% 和 99% 时对二项总体百分数 p 作出区间估计。求二项总体百分数的置信区间有两种方法：正态分布近似法和查表法，这里仅介绍正态分布近似法。

若 $n>1\,000$，$p \geqslant 1\%$，二项总体百分数 p 置信度为 95% 和 99% 的置信区间为
$$\hat{p}-1.96s_{\hat{p}} \leqslant p \leqslant \hat{p}+1.96s_{\hat{p}}, \tag{5-19}$$
$$\hat{p}-2.58s_{\hat{p}} \leqslant p \leqslant \hat{p}+2.58s_{\hat{p}}, \tag{5-20}$$
其中，$\hat{p}$ 为样本百分数，$s_{\hat{p}}$ 为样本百分数标准误，计算公式为
$$s_{\hat{p}}=\sqrt{\frac{\hat{p}(1-\hat{p})}{n}}。 \tag{5-21}$$

【例 5.10】 调查某地 1 500 头乳牛，有 150 头乳牛患结核病，求该地乳牛结核病患病率置信度为 95%、99% 的置信区间。

此例 $n=1\,500>1\,000$，$\hat{p}=150/1\,500=10\%>1\%$，采用正态分布近似法求置信区间。

根据式（5-21）计算 $s_{\hat{p}}$，
$$s_{\hat{p}}=\sqrt{\frac{\hat{p}(1-\hat{p})}{n}}=\sqrt{\frac{0.1 \times (1-0.1)}{1\,500}}=0.007\,7,$$

根据式（5-19）、式（5-20）求该地区乳牛结核病患病率 p 置信度为 95% 和 99% 的置信区间，
$$0.1-1.96 \times 0.007\,7 \leqslant p \leqslant 0.1+1.96 \times 0.007\,7,$$
$$0.1-2.58 \times 0.007\,7 \leqslant p \leqslant 0.1+2.58 \times 0.007\,7,$$
$$8.49\% \leqslant p \leqslant 11.51\%,$$
$$8.01\% \leqslant p \leqslant 11.99\%。$$

也就是说，有 95% 的把握估计该地区乳牛结核病患病率介于 8.49% 与 11.51% 之间；有 99% 的把握估计该地区乳牛结核病患病率介于 8.01% 与 11.99% 之间。

1. 为什么分析试验资料需要进行假设检验？假设检验的目的是什么？

2. 进行假设检验对样本所属总体参数提出的假设有哪两种？这两种假设有何关系？

3. 假设检验的基本步骤是什么？什么是显著水平？怎样选用显著水平？

4. 什么是统计推断？为什么统计推断的结论有可能发生错误？有哪两类错误？如何降低两类错误的概率？

5. 什么是两尾检验、一尾检验？各在什么情况下采用？二者有何关系？

6. 假设检验有何注意事项？如何理解假设检验结论"差异不显著""差异显著""差异极显著"？

7. 什么是非配对试验设计、配对试验设计？两种设计有何区别？

8. 什么是正态总体平均数 μ、二项总体百分数 p 的点估计与区间估计？正态总体平均数 μ 与二项总体百分数 p 置信度为 95% 和 99% 的置信区间是什么？

9. 随机抽测 10 只某品种家兔的直肠温度，测定值为：38.7，39.0，38.9，39.6，39.1，39.8，38.5，39.7，39.2，38.4(℃)。已知该品种兔直肠温度的总体平均数 $\mu_0 = 39.5$(℃)。检验该样本是否抽测自直肠温度平均数为 $\mu_0 = 39.5$(℃) 的总体。

10. 11 只 60 日龄的雄鼠在 X 射线照射前后之体重（g）列于下表。检验雄鼠在照射 X 射线前后的平均体重是否相同。

11 只 60 日龄的雄鼠在 X 射线照射前后之体重（g）

	雄鼠编号										
	1	2	3	4	5	6	7	8	9	10	11
照射前	25.7	24.4	21.1	25.2	26.4	23.8	21.5	22.9	23.1	25.1	29.5
照射后	22.5	23.2	20.6	23.4	25.4	20.4	20.6	21.9	22.6	23.5	24.3

11. 某猪场从 10 窝大白猪仔猪中每窝抽取性别相同、体重接近的仔猪 2 头，将这 2 头仔猪随机分配到两个饲料组，进行饲料对比试验，试验时间 30 d，仔猪增重资料列于下表。检验两种饲料饲喂的仔猪平均增重是否相同。

饲料对比试验仔猪增重（kg）

	窝号									
	1	2	3	4	5	6	7	8	9	10
饲料 I	10.0	11.2	12.1	10.5	11.1	9.8	10.8	12.5	12.0	9.9
饲料 II	9.5	10.5	11.8	9.5	12.0	8.8	9.7	11.2	11.0	9.0

12. 随机抽测甲品种 8 头、乙品种 10 头成年母牛的体高（cm）列于下表，检验甲、乙品种成年母牛的平均体高是否相同。

随机抽测甲品种 8 头、乙品种 10 头成年母牛的体高（cm）

甲品种	137	133	130	138	127	129	136	132		
乙品种	118	120	119	122	117	124	117	125	115	110

13. 进行公雏鸡性激素效应试验，将 22 只公雏鸡完全随机分为两组，每组 11 只。一组接受性激素 A（睾丸激素）处理；另一组接受激素 C（雄甾烯醇酮）处理。在第 15 天取它们的鸡冠称重，鸡冠重量测定值列于下表。

公雏鸡性激素效应试验鸡冠重量（mg）

激素 A	125	101	130	119	113	104	116	137	108	120	129
激素 C	30	50	39	47	57	32	41	37	42	55	49

（1）检验接受性激素 A 与性激素 C 处理的公雏鸡鸡冠平均重量是否相同。

（2）分别求出接受性激素 A 与性激素 C 处理的公雏鸡鸡冠重总体平均数置信度为 95%、99% 的置信区间。

14. 某鸡场种蛋常年孵化率为 85%。现对 100 枚种蛋进行孵化，得雏鸡 89 只。检验该批种蛋的孵化率与该鸡场种蛋常年孵化率是否相同。

15. 研究甲、乙两种药物对家畜某种疾病的治疗效果。甲药物治疗病畜 70 例，治愈 53 例；乙药物治疗病畜 75 例，治愈 62 例。检验甲、乙两种药物的治愈率是否相同。

方 差 分 析

若一个试验只包含两个处理，采用第五章介绍的 t 检验进行两个处理平均数的假设检验。若一个试验包含多个处理，需要对多个处理平均数进行假设检验，仍采用 t 检验就不适宜了。主要有以下三个原因。

（1）检验工作量大。例如，某个试验包含 5 个处理，若采用 t 检验对 5 个处理平均数进行两两处理平均数的假设检验，要进行 $C_5^2=10$ 次 t 检验；又如，某个试验包含 9 个处理，若采用 t 检验对 9 个处理平均数进行两两处理平均数的假设检验，要进行 $C_9^2=36$ 次 t 检验。

（2）无统一的试验误差估计值，试验误差估计值的精确性和检验的灵敏度低。对一个试验的多个处理平均数进行两两处理平均数的假设检验，应该有统一的试验误差估计值。若采用 t 检验对多个处理平均数进行两两处理平均数的假设检验，每次 t 检验都只利用进行比较的两个处理的观测值计算 t 检验的均数差数标准误 $s_{\bar{x}_i-\bar{x}_j}$，各次 t 检验的试验误差估计值不统一；由于没有利用试验资料的全部观测值估计试验误差每次 t 检验试验误差估计值的精确性低，误差自由度小，检验的灵敏度低。例如，某个试验有 5 个处理，每个处理重复 6 次，共有 30 个观测值。采用 t 检验对 5 个处理平均数进行两两处理平均数的假设检验，每次 t 检验只能利用进行比较的两个处理的共 12 个观测值估计试验误差，误差自由度为 $2\times(6-1)=10$；若利用整个试验的 30 个观测值估计试验误差，估计的精确性高，且误差自由度为 $5\times(6-1)=25$。采用 t 检验对多个处理平均数进行两两处理平均数的假设检验，由于估计试验误差的精确性低，误差自由度小，检验的灵敏度低，容易掩盖两两处理平均数差异的显著性，增大犯 II 型错误的概率。

（3）犯 I 型错误的概率大，统计推断的可靠程度低。采用 t 检验对多个处理平均数进行两两处理平均数的假设检验，由于没有考虑相互比较的两个处理平均数依数值大小排列的秩次，因而犯 I 型错误的概率大，统计推断的可靠程度低。

所以对多个处理平均数进行假设检验不宜采用 t 检验，须采用本章介绍的方差分析。

方差分析（analysis of variance，ANOVA）是英国统计学家 R. A. Fisher 于 1923 年提出的。方差分析将多个处理的观测值作为一个整体看待，把观测值总变异的平方和及其自由度分解为相应于不同变异来源的平方和及其自由度，进而获得不同变异来源总体方差估计值；通过计算这些总体方差估计值的适当比值，就能检验各样本所属总体平均数是否相等。方差分析是关于观测值变异原因的数量分析，在试验资料的分析上应用十分广泛。

本章结合实例阐明方差分析基本原理与基本步骤，重点介绍单因素试验资料的方差分析、两因素试验资料的方差分析。在此之前，先介绍几个常用术语。

1. 试验指标（experimental index）　用来衡量试验结果的优劣或处理效应的高低、在试验中对试验单位进行观测的性状或项目称为试验指标。由于试验目的不同，选择的试验指标也不同。日增重、产仔数、产乳量、产蛋量、瘦肉率、产毛量等是动物试验常用的试验指标。

2. 试验因素（experimental factor）　试验所研究的影响试验指标的原因或条件称为试验因素。例如，研究如何提高猪的日增重，猪的品种、饲料配方、饲养方式、环境温湿度等都对日增重有影响，均可作为试验因素予以研究。只研究一个试验因素对试验指标影响的试验称为单因素试验（single‐factor experiment）；研究两个或两个以上的试验因素对试验指标影响的试验称为多因素试验（multiple‐factor or factorial experiment）。试验因素常用大写英文字母 A，B，C，… 分别表示。

3. 试验因素的水平（level of experimental factor）　对试验因素所设定的质的不同状态或量的不同级别称为试验因素的水平。例如，比较 3 个品种乳牛产乳量的高低，这 3 个品种（质的不同状态）就是乳牛品种这一试验因素的 3 个水平；研究某种饲料中 4 种不同能量水平对肥育猪瘦肉率的影响，这 4 种不同能量水平（量的不同级别）就是饲料能量这一试验因素的 4 个水平。试验因素的水平用代表该试验因素的字母添加下标 1，2，… 表示。例如 A_1，A_2，…；B_1，B_2，… 等。

4. 试验处理（experimental treatment）　进行单因素试验，将因素的某一个水平实施在试验单位上。例如，进行饲料比较试验，将某一种饲料实施在试验单位（某种畜、禽的一个动物或一组动物）上。进行多因素试验，将多因素的某一个水平组合实施在试验单位上。例如，进行 3 个品种和 4 种饲料对仔猪日增重影响的两因素试验，共有 3×4＝12 个水平组合，将某品种猪与某种饲料的组合实施在试验单位（一头仔猪）上。实施在试验单位上单因素试验的因素的某一个水平或多因素试验的多因素的某一个水平组合称为试验处理，简称为处理。进行单因素试验，因素的一个水平就是一个处理。进行多因素试验，多因素的一个水平组合就是一个处理。

5. 试验单位（experimental unit）　能接受动物试验各个处理的相互独立的试验动物称为动物试验的试验单位。一头乳牛、一头仔猪、一只绵羊，即一个动物；或几只鸡、几只小鼠、几尾鱼，即一组动物是动物试验的一个试验单位。试验单位也是获得试验指标观测值的观测单位，从一个试验单位获得试验指标的一个观测值。

6. 重复（repetition）　某个处理实施在两个或两个以上的试验单位上，这个处理称为有重复；某个处理实施的试验单位数称为这个处理的重复数。例如，用某种饲料饲喂 4 头仔猪（以 1 头仔猪作为 1 个试验单位），这个处理（饲料）称为有 4 次重复。

第一节　方差分析的基本原理与步骤

试验资料因试验因素的多少、试验设计方法的不同而分为很多类型。对不同类型的试验资料进行方差分析在详略、繁简上有所不同，但方差分析的基本原理与步骤是相同的。本节结合单因素试验资料方差分析的实例介绍方差分析的基本原理与步骤。

一、线性模型与基本要求

某个单因素试验有 k 个处理，每个处理有 n 次重复、有 n 个观测值，共有 kn 个观测值。单因素试验 k 个处理每个处理有 n 个观测值试验资料的数据模式列于表 6‐1。

表 6-1 单因素试验 k 个处理每个处理有 n 个观测值试验资料的数据模式

处 理	观 测 值 x_{ij}						合计 $x_{i.}$	平均 $\bar{x}_{i.}$
A_1	x_{11}	x_{12}	$\cdots$	x_{1j}	$\cdots$	x_{1n}	$x_{1.}$	$\bar{x}_{1.}$
A_2	x_{21}	x_{22}	$\cdots$	x_{2j}	$\cdots$	x_{2n}	$x_{2.}$	$\bar{x}_{2.}$
$\vdots$	$\vdots$	$\vdots$		$\vdots$		$\vdots$	$\vdots$	$\vdots$
A_i	x_{i1}	x_{i2}	$\cdots$	x_{ij}	$\cdots$	x_{in}	$x_{i.}$	$\bar{x}_{i.}$
$\vdots$	$\vdots$	$\vdots$		$\vdots$		$\vdots$	$\vdots$	$\vdots$
A_k	x_{k1}	x_{k2}	$\cdots$	x_{kj}	$\cdots$	x_{kn}	$x_{k.}$	$\bar{x}_{k.}$
合计							$x_{..}$	$\bar{x}_{..}$

表 6-1 中，x_{ij} 为第 i 个处理的第 j 个观测值（$i=1, 2, \cdots, k$；$j=1, 2, \cdots, n$）；

$$x_{i.} = \sum_{j=1}^n x_{ij}$$ 为第 i 个处理的 n 个观测值之和；

$$\bar{x}_{i.} = \frac{1}{n}\sum_{j=1}^n x_{ij} = \frac{x_{i.}}{n}$$ 为第 i 个处理的 n 个观测值的平均数；

$$x_{..} = \sum_{i=1}^k\sum_{j=1}^n x_{ij} = \sum_{i=1}^k x_{i.}$$ 为试验全部观测值的总和；

$$\bar{x}_{..} = \frac{1}{kn}\sum_{i=1}^k\sum_{j=1}^n x_{ij} = \frac{x_{..}}{kn}$$ 为试验全部观测值的总平均数。

x_{ij} 可以表示为

$$x_{ij} = \mu_i + \varepsilon_{ij}, \tag{6-1}$$

其中，μ_i 为第 i 个处理观测值总体平均数，ε_{ij} 为试验误差，相互独立且都服从 $N(0, \sigma^2)$。

将 k 个 μ_i 的平均数记为 μ，μ_i 与 μ 之差记为 α_i，

$$\mu = \frac{1}{k}\sum_{i=1}^k \mu_i, \tag{6-2}$$

$$\alpha_i = \mu_i - \mu, \tag{6-3}$$

$$x_{ij} = \mu + \alpha_i + \varepsilon_{ij}。 \tag{6-4}$$

μ 为试验全部观测值总体平均数；α_i 为第 i 个处理的效应（treatment effect），显然

$$\sum_{i=1}^k \alpha_i = 0。 \tag{6-5}$$

式（6-4）称为单因素试验资料的**线性模型**（linear model），或称为**数学模型**（mathematical model）。这个模型将 x_{ij} 表示为试验全部观测值总体平均数 μ、处理效应 α_i、试验误差 ε_{ij} 之和。根据 ε_{ij} 相互独立且都服从 $N(0, \sigma^2)$，可导出各个处理 $A_i(i=1, 2, \cdots, k)$ 观测值总体亦具有正态性，各个处理 $A_i(i=1, 2, \cdots, k)$ 的观测值服从 $N(\mu_i, \sigma^2)$。尽管各个处理的观测值总体平均数 μ_i 可以不同，但方差 σ^2 必须相同。所以，单因素试验资料的数学模型可归纳为：效应的**可加性**（additivity），分布的**正态性**（normality），方差的**一致性**（homogeneity）。

效应的可加性、分布的正态性、方差的一致性是方差分析的前提或基本要求。

将表（6-1）中的观测值 x_{ij}（$i=1, 2, \cdots, k$；$j=1, 2, \cdots, n$）的数据结构（线性模型）用样本统计数表示，则

$$x_{ij} = \bar{x}_{..} + (\bar{x}_{i.} - \bar{x}_{..}) + (x_{ij} - \bar{x}_{i.}) = \bar{x}_{..} + t_i + e_{ij}, \tag{6-6}$$

$\bar{x}_{..}$，$(\bar{x}_{i.} - \bar{x}_{..}) = t_i$，$(x_{ij} - \bar{x}_{i.}) = e_{ij}$ 分别是 μ，$(\mu_i - \mu) = \alpha_i$，$(x_{ij} - \mu_i) = \varepsilon_{ij}$ 的估计值。

式（6-4）、式（6-6）指明：每个观测值 x_{ij} 都包含处理效应（$\mu_i - \mu$ 或 $\bar{x}_{i.} - \bar{x}_{..}$）与试验误

差（$x_{ij}-\mu_i$ 或 $x_{ij}-\bar{x}_{i.}$）两部分，故 kn 个观测值的总变异可分解为处理间变异与试验误差两部分。

二、平方和与自由度的分解

第三章已指出，均方（mean square）与样本标准差都可以用来表示资料中各个观测值变异程度的大小。方差分析用均方表示资料中各个观测值变异程度的大小。表 6-1 中试验全部观测值总变异程度的大小用总均方表示。将总变异分解为处理间变异与误差，就是要将总均方分解为处理间均方与误差均方。但这种分解是通过将总均方的分子——称为总离均差平方和，简称为总平方和，分解为处理间平方和与误差平方和两部分；将总均方的分母——称为总自由度，分解为处理间自由度与误差自由度两部分来实现的。

（一）总平方和的分解

表 6-1 中各个观测值 x_{ij} 与总平均数 $\bar{x}..$ 的离均差平方和是反映试验全部观测值总变异的总平方和，记为 SS_T，即

$$SS_T = \sum_{i=1}^{k}\sum_{j=1}^{n}(x_{ij}-\bar{x}..)^2 。$$

因为　　　　$\sum_{i=1}^{k}\sum_{j=1}^{n}(x_{ij}-\bar{x}..)^2$

$$= \sum_{i=1}^{k}\sum_{j=1}^{n}[(\bar{x}_{i.}-\bar{x}..)+(x_{ij}-\bar{x}_{i.})]^2$$

$$= \sum_{i=1}^{k}\sum_{j=1}^{n}[(\bar{x}_{i.}-\bar{x}..)^2+2(\bar{x}_{i.}-\bar{x}..)(x_{ij}-\bar{x}_{i.})+(x_{ij}-\bar{x}_{i.})^2]$$

$$= n\sum_{i=1}^{k}(\bar{x}_{i.}-\bar{x}..)^2+2\sum_{i=1}^{k}[(\bar{x}_{i.}-\bar{x}..)\sum_{j=1}^{n}(x_{ij}-\bar{x}_{i.})]+\sum_{i=1}^{k}\sum_{j=1}^{n}(x_{ij}-\bar{x}_{i.})^2 ,$$

其中，$\sum_{j=1}^{n}(x_{ij}-\bar{x}_{i.})=0$，所以

$$\sum_{i=1}^{k}\sum_{j=1}^{n}(x_{ij}-\bar{x}..)^2 = n\sum_{i=1}^{k}(\bar{x}_{i.}-\bar{x}..)^2+\sum_{i=1}^{k}\sum_{j=1}^{n}(x_{ij}-\bar{x}_{i.})^2 。 \qquad (6-7)$$

式（6-7）中，$n\sum_{i=1}^{k}(\bar{x}_{i.}-\bar{x}..)^2$ 为各个处理平均数 $\bar{x}_{i.}$ 与总平均数 $\bar{x}..$ 的离均差平方和与重复数 n 的乘积，反映重复 n 次的处理间变异，称为处理间平方和，记为 SS_t，即

$$SS_t = n\sum_{i=1}^{k}(\bar{x}_{i.}-\bar{x}..)^2 。$$

式（6-7）中，$\sum_{i=1}^{k}\sum_{j=1}^{n}(x_{ij}-\bar{x}_{i.})^2$ 为各个处理观测值离均差平方和之和，反映试验误差，称为误差平方和，记为 SS_e，即

$$SS_e = \sum_{i=1}^{k}\sum_{j=1}^{n}(x_{ij}-\bar{x}_{i.})^2 。$$

于是　　　　　　　　　　$$SS_T=SS_t+SS_e。 \qquad (6-8)$$

式（6-8）称为总平方和的分解式。这个分解式中 3 项平方和的简便计算公式如下：

$$SS_T = \sum_{i=1}^{k}\sum_{j=1}^{n}x_{ij}^2-C, \quad SS_t = \frac{1}{n}\sum_{i=1}^{k}x_{i.}^2-C, \quad SS_e=SS_T-SS_t, \qquad (6-9)$$

其中，$C=x..^2/kn$ 称为矫正数。

（二）总自由度的分解

利用 kn 个观测值的离均差（$x_{ij}-\bar{x}..$）计算总平方和 SS_T，因为 kn 个观测值的离均差（$x_{ij}-\bar{x}..$）受到 $\sum_{i=1}^{k}\sum_{j=1}^{n}(x_{ij}-\bar{x}..)=0$ 这一条件的约束，故总平方和自由度简称总自由度，等于观测值的总个数 kn 减 1，即 $kn-1$。总自由度记为 df_T，于是 $df_T=kn-1$；利用 k 个处理平均数的离均差（$\bar{x}_i.-\bar{x}..$）计算处理间平方和 SS_t，因为 k 个处理平均数的离均差（$\bar{x}_i.-\bar{x}..$）受到 $\sum_{i=1}^{k}(\bar{x}_i.-\bar{x}..)=0$ 这一条件的约束，故处理间平方和自由度简称处理间自由度，等于处理数 k 减 1，即 $k-1$。处理间自由度记为 df_t，于是 $df_t=k-1$；利用 kn 个离均差（$x_{ij}-\bar{x}_i.$）计算误差平方和 SS_e，因为 kn 个离均差（$x_{ij}-\bar{x}_i.$）受到 k 个条件的约束，即 $\sum_{j=1}^{n}(x_{ij}-\bar{x}_i.)=0(i=1,2,\cdots,k)$，所以误差平方和自由度简称误差自由度，等于观测值的总个数 kn 减 k，即 $kn-k$。误差自由度记为 df_e，于是 $df_e=kn-k=k(n-1)$。

因为
$$nk-1=(k-1)+(nk-k)=(k-1)+k(n-1),$$
所以
$$df_T=df_t+df_e。 \tag{6-10}$$

式（6-10）称为总自由度的分解式。

单因素试验资料总自由度 df_T、处理间自由度 df_t、误差自由度 df_e 的计算公式为，
$$df_T=kn-1,\ df_t=k-1,\ df_e=df_T-df_t。 \tag{6-11}$$

式（6-8）与式（6-10）合称为单因素试验资料平方和与自由度的分解式。

将总平方和、处理间平方和、误差平方和分别除以总自由度、处理间自由度、误差自由度便得到总均方、处理间均方、误差均方，分别记为 MS_T（或 s_T^2）、MS_t（或 s_t^2）和 MS_e（或 s_e^2），即
$$MS_T=s_T^2=\frac{SS_T}{df_T},\ MS_t=s_t^2=\frac{SS_t}{df_t},\ MS_e=s_e^2=\frac{SS_e}{df_e}。 \tag{6-12}$$

注意，总均方一般不等于处理间均方与误差均方之和。

【例 6.1】 为了比较 4 种配合饲料（记为 A_1，A_2，A_3，A_4）对鱼的饲喂效果，选取初始条件基本相同的鱼 20 尾，随机分成 4 组，每组饲喂不同饲料 1 个月，各组鱼的增重列于表 6-2。

表 6-2 饲喂不同饲料的鱼的增重（×10 g）

饲料	增 重 x_{ij}					合计 $x_i.$	平均 $\bar{x}_i.$
A_1	31.9	27.9	31.8	28.4	35.9	155.9	31.18
A_2	24.8	25.7	26.8	27.9	26.2	131.4	26.28
A_3	22.1	23.6	27.3	24.9	25.8	123.7	24.74
A_4	27.0	30.8	29.0	24.5	28.5	139.8	27.96
合计						$x..=550.8$	

表 6-2 是一份单因素试验资料，处理数 $k=4$，重复数 $n=5$。各项平方和与自由度计算如下：

矫正数 $\quad C=\dfrac{x..^2}{kn}=\dfrac{550.8^2}{4\times5}=15\,169.03$，

总平方和 $\quad SS_T=\sum_{i=1}^{k}\sum_{j=1}^{n}x_{ij}^2-C=31.9^2+27.9^2+\cdots+28.5^2-15\,169.03$
$$=15\,368.7-15\,169.03=199.67,$$

总自由度 $\quad df_T=kn-1=5\times4-1=19$，

处理间平方和 $SS_t = \dfrac{1}{n} \sum\limits_{i=1}^{k} x_{i\cdot}^2 - C = \dfrac{155.9^2 + 131.4^2 + 123.7^2 + 139.8^2}{5} - 15\,169.03$

$$= 15\,283.3 - 15\,169.03 = 114.27,$$

处理间自由度 $df_t = k - 1 = 4 - 1 = 3$,

误差平方和 $SS_e = SS_T - SS_t = 199.67 - 114.27 = 85.40$,

误差自由度 $df_e = df_T - df_t = 19 - 3 = 16$,

将 SS_t，SS_e 分别除以 df_t，df_e 便得到处理间均方 MS_t，误差均方 MS_e，

$$MS_t = \frac{SS_t}{df_t} = \frac{114.27}{3} = 38.09, \quad MS_e = \frac{SS_e}{df_e} = \frac{85.40}{16} = 5.34.$$

因为方差分析不涉及总均方，所以不计算总均方。

三、期望均方

本节"一、线性模型与基本要求"已指出，方差的一致性是方差分析的基本要求之一，要求各个处理观测值总体方差相等，即 $\sigma_1^2 = \sigma_2^2 = \cdots = \sigma_k^2 = \sigma^2$，$\sigma_i^2$ $(i = 1, 2, \cdots, k)$ 为第 i 个处理观测值总体方差。若所分析的资料满足方差一致性的要求，则各个处理的误差均方 s_1^2，s_2^2，$\cdots$，s_k^2 都是 σ^2 的**无偏估计值**（unbiased estimate），s_i^2 $(i = 1, 2, \cdots, k)$ 是根据第 i 个处理的 n 个观测值计算所得的第 i 个处理的误差均方。

误差均方 MS_e 即 s_e^2 的计算公式为

$$MS_e = \frac{SS_e}{df_e} = \frac{\sum\limits_{i=1}^{k} \sum\limits_{j=1}^{n} (x_{ij} - \bar{x}_i\cdot)^2}{k(n-1)} = \frac{\sum\limits_{i=1}^{k} SS_i}{k(n-1)}$$

$$= \frac{SS_1 + SS_2 + \cdots + SS_k}{df_1 + df_2 + \cdots + df_k} = \frac{df_1 s_1^2 + df_2 s_2^2 + \cdots + df_k s_k^2}{df_1 + df_2 + \cdots + df_k}. \tag{6-13}$$

其中，SS_i 和 df_i $(i = 1, 2, \cdots, k)$ 为根据第 i 个处理的 n 个观测值计算所得的第 i 个处理的误差平方和及其自由度。

式（6-13）表明误差均方 MS_e 是各个处理的均方 s_i^2 以自由度 df_i 为权采用加权法计算的平均数，统计学已证明误差均方 MS_e 是误差方差 σ^2 的无偏估计值。

各个处理观测值总体平均数 μ_i 的差异也就是各个处理效应 α_i 的差异。

$\sum\limits_{i=1}^{k} (\mu_i - \mu)^2 \big/ (k-1) = \sum\limits_{i=1}^{k} \alpha_i^2 \big/ (k-1)$ 称为处理效应方差，它表示各个处理观测值总体平均数 μ_i 变异程度的大小，也就是各个处理效应 α_i 变异程度的大小，记为 σ_α^2，即

$$\sigma_\alpha^2 = \frac{1}{k-1} \sum\limits_{i=1}^{k} (\mu_i - \mu)^2 = \frac{1}{k-1} \sum\limits_{i=1}^{k} \alpha_i^2. \tag{6-14}$$

因为各个 μ_i 未知，所以无法求得处理效应 α_i，只能用 $\bar{x}_i\cdot - \bar{x}..$ 估计 α_i。因为 $\bar{x}_i\cdot - \bar{x}..$ 实际上包含两部分：一部分是处理效应 α_i，另一部分是平均数的抽样误差，所以 $\sum\limits_{i=1}^{k} (\bar{x}_i\cdot - \bar{x}..)^2 \big/ (k-1)$ 不是 σ_α^2 的无偏估计值。

因为 MS_e 是 σ^2 的无偏估计值，MS_t 是 $n\sigma_\alpha^2 + \sigma^2$ 的无偏估计值，所以 σ^2 是 MS_e 的**数学期望**（mathematical expectation），$n\sigma_\alpha^2 + \sigma^2$ 是 MS_t 的数学期望。方差分析中，各变异来源均方的期望值（expected value），称为期望均方，简记为 EMS（expected mean square）。

若处理效应方差 $\sigma_\alpha^2 = 0$，或各个处理观测值总体平均数 μ_i $(i = 1, 2, \cdots, k)$ 相同，处理间均方 MS_t 与误差均方 MS_e 一样，也是误差方差 σ^2 的估计值。方差分析就是通过处理间均方 MS_t 与误

差均方 MS_e 的比较来推断 σ_α^2 是否为 0，或 μ_i 是否相同。

四、F 分布与 F 检验

（一）F 分布

在一个平均数为 μ、方差为 σ^2 的正态总体中随机抽取样本容量为 n 的样本 k 个，将 k 个样本观测值整理成表 6-1 的形式。k 个样本的 n 个观测值只是从同一个正态总体中随机抽取的样本，k 个样本没有真实差异。根据式（6-12）计算出的处理间均方 s_t^2 和误差均方 s_e^2 都是误差方差 σ^2 的估计值，将处理间均方 s_t^2 与误差均方 s_e^2 的比值记为 F，

$$F = \frac{s_t^2}{s_e^2}。 \qquad (6-15)$$

F 具有两个自由度，$df_1 = df_t = k-1$，$df_2 = df_e = k(n-1)$。

若在给定的样本数 k 和样本容量 n 的条件下，继续从该正态总体进行一系列的抽样，可获得一系列的 F 值。统计数 F 的概率分布称为 **F 分布**（F distribution）。F 分布的密度函数记为 $f(F)$，F 分布密度曲线是随自由度 df_1，df_2 的变化而变化的一簇偏态曲线，其形态随着 df_1，df_2 的增大逐渐趋于对称，如图 6-1 所示。

F 的取值区间是 $(0, +\infty)$。F 分布的分布函数 $F(F_a)$ 为

$$F(F_a) = P(F < F_a) = \int_0^{F_a} f(F) \mathrm{d}F, \qquad (6-16)$$

所以，F 分布从 F_a 到 $+\infty$ 的右尾概率为

$$\begin{aligned} P(F \geqslant F_a) &= 1 - F(F_a) \\ &= \int_{F_a}^{+\infty} f(F)\mathrm{d}F。 \end{aligned} \qquad (6-17)$$

附表 4-4 列出的是对于不同的 df_1 和 df_2，$P(F \geqslant F_a) = 0.05$ 和 $P(F \geqslant F_a) = 0.01$ 的 F_a 值，即右尾概率 $\alpha = 0.05$ 和 $\alpha = 0.01$ 的临界 F 值，记为 $F_{0.05(df_1, df_2)}$，$F_{0.01(df_1, df_2)}$。

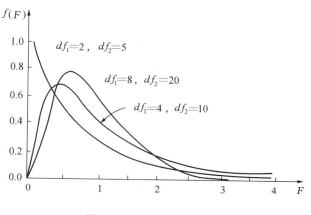

图 6-1 F 分布密度曲线

例如，若 $df_1 = 3$，$df_2 = 16$，查附表 4-4 得 $F_{0.05(3, 16)} = 3.24$，$F_{0.01(3, 16)} = 5.29$，表示以 $df_1 = df_t = 3$，$df_2 = df_e = 16$ 即样本数 k 为 4、样本容量 n 为 5，在同一正态总体中连续抽样，所得 F 值 $\geqslant$ 3.24 的概率仅为 0.05，所得 F 值 $\geqslant$ 5.29 的概率仅为 0.01。

（二）F 检验

附表 4-4 是专门为检验处理间均方 MS_t 所估计的总体方差是否大于误差均方 MS_e 所估计的误差方差而设计的。若根据式（6-15）计算的 F 值 $\geqslant F_{0.05(df_1, df_2)}$，即根据式（6-15）计算的 F 值出现的概率 $p \leqslant 0.05$，以不低于 95% 的可靠程度（即冒不超过 5% 的风险）推断处理间均方 MS_t 所估计的总体方差大于误差均方 MS_e 所估计的误差方差，即 $\sigma_\alpha^2 > 0$。这种用 F 值出现概率的大小推断一个总体方差是否大于另一个总体方差的假设检验方法称为 **F 检验**（F-test）。显然，这里所进行的 F 检验是一尾检验。

单因素试验资料方差分析的 F 检验目的在于推断各个处理观测值总体平均数是否相同，或推断处理效应方差是否为零。因此，计算 F 值总是以处理间均方作为分子，以误差均方作为分母。

单因素试验资料方差分析的 F 检验，无效假设为 $H_0: \mu_1 = \mu_2 = \cdots = \mu_k$，备择假设为 $H_A: \mu_i$

不全相同，或 H_0：$\sigma_a^2=0$，H_A：$\sigma_a^2>0$；$F=MS_t/MS_e$，也就是要判断 MS_t 所估计的总体方差是否大于 MS_e 所估计的误差方差。进行 F 检验，将根据试验资料计算所得的 F 值与根据 $df_1=df_t$（大均方自由度即分子均方自由度）、$df_2=df_e$（小均方自由度即分母均方自由度）查附表 4 - 4 所得的临界 F 值 $F_{0.05(df_1,df_2)}$，$F_{0.01(df_1,df_2)}$ 比较，作出统计推断：

若 $F<F_{0.05(df_1,df_2)}$，$p>0.05$，不能否定 H_0：$\mu_1=\mu_2=\cdots=\mu_k$。统计学把这一假设检验结果表述为各个处理观测值总体平均数差异不显著，或简述为 F 值不显著，在不显著 F 值的右上方标记"ns"或不标记符号。

若 $F_{0.05(df_1,df_2)}\leqslant F<F_{0.01(df_1,df_2)}$，$0.01<p\leqslant0.05$，否定 H_0：$\mu_1=\mu_2=\cdots=\mu_k$，接受 H_A：各 μ_i 不全相同。统计学把这一假设检验结果表述为各个处理观测值总体平均数差异显著，或简述为 F 值显著，在显著 F 值的右上方标记"＊"。

若 $F\geqslant F_{0.01(df_1,df_2)}$，$p\leqslant0.01$，否定 H_0：$\mu_1=\mu_2=\cdots=\mu_k$，接受 H_A：各 μ_i 不全相同。统计学把这一假设检验结果表述为各个处理观测值总体平均数差异极显著，或简述为 F 值极显著，在极显著 F 值的右上方标记"＊＊"。

对于例 6.1，$F=MS_t/MS_e=38.09/5.34=7.13^{**}$；根据 $df_1=df_t=3$，$df_2=df_e=16$，查附表 4 - 4，得临界 F 值 $F_{0.01(3,16)}=5.29$，因为 $F=7.13>F_{0.01(3,16)}$，$p<0.01$，表明 4 种不同饲料饲喂的鱼的平均增重差异极显著，即 F 值极显著，在 F 值 7.13 右上方标记"＊＊"。

进行方差分析，通常将变异来源、平方和 SS、自由度 df、均方 MS 和 F 值列成方差分析表，也可将查附表 4 - 4 所得到的临界 F 值列入方差分析表中。饲喂不同饲料的鱼的增重方差分析列于表 6 - 3。

表 6 - 3 饲喂不同饲料的鱼的增重方差分析表

变异来源	平方和 SS	自由度 df	均方 MS	F 值	临界 F 值
处理间	114.27	3	38.09	7.13＊＊	$F_{0.01(3,16)}=5.29$
误 差	85.40	16	5.34		
总变异	199.67	19			

五、多重比较

F 检验显著或极显著，否定无效假设 H_0：$\mu_1=\mu_2=\cdots=\mu_k$，接受备择假设 H_A：各 μ_i 不全相同，表明试验各个处理观测值总体平均数 μ_i 差异显著或极显著，但并不意味着每两个处理观测值总体平均数差异都显著或极显著，也不能具体说明哪两个处理观测值总体平均数差异显著或极显著、哪两个处理观测值总体平均数差异不显著。因而，需要对多个处理平均数进行两两处理平均数的假设检验，或者说需要对多个处理平均数进行两两比较，以判断两两处理观测值总体平均数是否相同。多个处理平均数的两两比较称为**多重比较**（multiple comparisons）。

多重比较的方法很多，常用的有**最小显著差数**（LSD，least significant difference）法和**最小显著极差**（LSR，least significant ranges）法，现分别介绍如下。

（一）最小显著差数法

此法的基本步骤是：在 F 检验显著或极显著的前提下，计算出显著水平为 α 的最小显著差数 LSD_α，将任意两个处理平均数 $\bar{x}_{i\cdot}$ 与 $\bar{x}_{j\cdot}$ 的差数 $\bar{x}_{i\cdot}-\bar{x}_{j\cdot}$ 的绝对值 $|\bar{x}_{i\cdot}-\bar{x}_{j\cdot}|$ 与其比较作出统计推断：若 $|\bar{x}_{i\cdot}-\bar{x}_{j\cdot}|\geqslant LSD_\alpha$，两个处理观测值总体平均数 μ_i 与 μ_j 在 α 水平上差异显著；若

$|\bar{x}_{i.}-\bar{x}_{j.}|<LSD_{\alpha}$，$\mu_i$ 与 μ_j 在 α 水平上差异不显著。最小显著差数 LSD_{α} 计算公式为

$$LSD_{\alpha}=t_{\alpha(df_e)}s_{\bar{x}_{i.}-\bar{x}_{j.}}, \tag{6-18}$$

其中，$t_{\alpha(df_e)}$ 是自由度为 F 检验的误差自由度 df_e、显著水平为 α 的临界 t 值，$s_{\bar{x}_{i.}-\bar{x}_{j.}}$ 是均数差数标准误，$s_{\bar{x}_{i.}-\bar{x}_{j.}}$ 的计算公式为

$$s_{\bar{x}_{i.}-\bar{x}_{j.}}=\sqrt{\dfrac{2MS_e}{n}}, \tag{6-19}$$

其中，MS_e 为 F 检验的误差均方，n 为各个处理的重复数。

根据误差自由度 df_e，从附表 4-3 查出显著水平 $\alpha=0.05$，0.01 的临界 t 值 $t_{0.05(df_e)}$，$t_{0.01(df_e)}$，将临界 t 值乘以 $s_{\bar{x}_{i.}-\bar{x}_{j.}}$，计算最小显著差数 $LSD_{0.05}$ 和 $LSD_{0.01}$，

$$LSD_{0.05}=t_{0.05(df_e)}s_{\bar{x}_{i.}-\bar{x}_{j.}},$$
$$LSD_{0.01}=t_{0.01(df_e)}s_{\bar{x}_{i.}-\bar{x}_{j.}}。 \tag{6-20}$$

采用 LSD 法进行多重比较，按如下步骤进行：

（1）计算均数差数标准误 $s_{\bar{x}_{i.}-\bar{x}_{j.}}$，根据误差自由度 df_e，从附表 4-3 查出 $\alpha=0.05$，0.01 临界 t 值 $t_{0.05(df_e)}$，$t_{0.01(df_e)}$，将临界 t 值乘以 $s_{\bar{x}_{i.}-\bar{x}_{j.}}$，计算最小显著差数 $LSD_{0.05}$ 和 $LSD_{0.01}$。

（2）列出平均数多重比较表，表中各个处理平均数从大到小自上而下排列，计算并列出两两处理平均数的差数。

（3）将平均数多重比较表中两两处理平均数的差数与最小显著差数 $LSD_{0.05}$，$LSD_{0.01}$ 比较，作出统计推断：若差数小于 $LSD_{0.05}$，进行比较的两个处理观测值总体平均数差异不显著，简述为该差数不显著，在该差数的右上方标记"ns"或不标记符号；若差数大于或等于 $LSD_{0.05}$ 小于 $LSD_{0.01}$，进行比较的两个处理观测值总体平均数差异显著，简述为该差数显著，在该差数的右上方标记"*"；若差数大于或等于 $LSD_{0.01}$，进行比较的两个处理观测值总体平均数差异极显著，简述为该差数极显著，在该差数的右上方标记"**"。

对于例 6.1，因为均数差数标准误 $s_{\bar{x}_{i.}-\bar{x}_{j.}}=\sqrt{2MS_e/n}=\sqrt{2\times5.34/5}=1.462$，根据误差自由度 $df_e=16$，从附表 4-3 查出 $\alpha=0.05$，0.01 临界 t 值 $t_{0.05(16)}=2.120$，$t_{0.01(16)}=2.921$，将临界 t 值乘以 $s_{\bar{x}_{i.}-\bar{x}_{j.}}=1.462$，计算最小显著差数 $LSD_{0.05}$ 和 $LSD_{0.01}$，

$$LSD_{0.05}=t_{0.05(df_e)}s_{\bar{x}_{i.}-\bar{x}_{j.}}=2.120\times1.462=3.099,$$
$$LSD_{0.01}=t_{0.01(df_e)}s_{\bar{x}_{i.}-\bar{x}_{j.}}=2.921\times1.462=4.271。$$

4 种饲料鱼的平均增重的多重比较列于表 6-4。

表 6-4 4 种饲料鱼的平均增重多重比较表（LSD 法）

处理	平均数 $\bar{x}_{i.}$	$\bar{x}_{i.}-24.74$	$\bar{x}_{i.}-26.28$	$\bar{x}_{i.}-27.96$
A_1	31.18	6.44**	4.90**	3.22*
A_4	27.96	3.22*	1.68	
A_2	26.28	1.54		
A_3	24.74			

注：表中 A_4 行中的差数 3.22 用 q 法与 SSR 法进行多重比较不显著。

将表 6-4 中的 6 个差数与 $LSD_{0.05}=3.099$，$LSD_{0.01}=4.271$ 比较，作出统计推断：差数 1.68 和 1.54 不显著，两个差数 3.22 显著，差数 6.44 和 4.90 极显著。多重比较结果表明：饲料 A_1 饲喂的鱼的平均增重极显著高于饲料 A_2 和 A_3 饲喂的鱼的平均增重，显著高于饲料 A_4 饲喂的鱼的平均增重；饲料 A_4 饲喂的鱼的平均增重显著高于饲料 A_3 饲喂的鱼的平均增重；饲料

A_4 与 A_2、A_2 与 A_3 饲喂的鱼的平均增重差异不显著。4 种饲料以饲料 A_1 饲喂的鱼的平均增重最大。

LSD 法利用 F 检验的误差自由度 df_e 查临界 t 值 t_α，利用误差均方 MS_e 计算均数差数标准误 $s_{\bar{x}_{i\cdot}-\bar{x}_{j\cdot}}$，将两两平均数差数的绝对值 $|\bar{x}_{i\cdot}-\bar{x}_{j\cdot}|$ 与最小显著差数 $LSD_\alpha=t_\alpha s_{\bar{x}_{i\cdot}-\bar{x}_{j\cdot}}$ 比较作出统计推断。LSD 法解决了本章开头指出的对多个处理平均数进行两两处理平均数假设检验——t 检验的检验工作量大、无统一的试验误差估计值及试验误差估计值的精确性和检验的灵敏度低的问题。

由于 LSD 法没有考虑相互比较的两个处理平均数依数值大小排列的秩次，故仍有犯 I 型错误概率大、统计推断可靠性低的问题。为了弥补 LSD 法的这一不足，统计学家提出了最小显著极差法。

（二）最小显著极差法

最小显著极差法把两个处理平均数的差数看成是两个处理平均数的极差，极差范围内所包含的处理数称为秩次距，秩次距记为 k，根据秩次距 k 的不同采用不同的检验尺度对极差作出统计推断。这些根据依秩次距 k 的不同采用的不同的检验尺度称为最小显著极差 LSR。

例如，表 6-4 中，差数 6.44 是 31.18 与 24.74 的极差，极差范围内所包含的处理数为 4，即极差 6.44 的秩次距 $k=4$。将极差 6.44 与秩次距 $k=4$ 的最小显著极差比较作出统计推断。

表 6-4 中，差数 3.22（A_4 行中）是 27.96 与 24.74 的极差，差数 4.90 是 31.18 与 26.28 的极差，极差 3.22（A_4 行中）、4.90 范围内所包含的处理数是 3，即极差 3.22（A_4 行中）、4.90 的秩次距 $k=3$。将极差 3.22（A_4 行中）、4.90 与秩次距 $k=3$ 的最小显著极差比较作出推断。

表 6-4 中，差数 1.54 是 26.28 与 24.74 的极差，差数 1.68 是 27.96 与 26.28 的极差，差数 3.22（A_1 行中）是 31.18 与 27.96 的极差，即极差 1.54，1.68，3.22（A_1 行中）的秩次距 $k=2$。将极差 1.54，1.68，3.22（A_1 行中）与秩次距 $k=2$ 的最小显著极差比较作出统计推断。

k 个处理平均数两两比较，有 $k-1$ 个秩次距：k，$k-1$，$k-2$，…，2，须计算 $k-1$ 个显著水平为 α 的最小显著极差 $LSR_{\alpha,k}$，$LSR_{\alpha,k-1}$，…，$LSR_{\alpha,2}$，分别作为具有相应秩次距的两个处理平均数的极差在显著水平 α 的检验尺度。

因为 LSR 法是一种极差检验法，所以当一个处理平均数大集合的极差推断为不显著，其中所包含的各个较小处理平均数集合的极差也应推断为不显著。

常用的 LSR 法有 q 法和 SSR 法两种。

1. q 法（q test） 此法以统计数 q 的概率分布为基础。q 的计算公式为

$$q=\frac{\omega}{s_{\bar{x}}}。 \qquad (6-21)$$

其中，ω 为极差，$s_{\bar{x}}=\sqrt{MS_e/n}$ 为均数标准误，q 分布依赖于误差自由度 df_e 及秩次距 k。

利用 q 法进行多重比较，为了简便起见，不是将根据式（6-21）算出的 q 值与临界 q 值 $q_{\alpha(df_e,k)}$ 比较，而是将极差 ω 与 $q_{\alpha(df_e,k)}s_{\bar{x}}$ 比较，作出统计推断。$q_{\alpha(df_e,k)}s_{\bar{x}}$ 称为显著水平为 α 的最小显著极差，记为 $LSR_{\alpha,k}$，即

$$LSR_{\alpha,k}=q_{\alpha(df_e,k)}s_{\bar{x}}。 \qquad (6-22)$$

根据误差自由度 df_e、秩次距 k，从附表 4-5 查出显著水平 $\alpha=0.05$，0.01 的临界 q 值 $q_{0.05(df_e,k)}$，$q_{0.01(df_e,k)}$，将临界 q 值乘以 $s_{\bar{x}}$，计算各个最小显著极差 $LSR_{0.05,k}$，$LSR_{0.01,k}$，

$$LSR_{0.05,k}=q_{0.05(df_e,k)}s_{\bar{x}}，$$
$$LSR_{0.01,k}=q_{0.01(df_e,k)}s_{\bar{x}}。 \qquad (6-23)$$

采用 q 法进行多重比较，可按如下步骤进行：

（1）计算均数标准误 $s_{\bar{x}}$，根据误差自由度 df_e、秩次距 k，从附表 4-5 查出 $\alpha=0.05$，0.01 的临界 q 值 $q_{0.05(df_e,k)}$，$q_{0.01(df_e,k)}$，将临界 q 值乘以 $s_{\bar{x}}$，计算各个最小显著极差 $LSR_{0.05,k}$，$LSR_{0.01,k}$。

（2）列出平均数多重比较表。

（3）将平均数多重比较表中的各个极差分别与相应的最小显著极差 $LSR_{0.05,k}$，$LSR_{0.01,k}$ 比较，作出统计推断。

例 6.1，$MS_e=5.34$，

$$s_{\bar{x}}=\sqrt{\frac{MS_e}{n}}=\sqrt{\frac{5.34}{5}}=1.033。$$

根据误差自由度 $df_e=16$，秩次距 $k=2,3,4$，从附表 4-5 查出 $\alpha=0.05$，$\alpha=0.01$ 的临界 q 值，将临界 q 值乘以 $s_{\bar{x}}=1.033$，计算各个最小显极差 LSR。临界 q 值与 LSR 值列于表 6-5。

表 6-5 临界 q 值与 LSR 值

df_e	秩次距 k	$q_{0.05}$	$q_{0.01}$	$LSR_{0.05}$	$LSR_{0.01}$
	2	3.00	4.13	3.099	4.266
16	3	3.65	4.79	3.770	4.948
	4	4.05	5.19	4.184	5.361

将表 6-4 中的极差 1.54，1.68，3.22（A_1 行上）与表 6-5 中的最小显著极差 3.099，4.266 比较；将表 6-4 中的极差 3.22（A_4 行上）、4.90 与最小显著极差 3.770，4.948 比较；将表 6-4 中的极差 6.44 与最小显著极差 4.184，5.361 比较，作出统计推断。采用 q 法进行多重比较 A_4 行中的差数 3.22 不显著，与采用 LSD 法进行多重比较的结果不相同，采用 q 法进行多重比较的其他结果与采用 LSD 法进行多重比较的结果相同。

2. SSR（shortest significant ranges）**法** 此法是由 Duncan 于 1955 年提出，故又称为 Duncan 法，亦称为**新复极差法**（new multiple range method）。

SSR 法与 q 法的步骤相同，唯一不同的是计算最小显著极差时查 SSR 表（附表 4-6）而不是查 q 值表（附表 4-5）。最小显著极差计算公式为

$$LSR_{a,k}=SSR_{a(df_e,k)}s_{\bar{x}}，\tag{6-24}$$

其中，$SSR_{a(df_e,k)}$ 是根据显著水平 α、误差自由度 df_e、秩次距 k，从附表 4-6 查出的临界 SSR 值，均数标准误 $s_{\bar{x}}=\sqrt{MS_e/n}$。$\alpha=0.05$，$\alpha=0.01$ 的最小显著极差为

$$LSR_{0.05,k}=SSR_{0.05(df_e,k)}s_{\bar{x}}，$$
$$LSR_{0.01,k}=SSR_{0.01(df_e,k)}s_{\bar{x}}。\tag{6-25}$$

例 6.1 已算出 $s_{\bar{x}}=1.033$，根据误差自由度 $df_e=16$，秩次距 $k=2,3,4$，从附表 4-6 查出 $\alpha=0.05$，$\alpha=0.01$ 的临界 SSR 值，将临界 SSR 值乘以 $s_{\bar{x}}=1.033$，计算各个最小显极差 LSR。临界 SSR 值与 LSR 值列于表 6-6。

表 6-6 临界 SSR 值与 LSR 值

df_e	秩次距 k	$SSR_{0.05}$	$SSR_{0.01}$	$LSR_{0.05}$	$LSR_{0.01}$
	2	3.00	4.13	3.099	4.266
16	3	3.15	4.34	3.254	4.483
	4	3.23	4.45	3.337	4.597

将表6-4中的平均数差数（极差）与表6-6中的相应的最小显著极差比较，作出统计推断。采用 SSR 法进行多重比较的结果与采用 q 法进行多重比较的结果相同。

以上介绍的3种多重比较法，检验尺度不完全相同：

$$LSD \text{法的检验尺度} \leqslant SSR \text{法的检验尺度} \leqslant q \text{法的检验尺度}$$

当秩次距 $k=2$，取等号；当秩次距 $k \geqslant 3$，取小于号。进行多重比较，LSD 法的检验尺度最小，q 法的检验尺度最大，SSR 法的检验尺度居中。用上述排列顺序前面的方法进行多重比较显著的差数，用后面的方法进行多重比较未必显著；用后面的方法进行多重比较显著的差数，用前面的方法进行多重比较必然显著。一份试验资料，究竟采用哪一种方法进行多重比较，主要应根据否定一个正确的 H_0 和接受一个不正确的 H_0 的相对重要性来决定。若否定正确的 H_0 事关重大或后果严重，或对试验要求严格，则宜采用 q 法；若接受一个不正确的 H_0 事关重大或后果严重，则宜采用 SSR 法。生物学试验研究，由于试验误差较大，常采用 SSR 法；若 F 检验显著，也可采用 LSD 法。

（三）多重比较结果的表示法

常用的多重比较结果表示法有标记符号法和标记字母法两种。

1. 标记符号法 此法是根据多重比较结果在平均数多重比较表中各个差数的右上方标记符号"ns"（或不标记符号）表示该差数不显著；标记"*"表示该差数显著；标记"**"表示该差数极显著，如表6-4所示。由于在多重比较表中各个处理平均数差数构成一个三角形阵列，故标记符号法也称为三角形法。标记符号法的优点是简便直观，缺点是占的篇幅较大。

2. 标记字母法 此法是先将各个处理平均数由大到小自上而下排列；若显著水平 $\alpha=0.05$，在最大处理平均数右侧标记小写英文字母 a，并将该处理平均数与以下各个处理平均数比较，凡与其差异不显著者，一律在其右侧标记同一字母 a，直至某一个与其差异显著的处理平均数在其右侧标记字母 b 为止；再以标有字母 b 的处理平均数与上方比它大的各个处理平均数比较，凡与其差异不显著者，一律在其右侧再加标字母 b，直至某一个与其差异显著的处理平均数在其右侧不加标字母 b 为止；再以标记有字母 b 的最大处理平均数与下面各个未标记字母的处理平均数比较，凡与其差异不显著者，继续在其右侧标记字母 b，直至某一个与其差异显著的处理平均数在其右侧标记字母 c 为止；再以标有字母 c 的处理平均数与上方比它大的各个处理平均数比较，凡与其差异不显著者，一律在其右侧再加标字母 c，直至某一个与其差异显著的处理平均数不在其右侧加标字母 c 为止；如此重复下去，直至最小一个处理平均数右侧标记某一字母，若该字母是前面未曾标记的新字母，还须将最小的处理平均数与上方比它大的各个处理平均数比较，凡与其差异不显著者，一律在其右侧再加标该新字母，直至某一个与其差异显著的处理平均数不在其右侧加标该新字母为止。这样，各个处理平均数凡有一个相同字母者，差异不显著；凡无一相同字母者，差异显著。

若显著水平 $\alpha=0.01$，用大写英文字母 A，B，C 等表示多重比较结果，标记字母的方法与显著水平 $\alpha=0.05$ 标记字母的方法相同。

利用标记字母法表示多重比较结果，为了避免差错，常在标记符号法的基础上进行。标记字母法的优点是占的篇幅小，科技文献中常利用标记字母法表示多重比较结果。

对于例6.1，根据表6-4采用 SSR 法进行多重比较的结果，用标记字母法表示，列于表6-7。

表 6-7　表 6-4 多重比较结果的字母标记（SSR 法）

处理	平均数 $\bar{x}_i.$	$\alpha=0.05$	$\alpha=0.01$
A₁	31.18	a	A
A₄	27.96	b	AB
A₂	26.28	b	B
A₃	24.74	b	B

在表 6-7 中，先将各个处理平均数由大到小自上而下排列。若显著水平 $\alpha=0.05$，先在处理平均数 31.18 右侧标记字母 a；由于 31.18 与 27.96 的差数为 3.22，差数显著，所以在处理平均数 27.96 右侧标记字母 b；再以标记字母 b 的处理平均数 27.96 与其下方的处理平均数 26.28 比较，差数为 1.68，差数不显著，所以在处理平均数 26.28 右侧标记字母 b；再将处理平均数 27.96 与处理平均数 24.74 比较，差数为 3.22，差数不显著，所以在处理平均数 24.74 右侧标记字母 b。

若显著水平 $\alpha=0.01$，在各个处理平均数右侧标记大写英文字母，标记结果列于表 6-7。

表 6-7 表明：饲料 A₁ 饲喂的鱼的平均增重极显著高于饲料 A₂ 和 A₃ 饲喂的鱼的平均增重，显著高于饲料 A₄ 饲喂的鱼的平均增重；饲料 A₄，A₂，A₃ 饲喂的鱼的平均增重两两差异不显著。4 种饲料以饲料 A₁ 饲喂的鱼的平均增重最大。

应当注意，无论采用哪种方法表示多重比较结果，都应注明采用的是哪一种多重比较法。

*六、单一自由度的正交比较

前面介绍的多重比较法适用于进行多个处理平均数的两两比较。进行动物科学试验研究，有时需要进行一个处理与多个处理或一组处理与另一组处理的比较。这种比较可以采用单一自由度的正交比较来进行。下面结合实例说明怎样进行单一自由度的正交比较。

【例 6.2】　某试验研究不同药物对小鼠腹水癌的治疗效果，设 5 个处理，A₁ 为不用药即对照，A₂ 和 A₃ 为用两种不同的中药，A₄ 和 A₅ 为用两种不同的西药。将患腹水癌的 25 只小鼠随机分为 5 组，每组 5 只，各组小鼠接受 1 个处理，小鼠存活天数列于表 6-8。

表 6-8　5 个处理患腹水癌的小鼠存活天数（d）

处理	存活天数 x_{ij}					合计 $x_i.$	平均 $\bar{x}_i.$
A₁	15	16	15	17	18	81	16.2
A₂	45	42	50	38	39	214	42.8
A₃	30	35	29	31	35	160	32.0
A₄	31	28	20	25	30	134	26.8
A₅	40	35	31	32	30	168	33.6
合计						$x.. =757$	

表 6-8 是一份单因素试验资料，处理数 $k=5$，重复数 $n=5$，按照前面介绍的方法进行方差分析（具体计算过程略），方差分析列于表 6-9。

表 6-9　5 个处理患腹水癌的小鼠存活天数方差分析表

变异来源	平方和 SS	自由度 df	均方 MS	F 值	临界 F 值
处理间	1 905.44	4	476.36	34.32**	$F_{0.01(4,20)}=4.43$
误　差	277.60	20	13.88		
总变异	2 183.04	24			

因为 $F = 34.32 > F_{0.01(4,20)}$，$p < 0.01$，表明各个处理小鼠平均存活天数差异极显著。

对各个处理进行下列比较：（1）不用药治疗与用药治疗比较（记为 A_1 与 $A_2 + A_3 + A_4 + A_5$ 比较）；（2）用中药治疗与用西药治疗比较（记为 $A_2 + A_3$ 与 $A_4 + A_5$ 比较）；（3）用中药 A_2 治疗与用中药 A_3 治疗比较（记为 A_2 与 A_3 比较）；（4）用西药 A_4 治疗与用西药 A_5 治疗比较（记为 A_4 与 A_5 比较）。

虽然用前述多重比较方法可以进行用中药 A_2 治疗与用中药 A_3 治疗比较，用西药 A_4 治疗与用西药 A_5 治疗比较；但是不能进行不用药治疗与用药治疗比较，用中药治疗与用西药治疗比较。若事先按照一定的规则设计好 $(k-1)$ 个正交比较，将处理间平方和根据设计要求分解成各具 1 个自由度的 $(k-1)$ 个正交比较平方和，然后用 F 检验（此时 $df_1 = 1$）进行上述 4 个比较。这种正交比较称为单一自由度的正交比较（orthogonal comparison of single degree of freedom），也称为单一自由度的独立比较（independent comparison of single degree of freedom）。单一自由度的正交比较有成组比较和趋势比较两种，后者涉及回归分析。这里利用成组比较进行上述 4 个比较。

将表 6-8 各个处理合计抄于表 6-10，然后写出各个需要比较的正交系数（orthogonal coefficient）C_i。

表 6-10 例 6.2 单一自由度正交比较的正交系数与平方和的计算

比　较	处理与处理合计					D_i	$\sum_{i=1}^{k} C_i^2$	SS_i
	A_1	A_2	A_3	A_4	A_5			
	81	214	160	134	168			
A_1 与 $A_2 + A_3 + A_4 + A_5$ 比较	+4	−1	−1	−1	−1	−352	20	1 239.04
$A_2 + A_3$ 与 $A_4 + A_5$ 比较	0	+1	+1	−1	−1	72	4	259.20
A_2 与 A_3 比较	0	+1	−1	0	0	54	2	291.60
A_4 与 A_5 比较	0	0	0	+1	−1	−34	2	115.60
合　计								1 905.44

表 6-10 中 4 个比较的正交系数按照下述规则确定：

（1）若比较的两组处理包含的处理数目相等，第一组的各个处理的系数为 +1，第二组的各个处理的系数为 −1，哪一组处理取正号或负号无关紧要。例如，$A_2 + A_3$ 与 $A_4 + A_5$ 比较，两组处理包含的处理数目相等，于是第一组的 2 个处理 A_2，A_3 的系数为 +1，第二组的 2 个处理 A_4，A_5 的系数为 −1。

（2）若比较的两组处理包含的处理数目不相等，第一组的各个处理的系数等于第二组的处理数；第二组的各个处理的系数等于第一组的处理数，正、负号相反。例如，A_1 与 $A_2 + A_3 + A_4 + A_5$ 比较，第一组有 1 个处理，第二组有 4 个处理，于是第一组的处理 A_1 的系数为 +4；第二组的 4 个处理 A_2，A_3，A_4，A_5 的系数为 −1。

（3）把系数约简成绝对值最小的整数。例如，$A_1 + A_2$ 与 $A_3 + A_4 + A_5 + A_6$ 比较，按照规则（2），第一组的 2 个处理 A_1，A_2 的系数为 +4，+4；第二组的 4 个处理 A_3，A_4，A_5，A_6 的系数为 −2，−2，−2，−2。这些系数应约简为 +2，+2；−1，−1，−1，−1。

（4）若一个比较未涉及试验的全部处理，该比较未涉及的处理系数为 0。例如，$A_2 + A_3$ 与 $A_4 + A_5$ 比较未涉及处理 A_1，处理 A_1 的系数为 0。又如，A_2 与 A_3 比较未涉及处理 A_1，A_4，A_5，处理 A_1，A_4，A_5 的系数为 0。

（5）若一个比较是 A_i 与 B_j 的互作效应（本章第三节介绍 A_i 与 B_j 的互作效应的意义），这一比较的系数由两个因素水平比较的系数相乘计算。例如，猪的两个品种 A_1，A_2 和两种饲料 B_1，B_2 的肥育试验，包含 4 个水平组合 A_1B_1，A_1B_2，A_2B_1，A_2B_2。品种 A_2 与 A_1 比较、饲料 B_2 与

B_1 比较、品种 A_2 与饲料 B_2 的互作效应列于表 6-11。

表 6-11 品种 A_2 与 A_1 比较、饲料 B_2 与 B_1 比较、品种 A_2 与饲料 B_2 的互作效应

比 较	A_1B_1	A_1B_2	A_2B_1	A_2B_2
品种 A_2 与 A_1 比较 即 $A_2B_1 + A_2B_2$ 与 $A_1B_1 + A_1B_2$ 比较	-1	-1	$+1$	$+1$
饲料 B_2 与 B_1 比较 即 $A_1B_2 + A_2B_2$ 与 $A_1B_1 + A_2B_1$ 比较	-1	$+1$	-1	$+1$
品种 A_2 与饲料 B_2 的互作效应 即 $A_1B_1 + A_2B_2$ 与 $A_1B_2 + A_2B_1$ 比较	$+1$	-1	-1	$+1$

表 6-11 中品种 A_2 与 A_1 比较即 $A_2B_1 + A_2B_2$ 与 $A_1B_1 + A_1B_2$ 比较的系数、饲料 B_2 与 B_1 比较即 $A_1B_2 + A_2B_2$ 与 $A_1B_1 + A_2B_1$ 比较的系数按照规则（1）确定；品种 A_2 与饲料 B_2 的互作效应即 $A_1B_1 + A_2B_2$ 与 $A_1B_2 + A_2B_1$ 的比较，其系数由品种 A_2 与 A_1 比较即 $A_2B_1 + A_2B_2$ 与 $A_1B_1 + A_1B_2$ 比较的系数和饲料 B_2 与 B_1 比较即 $A_1B_2 + A_2B_2$ 与 $A_1B_1 + A_2B_1$ 比较的系数相乘计算。

根据比较的正交系数 C_i 和比较处理的合计 $x_{i\cdot}$，计算每一个比较的差数 D_i，计算公式为

$$D_i = \sum_{i=1}^{k} C_i x_{i\cdot},\qquad\qquad (6-26)$$

例如，

$$D_1 = 4 \times 81 - 1 \times 214 - 1 \times 160 - 1 \times 134 - 1 \times 168 = -352,$$
$$D_2 = 1 \times 214 + 1 \times 160 - 1 \times 134 - 1 \times 168 = 72。$$

计算结果列于表 6-10。

各个比较的平方和记为 SS_i，SS_i 的计算公式为

$$SS_i = \frac{D_i^2}{n\sum_{i=1}^{k}C_i^2},\qquad\qquad (6-27)$$

其中，n 为各个处理的重复数，本例 $n=5$。例如，

$$SS_1 = \frac{(-352)^2}{5 \times [4^2 + (-1)^2 + (-1)^2 + (-1)^2 + (-1)^2]} = \frac{(-352)^2}{5 \times 20} = 1\,239.04,$$

$$SS_2 = \frac{72^2}{5 \times [(+1)^2 + (+1)^2 + (-1)^2 + (-1)^2]} = \frac{72^2}{5 \times 4} = 259.2。$$

计算结果列于表 6-10。

注意，$SS_1 + SS_2 + SS_3 + SS_4 = 1\,905.44$ 等于表 6-9 中处理间平方和 SS_t。表明单一自由度正交比较将表 6-9 中具有 4 个自由度的处理间平方和分解为各具有 1 个自由度的 4 个正交比较平方和。例 6.2 单一自由度正交比较方差分析表列于表 6-12。

表 6-12 例 6.2 单一自由度正交比较方差分析表

变异来源	平方和 SS	自由度 df	均方 MS	F 值	临界 F 值
处理间	1 905.44	4	476.36	34.32**	$F_{0.01(4,20)} = 4.43$
A_1 与 $A_2 + A_3 + A_4 + A_5$ 比较	1 239.04	1	1 239.04	89.27**	$F_{0.01(1,20)} = 8.10$
$A_2 + A_3$ 与 $A_4 + A_5$ 比较	259.20	1	259.20	18.67**	
A_2 与 A_3 比较	291.60	1	291.60	21.01**	
A_4 与 A_5 比较	115.60	1	115.60	8.33**	
误 差	277.60	20	13.88		
总变异	2 183.04	24			

将表 6-12 中各个比较的均方除以误差均方 MS_e，得到各个 F 值。因为 A_1 与 $A_2 + A_3 + A_4 + A_5$ 比较、$A_2 + A_3$ 与 $A_4 + A_5$ 比较、A_2 与 A_3 比较、A_4 与 A_5 比较的 F 值 89.27，18.67，21.01，8.33 均大于 $F_{0.01(1,20)}$，$p < 0.01$，表明不用药治疗与用药治疗、用中药治疗与用西药治疗、用中药 A_2 治疗与用中药 A_3 治疗、用西药 A_4 治疗与用西药 A_5 治疗腹水癌小鼠平均存活天数差异都极显著。这里表现为不用药治疗的小鼠平均存活天数极显著低于用药治疗的小鼠平均存活天数；用中药治疗的小鼠平均存活天数极显著高于用西药治疗的小鼠平均存活天数；用中药 A_2 治疗的小鼠平均存活天数极显著高于用中药 A_3 治疗的小鼠平均存活天数；用西药 A_4 治疗的小鼠平均存活天数极显著低于用西药 A_5 治疗的小鼠平均存活天数。

正确安排处理比较，正确确定比较的正交系数才能保证正确进行单一自由度正交比较。安排处理比较、确定比较的正交系数应注意满足以下 3 个条件。

（1）设有 k 个处理，最多能安排 $k-1$ 个正交比较；进行单一自由度正交比较，比较数目必须为 $k-1$，以使每一个比较具有且仅具有 1 个自由度。

（2）每一个比较的正交系数之和必须为零，即 $\sum\limits_{i=1}^{k} C_i = 0$，以使每一个比较都是均衡的。

（3）任意两个比较相应的正交系数乘积之和为零，即 $\sum\limits_{i,j=1}^{k} C_i C_j = 0$，以保证 SS_t 的独立分解。

对于条件（2），按照上述确定正交系数的 5 条规则确定的正交系数满足条件（2）。对于条件（3），若某一处理（或某一组处理）已经和其余处理（或其余组处理）作过一次比较，该处理（或该组处理）就不能再参加另外的比较，否则就不满足条件（3）。只要同时满足（2），（3）两个条件，就能保证所实施的比较是正交的，因而也是独立的。若这样的比较有 $k-1$ 个，就是正确安排了一次单一自由度的正交比较。

单一自由度正交比较的优点在于：（1）它能进行一些重要的处理比较；处理间具有多少个自由度，就能进行多少个独立的比较，这些比较应在试验设计时就要计划好。（2）计算简单。（3）处理间平方和提供了一个核对方法。即单一自由度的正交比较平方和之和应等于被分解的处理间平方和。否则，不是计算有误，就是分解并非独立。

本节结合单因素试验资料方差分析的实例详细介绍了方差分析的基本原理与步骤。方差分析的基本步骤归纳如下：

（1）计算各项平方和与自由度。

（2）列出方差分析表，进行 F 检验。

（3）多重比较。若 F 检验显著或极显著，还须对各个处理平均数进行多重比较。常用的多重比较方法有最小显著差数法（LSD 法）和最小显著极差法（LSR 法，包括 q 法和 SSR 法）。表示多重比较结果的方法有标记符号法和标记字母法。LSD 法、LSR 法适用于多个处理平均数的两两比较。若要进行一个处理与多个处理或一组处理与另一组处理的比较，应考虑进行单一自由度的正交比较。

第二节 单因素试验资料的方差分析

根据各个处理重复数是否相等，单因素试验资料分为各个处理重复数相等与不等两种类别。这两种类别的单因素试验资料的方差分析分别介绍如下。

一、各个处理重复数相等的单因素试验资料的方差分析

第一节介绍方差分析的基本原理与基本步骤所结合的实际例子例 6.1 就是各个处理重复数相等的单因素试验资料的方差分析。现再举一例，目的在于使读者熟练掌握各个处理重复数相等的单因素试验资料的方差分析的基本步骤。

【例 6.3】 随机抽测 5 个品种各 5 头母猪的窝产仔数列于表 6-13。检验 5 个品种母猪窝产仔数是否相同。

表 6-13 5 个不同品种母猪的窝产仔数

品种	产仔数 x_{ij}（头/窝）					合计 $x_{i.}$	平均 $\bar{x}_{i.}$
1	8	13	12	9	9	51	10.2
2	7	8	10	9	7	41	8.2
3	13	14	10	11	12	60	12
4	13	9	8	8	10	48	9.6
5	12	11	15	14	13	65	13
合计						$x_{..}=265$	

表 6-13 是一份各个处理重复数相等的单因素试验资料，处理数 $k=5$，各个处理重复数 $n=5$，共有 $kn=5\times5=25$ 个观测值。方差分析的基本步骤如下：

（1）计算各项平方和与自由度。

矫正数 $C=\dfrac{x_{..}^2}{kn}=\dfrac{265^2}{5\times5}=2\,809.00$，

总平方和 $SS_{\mathrm{T}}=\displaystyle\sum_{i=1}^{k}\sum_{j=1}^{n}x_{ij}^2-C=(8^2+13^2+\cdots+13^2)-2\,809.00$
$$=2\,945.00-2\,809.00=136.00，$$

总自由度 $df_{\mathrm{T}}=kn-1=5\times5-1=24$，

品种间平方和 $SS_{\mathrm{t}}=\dfrac{1}{n}\displaystyle\sum_{i=1}^{k}x_{i.}^2-C=\dfrac{1}{5}\times(51^2+41^2+\cdots+65^2)-2\,809.00$
$$=2\,882.20-2\,809.00=73.20，$$

品种间自由度 $df_{\mathrm{t}}=k-1=5-1=4$，

误差平方和 $SS_{\mathrm{e}}=SS_{\mathrm{T}}-SS_{\mathrm{t}}=136.00-73.20=62.80$，

误差自由度 $df_{\mathrm{e}}=df_{\mathrm{T}}-df_{\mathrm{t}}=24-4=20$。

（2）列出方差分析表（表 6-14），进行 F 检验。

表 6-14 5 个品种母猪窝产仔数方差分析表

变异来源	平方和 SS	自由度 df	均方 MS	F 值	临界 F 值
品种间	73.20	4	18.30	5.83**	$F_{0.01(4,20)}=4.43$
误 差	62.80	20	3.14		
总变异	136.00	24			

因为 $F=5.83>F_{0.01(4,20)}$，$p<0.01$，表明 5 个品种母猪平均窝产仔数差异极显著，因而还须对 5 个品种母猪平均窝产仔数进行多重比较。

（3）多重比较。采用 SSR 法。因为 $MS_e = 3.14$，$n = 5$，所以均数标准误 $s_{\bar{x}}$ 为

$$s_{\bar{x}} = \sqrt{\frac{MS_e}{n}} = \sqrt{\frac{3.14}{5}} = 0.7925。$$

根据误差自由度 $df_e = 20$，秩次距 $k = 2$，3，4，5，从附表 4-6 查出 $\alpha = 0.05$，$\alpha = 0.01$ 的临界 SSR 值，将临界 SSR 值乘以 $s_{\bar{x}} = 0.7925$，计算各个最小显著极差 LSR。临界 SSR 值与 LSR 值列于表 6-15。

表 6-15 临界 SSR 值与 LSR 值

df_e	秩次距 k	$SSR_{0.05}$	$SSR_{0.01}$	$LSR_{0.05}$	$LSR_{0.01}$
20	2	2.95	4.02	2.338	3.186
	3	3.10	4.22	2.457	3.344
	4	3.18	4.33	2.520	3.432
	5	3.25	4.40	2.576	3.487

5 个品种母猪平均窝产仔数的多重比较列于表 6-16。

表 6-16 5 个品种母猪平均窝产仔数多重比较表（SSR 法）

品种	平均数 $\bar{x}_{i\cdot}$			$\bar{x}_{i\cdot} - 8.2$	$\bar{x}_{i\cdot} - 9.6$	$\bar{x}_{i\cdot} - 10.2$	$\bar{x}_{i\cdot} - 12.0$
5	13.0	a	A	4.8**	3.4*	2.8*	1.0
3	12.0	ab	A	3.8**	2.4	1.8	
1	10.2	bc	AB	2.0	0.6		
4	9.6	bc	AB	1.4			
2	8.2	c	B				

注：为了让读者熟悉多重比较结果的两种表示方法，本教材在多重比较表中用标记符号法和标记字母法两种方法表示多重比较结果。在实际工作中只需用一种表示方法表示多重比较结果。

将表 6-16 中的差数与表 6-15 中相应的最小显著极差比较，作出统计推断。多重比较结果已标记在表 6-16 中。多重比较结果表明：5 号品种母猪的平均窝产仔数极显著高于 2 号品种母猪的平均窝产仔数，显著高于 4 号、1 号品种母猪的平均窝产仔数，与 3 号品种母猪的平均窝产仔数差异不显著；3 号品种母猪的平均窝产仔数极显著高于 2 号品种母猪的平均窝产仔数，与 1 号、4 号品种母猪的平均窝产仔数差异不显著；1 号、4 号、2 号品种母猪的平均窝产仔数两两差异不显著。5 个品种以 5 号品种母猪的平均窝产仔数最多，3 号品种母猪的平均窝产仔数次之，2 号品种母猪的平均窝产仔数最少。

二、各个处理重复数不等的单因素试验资料的方差分析

各个处理重复数不等的单因素试验资料的方差分析与各个处理重复数相等的单因素试验资料的方差分析基本步骤相同，所不同的是：①各项平方和与自由度的计算公式略有不同；②采用 LSD 法或 LSR 法进行多重比较，须计算各个处理的平均重复数，用平均重复数计算均数差数标准误或均数标准误。

设一个单因素试验有 k 个处理，各个处理的重复数不等，分别为 n_1，n_2，$\cdots$，n_k，试验观测值总个数为 $N = \sum_{i=1}^{k} n_i$。各项平方和与自由度的计算公式如下：

矫正数 $C = \dfrac{x_{..}^2}{N}$,

总平方和与自由度 $SS_T = \displaystyle\sum_{i=1}^{k}\sum_{j=1}^{n_i} x_{ij}^2 - C,\ df_T = N-1,$

处理间平方和与自由度 $SS_t = \displaystyle\sum_{i=1}^{k} \dfrac{x_{i.}^2}{n_i} - C,\ df_t = k-1,$ $\qquad\qquad$ (6-28)

误差平方和与自由度 $SS_e = SS_T - SS_t,\ df_e = df_T - df_t。$

因为各个处理重复数不等，采用 LSD 法或 LSR 法进行多重比较，须计算各个处理的平均重复数 n_0 以计算均数差数标准误 $s_{\bar{x}_{i.} - \bar{x}_{j.}}$，或均数标准误 $s_{\bar{x}}$。n_0 的计算公式为

$$n_0 = \frac{1}{k-1}\left(N - \frac{1}{N}\sum_{i=1}^{k} n_i^2\right)。 \qquad\qquad (6-29)$$

【例6.4】 5个不同品种猪的育肥试验后期30 d增重（kg）列于表6-17。检验5个品种猪育肥试验后期30 d增重是否相同。

表6-17 5个品种猪育肥试验后期30 d增重

品种	增重 x_{ij} (kg)						n_i	合计 $x_{i.}$	平均 $\bar{x}_{i.}$
B_1	21.5	19.5	20.0	22.0	18.0	20.0	6	121.0	20.2
B_2	16.0	18.5	17.0	15.5	20.0	16.0	6	103.0	17.2
B_3	19.0	17.5	20.0	18.0	17.0		5	91.5	18.3
B_4	21.0	18.5	19.0	20.0			4	78.5	19.6
B_5	15.5	18.0	17.0	16.0			4	66.5	16.6
合计							25	$x_{..} = 460.5$	

表6-17是一份各个处理重复数不等的单因素试验资料，处理数 $k=5$，各个处理重复数 $n_1=6$，$n_2=6$，$n_3=5$，$n_4=4$，$n_5=4$，试验观测值总个数 $N = \displaystyle\sum_{i=1}^{k} n_i = 25$。方差分析的基本步骤如下：

（1）计算各项平方和与自由度。

矫正数 $C = \dfrac{x_{..}^2}{N} = \dfrac{460.5^2}{25} = 8\,482.41,$

总平方和 $SS_T = \displaystyle\sum_{i=1}^{k}\sum_{j=1}^{n_i} x_{ij}^2 - C = (21.5^2 + 19.5^2 + \cdots + 16.0^2) - 8\,482.41$
$\qquad\qquad = 8\,567.75 - 8\,482.41 = 85.34,$

总自由度 $df_T = N-1 = 25-1 = 24,$

品种间平方和 $SS_t = \displaystyle\sum_{i=1}^{k} \dfrac{x_{i.}^2}{n_i} - C = \left(\dfrac{121.0^2}{6} + \dfrac{103.0^2}{6} + \cdots + \dfrac{66.5^2}{4}\right) - 8\,482.41$
$\qquad\qquad = 8\,528.91 - 8\,482.41 = 46.50,$

品种间自由度 $df_t = k-1 = 5-1 = 4,$

误差平方和 $SS_e = SS_T - SS_t = 85.34 - 46.50 = 38.84,$

误差自由度 $df_e = df_T - df_t = 24-4 = 20。$

（2）列出方差分析表（表6-18），进行 F 检验。

表 6 - 18 5 个品种猪育肥试验后期 30 d 增重方差分析表

变异来源	平方和 SS	自由度 df	均方 MS	F 值	临界 F 值
品种间	46.50	4	11.63	5.99**	$F_{0.01(4,20)} = 4.43$
误差	38.84	20	1.94		
总变异	85.34	24			

因为 $F = 5.99 > F_{0.01(4,20)}$，$p < 0.01$，表明 5 个品种猪育肥试验后期 30 d 平均增重差异极显著，因而还须对 5 个品种猪育肥试验后期 30 d 平均增重进行多重比较。

（3）多重比较。采用 SSR 法。因为各个处理重复数不等，须先根据式（6 - 29）计算各个处理的平均重复次数 n_0，

$$n_0 = \frac{1}{k-1}\left(N - \frac{1}{N}\sum_{i=1}^{k} n_i^2\right) = \frac{1}{5-1} \times \left(25 - \frac{6^2 + 6^2 + 5^2 + 4^2 + 4^2}{25}\right) = 4.96,$$

均数标准误 $s_{\bar{x}}$ 为

$$s_{\bar{x}} = \sqrt{\frac{MS_e}{n_0}} = \sqrt{\frac{1.94}{4.96}} = 0.625。$$

根据误差自由度 $df_e = 20$，秩次距 $k = 2，3，4，5$，从附表 4 - 6 查出 $\alpha = 0.05$，$\alpha = 0.01$ 的临界 SSR 值，将临界 SSR 值乘以 $s_{\bar{x}} = 0.625$，计算各个最小显著极差 LSR。临界 SSR 值与 LSR 值列于表 6 - 19。

表 6 - 19 临界 SSR 值与 LSR 值

df_e	秩次距 k	$SSR_{0.05}$	$SSR_{0.01}$	$LSR_{0.05}$	$LSR_{0.01}$
20	2	2.95	4.02	1.844	2.513
	3	3.10	4.22	1.938	2.638
	4	3.18	4.33	1.988	2.706
	5	3.25	4.40	2.031	2.750

5 个品种猪育肥试验后期 30 d 平均增重的多重比较列于表 6 - 20。

表 6 - 20 5 个品种猪育肥试验后期 30 d 平均增重的多重比较表（SSR 法）

品种	平均数 $\bar{x}_{i\cdot}$	$\bar{x}_{i\cdot} - 16.6$	$\bar{x}_{i\cdot} - 17.2$	$\bar{x}_{i\cdot} - 18.3$	$\bar{x}_{i\cdot} - 19.6$
B_1	20.2 a A	3.6**	3.0**	1.9	0.6
B_4	19.6 a AB	3.0**	2.4*	1.3	
B_3	18.3 ab ABC	1.7	1.1		
B_2	17.2 b BC	0.6			
B_5	16.6 b C				

将表 6 - 20 中的各个差数与表 6 - 19 中相应的最小显著极差比较，作出统计推断。多重比较结果已标记在表 6 - 20 中。多重比较结果表明：B_1，B_4 品种猪育肥试验后期 30 d 平均增重极显著或显著高于 B_2，B_5 品种猪育肥试验后期 30 d 平均增重；其余不同品种猪育肥试验后期 30 d 平均增重两两差异不显著。这 5 个品种猪以 B_1 和 B_4 品种猪育肥试验后期 30 d 平均增重最大，B_2 和 B_5 品种猪育肥试验后期 30 d 平均增重较小，B_3 品种猪育肥试验后期 30 d 平均增重居中。

单因素试验只能比较一个因素各个水平的优劣。如上述 5 个品种猪的育肥试验，只能比较 5 个

品种猪育肥试验后期 30 d 平均增重的大小。而影响育肥猪增重的其他因素，例如饲料中能量的高低、蛋白质含量的多少、饲喂方式及环境温度的变化等就无法得以研究。对这些因素有必要同时研究，只有这样才能得出更加符合客观实际的结论，试验结果才有更大的推广应用价值。这就需要进行多因素试验，也就需要对多因素试验资料进行方差分析。下面介绍两因素试验资料的方差分析。

第三节　两因素试验资料的方差分析

两因素水平组合方式有交叉分组和系统分组两种，因而两因素试验资料的方差分析分为两因素交叉分组试验资料的方差分析和两因素系统分组试验资料的方差分析两种，分别介绍如下。

一、两因素交叉分组试验资料的方差分析

设一试验研究 A 和 B 两个因素，A 因素有 a 个水平，B 因素有 b 个水平。两因素交叉分组是指 A 因素的每个水平与 B 因素的每个水平交叉搭配组成 ab 个水平组合即处理，试验因素 A 和 B 在试验中处于平等地位。将试验单位随机分成 ab 组，每组接受一个处理。这种试验资料根据各个处理是单个观测值还是有重复观测值分为两种类别。

（一）两因素交叉分组单个观测值试验资料的方差分析

设 A 和 B 因素分别有 a 和 b 个水平，交叉分组，共有 ab 个水平组合，每个水平组合只有 1 次重复即只有 1 个观测值，全试验共有 ab 个观测值。两因素交叉分组单个观测值试验资料的数据模式列于表 6-21。

表 6-21　两因素交叉分组单个观测值试验资料的数据模式

A 因素	B 因素						合计 $x_i.$	平均 $\bar{x}_i.$
	B_1	B_2	…	B_j	…	B_b		
A_1	x_{11}	x_{12}	…	x_{1j}	…	x_{1b}	$x_1.$	$\bar{x}_1.$
A_2	x_{21}	x_{22}	…	x_{2j}	…	x_{2b}	$x_2.$	$\bar{x}_2.$
⋮	⋮	⋮		⋮		⋮	⋮	⋮
A_i	x_{i1}	x_{i2}	…	x_{ij}	…	x_{ib}	$x_i.$	$\bar{x}_i.$
⋮	⋮	⋮		⋮		⋮	⋮	⋮
A_a	x_{a1}	x_{a2}	…	x_{aj}	…	x_{ab}	$x_a.$	$\bar{x}_a.$
合计 $x._j$	$x._1$	$x._2$	…	$x._j$	…	$x._b$	$x..$	
平均 $\bar{x}._j$	$\bar{x}._1$	$\bar{x}._2$	…	$\bar{x}._j$	…	$\bar{x}._b$		$\bar{x}..$

表 6-21 中，

$$x_i. = \sum_{j=1}^{b} x_{ij}, \quad \bar{x}_i. = \frac{1}{b}\sum_{j=1}^{b} x_{ij}, \quad x._j = \sum_{i=1}^{a} x_{ij}, \quad \bar{x}._j = \frac{1}{a}\sum_{i=1}^{a} x_{ij},$$

$$x.. = \sum_{i=1}^{a}\sum_{j=1}^{b} x_{ij}, \quad \bar{x}.. = \frac{1}{ab}\sum_{i=1}^{a}\sum_{j=1}^{b} x_{ij}。$$

两因素交叉分组单个观测值试验资料的数学模型为

$$x_{ij} = \mu + \alpha_i + \beta_j + \varepsilon_{ij} \quad (i=1, 2, \cdots, a; j=1, 2, \cdots, b), \tag{6-30}$$

其中，μ 为试验全部观测值总体平均数；α_i，β_j 分别为 A_i，B_j 的效应，$\alpha_i = \mu_i. - \mu$，$\beta_j = \mu._j - \mu$，

$\mu_{i.}$ 和 $\mu_{.j}$ 分别为 A_i 和 B_j 观测值总体平均数，且 $\sum_{i=1}^{a} \alpha_i = 0$，$\sum_{j=1}^{b} \beta_j = 0$；$\varepsilon_{ij}$ 为试验误差，相互独立，且都服从 $N(0, \sigma^2)$。

由于两因素交叉分组单个观测值试验资料的 ab 个观测值的总变异可以分解为 A 因素水平间变异、B 因素水平间变异和试验误差 3 部分，所以两因素交叉分组单个观测值试验资料的平方和与自由度的分解式为

$$\left. \begin{array}{l} SS_T = SS_A + SS_B + SS_e, \\ df_T = df_A + df_B + df_{e \circ} \end{array} \right\} \qquad (6-31)$$

各项平方和与自由度的计算公式如下，

矫正数 $C = \dfrac{x_{..}^2}{ab}$，

总平方和与自由度 $SS_T = \sum_{i=1}^{a} \sum_{j=1}^{b} x_{ij}^2 - C$，$df_T = ab - 1$，

A 因素水平间平方和与自由度 $SS_A = \dfrac{1}{b} \sum_{i=1}^{a} x_{i.}^2 - C$，$df_A = a - 1$，

B 因素水平间平方和与自由度 $SS_B = \dfrac{1}{a} \sum_{j=1}^{b} x_{.j}^2 - C$，$df_B = b - 1$，

$$\left. \right\} \qquad (6-32)$$

误差平方和与自由度 $SS_e = SS_T - SS_A - SS_B$，

$$df_e = df_T - df_A - df_B = (a-1)(b-1),$$

相应均方为 $MS_A = \dfrac{SS_A}{df_A}$，$MS_B = \dfrac{SS_B}{df_B}$，$MS_e = \dfrac{SS_e}{df_e}$。

【例 6.5】 为研究雌激素对大鼠子宫发育的影响，从 4 个不同品系各 1 窝未成年的大鼠中选 3 只体重相近的雌鼠，随机分别注射 3 种剂量的雌激素，在相同条件下饲养至成年，它们的子宫重量列于表 6-22。对试验资料进行方差分析。

表 6-22 4 个品系大鼠注射不同剂量雌激素的子宫重量（g）

品系（A）	雌激素注射剂量（mg/100 g）（B）			合计 $x_{i.}$	平均 $\bar{x}_{i.}$
	$B_1(0.2)$	$B_2(0.4)$	$B_3(0.8)$		
A_1	106	116	145	367	122.3
A_2	42	68	115	225	75.0
A_3	70	111	133	314	104.7
A_4	42	63	87	192	64.0
合计 $x_{.j}$	260	358	480	$x_{..} = 1\,098$	
平均 $\bar{x}_{.j}$	65.0	89.5	120.0		

表 6-22 是一份两因素交叉分组单个观测值试验资料。A 因素（品系）有 4 个水平，即 $a=4$；B 因素（雌激素注射剂量）有 3 个水平，即 $b=3$，共有 $ab = 4 \times 3 = 12$ 个观测值。方差分析的基本步骤如下：

（1）计算各项平方和与自由度。

矫正数 $C = \dfrac{x_{..}^2}{ab} = \dfrac{1\,098^2}{4 \times 3} = 100\,467.000\,0$，

总平方和 $SS_T = \sum_{i=1}^{a} \sum_{j=1}^{b} x_{ij}^2 - C = (106^2 + 116^2 + \cdots + 87^2) - 100\,467.000\,0$

$= 113\,542 - 100\,467.000\,0 = 13\,075.000\,0$，

总自由度　$df_T = ab - 1 = 4 \times 3 - 1 = 11$，

品系间平方和　$SS_A = \dfrac{1}{b} \sum\limits_{i=1}^{a} x_{i.}^2 - C = \dfrac{1}{3} \times (367^2 + 225^2 + 314^2 + 192^2) - 100\ 467.000\ 0$

$= 106\ 924.666\ 7 - 100\ 467.000\ 0 = 6\ 457.666\ 7$，

品系间自由度　$df_A = a - 1 = 4 - 1 = 3$，

剂量间平方和　$SS_B = \dfrac{1}{a} \sum\limits_{j=1}^{b} x_{.j}^2 - C = \dfrac{1}{4} \times (260^2 + 358^2 + 480^2) - 100\ 467.000\ 0$

$= 106\ 541.000\ 0 - 100\ 467.000\ 0 = 6\ 074.000\ 0$，

剂量间自由度　$df_B = b - 1 = 3 - 1 = 2$，

误差平方和　$SS_e = SS_T - SS_A - SS_B$

$= 13\ 075.000\ 0 - 6\ 457.666\ 7 - 6\ 074.000\ 0 = 543.333\ 3$，

误差自由度　$df_e = df_T - df_A - df_B = 11 - 3 - 2 = 6$。

（2）列出方差分析表（表 6 - 23），进行 F 检验。

表 6 - 23　表 6 - 22 资料的方差分析表

变异来源	平方和 SS	自由度 df	均方 MS	F 值	临界 F 值
品系间（A）	6 457.666 7	3	2 152.555 6	23.77**	$F_{0.01(3,6)} = 9.78$
剂量间（B）	6 074.000 0	2	3 037.000 0	33.54**	$F_{0.01(2,6)} = 10.92$
误　差	543.333 3	6	90.555 6		
总变异	13 075.000 0	11			

因为 $F_A = 23.77 > F_{0.01(3,6)}$，$p < 0.01$；$F_B = 33.54 > F_{0.01(2,6)}$，$p < 0.01$，表明 4 个品系、3 个雌激素剂量大鼠子宫平均重差异极显著，因而还须对 4 个品系、3 个雌激素剂量大鼠子宫平均重进行多重比较。

（3）多重比较。

① 4 个品系大鼠子宫平均重的多重比较采用 q 法。对于两因素交叉分组单个观测值试验资料，因为 A 因素（本例为品系）每一个水平的重复数恰好为 B 因素的水平数 b，所以 A 因素的均数标准误 $s_{\bar{x}_{i.}} = \sqrt{MS_e / b}$，此例 $b = 3$，$MS_e = 90.555\ 6$，于是

$$s_{\bar{x}_{i.}} = \sqrt{\dfrac{MS_e}{b}} = \sqrt{\dfrac{90.555\ 6}{3}} = 5.494\ 1。$$

根据误差自由度 $df_e = 6$，秩次距 $k = 2$，3，4，从附表 4 - 5 查出 $\alpha = 0.05$，$\alpha = 0.01$ 的临界 q 值，将临界 q 值乘以 $s_{\bar{x}_{i.}} = 5.494\ 1$，计算各个最小显著极差 LSR。临界 q 值与 LSR 值列于表 6 - 24。

表 6 - 24　临界 q 值与 LSR 值

df_e	秩次距 k	$q_{0.05}$	$q_{0.01}$	$LSR_{0.05}$	$LSR_{0.01}$
	2	3.46	5.24	19.01	28.79
6	3	4.34	6.33	23.84	34.78
	4	4.90	7.03	26.92	38.62

4 个品系大鼠子宫平均重的多重比较列于表 6 - 25。

表6-25 4个品系大鼠子宫平均重多重比较表（q法）

品系	平均数 $\bar{x}_{i.}$			$\bar{x}_{i.}-64.0$	$\bar{x}_{i.}-75.0$	$\bar{x}_{i.}-104.7$
A_1	122.3	a	A	58.3**	47.3**	17.6
A_3	104.7	a	A	40.7**	29.7**	
A_2	75.0	b	B	11.0		
A_4	64.0	b	B			

将表6-25中的各个差数与表6-24中相应的最小显著极差比较，作出统计推断。多重比较结果已标记在表6-25中。多重比较结果表明：A_1 和 A_3 品系大鼠的子宫平均重极显著高于 A_2 和 A_4 品系大鼠的子宫平均重；A_1 与 A_3、A_2 与 A_4 品系大鼠的子宫平均重差异不显著。

② 3个雌激素剂量的大鼠子宫平均重的多重比较采用q法。对于两因素交叉分组单个观测值试验资料，B因素（本例为雌激素剂量）每一个水平的重复数恰好为A因素的水平数 a，所以B因素的均数标准误 $s_{\bar{x}.j}=\sqrt{MS_e/a}$，此例 $a=4$，$MS_e=90.5556$，于是

$$s_{\bar{x}.j}=\sqrt{\frac{MS_e}{a}}=\sqrt{\frac{90.5556}{4}}=4.7580。$$

根据误差自由度 $df_e=6$，秩次距 $k=2,3$，从附表4-5查出 $\alpha=0.05$，$\alpha=0.01$ 的临界 q 值，将临界 q 值乘以 $s_{\bar{x}.j}=4.7580$，计算各个最小显著极差 LSR。临界 q 值与 LSR 值列于表6-26。

表6-26 临界q值与LSR值

df_e	秩次距 k	$q_{0.05}$	$q_{0.01}$	$LSR_{0.05}$	$LSR_{0.01}$
6	2	3.46	5.24	16.46	24.93
	3	4.34	6.33	20.65	30.12

3个雌激素剂量的大鼠子宫平均重的多重比较见表6-27。

表6-27 3个雌激素剂量大鼠子宫平均重多重比较表（q法）

雌激素剂量	平均数 $\bar{x}.j$			$\bar{x}.j-65.0$	$\bar{x}.j-89.5$
$B_3(0.8)$	120.0	a	A	55.0**	30.5**
$B_2(0.4)$	89.5	b	B	24.5*	
$B_1(0.2)$	65.0	c	B		

将表6-27中的各个差数与表6-26中相应的最小显著极差比较，作出统计推断。多重比较结果已标记在表6-27中。多重比较结果表明：注射雌激素剂量为 0.8 mg 的大鼠子宫平均重极显著高于注射雌激素剂量为 0.4 mg 和 0.2 mg 的大鼠子宫平均重；注射雌激素剂量为 0.4 mg 的大鼠子宫平均重显著高于注射雌激素剂量为 0.2 mg 的大鼠子宫平均重。

进行多因素试验，除了研究每一个因素对试验指标的影响外，往往更希望研究因素之间的交互作用。例如，通过对畜禽所处环境的温度、湿度、光照、噪音以及空气中各种有害气体等对畜禽生长发育的影响有无交互作用的研究，对最终确定有利于畜禽生长发育的最佳环境条件是有重要意义的；通过对畜禽的不同品种（品系）及其与饲料条件、各种环境因素交互作用的研究，有利于合理利用品种资源、充分发挥不同畜禽的生产潜能；在饲料科学中，通过研究各种营养成分之间有无交互作用，确定最佳的饲料配方，这对于合理利用饲料原料、提高饲养水平是非常有意义的。

前面介绍的两因素单个观测值试验只适用于两个因素无交互作用。若两因素有交互作用，每个水平组合只实施在1个试验单位上，即每个水平组合只有1次重复，只有1个观测值的试验设计是

不正确的或不完善的。这是因为，

（1）若A、B两因素有交互作用，式（6-32）中SS_e、df_e实际上是A、B两因素交互作用平方和与自由度，MS_e是交互作用均方，主要反映由交互作用引起的变异。若仍采用例6.5所采用的方法进行方差分析，由于MS_e是交互作用均方，有可能掩盖试验因素各水平平均数差异的显著性，从而增大犯Ⅱ型错误的概率。

（2）每个水平组合只实施在1个试验单位上，即每个水平组合只有1次重复，只有1个观测值，无法正确估计试验误差，不可能研究因素的交互作用。

因此，进行多因素试验，一般应设2次或2次以上重复，每个水平组合有2个或2个以上观测值，才能正确估计试验误差，研究因素的交互作用。

（二）两因素交叉分组有重复观测值试验资料的方差分析

对两因素交叉分组有重复观测值试验资料进行方差分析，能研究因素的简单效应、主效应、交互作用和A_i与B_j的互作效应。下面结合实例介绍因素的简单效应、主效应、交互作用、A_i与B_j的互作效应的意义。

1. 简单效应（simple effect） B因素的两个水平与A因素的某一个水平组合成的两个水平组合平均数之差称为B因素在A因素的某一个水平上的简单效应。例如，表6-28中，

$$\bar{x}_{12}-\bar{x}_{11}=480-470=10$$ 为B因素在A_1水平上的简单效应，

$$\bar{x}_{22}-\bar{x}_{21}=512-472=40$$ 为B因素在A_2水平上的简单效应。

A因素的两个水平与B因素的某一个水平组合成的两个水平组合平均数之差称为A因素在B因素的某一个水平上的简单效应。例如，表6-28中，

$$\bar{x}_{21}-\bar{x}_{11}=472-470=2$$ 为A因素在B_1水平上的简单效应，

$$\bar{x}_{22}-\bar{x}_{12}=512-480=32$$ 为A因素在B_2水平上的简单效应。

简单效应是同A异B或同B异A两个水平组合平均数之差。

表6-28 日粮中加与不加赖氨酸、蛋氨酸雏鸡的平均增重（g）

	B_1（不加蛋氨酸）	B_2（加蛋氨酸）	$\bar{x}_{i2}-\bar{x}_{i1}$	$\bar{x}_{i\cdot}$
A_1（不加赖氨酸）	$\bar{x}_{11}(\mu_{11})$ 470	$\bar{x}_{12}(\mu_{12})$ 480	10	$\bar{x}_{1\cdot}(\mu_{1\cdot})$ 475
A_2（加赖氨酸）	$\bar{x}_{21}(\mu_{21})$ 472	$\bar{x}_{22}(\mu_{22})$ 512	40	$\bar{x}_{2\cdot}(\mu_{2\cdot})$ 492
$\bar{x}_{2j}-\bar{x}_{1j}$	2	32		17
$\bar{x}_{\cdot j}$	$\bar{x}_{\cdot 1}(\mu_{\cdot 1})$ 471	$\bar{x}_{\cdot 2}(\mu_{\cdot 2})$ 496	25	$\bar{x}_{\cdot\cdot}(\mu)$ 483.5

注：括号里的各个μ为相应观测值总体平均数。

2. 主效应（main effect） 某因素两个水平平均数之差称为该因素的主效应。例如在表6-28中，

$$\bar{x}_{2\cdot}-\bar{x}_{1\cdot}=492-475=17$$ 为A因素的主效应，

$$\bar{x}_{\cdot 2}-\bar{x}_{\cdot 1}=496-471=25$$ 为B因素的主效应。

3. 交互作用（互作，interaction） 进行两因素试验，两个因素常常互相影响，表现为一个因素在另一个因素的不同水平上的简单效应不相同，两个因素互相影响，称为两个因素有交互作用。例如表6-28中，A因素在B因素的不同水平上的简单效应不相同；B因素在A因素的不同水平上的简单效应不相同，A与B两因素有交互作用。A与B两个因素的交互作用记为A×B。

4. A_i与B_j的互作效应（interaction effect） A与B两个因素有交互作用，A_i与B_j水平组合A_iB_j的效应不等于A_i的效应与B_j的效应之和。A_i与B_j水平组合A_iB_j的效应减去A_i的效应与B_j的效应之差称为A_i与B_j的互作效应。例如表6-28中，A与B两个因素有交互作用，赖氨酸A_2的效应为$\bar{x}_{2\cdot}-\bar{x}_{\cdot\cdot}=492-483.5=8.5$；蛋氨酸$B_2$的效应为$\bar{x}_{\cdot 2}-\bar{x}_{\cdot\cdot}=496-483.5=12.5$；赖

氨酸 A_2 与蛋氨酸 B_2 水平组合 A_2B_2 的效应为 $\bar{x}_{22}-\bar{x}.. =512-483.5=28.5$。赖氨酸 A_2 与蛋氨酸 B_2 水平组合 A_2B_2 的效应 28.5 不等于赖氨酸 A_2 的效应 8.5 与蛋氨酸 B_2 的效应 12.5 之和。赖氨酸 A_2 与蛋氨酸 B_2 水平组合 A_2B_2 的效应减去赖氨酸 A_2 的效应与蛋氨酸 B_2 的效应之差就是赖氨酸 A_2 与蛋氨酸 B_2 的互作效应,即

赖氨酸 A_2 与蛋氨酸 B_2 的互作效应 $=(\bar{x}_{22}-\bar{x}..)-(\bar{x}_{2}.-\bar{x}..)-(\bar{x}._2-\bar{x}..)$

$$=\bar{x}_{22}-\bar{x}_2.-\bar{x}._2+\bar{x}..$$
$$=512-496-492+483.5$$
$$=7.5。$$

表 6-28 中,A 因素有两个水平 A_1 与 A_2,B 因素有两个水平 B_1 与 B_2,因为

$$\bar{x}_{22}-\bar{x}_2.-\bar{x}._2+\bar{x}..$$
$$=\bar{x}_{22}-\frac{\bar{x}_{21}+\bar{x}_{22}}{2}-\frac{\bar{x}_{12}+\bar{x}_{22}}{2}+\frac{\bar{x}_{11}+\bar{x}_{12}+\bar{x}_{21}+\bar{x}_{22}}{4}$$
$$=\frac{4\bar{x}_{22}-2(\bar{x}_{21}+\bar{x}_{22})-2(\bar{x}_{12}+\bar{x}_{22})+\bar{x}_{11}+\bar{x}_{12}+\bar{x}_{21}+\bar{x}_{22}}{4}$$
$$=\frac{\bar{x}_{11}-\bar{x}_{12}-\bar{x}_{21}+\bar{x}_{22}}{4}。$$

所以,表 6-28 中赖氨酸 A_2 与蛋氨酸 B_2 的互作效应也可以由 $(\bar{x}_{11}-\bar{x}_{12}-\bar{x}_{21}+\bar{x}_{22})/4$ 计算,

$$\frac{\bar{x}_{11}-\bar{x}_{12}-\bar{x}_{21}+\bar{x}_{22}}{4}=\frac{470-460-472+512}{4}=7.5。$$

上述的简单效应、主效应、A_2 的效应、B_2 的效应、水平组合 A_2B_2 的效应、A_2 与 B_2 的互作效应均由样本平均数计算得来,是相应总体参数的估计值,即简单效应 $\bar{x}_{21}-\bar{x}_{11}$ 是 $\mu_{21}-\mu_{11}$ 的估计值;A 因素的主效应 $\bar{x}_2.-\bar{x}_1.$ 是 $\mu_2.-\mu_1.$ 的估计值;B 因素的主效应 $\bar{x}._2-\bar{x}._1$ 是 $\mu._2-\mu._1$ 的估计值;A_2 的效应 $\bar{x}_2.-\bar{x}..$ 是 $\alpha_2=\mu_2.-\mu$ 的估计值;B_2 的效应 $\bar{x}._2-\bar{x}..$ 是 $\beta_2=\mu._2-\mu$ 的估计值;A_2 与 B_2 水平组合 A_2B_2 的效应 $\bar{x}_{22}-\bar{x}..$ 是 $\mu_{22}-\mu$ 的估计值;A_2 与 B_2 的互作效应 $\bar{x}_{22}-\bar{x}_2.-\bar{x}._2+\bar{x}..$ 是 $\mu_{22}-\mu_2.-\mu._2+\mu$ 的估计值。

下面介绍两因素交叉分组有重复观测值试验资料的方差分析。

设 A 和 B 因素分别有 a 和 b 个水平,交叉分组,共有 ab 个水平组合,每个水平组合重复 n 次,全试验共有 abn 个观测值。两因素交叉分组有重复观测值试验资料的数据模式列于表 6-29。

表 6-29 两因素交叉分组有重复观测值试验资料的数据模式

A 因素	B 因素				合计 $x_{i}..$	平均 $\bar{x}_{i}..$
	B_1	B_2	...	B_b		
A_1 x_{1jl}	x_{111}	x_{121}	...	x_{1b1}		
	x_{112}	x_{122}	...	x_{1b2}	$x_1..$	$\bar{x}_1..$
	$\vdots$	$\vdots$		$\vdots$		
	x_{11n}	x_{12n}	...	x_{1bn}		
$x_{1j}.$	$x_{11}.$	$x_{12}.$	...	$x_{1b}.$		
$\bar{x}_{1j}.$	$\bar{x}_{11}.$	$\bar{x}_{12}.$	...	$\bar{x}_{1b}.$		
A_2 x_{2jl}	x_{211}	x_{221}	...	x_{2b1}		
	x_{212}	x_{222}	...	x_{2b2}	$x_2..$	$\bar{x}_2..$
	$\vdots$	$\vdots$		$\vdots$		
	x_{21n}	x_{22n}	...	x_{2bn}		
$x_{2j}.$	$x_{21}.$	$x_{22}.$	...	$x_{2b}.$		
$\bar{x}_{2j}.$	$\bar{x}_{21}.$	$\bar{x}_{22}.$	...	$\bar{x}_{2b}.$		

（续）

A因素		B因素				合计 $x_{i\cdot\cdot}$	平均 $\overline{x}_{i\cdot\cdot}$
		B_1	B_2	...	B_b		
⋮	⋮	⋮	⋮		⋮	⋮	⋮
A_a	x_{ajl}	x_{a11}	x_{a21}	...	x_{ab1}	$x_{a\cdot\cdot}$	$\overline{x}_{a\cdot\cdot}$
		x_{a12}	x_{a22}	...	x_{ab2}		
		⋮	⋮		⋮		
		x_{a1n}	x_{a2n}	...	x_{abn}		
	$x_{aj\cdot}$	$x_{a1\cdot}$	$x_{a2\cdot}$	...	$x_{ab\cdot}$		
	$\overline{x}_{aj\cdot}$	$\overline{x}_{a1\cdot}$	$\overline{x}_{a2\cdot}$	...	$\overline{x}_{ab\cdot}$		
合计 $x_{\cdot j\cdot}$		$x_{\cdot1\cdot}$	$x_{\cdot2\cdot}$	...	$x_{\cdot b\cdot}$	$x_{\cdot\cdot\cdot}$	
平均 $\overline{x}_{\cdot j\cdot}$		$\overline{x}_{\cdot1\cdot}$	$\overline{x}_{\cdot2\cdot}$	...	$\overline{x}_{\cdot b\cdot}$		$\overline{x}_{\cdots}$

表 6-29 中

$$x_{ij\cdot}=\sum_{l=1}^{n}x_{ijl}, \qquad \overline{x}_{ij\cdot}=\frac{1}{n}\sum_{l=1}^{n}x_{ijl},$$

$$x_{i\cdot\cdot}=\sum_{j=1}^{b}\sum_{l=1}^{n}x_{ijl}, \qquad \overline{x}_{i\cdot\cdot}=\frac{1}{bn}\sum_{j=1}^{b}\sum_{l=1}^{n}x_{ijl},$$

$$x_{\cdot j\cdot}=\sum_{i=1}^{a}\sum_{l=1}^{n}x_{ijl}, \qquad \overline{x}_{\cdot j\cdot}=\frac{1}{an}\sum_{i=1}^{a}\sum_{l=1}^{n}x_{ijl},$$

$$x_{\cdots}=\sum_{i=1}^{a}\sum_{j=1}^{b}\sum_{l=1}^{n}x_{ijl}, \qquad \overline{x}_{\cdots}=\frac{1}{abn}\sum_{i=1}^{a}\sum_{j=1}^{b}\sum_{l=1}^{n}x_{ijl}\,。$$

两因素交叉分组有重复观测值试验资料的数学模型为

$$x_{ijl}=\mu+\alpha_i+\beta_j+(\alpha\beta)_{ij}+\varepsilon_{ijl}, \tag{6-33}$$

$$(i=1,2,\cdots,n;\ j=1,2,\cdots,b;\ l=1,2,\cdots,n)$$

其中，μ 为试验全部观测值总体平均数；α_i 为 A_i 的效应，$\alpha_i=\mu_i\cdot-\mu$；β_j 为 B_j 的效应，$\beta_j=\mu_{\cdot j}-\mu$；$(\alpha\beta)_{ij}$ 为 A_i 与 B_j 的互作效应，$(\alpha\beta)_{ij}=\mu_{ij}-\mu_i\cdot-\mu_{\cdot j}+\mu$，$\mu_i\cdot$、$\mu_{\cdot j}$、$\mu_{ij}$ 分别为 A_i、B_j、A_iB_j 观测值总体平均数；$\sum_{i=1}^{a}\alpha_i=0,\ \sum_{j=1}^{b}\beta_j=0,\ \sum_{i=1}^{a}(\alpha\beta)_{ij}=\sum_{j=1}^{b}(\alpha\beta)_{ij}=\sum_{i=1}^{a}\sum_{j=1}^{b}(\alpha\beta)_{ij}=0$；$\varepsilon_{ijl}$ 为试验误差，相互独立，且都服从 $N(0,\sigma^2)$。

由于两因素交叉分组有重复观测值试验资料的 abn 个观测值的总变异可分解为 A 和 B 因素水平组合间变异与试验误差 2 部分，所以总平方和 SS_T 与总自由度 df_T 可分解为

$$\left.\begin{array}{l}SS_T=SS_{AB}+SS_e,\\ df_T=df_{AB}+df_e。\end{array}\right\} \tag{6-34}$$

其中，SS_{AB} 与 df_{AB} 为 A 和 B 因素水平组合间平方和与自由度。SS_e 与 df_e 为误差平方和与自由度。由于 A 和 B 因素水平组合间变异可分解为 A 因素各水平间变异、B 因素各水平间变异和 A、B 因素交互作用 3 部分，所以 A 和 B 因素水平组合间平方和与自由度 SS_{AB} 与 df_{AB} 可分解为

$$\left.\begin{array}{l}SS_{AB}=SS_A+SS_B+SS_{A\times B},\\ df_{AB}=df_A+df_B+df_{A\times B}。\end{array}\right\} \tag{6-35}$$

其中，$SS_{A\times B}$ 与 $df_{A\times B}$ 为 A 和 B 因素交互作用平方和与自由度。将式（6-35）代入式（6-34），

$$\left.\begin{array}{l}SS_T=SS_A+SS_B+SS_{A\times B}+SS_e,\\ df_T=df_A+df_B+df_{A\times B}+df_e。\end{array}\right\} \tag{6-36}$$

式（6-36）为两因素交叉分组有重复观测值试验资料的平方和与自由度的分解式。

各项平方和与自由度的计算公式如下：

矫正数　$C = \dfrac{x^2_{...}}{abn}$,

总平方和与自由度　$SS_T = \sum\limits_{i=1}^{a}\sum\limits_{j=1}^{b}\sum\limits_{l=1}^{n} x^2_{ijl} - C$, $df_T = abn - 1$,

A 和 B 因素水平组合间平方和与自由度　$SS_{AB} = \dfrac{1}{n}\sum\limits_{i=1}^{a}\sum\limits_{j=1}^{b} x^2_{ij.} - C$,

$$df_{AB} = ab - 1,$$

A 因素各水平间平方和与自由度　$SS_A = \dfrac{1}{bn}\sum\limits_{i=1}^{a} x^2_{i..} - C$, $df_A = a - 1$,

B 因素各水平间平方和与自由度　$SS_B = \dfrac{1}{an}\sum\limits_{j=1}^{b} x^2_{.j.} - C$, $df_B = b - 1$,

A 和 B 因素交互作用平方和与自由度

$$SS_{A\times B} = SS_{AB} - SS_A - SS_B,\ df_{A\times B} = (a-1)(b-1),$$

误差平方和与自由度　$SS_e = SS_T - SS_{AB}$, $df_e = ab(n-1)$,

$$(6-37)$$

相应均方为　$MS_A = \dfrac{SS_A}{df_A}$, $MS_B = \dfrac{SS_B}{df_B}$, $MS_{A\times B} = \dfrac{SS_{A\times B}}{df_{A\times B}}$, $MS_e = \dfrac{SS_e}{df_e}$。

【例 6.6】 为了研究饲料中钙、磷含量对幼猪生长发育的影响，将饲料中的钙含量（A）分为 3 个水平、磷含量（B）分为 4 个水平，交叉分组，共有 3×4=12 个水平组合，每个水平组合重复 3 次。选用品种、性别、日龄相同，初始体重基本一致的幼猪 36 头，随机分成 12 组，每组 3 头，用能量、蛋白质含量相同的饲料在不同钙、磷含量（％）搭配下各喂一组幼猪 2 个月，幼猪增重（kg）列于表 6 - 30。分析钙、磷含量对幼猪增重的影响。

表 6 - 30　不同钙、磷含量（％）的幼猪增重（kg）

		$B_1(0.8)$	$B_2(0.6)$	$B_3(0.4)$	$B_4(0.2)$	合计 $x_{i..}$	平均 $\bar{x}_{i..}$
A₁(0.8)	x_{1jl}	23.5	33.2	38.0	26.5	350.1	29.175
		25.8	28.5	35.5	24.0		
		27.0	30.1	33.0	25.0		
	$x_{1j.}$	76.3	91.8	106.5	75.5		
	$\bar{x}_{1j.}$	25.4	30.6	35.5	25.2		
A₂(0.6)	x_{2jl}	30.5	36.5	28.0	20.5	332.4	27.700
		26.8	34.0	30.5	22.5		
		25.5	33.5	24.6	19.5		
	$x_{2j.}$	82.8	104.0	83.1	62.5		
	$\bar{x}_{2j.}$	27.6	34.7	27.7	20.8		
A₃(0.4)	x_{3jl}	34.5	29.0	27.5	18.5	319.5	26.625
		31.4	27.5	26.3	20.0		
		29.3	28.0	28.5	19.0		
	$x_{3j.}$	95.2	84.5	82.3	57.5		
	$\bar{x}_{3j.}$	31.7	28.2	27.4	19.2		
合计	$x_{.j.}$	254.3	280.3	271.9	195.5	1 002	
平均	$\bar{x}_{.j.}$	28.3	31.1	30.2	21.7		

表 6-30 是一份两因素交叉分组有重复观测值试验资料，A 因素（钙含量）有 3 个水平，即 $a=3$；B 因素（磷含量）有 4 个水平，即 $b=4$；交叉分组，共有 $ab=3 \times 4=12$ 个水平组合；每个水平组合的重复数 $n=3$；试验共有 $abn=3 \times 4 \times 3=36$ 个观测值。方差分析的基本步骤如下：

（1）计算各项平方和与自由度。

矫正数　$C=\dfrac{x^2_{\cdots}}{abn}=\dfrac{1\,002^2}{36}=27\,889$，

总平方和　$SS_T=\displaystyle\sum_{i=1}^{a}\sum_{j=1}^{b}\sum_{l=1}^{n}x_{ijl}^2-C=(23.5^2+33.2^2+\cdots+19.0^2)-27\,889$
$\qquad\qquad\qquad =28\,778.68-27\,889=889.68$，

总自由度　$df_T=abn-1=3 \times 4 \times 3-1=35$，

钙含量与磷含量水平组合间平方和

$$SS_{AB}=\frac{1}{n}\sum_{i=1}^{a}\sum_{j=1}^{b}x_{ij\cdot}^2-C=\frac{1}{3} \times (76.3^2+91.8^2+\cdots+57.5^2)-27\,889$$
$$=28\,685.99-27\,889=796.99,$$

钙含量与磷含量水平组合间自由度　$df_{AB}=ab-1=3 \times 4-1=11$，

钙含量间平方和　$SS_A=\dfrac{1}{bn}\displaystyle\sum_{i=1}^{a}x_{i\cdot\cdot}^2-C=\dfrac{1}{4 \times 3} \times (350.1^2+332.4^2+319.5^2)-27\,889$
$\qquad\qquad\qquad\quad =27\,928.34-27\,889=39.34$，

钙含量间自由度　$df_A=a-1=3-1=2$，

磷含量间平方和

$$SS_B=\frac{1}{an}\sum_{j=1}^{b}x_{\cdot j\cdot}^2-C=\frac{1}{3 \times 3} \times (254.3^2+280.3^2+271.9^2+195.5^2)-27\,889$$
$$=28\,376.27-27\,889=487.27,$$

磷含量间自由度　$df_B=b-1=4-1=3$，

钙含量与磷含量交互作用平方和

$$SS_{A \times B}=SS_{AB}-SS_A-SS_B=796.99-39.34-487.27=270.38,$$

钙含量与磷含量交互作用自由度　$df_{A \times B}=(a-1)(b-1)=(3-1) \times (4-1)=6$，

误差平方和　$SS_e=SS_T-SS_{AB}=889.68-796.99=92.69$，

误差自由度　$df_e=ab(n-1)=3 \times 4 \times (3-1)=24$。

（2）列出方差分析表（表 6-31），进行 F 检验。

表 6-31　不同钙、磷含量幼猪增重方差分析表

变异来源	平方和 SS	自由度 df	均方 MS	F 值	临界 F 值
钙含量间（A）	39.335	2	19.668	5.092*	$F_{0.05(2,24)}=3.40$，$F_{0.01(2,24)}=5.61$
磷含量间（B）	487.271	3	162.424	42.054**	$F_{0.01(3,24)}=4.72$
钙含量与磷含量交互作用（A×B）	270.381	6	45.063	11.668**	$F_{0.01(6,24)}=3.67$
误　差	92.693	24	3.862		
总变异	889.69	35			

因为 $F_{0.05(2,24)}<F_A<F_{0.01(2,24)}$，$0.01<p<0.05$，表明钙含量各水平幼猪平均增重差异显著；因为 $F_B>F_{0.01(3,24)}$，$p<0.01$，表明磷含量各水平幼猪平均增重差异极显著；因为 $F_{A \times B}>F_{0.01(6,24)}$，$p<0.01$，表明钙含量与磷含量交互作用极显著；因而还须对钙含量各水平幼猪平均增重、磷含量各水平幼猪平均增重、钙含量与磷含量水平组合幼猪平均增重进行多重比较，对简单效

应进行检验。

（3）多重比较。

① 钙含量（A）。各个水平幼猪平均增重的多重比较采用 q 法。A 因素各个水平的重复数为 bn，A 因素各个水平的均数标准误 $s_{\bar{x}_{i..}}$ 的计算公式为

$$s_{\bar{x}_{i..}} = \sqrt{\frac{MS_e}{bn}},$$

此例

$$s_{\bar{x}_{i..}} = \sqrt{\frac{3.862}{4 \times 3}} = 0.567\,3.$$

根据误差自由度 $df_e = 24$，秩次距 $k = 2, 3$，从附表 4-5 查出 $\alpha = 0.05$，$\alpha = 0.01$ 的临界 q 值，将临界 q 值乘以 $s_{\bar{x}_{i..}} = 0.567\,3$，计算各个最小显著极差 LSR。临界 q 值与 LSR 值列于表 6-32。

表 6-32　临界 q 值与 LSR 值

df_e	秩次距 k	$q_{0.05}$	$q_{0.01}$	$LSR_{0.05}$	$LSR_{0.01}$
24	2	2.92	3.96	1.66	2.25
	3	3.53	4.55	2.00	2.58

钙含量各水平幼猪平均增重的多重比较列于表 6-33。

表 6-33　钙含量各个水平幼猪平均增重多重比较表（q 法）

钙含量（%）	平均数 $\bar{x}_{i..}$			$\bar{x}_{i..} - 26.625$	$\bar{x}_{i..} - 27.700$
$A_1(0.8)$	29.175	a	A	2.550*	1.475
$A_2(0.6)$	27.700	ab	A	1.075	
$A_3(0.4)$	26.625	b	A		

将表 6-33 中的各个差数与表 6-32 中相应的最小显著极差比较，作出统计推断。多重比较结果已标记在表 6-33 中。多重比较结果表明：除钙含量 0.8% 的幼猪平均增重显著高于钙含量 0.4% 的幼猪平均增重外，其余不同钙含量的幼猪平均增重两两差异不显著。3 种钙含量以钙含量 0.8% 的幼猪增重效果较好。

② 磷含量（B）。各个水平幼猪平均增重的多重比较采用 q 法。B 因素各个水平的重复数为 an，B 因素各个水平的均数标准误 $s_{\bar{x}_{.j.}}$ 的计算公式为

$$s_{\bar{x}_{.j.}} = \sqrt{\frac{MS_e}{an}},$$

此例

$$s_{\bar{x}_{.j.}} = \sqrt{\frac{3.862}{3 \times 3}} = 0.655\,1.$$

根据误差自由度 $df_e = 24$，秩次距 $k = 2, 3, 4$，从附表 4-5 查出 $\alpha = 0.05$，$\alpha = 0.01$ 的临界 q 值，将临界 q 值乘以 $s_{\bar{x}_{.j.}} = 0.655\,1$，计算各个最小显著极差 LSR。临界 q 值与 LSR 值列于表 6-34。

表 6-34　临界 q 值与 LSR 值表

df_e	秩次距 k	$q_{0.05}$	$q_{0.01}$	$LSR_{0.05}$	$LSR_{0.01}$
24	2	2.92	3.96	1.91	2.59
	3	3.53	4.55	2.31	2.98
	4	3.90	4.91	2.55	3.22

磷含量各个水平幼猪平均增重的多重比较列于表 6-35。

表 6-35　磷含量各个水平幼猪平均增重多重比较表（q 法）

磷含量（%）	平均数 $\bar{x}_{.j}$			$\bar{x}_{.j}-21.7$	$\bar{x}_{.j}-28.3$	$\bar{x}_{.j}-30.2$
B₂(0.6)	31.1	a	A	9.4**	2.8*	0.9
B₃(0.4)	30.2	ab	A	8.5**	1.9	
B₁(0.8)	28.3	b	A	6.6**		
B₄(0.2)	21.7	c	B			

将表 6-35 中的各个差数与表 6-34 中相应的最小显著极差比较，作出统计推断。多重比较结果已标记在表 6-35 中。多重比较结果表明：磷含量 0.6% 的幼猪平均增重极显著高于磷含量 0.2% 的幼猪平均增重，显著高于磷含量 0.8% 的幼猪平均增重，与磷含量 0.4% 的幼猪平均增重差异不显著；磷含量 0.4% 的幼猪平均增重极显著高于磷含量 0.2% 的幼猪平均增重，与磷含量 0.8% 的幼猪平均增重差异不显著；磷含量 0.8% 的幼猪平均增重极显著高于磷含量 0.2% 的幼猪平均增重。4 种磷含量以磷含量 0.6% 的幼猪增重效果最好，磷含量 0.2% 的幼猪增重效果最差。

以上所进行的两项多重比较，实际上是 A 和 B 两因素主效应的检验。A 和 B 因素交互作用不显著，可根据主效应检验分别选出 A 和 B 因素的最优水平相组合，得到最优水平组合。若 A 和 B 因素交互作用显著或极显著，则应对水平组合平均数进行多重比较，以选出最优水平组合，并进行简单效应的检验。本例 A 和 B 因素交互作用极显著，应对水平组合平均数进行多重比较，以选出最优水平组合，并对简单效应进行检验。

因为水平组合数通常较大，本例共有 $ab=3\times4=12$ 个水平组合，若采用 LSR 法对各水平组合平均数进行多重比较，一是计算量大，二是会出现同样两个水平组合平均数的差数在各个水平组合平均数的多重比较和对简单效应的检验由于检验尺度不相同，因而检验结果不相同的问题，故一般推荐使用 LSD 法对各个水平组合平均数进行多重比较和对简单效应进行检验。也就是说，用同一检验尺度对各个水平组合平均数进行多重比较和对简单效应进行检验。

③ 各水平组合幼猪平均增重的多重比较。各个水平组合的重复数为 n，故水平组合的均数差数标准误 $s_{\bar{x}_{ij.}-\bar{x}_{i'j'.}}$ 为

$$s_{\bar{x}_{ij.}-\bar{x}_{i'j'.}}=\sqrt{\frac{2MS_e}{n}},$$

此例

$$s_{\bar{x}_{ij.}-\bar{x}_{i'j'.}}=\sqrt{\frac{2MS_e}{n}}=\sqrt{\frac{2\times3.862}{3}}=1.604\,6。$$

根据误差自由度 $df_e=24$，从附表 4-3 查出 $\alpha=0.05$，0.01 的临界 t 值 $t_{0.05(24)}=2.064$，$t_{0.01(24)}=2.797$，将临界 t 值乘以 $s_{\bar{x}_{ij.}-\bar{x}_{i'j'.}}=1.604\,6$，计算最小显著差数 $LSD_{0.05}$ 和 $LSD_{0.01}$，

$$LSD_{0.05}=t_{0.05(24)}s_{\bar{x}_{ij.}-\bar{x}_{i'j'.}}=2.064\times1.604\,6=3.311\,9，$$
$$LSD_{0.01}=t_{0.01(24)}s_{\bar{x}_{ij.}-\bar{x}_{i'j'.}}=2.797\times1.604\,6=4.488\,1。$$

各个水平组合幼猪平均增重的多重比较列于表 6-36。

表 6-36　各个水平组合幼猪平均增重多重比较表（LSD 法）

水平组合	均数 $\bar{x}_{ij.}$	$\bar{x}_{ij.}$ −19.2	$\bar{x}_{ij.}$ −20.8	$\bar{x}_{ij.}$ −25.2	$\bar{x}_{ij.}$ −25.4	$\bar{x}_{ij.}$ −27.4	$\bar{x}_{ij.}$ −27.6	$\bar{x}_{ij.}$ −27.7	$\bar{x}_{ij.}$ −28.2	$\bar{x}_{ij.}$ −30.6	$\bar{x}_{ij.}$ −31.7	$\bar{x}_{ij.}$ −34.7
A₁B₃	35.5	16.3**	14.7**	10.3**	10.1**	8.1**	7.9**	7.8**	7.3**	4.9**	3.8*	0.8
A₂B₂	34.7	15.5**	13.9**	9.5**	9.3**	7.3**	7.1**	7.0**	6.5**	4.1*	3.0	
A₃B₁	31.7	12.5**	10.9**	6.5**	6.3**	4.3*	4.1*	4.0*	3.5*	1.1		

（续）

水平组合 $\bar{x}_{ij.}$	均数 $\bar{x}_{ij.}$	$\bar{x}_{ij.}$ −19.2	$\bar{x}_{ij.}$ −20.8	$\bar{x}_{ij.}$ −25.2	$\bar{x}_{ij.}$ −25.4	$\bar{x}_{ij.}$ −27.4	$\bar{x}_{ij.}$ −27.6	$\bar{x}_{ij.}$ −27.7	$\bar{x}_{ij.}$ −28.2	$\bar{x}_{ij.}$ −30.6	$\bar{x}_{ij.}$ −31.7	$\bar{x}_{ij.}$ −34.7
A_1B_2	30.6	11.4**	9.8**	5.4**	5.2**	3.2	3.0	2.9	2.4			
A_3B_2	28.2	9.0**	7.4**	3.0	2.8	0.8	0.6	0.5				
A_2B_3	27.7	8.5**	6.9**	2.5	2.3	0.3	0.1					
A_2B_1	27.6	8.4**	6.8**	2.4	2.2	0.2						
A_3B_3	27.4	8.2**	6.6**	2.2	2.0							
A_1B_1	25.4	6.2**	4.6**	0.2								
A_1B_4	25.2	6.0**	4.4*									
A_2B_4	20.8	1.6										
A_3B_4	19.2											

将表 6-36 中的各个差数分别与 $LSD_{0.05}=3.3119$，$LSD_{0.01}=4.4881$ 比较，作出统计推断，多重比较结果用标记符号法标记在表 6-36 中。限于篇幅，表 6-36 中多重比较结果未用标记字母法标记，作为练习，留给读者完成。各个水平组合幼猪平均增重的多重比较结果表明：水平组合 A_1B_3 的幼猪平均增重与水平组合 A_2B_2 的幼猪平均增重差异不显著，极显著或显著高于其余 10 个水平组合的幼猪平均增重。由于钙含量与磷含量交互作用极显著，最优水平组合不是 A_1B_2，而是 A_1B_3，即钙含量 0.8% 和磷含量 0.4% 组合幼猪增重效果最好。

④ 简单效应的检验。简单效应同 A 异 B 或同 B 异 A 是两个水平组合平均数之差，检验尺度仍为各个水平组合幼猪平均增重多重比较的 $LSD_{0.05}=3.3119$，$LSD_{0.01}=4.4881$。

a. B 因素在 A 因素各个水平上简单效应的检验，也就是 A 因素某一个水平与 B 因素各个水平（同 A 异 B）组成的水平组合平均数的多重比较，见表 6-37(1)～表 6-37(3)。

表 6-37（1） B 因素在 A_1 水平上简单效应的检验（LSD 法）

水平组合		平均数 $\bar{x}_{1j.}$			$\bar{x}_{1j.}$ −25.2	$\bar{x}_{1j.}$ −25.4	$\bar{x}_{1j.}$ −30.6
$A_1(0.8)$	$B_3(0.4)$	35.5	a	A	10.3**	10.1**	4.9**
	$B_2(0.6)$	30.6	b	B	5.4**	5.2**	
	$B_1(0.8)$	25.4	c	C	0.2		
	$B_4(0.2)$	25.2	c	C			

表 6-37（2） B 因素在 A_2 水平上简单效应的检验（LSD 法）

水平组合		平均数 $\bar{x}_{2j.}$			$\bar{x}_{2j.}$ −20.8	$\bar{x}_{2j.}$ −27.6	$\bar{x}_{2j.}$ −27.7
$A_2(0.6)$	$B_2(0.6)$	34.7	a	A	13.9**	7.1**	7.0**
	$B_3(0.4)$	27.7	b	B	6.9**	0.1	
	$B_1(0.8)$	27.6	b	B	6.8**		
	$B_4(0.2)$	20.8	c	C			

表 6-37(3)　B 因素在 A_3 水平上简单效应的检验（LSD 法）

水平组合		平均数 $\bar{x}_{3j}.$			$\bar{x}_{3j}.-19.2$	$\bar{x}_{3j}.-27.4$	$\bar{x}_{3j}.-28.2$
	$B_1(0.8)$	31.7	a	A	12.5**	4.3*	3.5*
$A_3(0.4)$	$B_2(0.6)$	28.2	b	A	9.0**	0.8	
	$B_3(0.4)$	27.4	b	A	8.2**		
	$B_4(0.2)$	19.2	c	B			

将表 6-37(1)～表 6-37(3) 中的各个差数即简单效应与 $LSD_{0.05}=3.3119$，$LSD_{0.01}=4.4881$ 比较，作出统计推断。B 因素在 A 因素各个水平上简单效应的检验结果已标记在表 6-37(1)～表 6-37(3) 中。B 因素在 A 因素各个水平上简单效应检验结果表明：

若饲料中钙含量为 0.8%，磷含量 0.4% 的幼猪平均增重极显著高于磷含量 0.8%、0.6%、0.2% 的幼猪平均增重，磷含量 0.6% 的幼猪平均增重极显著高于磷含量 0.8%、0.2% 的幼猪平均增重，磷含量 0.8% 与 0.2% 的幼猪平均增重差异不显著。

若饲料中钙含量为 0.6%，除磷含量 0.4% 与 0.8% 的幼猪平均增重差异不显著外，其余磷含量各水平的幼猪平均增重两两差异极显著，磷含量以 0.6% 的幼猪平均增重最大。

若饲料中钙含量为 0.4%，磷含量 0.8%、0.6%、0.4% 的幼猪平均增重极显著高于磷含量 0.2% 的幼猪平均增重，磷含量 0.8% 的幼猪平均增重显著高于磷含量 0.6% 和 0.4% 的幼猪平均增重，磷含量 0.6% 与磷含量 0.4% 的幼猪平均增重差异不显著。

在本试验条件下，呈现一种随着饲料中钙含量的减少、要求磷含量增加的趋势。

B 因素在 A 因素各个水平上简单效应检验所得结果相当于进行 3 个单因素试验所得结果。

b. A 因素在 B 因素各个水平上简单效应的检验，也就是 B 因素某一水平与 A 因素各个水平（同 B 异 A）组成的水平组合平均数的多重比较，列于表 6-38(1)～表 6-38(4)。

表 6-38(1)　A 因素在 B_1 水平上简单效应的检验（LSD 法）

水平组合		平均数 $\bar{x}_{i1}.$			$\bar{x}_{i1}.-25.4$	$\bar{x}_{i1}.-27.6$
$A_3(0.4)$		31.7	a	A	6.3**	4.1*
$A_2(0.6)$	$B_1(0.8)$	27.6	b	AB	2.2	
$A_1(0.8)$		25.4	b	B		

表 6-38(2)　A 因素在 B_2 水平上简单效应的检验（LSD 法）

水平组合		平均数 $\bar{x}_{i2}.$			$\bar{x}_{i2}.-28.2$	$\bar{x}_{i2}.-30.6$
$A_2(0.6)$		34.7	a	A	6.5**	4.1*
$A_1(0.8)$	$B_2(0.6)$	30.6	b	AB	2.4	
$A_3(0.4)$		28.2	b	B		

表 6-38(3)　A 因素在 B_3 水平上简单效应的检验（LSD 法）

水平组合		平均数 $\bar{x}_{i3}.$			$\bar{x}_{i3}.-27.4$	$\bar{x}_{i3}.-27.7$
$A_1(0.8)$		35.5	a	A	8.1**	7.8**
$A_2(0.6)$	$B_3(0.4)$	27.7	b	B	0.3	
$A_3(0.4)$		27.4	b	B		

表 6 - 38（4）　A 因素在 B₄ 水平上简单效应的检验（LSD 法）

水平组合		平均数 $\bar{x}_{i4.}$			$\bar{x}_{i4.}-19.2$	$\bar{x}_{i4.}-20.8$
A₁(0.8)		25.2	a	A	6.0**	4.4*
A₂(0.6)	B₄(0.2)	20.8	b	AB	1.6	
A₃(0.4)		19.2	b	B		

　　将表 6 - 38（1）～表 6 - 38（4）中的各个差数即简单效应与 $LSD_{0.05}=3.3119$，$LSD_{0.01}=4.4881$ 比较，作出统计推断。A 因素在 B 因素各个水平上简单效应的检验结果已标记在表 6 - 38（1）～表 6 - 38（4）中。A 因素在 B 因素各个水平上简单效应检验结果表明：

　　若饲料中磷含量为 0.8％，钙含量 0.4％的幼猪平均增重极显著或显著高于钙含量 0.8％、0.6％的幼猪平均增重，钙含量 0.6％与 0.8％的幼猪平均增重差异不显著。

　　若饲料中磷含量为 0.6％，钙含量 0.6％的幼猪平均增重极显著或显著高于钙含量 0.4％、0.8％的幼猪平均增重，钙含量 0.8％与 0.4％的幼猪平均增重差异不显著。

　　若饲料中磷含量为 0.4％，钙含量 0.8％的幼猪平均增重极显著高于钙含量 0.6％、0.4％的幼猪平均增重，钙含量 0.6％与 0.4％的幼猪平均增重差异不显著。

　　若饲料中磷含量为 0.2％，钙含量 0.8％的幼猪平均增重极显著或显著高于钙含量为 0.4％、0.6％的幼猪平均增重，钙含量 0.6％与 0.4％的幼猪平均增重差异不显著。

　　在本试验条件下，呈现一种随着饲料中磷含量减少，要求钙含量增加的趋势。

　　A 因素在 B 因素各个水平上简单效应检验所得结果相当于进行 4 个单因素试验所得结果。

　　对两因素交叉分组有重复观测值试验资料进行方差分析表明，进行有重复的两因素交叉分组试验所获得的信息比进行两个有重复的单因素试验所获得的信息要多得多。

二、两因素系统分组试验资料的方差分析

　　进行动物科学试验，有的因素按照交叉分组方式组成水平组合是不可能的。例如，要比较 a 头公畜的种用价值，就必须考虑到与配母畜。这是因为公畜的种用价值是通过后代的表现来评定的，而后代的表现除受公畜的影响外还要受到与配母畜的影响。但是在同期，公畜与母畜这两个因素的不同水平（不同公畜和不同母畜）不能交叉组成水平组合，即同一头母畜不能同时与不同的公畜交配产生后代。a 头公畜与母畜合理的水平组合方式是，将生产性能大体一致的同胎次母畜随机分为 a 组，1 头公畜与 1 组母畜组成水平组合即交配，通过后代的性能表现判断这些公畜的种用价值是否相同。又如，为了调查我国荷斯坦牛的泌乳性能，可随机抽取若干省（区），在抽取到的省（区）内分别随机抽取若干荷斯坦牛养殖场，在抽取到的养殖场内随机抽取一定数量的符合条件的荷斯坦牛测定其泌乳性能，通过对测定结果的分析推断我国荷斯坦牛泌乳性能总体的情况。

　　多个因素组成水平组合，首先将 A 因素分为 a 个水平；其次在 A_i（$i=1, 2, \cdots, a$）下将 B 因素分为 b 个水平，记为 B_{ij}（$j=1, 2, \cdots, b$）；然后在 B_{ij}（$i=1, 2, \cdots, a, j=1, 2, \cdots, b$）下将 C 因素分为 c 个水平，记为 C_{ijl}（$l=1, 2, \cdots, c$）；……这样得到多个因素水平组合的方式称为系统分组（hierarchical classification）或称为多层分组、套设计、窝设计。

　　按照系统分组方式组成多个因素的水平组合，首先划分水平的因素称为一级因素（或一级样本）；其次划分水平的因素称为二级因素（或二级样本、次级样本）；然后划分水平的因素称为三级因素（或三级样本、次次级样本）……

　　两个因素按照系统分组方式组成的水平组合，二级因素的各个水平套在一级因素的每个水平

下，它们之间是从属关系而不是平等关系，分析侧重于一级因素。

按照系统分组方式组成的多个因素的水平组合进行试验得到的资料称为多因素系统分组试验资料。根据次级样本含量是否相等，多因素系统分组试验资料分为次级样本含量相等与不等两种类别。最简单的系统分组试验资料是两因素系统分组试验资料。

（一）次级样本含量相等的两因素系统分组试验资料的方差分析

次级样本含量相等的两因素系统分组试验资料是指一级因素 A 有 a 个水平；二级因素 B 有 b 个水平；B_{ij} 有 n 个观测值，共有 abn 个观测值，其数据模式列于表 6-39。

表 6-39　次级样本含量相等的两因素系统分组试验资料的数据模式

一级因素 A	二级因素 B	观测值 x_{ijl}				二级因素 合计 $x_{ij.}$	二级因素 平均 $\bar{x}_{ij.}$	一级因素 合计 $x_{i..}$	一级因素 平均 $\bar{x}_{i..}$
	B_{11}	x_{111}	x_{112}	$\cdots$	x_{11n}	$x_{11.}$	$\bar{x}_{11.}$		
A_1	B_{12}	x_{121}	x_{122}	$\cdots$	x_{12n}	$x_{12.}$	$\bar{x}_{12.}$	$x_{1..}$	$\bar{x}_{1..}$
	$\vdots$	$\vdots$	$\vdots$		$\vdots$	$\vdots$	$\vdots$		
	B_{1b}	x_{1b1}	x_{1b2}	$\cdots$	x_{1bn}	$x_{1b.}$	$\bar{x}_{1b.}$		
	B_{21}	x_{211}	x_{212}	$\cdots$	x_{21n}	$x_{21.}$	$\bar{x}_{21.}$		
A_2	B_{22}	x_{221}	x_{222}	$\cdots$	x_{22n}	$x_{22.}$	$\bar{x}_{22.}$	$x_{2..}$	$\bar{x}_{2..}$
	$\vdots$	$\vdots$	$\vdots$		$\vdots$	$\vdots$	$\vdots$		
	B_{2b}	x_{2b1}	x_{2b2}	$\cdots$	x_{2bn}	$x_{2b.}$	$\bar{x}_{2b.}$		
$\vdots$	$\vdots$	$\vdots$	$\vdots$		$\vdots$	$\vdots$	$\vdots$	$\vdots$	$\vdots$
	B_{a1}	x_{a11}	a_{a12}	$\cdots$	x_{a1n}	$x_{a1.}$	$\bar{x}_{a1.}$		
A_a	B_{a2}	x_{a21}	x_{a22}	$\cdots$	x_{a2n}	$x_{a2.}$	$\bar{x}_{a2.}$	$x_{a..}$	$\bar{x}_{a..}$
	$\vdots$	$\vdots$	$\vdots$		$\vdots$	$\vdots$	$\vdots$		
	B_{ab}	x_{ab1}	x_{ab2}	$\cdots$	x_{abm}	$x_{ab.}$	$\bar{x}_{ab.}$		
合　计								$x_{...}$	$\bar{x}_{...}$

表 6-39 中

$$x_{ij.}=\sum_{l=1}^{n}x_{ijl}, \qquad \bar{x}_{ij.}=\frac{x_{ij.}}{n},$$

$$x_{i..}=\sum_{j=1}^{b}\sum_{l=1}^{n}x_{ijl}, \qquad \bar{x}_{i..}=\frac{x_{i..}}{bn},$$

$$x_{...}=\sum_{i=1}^{a}\sum_{j=1}^{b}\sum_{l=1}^{n}x_{ijl}, \qquad \bar{x}_{...}=\frac{x_{...}}{abn}。$$

次级样本含量相等的两因素系统分组试验资料的数学模型为

$$x_{ijl}=\mu+\alpha_i+\beta_{ij}+\varepsilon_{ijl}, \tag{6-38}$$

$$(i=1,\ 2,\ \cdots,\ a;\ j=1,\ 2,\ \cdots,\ b;\ l=1,\ 2,\ \cdots,\ n)$$

其中，μ 为试验全部观测值总体平均数；α_i 为 A_i 的效应，$\alpha_i=\mu_i-\mu$；β_{ij} 为 A_i 内 B_{ij} 的效应，$\beta_{ij}=\mu_{ij}-\mu_i$，$\mu_i$ 和 μ_{ij} 分别为 A_i 和 B_{ij} 观测值总体平均数；ε_{ijl} 为试验误差，相互独立，且都服从 $N(0,\ \sigma^2)$。

两因素系统分组试验资料的数学模型与两因素交叉分组试验资料的数学模型不同，其中不包含交互作用项，并且 B_{ij} 的效应 β_{ij} 随着因素 A 的水平变化而变化，也就是说二级因素的同一个水平在一级因素不同水平下有不同的效应。因此，把一级因素不同水平下的二级因素同一个水平看做是不同水平。至于 $\sum\limits_{i=1}^{a}\alpha_i$ 和 $\sum\limits_{j=1}^{b}\beta_{ij}$ 是否一定为零，根据效应 α_i 和 β_{ij} 是固定效应还是随机效应确定。

由于次级样本含量相等的两因素系统分组试验资料 abn 个观测值的总变异可分解为一级因素 A 各水平间的变异、一级因素 A 内二级因素 B 各水平间的变异和试验误差 3 部分。所以，次级样本含量相等的两因素系统分组试验资料的平方和与自由度的分解式为

$$\left.\begin{array}{l} SS_T = SS_A + SS_{B(A)} + SS_e, \\ df_T = df_A + df_{B(A)} + df_e。 \end{array}\right\} \qquad (6-39)$$

各项平方和与自由度的计算公式如下：

矫正数 $\quad C = \dfrac{x^2_{\cdots}}{abn}$,

总平方和与自由度 $\quad SS_T = \sum\limits_{i=1}^{a}\sum\limits_{j=1}^{b}\sum\limits_{l=1}^{n} x_{ijl}^2 - C,\ df_T = abn-1$,

一级因素 A 各水平间平方和与自由度 $\quad SS_A = \dfrac{1}{bn}\sum\limits_{i=1}^{a} x_{i\cdots}^2 - C,\ df_A = a-1$,

一级因素 A 内二级因素 B 各水平间平方和与自由度

$$SS_{B(A)} = \frac{1}{n}\sum_{i=1}^{a}\sum_{j=1}^{b} x_{ij\cdot}^2 - \frac{1}{bn}\sum_{i=1}^{a} x_{i\cdots}^2,\ df_{B(A)} = a(b-1),$$

误差平方和与自由度 $\quad SS_e = \sum\limits_{i=1}^{a}\sum\limits_{j=1}^{b}\sum\limits_{l=1}^{n} x_{ijl}^2 - \frac{1}{n}\sum\limits_{i=1}^{a}\sum\limits_{j=1}^{b} x_{ij\cdot}^2,\ df_e = ab(n-1)$,

$$(6-40)$$

各项均方 $\quad MS_A = \dfrac{SS_A}{df_A},\ MS_{B(A)} = \dfrac{SS_{B(A)}}{df_{B(A)}},\ MS_e = \dfrac{SS_e}{df_e}。$

一级因素 A 以 $MS_{B(A)}$ 为分母计算 F_A，即 $F_A = MS_A/MS_{B(A)}$；对于一级因素 A 内二级因素 B 以 MS_e 为分母计算 $F_{B(A)}$，即 $F_{B(A)} = MS_{B(A)}/MS_e$。

【例 6.7】 为测定 3 种鱼粉 A_1，A_2，A_3 的蛋白质消化率，在不含蛋白质的饲料里按一定比例分别加入 3 种鱼粉配制成饲料，各饲喂 3 头试验动物 B_{i1}，B_{i2}，$B_{i3}(i=1，2，3)$。收集排泄物，风干、粉碎、混合均匀。分别从每头试验动物的排泄物中各取两份样品作化学分析。消化率测定结果列于表 6-40。分析 3 种鱼粉的蛋白质消化率是否相同。

表 6-40 3 种鱼粉的蛋白质消化率（%）

一级因素 鱼粉 A	二级因素 试验动物 B	消化率 x_{ijl}		二级因素		一级因素	
				合计 $x_{ij\cdot}$	平均 $\bar{x}_{ij\cdot}$	合计 $x_{i\cdots}$	平均 $\bar{x}_{i\cdots}$
A_1	B_{11}	82.5	82.4	164.9	82.5		
	B_{12}	87.1	86.5	173.6	86.8	506.4	84.4
	B_{13}	84.0	83.9	167.9	84.0		
A_2	B_{21}	86.6	85.8	172.4	86.2		
	B_{22}	86.2	85.7	171.9	86.0	518.9	86.5
	B_{23}	87.0	87.6	174.6	87.3		
A_3	B_{31}	82.0	81.5	163.5	81.8		
	B_{32}	80.0	80.5	160.5	80.3	483.8	80.6
	B_{33}	79.5	80.3	159.8	79.9		
合 计						$x_{\cdots} = 1\,509.1$	

表 6-40 是一份次级样本含量相等的两因素系统分组试验资料,一级因素 A 为鱼粉,水平数 $a=3$;二级因素 B 为试验动物,水平数 $b=3$;B_{ij} 有 2 个观测值,即 $n=2$;共有 $abn=3\times3\times2=18$ 个观测值。方差分析的基本步骤如下:

(1)计算各项平方和与自由度。

矫正数 $C=\dfrac{x^2...}{abn}=\dfrac{1\,509.1^2}{3\times3\times2}=126\,521.267\,2$,

总平方和与自由度

$$SS_T=\sum_{i=1}^{a}\sum_{j=1}^{b}\sum_{l=1}^{n}x_{ijl}^2-C=(82.5^2+82.4^2+\cdots+80.3^2)-126\,521.267\,2$$
$$=126\,653.610\,0-126\,521.267\,2=132.342\,8,$$
$df_T=abn-1=3\times3\times2-1=17$,

鱼粉间平方和与自由度

$$SS_A=\frac{1}{bn}\sum_{i=1}^{a}x_{i\cdot\cdot}^2-C=\frac{1}{3\times2}\times(506.4^2+518.9^2+483.8^2)-126\,521.267\,2$$
$$=126\,626.768\,3-126\,521.267\,2=105.501\,1,$$
$df_A=a-1=3-1=2$,

鱼粉内试验动物间平方和与自由度

$$SS_{B(A)}=\frac{1}{n}\sum_{i=1}^{a}\sum_{j=1}^{b}x_{ij\cdot}^2-\frac{1}{bn}\sum_{i=1}^{a}x_{i\cdot\cdot}^2$$
$$=\frac{1}{2}\times(164.9^2+173.6^2+\cdots+159.8^2)-\frac{1}{3\times2}\times(506.4^2+518.9^2+483.8^2)$$
$$=126\,652.225\,0-126\,626.768\,3=25.456\,7,$$
$df_{B(A)}=a\,(b-1)=3\times(3-1)=6$,

误差平方和与自由度

$$SS_e=\sum_{i=1}^{a}\sum_{j=1}^{b}\sum_{l=1}^{n}x_{ijl}^2-\frac{1}{n}\sum_{i=1}^{a}\sum_{j=1}^{b}x_{ij\cdot}^2=126\,653.610\,0-126\,652.225\,0=1.385\,0,$$
$df_e=ab\,(n-1)=3\times3\times(2-1)=9$。

(2)列出方差分析表(表 6-41),进行 F 检验。

因为 $F_A=12.43>F_{0.01(2,6)}$,$p<0.01$,表明 3 种鱼粉蛋白质平均消化率差异极显著;因为 $F_{B(A)}=27.57>F_{0.01(6,9)}$,$p<0.01$,表明饲喂同一种鱼粉的不同试验动物对鱼粉蛋白质的平均消化率差异也极显著。

表 6-41　3 种鱼粉蛋白质消化率方差分析表

变异来源	平方和 SS	自由度 df	均方 MS	F 值	临界 F 值
鱼粉间 A	105.501 1	2	52.750 6	12.43**	$F_{0.01(2,6)}=10.92$
鱼粉内试验动物间 B(A)	25.456 7	6	4.242 8	27.57**	$F_{0.01(6,9)}=5.80$
误　差	1.385 0	9	0.153 9		
总变异	132.342 8	17			

(3)3 种鱼粉蛋白质平均消化率的多重比较。采用 SSR 法。对一级因素(鱼粉)进行 F 检验,计算 F 值是以鱼粉内试验动物间均方 $MS_{B(A)}$ 作为分母,鱼粉的重复数为 bn,鱼粉蛋白质平均消化率的均数标准误 $s_{\bar{x}}$ 为

$$s_{\bar{x}}=\sqrt{\frac{MS_{B(A)}}{bn}}=\sqrt{\frac{4.242\,8}{3\times2}}=0.840\,9。$$

根据鱼粉内试验动物间自由度 $df_{B(A)}=6$，秩次距 $k=2，3$，从附表 $4-5$ 查出 $\alpha=0.05$，$\alpha=0.01$ 的临界 SSR 值，将临界 SSR 值乘以 $s_{\bar{x}}=0.8409$，计算各个最小显著极差 LSR。临界 SSR 值与 LSR 值列于表 $6-42$。

表 $6-42$ 临界 SSR 值与 LSR 值

df_e	秩次距 k	$SSR_{0.05}$	$SSR_{0.01}$	$LSR_{0.05}$	$LSR_{0.01}$
6	2	3.46	5.24	2.91	4.41
	3	3.58	5.51	3.01	4.63

3 种鱼粉蛋白质平均消化率的多重比较列于表 $6-43$。

表 $6-43$ 3 种鱼粉蛋白质平均消化率多重比较表（SSR 法）

鱼粉	平均消化率（%）$\bar{x}_{i..}$			$\bar{x}_{i..}-80.6$	$\bar{x}_{i..}-84.4$
A_2	86.5	a	A	5.9**	2.1
A_1	84.4	a	AB	3.8*	
A_3	80.6	b	B		

将表 $6-43$ 中的各个差数与表 $6-42$ 中相应的最小显著极差比较，作出统计推断。多重比较结果已标记在表 $6-43$ 中。多重比较结果表明：鱼粉 A_2 的蛋白质平均消化率极显著高于鱼粉 A_3 的蛋白质平均消化率；鱼粉 A_1 的蛋白质平均消化率显著高于鱼粉 A_3 的蛋白质平均消化率；鱼粉 A_2 和 A_1 的蛋白质平均消化率差异不显著。

对于鱼粉内试验动物间的差异，由于不是研究的重点，可以不进行多重比较。若要进行多重比较，根据 $\sqrt{MS_e/n}$ 计算均数标准误 $s_{\bar{x}}$，根据误差自由度 $df_e=9$ 与秩次距查临界 SSR 值或临界 q 值。

（二）次级样本含量不等的两因素系统分组试验资料的方差分析

次级样本含量不等的两因素系统分组试验资料的方差分析步骤与次级样本含量相等的两因素系统分组试验资料的方差分析步骤相同，所不同的是，①各项平方和与自由度的计算公式略有不同；②采用 LSD 法或 LSR 法进行多重比较，须计算一级因素各水平的平均重复数、一级因素内二级因素各水平的平均重复数，用平均重复数计算均数差数标准误或均数标准误。

【例 6.8】 某品种 3 头公猪与配 8 头母猪所产 63 头仔猪的 35 日龄断奶重（kg）列于表 $6-44$。分析不同公猪与公猪内不同母猪的仔猪断奶重是否相同。

表 $6-44$ 3 头公猪与配 8 头母猪所产 63 头仔猪 35 日龄断奶重

一级因素 公猪 A	二级因素 与配母猪 B	仔猪数 n_{ij}	仔 猪 断 奶 重 x_{ijl}（kg）	$x_{ij.}$ $x_{i..}$	$\bar{x}_{ij.}$ $\bar{x}_{i..}$
A_1	B_{11}	9	10.5 8.3 8.8 9.8 10.0 9.5 8.8 9.3 7.3	82.3	9.14
	B_{12}	7	7.0 7.8 8.3 9.0 8.0 7.5 9.3	56.9	8.13
合计	$b_1=2$	$dn_1=16$		139.2	8.7
A_2	B_{21}	8	12.0 11.3 12.0 10.0 11.0 11.5 11.0 11.3	90.1	11.26
	B_{22}	7	9.5 9.8 10.0 11.8 9.5 10.5 8.3	69.4	9.91
	B_{23}	9	8.0 8.0 7.8 10.3 7.0 8.8 7.3 7.8 9.5	74.5	8.28
合计	$b_2=3$	$dn_2=24$		234.0	9.75

（续）

一级因素 公猪 A	二级因素 与配母猪 B	仔猪数 n_{ij}	仔 猪 断 奶 重 x_{ijl}（kg）	$x_{ij\cdot}$ $x_{i\cdot\cdot}$	$\bar{x}_{ij\cdot}$ $\bar{x}_{i\cdot\cdot}$
	B_{31}	8	7.5 6.5 6.8 6.3 8.3 6.8 8.0 8.8	59.0	7.38
A_3	B_{32}	7	9.5 10.5 10.8 9.5 7.8 10.5 10.8	69.4	9.91
	B_{33}	8	11.3 10.5 10.8 9.5 7.3 10.0 11.8 11.0	82.2	10.28
合计	$b_3=3$	$dn_3=23$		210.6	9.16
$a=3$	$\sum\limits_{i=1}^{a}b_i=8$	$N=63$		$x_{\cdots}=583.8$	
				$\bar{x}_{\cdots}=9.27$	

表 6 - 44 是一份次级样本含量不等的两因素系统分组试验资料，一级因素 A 为公猪，水平数 $a=3$；二级因素 B 为与配母猪，b_i（$i=1$，2，3）为第 i 头公猪与配母猪数，$\sum\limits_{i=1}^{a}b_i=8$ 为母猪总数；n_{ij} 为第 i 头公猪与配第 j 头母猪所产的仔猪数，即 B_{ij} 的重复数；$dn_i=\sum\limits_{j=1}^{b_i}n_{ij}$（$i=1$，2，3）为第 i 头公猪的仔猪数，即 A_i 的重复数；$N=\sum\limits_{i=1}^{a}\sum\limits_{j=1}^{b_i}n_{ij}=63$ 为仔猪总数，即试验观测值总个数。方差分析的基本步骤如下：

（1）计算各项平方和与自由度。

矫正数　$C=\dfrac{x_{\cdots}^2}{N}=\dfrac{583.8^2}{63}=5\,409.880\,0$，

总平方和与自由度

$$SS_T=\sum_{i=1}^{a}\sum_{j=1}^{b_i}\sum_{l=1}^{n_{ij}}x_{ijl}^2-C=(10.5^2+8.3^2+\cdots+11.0^2)-5\,409.880\,0$$
$$=5\,559.340\,0-5\,409.880\,0=149.460\,0,$$

$df_T=N-1=63-1=62$，

公猪间平方和与自由度

$$SS_A=\sum_{i=1}^{a}\frac{x_{i\cdot\cdot}^2}{dn_i}-C=\left(\frac{139.2^2}{16}+\frac{234.0^2}{24}+\frac{210.6^2}{23}\right)-5\,409.880\,0=11.023\,5,$$

$df_A=a-1=3-1=2$，

公猪内母猪间平方和与自由度

$$SS_{B(A)}=\sum_{i=1}^{a}\sum_{j=1}^{b_i}\frac{x_{ij\cdot}^2}{n_{ij}}-\sum_{i=1}^{a}\frac{x_{i\cdot\cdot}^2}{dn_i}$$
$$=\left(\frac{82.3^2}{9}+\frac{56.9^2}{7}+\cdots+\frac{82.2^2}{8}\right)-\left(\frac{139.2^2}{16}+\frac{234.0^2}{24}+\frac{210.6^2}{23}\right)$$
$$=5\,502.382\,0-5\,420.903\,5=81.478\,5,$$

$$df_{B(A)}=\sum_{i=1}^{a}(b_i-1)=\sum_{i=1}^{a}b_i-a=8-3=5,$$

误差平方和与自由度

$$SS_e=\sum_{i=1}^{a}\sum_{j=1}^{b_i}\sum_{l=1}^{n_{ij}}x_{ijl}^2-\sum_{i=1}^{a}\sum_{j=1}^{b_i}\frac{x_{ij\cdot}^2}{n_{ij}}$$
$$=(10.5^2+8.3^2+\cdots+11.0^2)-\left(\frac{82.3^2}{9}+\frac{56.9^2}{7}+\cdots+\frac{82.2^2}{8}\right)$$

$$= 5\ 559.340\ 0 - 5\ 502.382\ 0 = 56.958\ 0,$$

或 $SS_e = SS_T - SS_A - SS_{B(A)} = 149.460\ 0 - 11.023\ 5 - 81.478\ 5 = 56.958\ 0,$

$$df_e = \sum_{i=1}^{a} \sum_{j=1}^{b_i} (n_{ij} - 1) = N - \sum_{i=1}^{a} b_i = 63 - 8 = 55,$$

或 $df_e = df_T - df_A - df_{B(A)} = 62 - 2 - 5 = 55.$

（2）列出方差分析表（表6-45），进行 F 检验。

表6-45　3头公猪与配8头母猪所产63仔猪35日龄断奶重的方差分析表

变异来源	平方和 SS	自由度 df	均方 MS	F 值	临界 F 值
公猪间 A	11.023 5	2	5.511 8	0.34	
公猪内母猪间 B(A)	81.478 5	5	16.295 7	15.74**	$F_{0.01(5,55)} = 3.375$
误　差	56.958 0	55	1.035 6		
总变异	149.460 0	62			

因为 $F_A = 0.34 < 1$，$p > 0.05$（注意，凡是 $F < 1$，不用查临界 F 值即可判断 $p > 0.05$），表明3头公猪的仔猪平均断奶重差异不显著，可以认为它们的种用价值是一致的；因为 $F_{B(A)} = 15.74 > F_{0.01(5,55)}$，$p < 0.01$，表明同一公猪内不同母猪的仔猪平均断奶重差异极显著。

（3）多重比较（q 法或 SSR 法）。对3头公猪的仔猪平均断奶重进行多重比较，均数标准误为

$$s_{\bar{x}} = \sqrt{\frac{MS_{B(A)}}{dn_0}},$$

其中，dn_0 为每头公猪的平均仔猪数，dn_0 的计算公式为

$$dn_0 = \frac{1}{df_A}\Big(N - \frac{1}{N}\sum_{i=1}^{a} dn_i^2\Big). \qquad (6-41)$$

根据公猪内母猪间自由度 $df_{B(A)} = 5$ 与秩次距查临界 SSR 值或临界 q 值。本例经 F 检验，3头公猪的仔猪平均断奶重差异不显著，所以不对3头公猪的仔猪平均断奶重进行多重比较。

对同一公猪内不同母猪的仔猪平均断奶重间的差异，由于不是研究的重点，可以不进行多重比较。若要进行多重比较，均数标准误为

$$s_{\bar{x}} = \sqrt{\frac{MS_e}{n_0}},$$

其中，n_0 为每头母猪的平均仔猪数，n_0 的计算公式为

$$n_0 = \frac{1}{df_{B(A)}}\Big[N - \sum_{i=1}^{a}\Big(\frac{1}{dn_i}\sum_{j=1}^{b_i} n_{ij}^2\Big)\Big]. \qquad (6-42)$$

根据误差自由度 $df_e = 55$ 与秩次距查临界 SSR 值或临界 q 值。

通常不进行一级因素内二级因素各水平平均数的多重比较。

*第四节　方差分析模型分类与期望均方

一、处理效应分类

方差分析数学模型中的处理效应，由于处理的性质不同，分为固定效应（fixed effect）和随机效应（random effect）。

（一）固定效应

进行单因素试验，若 k 个处理具有下述 4 个特性，称该试验的处理效应为固定效应。

（1）k 个处理是特别指定的，研究的对象只限于这 k 个处理观测值总体。

（2）研究目的在于推断这 k 个处理观测值总体平均数是否相同，假设检验的无效假设为 k 个处理观测值总体平均数相同，即 $H_0: \mu_1 = \mu_2 = \cdots = \mu_k$。

（3）若无效假设 H_0 被否定，下一步是进行 k 个处理平均数的多重比较，以区分 k 个处理的优劣。

（4）重复试验仍为原 k 个处理。

例如饲养试验、品种比较试验等处理效应是固定效应。

（二）随机效应

进行单因素试验，若 k 个处理具有下述 4 个特性，称该试验的处理效应为随机效应。

（1）k 个处理并非特别指定，而是从更大的总体中随机抽取的 k 个处理，研究的对象不是这 k 个处理观测值总体，而是从中随机抽取这 k 个处理的更大总体。

（2）研究的目的不在于推断 k 个处理观测值总体平均数是否相同，而在于推断从中随机抽取这 k 个处理的更大总体的变异情况，假设检验的无效假设为处理效应方差等于零，即 $H_0: \sigma_\alpha^2 = 0$。

（3）若无效假设 H_0 被否定，下一步是估计 σ_α^2。

（4）重复试验从更大的总体重新随机抽取处理。

例如，为研究中国猪种的繁殖性能的变异情况，从大量中国猪种中随机抽取部分猪种为代表进行试验，对繁殖性能进行观测。从试验、观测结果推断中国猪种的繁殖性能的变异情况，处理效应是随机效应。

二、方差分析模型分类

若按处理效应的类别划分方差分析的模型，单因素试验有 2 种——固定模型（fixed model）和随机模型（random model）；多因素试验有 3 种——固定模型、随机模型和混合模型（mixed model）。

进行单因素试验，若试验因素处理效应为固定效应，方差分析的模型称为固定模型。例如上述饲养试验、品种比较试验等方差分析的模型为固定模型。若试验因素处理效应为随机效应，方差分析的模型称为随机模型。例如上述为研究中国猪种繁殖性能变异情况试验的方差分析的模型为随机模型。

进行多因素试验，若每一个试验因素处理效应均为固定效应，方差分析的模型称为固定模型；若每一个试验因素处理效应均为随机效应，方差分析的模型称为随机模型；若各个试验因素处理效应既有固定效应，也有随机效应，方差分析的模型称为混合模型。例如，将猪的 4 个不同杂交组合及其亲本在某地区随机抽取的 5 个猪场进行育肥试验，猪的杂交组合及其亲本效应是固定效应，猪场效应是随机效应；又如，在例 6.8 中，若目的在于比较该 3 头公猪的种用价值，与配母猪是随机抽取的，公猪效应是固定效应，与配母猪效应是随机效应；再如，随机选用 3 个蛋鸡品系研究 3 种饲料对产蛋量的影响试验，蛋鸡品系效应是随机效应，饲料效应是固定效应。

就试验资料具体统计分析步骤而言，方差分析的这 3 种模型的差别并不太大，但从解释和理论基础而言，它们之间有很重要的区别。设计试验、解释试验结果、进行统计推断，都必须了解方差分析这 3 种模型的意义与区别。

三、期望均方与 F 值的计算

在第一节介绍了期望均方的概念。由于方差分析模型不同，各项期望均方也有所不同，因而计算 F 值的分母均方也有所不同。现将本章所介绍的几种类型方差分析各种模型的各项期望均方与 F 值的计算分别列于以下各表，以便正确计算 F 值、估计方差分量。

对于单因素试验，用 σ_a^2 表示随机效应的处理效应方差，用 κ_a^2 表示固定效应的处理效应方差。对于 A 和 B 两因素试验，用 σ_A^2 表示 A 因素随机效应的处理效应方差，用 κ_A^2 表示 A 因素固定效应的处理效应方差；用 σ_B^2 表示 B 因素随机效应的处理效应方差，用 κ_B^2 表示 B 因素固定效应的处理效应方差。

(一) 单因素试验资料方差分析的期望均方与 F 值的计算

1. 重复数相等的单因素试验资料方差分析的期望均方与 F 值的计算 列于表 6-46。

表 6-46 重复数相等的单因素试验资料方差分析的期望均方与 F 值的计算

变异来源	固定模型		随机模型	
	期望均方	F 值	期望均方	F 值
处理间	$n\kappa_a^2+\sigma^2$	MS_t/MS_e	$n\sigma_a^2+\sigma^2$	MS_t/MS_e
误 差	σ^2		σ^2	
总变异				

2. 重复数不等的单因素试验资料方差分析的期望均方与 F 值的计算 列于表 6-47。

表 6-47 重复数不等的单因素试验资料方差分析的期望均方与 F 值的计算

变异来源	固定模型		随机模型	
	期望均方	F 值	期望均方	F 值
处理间	$\sum\limits_{i=1}^{k}n_ia_i^2/(k-1)+\sigma^2$	MS_t/MS_e	$n_0\sigma_a^2+\sigma^2$	MS_t/MS_e
误 差	σ^2		σ^2	
总变异				

在表 6-47 中，固定模型的处理间均方 MS_t 的期望值为 $\sum\limits_{i=1}^{k}n_ia_i^2/(k-1)+\sigma^2$，是在 $\sum\limits_{i=1}^{k}n_i\alpha_i=0$ 的条件下获得的；若条件为 $\sum\limits_{i=1}^{k}\alpha_i=0$，$MS_t$ 的期望值为 $\left[\sum\limits_{i=1}^{k}n_i\alpha_i^2-\dfrac{1}{N}(\sum\limits_{i=1}^{k}n_i\alpha_i)^2\right]/(k-1)+\sigma^2$，其中 $N=\sum\limits_{i=1}^{k}n_i$。随机模型的 σ_a^2 的系数 n_0 根据式（6-29）计算，即

$$n_0=\frac{1}{k-1}\left(N-\frac{1}{N}\sum_{i=1}^{k}n_i^2\right)。$$

单因素试验资料的方差分析，固定模型与随机模型均以 MS_e 为分母计算 F 值。

(二) 两因素交叉分组试验资料方差分析的期望均方与 F 值的计算

1. 两因素交叉分组单个观测值试验资料方差分析的期望均方与 F 值的计算 列于表6-48。

表 6-48　两因素交叉分组单个观测值试验资料方差分析的期望均方与 F 值的计算

变异来源	固定模型		随机模型		A 固定、B 随机	
	期望均方	F 值	期望均方	F 值	期望均方	F 值
因素 A 各水平间	$b\kappa_A^2+\sigma^2$	MS_A/MS_e	$b\sigma_A^2+\sigma^2$	MS_A/MS_e	$b\kappa_A^2+\sigma^2$	MS_A/MS_e
因素 B 各水平间	$a\kappa_B^2+\sigma^2$	MS_B/MS_e	$a\sigma_B^2+\sigma^2$	MS_B/MS_e	$a\sigma_B^2+\sigma^2$	MS_B/MS_e
误　差	σ^2		σ^2		σ^2	
总变异						

表 6-48 表明，两因素交叉分组单个观测值试验资料的方差分析，固定模型、随机模型、混合模型均以 MS_e 为分母计算 F 值。注意，此时要求 A、B 两因素无交互作用。

2. 两因素交叉分组有重复观测值试验资料方差分析的期望均方与 F 值的计算　列于表6-49。

表 6-49 表明，对于固定模型，均以 MS_e 为分母计算 F 值。对于随机模型，检验 H_0：$\sigma_{A\times B}^2=0$，以 MS_e 为分母计算 F 值；检验 H_0：$\sigma_A^2=0$ 和 $\sigma_B^2=0$，以 $MS_{A\times B}$ 为分母计算 F 值。对于混合模型（A 随机、B 固定），检验 H_0：$\sigma_A^2=0$ 和 $\sigma_{A\times B}^2=0$，以 MS_e 为分母计算 F 值；检验 H_0：$\kappa_B^2=0$，以 $MS_{A\times B}$ 为分母计算 F 值。A 固定、B 随机，与此类似。

表 6-49　两因素交叉分组有重复观测值试验资料方差分析的期望均方与 F 值的计算

变异来源	固定模型		随机模型		A 随机、B 固定	
	期望均方	F 值	期望均方	F 值	期望均方	F 值
因素 A 各水平间	$bn\kappa_A^2+\sigma^2$	MS_A/MS_e	$bn\sigma_A^2+n\sigma_{A\times B}^2+\sigma^2$	$MS_A/MS_{A\times B}$	$bn\sigma_A^2+\sigma^2$	MS_A/MS_e
因素 B 各水平间	$an\kappa_B^2+\sigma^2$	MS_B/MS_e	$an\sigma_B^2+n\sigma_{A\times B}^2+\sigma^2$	$MS_B/MS_{A\times B}$	$an\kappa_B^2+n\sigma_{A\times B}^2+\sigma^i$	$MS_B/MS_{A\times B}$
因素 A 与因素 B 交互作用（A×B）	$n\kappa_{A\times B}^2+\sigma^2$	$MS_{A\times B}/MS_e$	$n\sigma_{A\times B}^2+\sigma^2$	$MS_{A\times B}/MS_e$	$n\sigma_{A\times B}^2+\sigma^2$	$MS_{A\times B}/MS_e$
误　差	σ^2		σ^2		σ^2	
总变异						

（三）两因素系统分组试验资料方差分析的期望均方与 F 值的计算

1. 次级样本含量相等的两因素系统分组试验资料方差分析的期望均方与 F 值的计算　列于表 6-50。

表 6-50　次级样本含量相等的两因素系统分组试验资料方差分析的期望均方与 F 值的计算

	变异来源	期望均方		
		固定模型	随机模型	A 固定、B 随机
	一级因素 A 各水平间	$bn\kappa_A^2+\sigma^2$	$bn\sigma_A^2+n\sigma_{B(A)}^2+\sigma^2$	$bn\kappa_A^2+n\sigma_{B(A)}^2+\sigma^2$
	一级因素 A 内二级因素 B 各水平间 B(A)	$n\kappa_{B(A)}^2+\sigma^2$	$n\sigma_{B(A)}^2+\sigma^2$	$n\sigma_{B(A)}^2+\sigma^2$
	误　差	σ^2	σ^2	σ^2
	总变异			
F 值	一级因素 A 各水平间	MS_A/MS_e	$MS_A/MS_{B(A)}$	$MS_A/MS_{B(A)}$
	一级因素 A 内二级因素 B 各水平间 B(A)	$MS_{B(A)}/MS_e$	$MS_{B(A)}/MS_e$	$MS_{B(A)}/MS_e$

A 固定、B 随机的 F 值计算与随机模型相同；A 随机、B 固定的 F 值计算与固定模型相同。

2. 次级样本含量不等的两因素系统分组试验资料方差分析的期望均方与 F 值的计算 列于表 6-51。

表 6-51 次级样本含量不等的两因素系统分组试验资料的期望均方与 F 值的计算

变异来源	期望均方（随机模型）	F 值
一级因素 A 各水平间	$dn_0\sigma_A^2 + n_0'\sigma_{B(A)}^2 + \sigma^2$	$MS_A/MS_{B(A)}$
一级因素 A 内 二级因素 B 各水平间 B(A)	$n_0\sigma_{B(A)}^2 + \sigma^2$	$MS_{B(A)}/MS_e$
误 差	σ^2	
总变异		

表 6-50、表 6-51 中，σ_A^2 是一级因素处理效应方差；$\sigma_{B(A)}^2$ 是一级因素 A 内二级因素 B 的处理效应方差；σ^2 是误差方差；dn_0、n_0 根据式（6-41）、式（6-42）计算，

$$dn_0 = \frac{1}{df_A}\left(N - \frac{1}{N}\sum_{i=1}^{a} dn_i^2\right), \quad n_0 = \frac{1}{df_{B(A)}}\left[N - \sum_{i=1}^{a}\left(\frac{1}{dn_i}\sum_{j=1}^{b_i} n_{ij}^2\right)\right].$$

n_0' 的计算公式为

$$n_0' = \frac{1}{df_A}\left[\sum_{i=1}^{a}\left(\frac{1}{dn_i}\sum_{j=1}^{b_i} n_{ij}^2\right) - \frac{1}{N}\sum_{i=1}^{a}\sum_{j=1}^{b_i} n_{ij}^2\right]. \qquad (6-43)$$

其中，$N = \sum_{i=1}^{a}\sum_{j=1}^{b_i} n_{ij}$ 为资料中观测值总个数；n_{ij} 为 B_{ij} 的重复数；dn_i 为 A_i 的重复数；$df_{B(A)} = \sum_{i=1}^{a} b_i - a$ 为一级因素 A 内二级因素 B 各水平间自由度；$df_A = a-1$ 为一级因素 A 各水平间自由度。

四、方差分量估计

上面分别介绍了单因素试验资料、两因素交叉分组试验资料、两因素系统分组试验资料方差分析的各项均方在不同模型下的期望均方。了解期望均方的组成，既有助于正确计算 F 值，也有助于正确估计方差分量。方差分量（variance components）是指方差的组成成分。随机模型的方差分析目的在于估计方差分量。

对遗传参数，例如重复率、遗传力、性状间的遗传相关的估计都是在估计方差、协方差分量的基础上进行的。需要指出的是，估计方差、协方差分量要求样本容量要足够大。

下面结合实例说明估计方差分量的方法。

若将例 6.8 中公猪的效应、公猪内母猪的效应当作是随机效应，该资料的方差分析属随机模型。方差分量——公猪处理效应方差 σ_A^2、公猪内母猪处理效应方差 $\sigma_{B(A)}^2$、误差方差 σ^2 估计如下（这里仅为了说明估计方差分量的方法，例 6.8 的样本容量远未达到要足够大要求）。

因次级样本容量不等，根据表 6-51，

公猪间均方 MS_A 的期望均方 $E[MS_A] = \sigma^2 + n_0'\sigma_{B(A)}^2 + dn_0\sigma_A^2$，

公猪内母猪间均方 $MS_{B(A)}$ 的期望均方 $E[MS_{B(A)}] = \sigma^2 + n_0\sigma_{B(A)}^2$，

误差均方 MS_e 的期望均方 $E[MS_e] = \sigma^2$。

将公猪处理效应方差 σ_A^2 的估计值记为 $\hat{\sigma}_A^2$，将公猪内母猪的处理效应方差 $\sigma_{B(A)}^2$ 估计值记为 $\hat{\sigma}_{B(A)}^2$，将误差方差 σ^2 的估计值记为 $\hat{\sigma}^2$，

$$\hat{\sigma}^2 = MS_e, \quad \hat{\sigma}^2_{B(A)} = \frac{MS_{B(A)} - MS_e}{n_0}, \quad \hat{\sigma}^2_A = \frac{MS_A - MS_e - n'_0 \hat{\sigma}^2_{B(A)}}{dn_0} \tag{6-44}$$

若次级样本含量不相等，根据式（6-42）、式（6-41）、式（6-43）计算 n_0，dn_0，n'_0。此例，各公、母猪的仔猪数不等，先计算 n_0，dn_0，n'_0，因为

$$\frac{1}{N}\sum_{i=1}^{a}\sum_{j=1}^{b_i} n_{ij}^2 = \frac{9^2 + 7^2 + 8^2 + 7^2 + 9^2 + 8^2 + 7^2 + 8^2}{63} = \frac{130 + 194 + 177}{63} = 7.9524,$$

$$\sum_{i=1}^{a}\left(\frac{1}{dn_i}\sum_{j=1}^{b_i} n_{ij}^2\right) = \frac{9^2 + 7^2}{16} + \frac{8^2 + 7^2 + 9^2}{24} + \frac{8^2 + 7^2 + 8^2}{23} = \frac{130}{16} + \frac{194}{24} + \frac{177}{23} = 23.9040,$$

$$\frac{1}{N}\sum_{i=1}^{a} dn_i^2 = \frac{16^2 + 24^2 + 23^2}{63} = 21.6032。$$

根据式（6-42）、式（6-41）、式（6-43）计算 n_0，dn_0，n'_0，

$$n_0 = \frac{63 - 23.9040}{5} = 7.8192,$$

$$dn_0 = \frac{63 - 21.6032}{2} = 20.6984,$$

$$n'_0 = \frac{23.9040 - 7.9524}{2} = 7.9758。$$

根据式（6-44）计算 $\hat{\sigma}^2$，$\hat{\sigma}^2_{B(A)}$，$\hat{\sigma}^2_A$，

$$\hat{\sigma}^2 = MS_e = 1.0356,$$

$$\hat{\sigma}^2_{B(A)} = \frac{MS_{B(A)} - MS_e}{n_0} = \frac{16.2957 - 1.0356}{7.8192} = 1.9516,$$

$$\hat{\sigma}^2_A = \frac{MS_A - MS_e - n'_0 \hat{\sigma}^2_{B(A)}}{dn_0} = \frac{5.5118 - 1.0356 - 7.9758 \times 1.9516}{20.6984} = -0.5358。$$

注意，公猪处理效应方差 σ^2_A 的估计值为 -0.5358，这是不合理的。这主要是由于此例样本容量太小造成。下面不考虑二级因素与配母猪，仅就一级因素公猪进行各个处理重复数不等的单因素试验资料随机模型的方差分析，重新估计公猪处理效应方差 σ^2_A 如下：

MS_A 不变，仍为 5.5118，而

$$SS_e = SS_T - SS_A = 149.4600 - 11.0235 = 138.4365,$$

$$MS_e = \frac{SS_e}{N-a} = \frac{138.4365}{63-3} = 2.3073。$$

根据表 6-47，$E[MS_A] = n_0 \sigma^2_A + \sigma^2$，$E[MS_e] = \sigma^2$，故

$$\hat{\sigma}^2 = MS_e, \quad \hat{\sigma}^2_A = \frac{MS_A - MS_e}{n_0}。$$

根据式（6-29）计算 n_0，此例 $N = \sum_{i=1}^{a} dn_i = 16 + 24 + 23 = 63$。

$$n_0 = \frac{1}{a-1}\left(N - \frac{1}{N}\sum_{i=1}^{a} dn_i^2\right) = \frac{1}{3-1} \times \left(63 - \frac{16^2 + 24^2 + 23^2}{63}\right) = 20.6984。$$

注意，根据式（6-29）计算的 n_0 不同于根据式（6-42）计算的 n_0。实际上就是根据式（6-41）计算的 dn_0。于是

$$\hat{\sigma}^2 = MS_e = 2.3073, \quad \hat{\sigma}^2_A = \frac{MS_A - MS_e}{n_0} = \frac{5.5118 - 2.3073}{20.6984} = 0.1548。$$

第五节　观测值转换

前面介绍的几种试验资料的方差分析，数学模型的表达式有所不同，以下 3 点却是共同的：

1. 效应的可加性（additivity）　方差分析的数学模型均为线性可加模型。这个模型要求处理效应与试验误差是"可加的"，正是由于这一"可加性"，才有试验观测值平方和的"可加性"，即试验观测值总平方和的"可分解性"。若试验资料不具备这一性质，试验观测值的总变异依据变异原因的分解将失去根据，方差分析不能正确进行。

2. 分布的正态性（normality）　分布的正态性是指所有试验误差是相互独立，且都服从 $N(0,\sigma^2)$。因而要求每个处理的观测值彼此独立，各个处理观测值总体为正态总体。方差分析的 F 检验要求 k 个处理的观测值是从 k 个正态总体中随机抽取的，只有所分析的资料满足分布正态性要求才能正确进行 F 检验。

3. 方差的一致性（homogeneity）　方差的一致性是指所有试验处理必须具有相同的误差方差。方差分析的误差均方是各个处理的误差均方以自由度为权采用加权法计算的平均数，要求资料中各个处理具有相同的误差方差。若各个处理的误差方差不具有一致性，则没有依据将各个处理误差均方以自由度为权采用加权法计算的平均数作为检验各个处理是否有差异的共用误差均方。

上述 3 点是进行方差分析的前提或基本要求。试验资料不一定都能全部满足这些基本要求。相对而言效应的可加性容易满足。各个处理观测值彼此间的独立性可以通过合理的试验设计来保证。分布的正态性和方差的一致性则往往取决于试验指标观测值本身的性质。例如，有些资料就其性质来说就不符合方差分析的基本要求，其中最常见的一种情况是处理平均数和方差有一定关系，例如二项分布资料总体平均数 $\mu=np$，总体方差 $\sigma^2=np(1-p)$，泊松分布资料的总体平均数＝总体方差＝λ。对这类资料不能直接进行方差分析。因而对于已经获得的资料，在进行方差分析前主要考察它们是否满足正态性和方差一致性的要求。

可以采用第七章第四节介绍的 Bartlett 法检验方差的一致性。若通过方差一致性检验确定方差不具有一致性，应考虑采取适当措施对资料予以处理。常用的处理措施有 4 种：

（1）若在方差分析前发现有某些异常的观测值、处理或单位组，只要不属于试验处理的原因，应予以删除。例如删除均方特大或特小的处理，保留具有一致性方差的处理。但要剔除特大均方的处理时，须经 Cochran 检验（关于此检验法可参阅其他文献）后方可确定。

（2）将全部试验资料划分为方差具有一致性的几个部分，对各部分分别进行方差分析。

（3）若方差出现非一致性是因为资料中的观测值太少，这就需要增加样本的容量。若不可能再增加观测值，可以采用第十一章介绍的非参数检验法进行分析。

（4）对于具有不同特性的观测值采用不同的转换方法，对转换后的观测值进行方差分析。

需要指出的是，分布的非正态性和方差的非一致性经常相伴出现，可以考虑利用观测值转换，使得转换后的观测值具有方差一致性，非正态性的缺陷也同时得到改善。

下面介绍一些常用的使得转换后的观测值具有方差一致性的观测值转换方法。

1. 平方根转换（square root transformation）　此法适用于各个处理观测值的均方与其平均数之间有正比例关系的资料，尤其适用于总体呈泊松分布的资料。它可使服从泊松分布的次数资料或轻度偏态的资料正态化。例如，放射性物质在单位时间内的放射次数，在显微镜视野下的细菌数，某些稀有事件在某一段时间或地域上的发生数等的分布均可采用平方根转换使其正态化。转换的方法是求出观测值 x 的平方根，即 $x'=\sqrt{x}$。若观测值中有 0 或多数观测值小于 10，求出 $x+1$ 的平方根，即 $x'=\sqrt{x+1}$，这对于稳定方差、使方差符合一致性的作用更加明显。转换也有利于满足效应可加性的要求。

2. 对数转换（logarithmic transformation）　若各个处理观测值的标准差或全距与其平均数呈正比或变异系数接近一个常数，采用对数转换可获得具有一致性的方差。转换的方法是求出观测值 x 的常用对数值，即 $x'=\lg x$；若观测值中有数值小的数及 0，求出 $x+1$ 的常用对数值，即 $x'=\lg(x+1)$ 转换。若观测值表现的效应为倍加性或可乘性，利用对数转换对于改进非可加性的影响比平方根转换更为有效。对数转换能使服从对数正态分布的变量正态化。例如，环境中某些污染物的分布，人体或动物体中某些微量元素的分布，可用对数转换改善其正态性。

对数转换对于降低大观测值的作用要比平方根转换更强。例如，观测值 1，10，100 作平方根转换后为 1，3.16，10，作对数转换后为 0，1，2。

3. 反正弦转换（arcsine transformation） 反正弦转换也称为角度转换。此法适用于发病率、感染率、病死率、受胎率等服从二项分布的百分数资料。转换的方法是求出每个用小数表示的百分数平方根的反正弦值，即 $x' = \sin^{-1}\sqrt{p}$，转换后的数值是以度为单位的十进制角度。二项分布的方差与平均数具有函数关系，若平均数接近极端值（即接近于 0 和 100%），方差趋向于较小；若平均数处于中间数值附近（50% 左右），方差趋向于较大。把百分数转换成角度以后，接近 0 和 100% 的百分数变异程度变大，因此使方差增大，这样有利于满足方差一致性的要求。若资料中的百分数介于 30% 与 70% 之间，资料的百分数分布接近于正态分布，资料中的百分数转换与否对方差分析影响不大。若资料中有百分数 ≤30% 或 ≥70%，应对资料中的全部百分数进行反正弦转换。

4. 倒数转换（reciprocal transformation） 若各个处理观测值标准差与其平均数的平方成比例，可进行倒数转换，即 $x' = 1/x$。这种转换常用于以出现质反应时间为指标的资料，如某疾病患者的生存时间；也可用于观测值两端波动较大的资料，倒数转换后可使极端值的影响减小。

另外，还可以考虑采用别的处理措施，例如，对观测值的小样本平均数进行方差分析。因为平均数比单个观测值更易呈正态分布。对小样本平均数进行方差分析，可减小各种不符合基本要求的因素的影响，但这一方法必须在试验设计时就加以考虑。对于一些分布明显呈偏态的二项分布资料，进行 $x' = (\sin^{-1}\sqrt{p})^{\frac{1}{2}}$ 的转换，可使 x' 呈良好的正态分布。

对转换后的观测值进行方差分析，若经 F 检验显著或极显著，多重比较也同样对转换后的观测值平均数进行，须将转换后的观测值平均数还原为原来的观测值解释分析多重比较结果。

【例 6.9】 甲、乙、丙 3 个地区乳牛隐性乳腺炎阳性率列于表 6-52，对此资料进行方差分析。

表 6-52 3 个地区乳牛隐性乳腺炎阳性率（%）

地区	阳性率						
甲	94.3	64.1	47.7	43.6	50.4	80.5	57.8
乙	26.7	9.4	42.1	30.6	40.9	18.6	40.9
丙	18.0	35.0	20.7	31.6	26.8	11.4	19.7

乳牛隐性乳腺炎阳性率服从二项分布，且有阳性率低于 30% 或高于 70%，应先对阳性率作反正弦转换，例如，$\sin^{-1}\sqrt{0.943} = 76.19$，$\sin^{-1}\sqrt{0.641} = 53.19$，转换结果见表 6-53。

表 6-53 表 6-52 资料的反正弦转换值

地区	$x = \sin^{-1}\sqrt{p}$				合计 $x_i.$	平均 $\bar{x}_i.$	还原（%）
甲	76.19	53.19	43.68	41.32	372.89	53.27	64.23
	45.23	63.79	49.49				
乙	31.11	17.85	40.45	33.58	228.06	32.58	29.00
	39.76	25.55	39.76				
丙	25.10	36.27	27.06	34.20	199.89	28.56	22.86
	31.18	19.73	26.35				
合计					$x.. = 800.84$		

表 6-53 资料的方差分析列于表 6-54。

表 6-54 列于表 6-53 资料的方差分析表

变异来源	平方和 SS	自由度 df	均方 MS	F 值	临界 F 值
地区间	2 461.822 8	2	1 230.911 4	14.03**	$F_{0.01(2,18)}=6.01$
误 差	1 579.492 7	18	87.749 6		
总变异	4 041.315 5	20			

因为 $F=14.03>F_{0.01(2,18)}$，$p<0.01$，表明 3 个地区乳牛隐性乳腺炎阳性率反正弦转换值平均数差异极显著。下面对 3 个地区乳牛隐性乳腺炎阳性率反正弦转换值的平均数进行多重比较。

此例 $n=7$，$MS_e=87.749\ 6$，$s_{\bar{x}}=\sqrt{87.749\ 6/7}=3.54$，$df_e=18$，临界 SSR 值与 LSR 值列于表 6-55。

表 6-55 临界 SSR 值与 LSR 值

df_e	秩次距 k	$SSR_{0.05}$	$SSR_{0.01}$	$LSR_{0.05}$	$LSR_{0.01}$
18	2	2.97	4.07	10.51	14.41
	3	3.12	4.27	11.04	15.12

3 个地区乳牛隐性乳腺炎阳性率反正弦转换值平均数的多重比较列于表 6-56。

表 6-56 3 个地区乳牛隐性乳腺炎阳性率反正弦转换值平均数多重比较表（SSR 法）

地区	平均数 $\bar{x}_{i.}$			$\bar{x}_{i.}-28.56$	$\bar{x}_{i.}-32.58$
甲	53.27	a	A	24.71**	20.69**
乙	32.58	b	B	4.02	
丙	28.56	b	B		

将表 6-56 中的各个差数与表 6-55 中相应的最小显著极差比较，作出统计推断。多重比较结果已标记在表 6-56 中。此例是对 3 个地区乳牛隐性乳腺炎阳性率反正弦转换值平均数进行多重比较，须将转换后的观测值平均数还原为原来的观测值解释分析多重比较结果。根据 $p=\sin^2x$，将表 6-56 中各地区乳牛隐性乳腺炎阳性率反正弦转换值的平均数 53.27，32.58，28.56 还原为各地区乳牛隐性乳腺炎阳性率 64.23%，29.00%，22.86%。多重比较结果表明，甲地区乳牛隐性乳腺炎阳性率极显著高于丙地区和乙地区乳牛隐性乳腺炎阳性率，乙地区与丙地区乳牛隐性乳腺炎阳性率差异不显著。

以上介绍了 4 种常用的观测值转换方法。对于一般非连续性的观测值，最好在方差分析前先检查各个处理平均数与相应处理均方是否相关或各个处理均方的变异程度是否较大。若各个处理平均数与相应处理均方相关或者各个处理均方的变异程度较大，应考虑对观测值作适当转换。有时要确定适当的转换方法并不容易，可事先在试验中选取几个其平均数为大、中、小的处理观测值作转换。哪种方法能使处理观测值平均数与其均方的相关最小或使各个处理均方的变异程度降至最小，哪种方法就是最合适的转换方法。

习 题

1. 多个处理平均数的假设检验为什么不宜采用 t 检验？

2. 举例说明什么是试验指标、试验因素、试验因素的水平、试验处理、试验单位、重复等。

3. 方差分析的前提或基本要求是什么？进行方差分析的基本步骤是什么？

4. 什么是多重比较？多重比较方法有哪几种？采用 LSD 法进行多重比较与对多个处理平均数进行两两处理平均数的假设检验——t 检验相比有何优点？还存在什么不足？怎样决定选用哪种多重比较法？

5. 什么是单一自由度正交比较？怎样确定单一自由度正交比较的系数？

6. 什么是因素的简单效应、主效应、交互作用、A_i 与 B_j 的互作效应？为什么说两因素交叉分组每个水平组合只有 1 次重复即只有 1 个观测值的试验设计是不正确的或不完善的试验设计？进行多因素试验，怎样选取最优水平组合？

7. 两因素系统分组试验资料的方差分析与两因素交叉分组试验资料的方差分析有何区别？

8. 怎样确定处理效应是固定效应还是随机效应？怎样确定方差分析是固定模型、随机模型、混合模型？什么是方差分量？怎样估计方差分量？

9. 为什么要对观测值进行转换？常用的观测值转换方法有哪几种？各在什么情况下应用？

10. 在同样饲养管理条件下，3 个品种猪的增重列于下表，检验 3 个品种猪的增重是否有差异。

3 个品种猪的增重（kg）

品种	增 重 x_{ij}									
A_1	16	12	18	19	13	11	15	10	17	18
A_2	10	13	11	9	12	14	8	15	13	8
A_3	11	8	13	6	7	14	9	12	10	11

11. 随机选定 6 头种公牛，每头种公牛采集几个精样进行人工授精，下表是每头种公牛的各个精样人工授精的成功怀胎率。

6 头种公牛的精样人工授精成功怀胎率

公牛	怀胎率（%）									n_i
1	36	31	37	40	28					5
2	70	59	63	68						4
3	52	44	57	48	67	64				6
4	47	58	50	46	44					5
5	62	64	71	69	77	81	87			7
6	45	68	59	58	57	76	57	49	60	9
合计										36

（1）进行方差分析（提示：因为有怀胎率低于 30% 或大于 70%，须进行反正弦转换）。

（2）你认为这个资料应作为固定模型还是随机模型？若作为随机模型，对于 F 值显著应作何理解？

（3）计算 n_0。

（4）估计各方差分量。

（5）作为练习，对 6 头种公牛精样人工授精成功怀胎率反正弦转换值的平均数采用 SSR 法进行多重比较。

12. 用 3 种酸液处理某牧草种子，以不用酸液处理牧草种子为对照，观察其对牧草幼苗生长的影响（指标：幼苗风干重，单位：mg）。酸液处理某牧草种子的幼苗风干重列于下表。

酸液处理某牧草种子的幼苗风干重（mg）

处　理	幼 苗 风 干 重				
对 照 A_1	4.23	4.38	4.10	3.99	4.25
盐 酸 A_2	3.85	3.78	3.91	3.94	3.86
丙 酸 A_3	3.75	3.65	3.82	3.69	3.73
丁 酸 A_4	3.66	3.67	3.62	3.54	3.71

(1) 进行方差分析（不进行多重比较）。

(2) 对下述问题利用单一自由度正交比较给以回答。

① 酸液处理与对照是否相同？

② 有机酸的作用与无机酸的作用是否不同？

③ 两种有机酸的作用是否相同？

13. 为了比较 4 种饲料（A_1，A_2，A_3，A_4）和猪的 3 个品种（B_1，B_2，B_3）的优劣，从每个品种随机抽取 4 头猪分别饲喂 4 种饲料。分栏饲养、位置随机排列。每头猪 60～90 日龄的日增重（g）列于下表。进行方差分析。

4 种饲料 3 个品种猪 60～90 日龄日增重（g）

	A_1	A_2	A_3	A_4
B_1	505	545	590	530
B_2	490	515	535	505
B_3	445	515	510	495

14. 研究酵解作用对血糖浓度的影响，从 8 名健康人体中抽取血液并制备成血滤液。每个受试者的血滤液又分成 4 份，然后随机地将 4 份血滤液分别放置 0，45，90，135 min 测定其血糖浓度，血糖浓度测定值列于下表。检验不同受试者和放置不同时间血滤液的血糖浓度是否相同。

8 名受试者 4 种放置时间血滤液的血糖浓度（mg/100 mL）

受试者	放 置 时 间（min）			
	0	45	90	135
1	95	95	89	83
2	95	94	88	84
3	106	105	97	90
4	98	97	95	90
5	102	98	97	88
6	112	112	101	94
7	105	103	97	88
8	95	92	90	80

15. 为了从3种不同原料和3种不同温度中选择使酒精产量最高的水平组合，设计了两因素试验，每一水平组合重复4次，不同原料及不同温度发酵的酒精产量（kg）列于下表，进行方差分析。

3种原料3种温度发酵的酒精产量（kg）

原料A	温度B											
	B₁(30 ℃)				B₂(35 ℃)				B₃(40 ℃)			
A₁	41	49	23	25	11	12	25	24	6	22	26	11
A₂	47	59	50	40	43	38	33	36	8	22	18	14
A₃	48	35	53	59	55	38	47	44	30	33	26	19

16. 3头公牛各随机交配2头母牛，其女儿第一胎305 d产乳量观测值列于下表，进行方差分析，并估计方差分量。

3头公牛与配6头母牛的女儿第一胎305 d产乳量（kg）

公牛S	母牛D	女儿产奶量		母牛女儿头数	公牛女儿头数
1	1	5 700	5 700	2	4
	2	6 900	7 200	2	
2	3	5 500	4 900	2	4
	4	5 500	7 400	2	
3	5	4 600	4 000	2	4
	6	5 300	5 200	2	

17. 观察某品种猪仔猪乳头数列于下表。分析公猪和公猪内母猪对仔猪乳头数的影响，并估计方差分量。

某品种猪仔猪乳头数

公猪A	与配母猪B	仔猪数	仔猪乳头数				
A₁	B₁₁	8	14(3)	15(2)	16(3)		
	B₁₂	9	15(2)	16(2)	17(5)		
	B₁₃	11	12(1)	13(2)	14(5)	15(1)	16(2)
	B₁₄	10	14(2)	15(3)	16(4)	18(1)	
A₂	B₂₁	9	14(1)	15(3)	16(3)	17(1)	18(1)
	B₂₂	11	13(1)	14(2)	15(5)	16(1)	17(2)
	B₂₃	12	14(4)	15(5)	16(1)	17(1)	18(1)
	B₂₄	7	13(1)	14(2)	15(1)	16(1)	17(2)
A₃	B₃₁	8	13(2)	14(5)	15(1)		
	B₃₂	10	14(4)	15(6)			
	B₃₃	12	13(2)	14(5)	15(2)	16(3)	
合计		107					

注：括号内数字为仔猪数。

18. 对照组、芥子气中毒组、电离辐射组的各 10 只小鼠在注射某种同位素 24 h 后，脾脏蛋白质中放射性测定值列于下表。检验芥子气、电离辐射能否抑制该同位素进入脾脏蛋白质。

3 组小鼠注射某种同位素 24 h 后脾脏蛋白质中放射性测定值 [百次/(min·g)]

组　别	放射性测定值									
对照组	3.8	9.0	2.5	8.2	7.1	8.0	11.5	9.0	11.0	7.9
芥子气中毒组	5.6	4.0	3.0	8.0	3.8	4.0	6.4	4.2	4.0	7.0
电离辐射组	1.5	3.8	5.5	2.0	6.0	5.1	3.3	4.0	2.1	2.7

提示：先作平方根转换 $x' = \sqrt{x+1}$，然后进行方差分析。

19. 用某药物的 3 种剂量治疗兔子球虫病，各治疗 20 只病兔后，粪中卵囊数的检出结果列于下表。检验该药物的 3 种剂量治疗兔子球虫病的疗效是否相同。

某药物 3 种剂量治疗兔子球虫病粪中卵囊数的检出结果

剂量（mg/kg）	卵　囊　数									
15	0	0	0	0	0	0	0	0	0	0
	8	14	6	5	26	1	1	7	1	2
10	0	0	0	0	1	25	8	2	3	8
	22	38	5	3	50	10	28	15	2	1
5	220	8	30	260	96	39	86	523	47	29
	40	23	143	17	11	23	99	40	20	103

提示：先作对数转换 $x' = \lg(x+1)$，然后进行方差分析。

20. 3 组大鼠营养试验，测得每 6 d 尿中氨氮的排出量列于下表。检验各组氨氮排出量是否相同。

3 组大鼠每 6 d 尿中氨氮排出量（mg）

组别	尿　中　氨　氮　排　出　量										
A	30	27	35	35	29	33	32	36	26	41	33	31
B	43	45	53	44	51	53	54	37	47	57	48	42
C	83	66	66	86	56	52	76	83	72	73	59	53

提示：先作对数转换 $x' = \lg x$，然后进行方差分析。

第七章

χ^2 检 验

前面介绍的 t 检验和方差分析用于对数量性状资料进行统计分析。进行动物科学试验研究，还常常需要对由质量性状利用统计次数法得来的次数资料和等级资料进行统计分析。次数资料和等级资料服从二项分布或多项分布，对服从二项分布或多项分布的次数资料和等级资料进行统计分析所采用的统计分析方法不同于对服从正态分布资料进行统计分析所采用的统计分析方法。本章介绍对服从二项分布或多项分布的次数资料和等级资料进行统计分析所采用的统计分析方法 χ^2 检验。

第一节 统计数 χ^2 与 χ^2 分布

一、统计数 χ^2 的意义

为了便于理解，下面结合实际例子说明统计数 χ^2 的意义。统计某羊场一年所产 876 只羔羊，有公羔 428 只，母羔 448 只。根据遗传学理论，动物的性别比例是 1∶1。按照 1∶1 的性别比例计算，公、母羔均应为 438 只。将实际观察次数记为 A，理论次数记为 T，羔羊性别实际观察次数与理论次数列于表 7 - 1。

表 7 - 1 羔羊性别实际观察次数与理论次数

性别	实际观察次数 A	理论次数 T	$A-T$	$(A-T)^2/T$
公	428(A_1)	438(T_1)	−10	0.228 3
母	448(A_2)	438(T_2)	10	0.228 3
合计	876	876	0	0.456 6

表 7 - 1 列出的实际观察次数与理论次数有差异，公、母羔各相差 10 只。这个差异属于抽样误差还是羔羊性别比例发生了实质性的变化？要回答这个问题，首先需要确定一个统计数表示实际观察次数与理论次数的偏离程度；然后进行假设检验对这一偏离程度是否属于抽样误差作出统计推断。为了表示实际观察次数与理论次数的偏离程度，最简单的方法是求出实际观察次数与理论次数的差数。根据表 7 - 1 列出的实际观察次数与理论次数求得，$A_1-T_1=-10$，$A_2-T_2=10$，由于这两个差数之和为 0，显然不能用这两个差数之和来表示实际观察次数与理论次数的偏离程度。为了避免两个差数正、负抵消，可将两个差数平方后再相加，即计算 $\sum(A-T)^2$，$\sum(A-T)^2$ 大，

表示实际观察次数与理论次数偏离程度大；$\sum(A-T)^2$ 小，表示实际观察次数与理论次数偏离程度小。但利用 $\sum(A-T)^2$ 表示实际观察次数与理论次数的偏离程度尚有不足。例如，某一类别实际观察次数为 505、理论次数为 500，相差 5；另一类别实际观察次数为 26、理论次数为 21，相差亦为 5。显然这两种类别实际观察次数与理论次数的偏离程度是不同的。因为前者是相对于理论次数 500 相差 5，后者是相对于理论次数 21 相差 5。为了弥补这一不足，可先将各个差数平方除以相应的理论次数后再相加，即计算 $\sum \dfrac{(A-T)^2}{T}$，将 $\sum \dfrac{(A-T)^2}{T}$ 记为 χ^2（χ 为希腊字母），即

$$\chi^2 = \sum \frac{(A-T)^2}{T}。 \qquad (7-1)$$

χ^2 是表示实际观察次数与理论次数偏离程度的一个统计数，χ^2 小，表示实际观察次数与理论次数偏离程度小；χ^2 大，表示实际观察次数与理论次数偏离程度大；$\chi^2=0$，表示实际观察次数与理论次数完全相同。

根据表 7-1 列出的实际观察次数与理论次数计算 χ^2，

$$\chi^2 = \sum \frac{(A-T)^2}{T} = \frac{(-10)^2}{438} + \frac{10^2}{438} = 0.456\,6，$$

因为 $\chi^2 = 0.456\,6$ 较小，表示实际观察次数与理论次数的偏离程度较小。

二、χ^2 分布

次数资料是不连续性变异资料。为了表示实际观察次数与理论次数偏离程度引入的统计数 χ^2 近似服从一种连续型随机变量的概率分布——χ^2 分布。χ^2 分布是由正态总体随机抽样得来的一种连续型随机变量的概率分布。

从平均数为 μ、方差为 σ^2 的正态总体独立随机抽取 n 个随机变量：x_1，x_2，$\cdots$，x_n，并求出 n 个随机变量 x_1，x_2，$\cdots$，x_n 的标准正态离差

$$u_1 = \frac{x_1 - \mu}{\sigma}，\ u_2 = \frac{x_2 - \mu}{\sigma}，\ \cdots，\ u_n = \frac{x_n - \mu}{\sigma}，$$

将这 n 个相互独立的标准正态离差的平方和记为 χ^2，即

$$\chi^2 = u_1^2 + u_2^2 + \cdots + u_n^2 = \sum_{i=1}^{n} u_i^2 = \sum_{i=1}^{n} \left(\frac{x_i - \mu}{\sigma}\right)^2 = \frac{1}{\sigma^2} \sum_{i=1}^{n} (x_i - \mu)^2。 \qquad (7-2)$$

χ^2 服从自由度为 n 的 χ^2 分布，记为

$$\chi^2 = \frac{1}{\sigma^2} \sum_{i=1}^{n} (x_i - \mu)^2 \sim \chi^2_{(n)}。$$

用样本平均数 $\bar{x}$ 代替总体平均数 μ，随机变量

$$\frac{1}{\sigma^2} \sum_{i=1}^{n} (x_i - \bar{x})^2 = \frac{1}{\sigma^2}(n-1)s^2 \qquad (7-3)$$

服从自由度为 $n-1$ 的 χ^2 分布（chi-squared distribution），记为

$$\frac{1}{\sigma^2}(n-1)s^2 \sim \chi^2_{(n-1)}。$$

$\chi^2 \geqslant 0$，χ^2 的取值区间是 $[0, +\infty)$。设 χ^2 分布密度函数为 $f(\chi^2)$，χ^2 分布密度曲线是随自由度不同而改变的一簇曲线，随着自由度的增大，χ^2 分布密度曲线由偏斜逐渐趋于对称。图 7-1 给出了几个不同自由度的 χ^2 分布密度曲线。

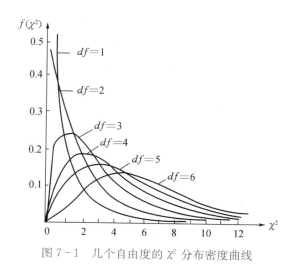

图 7-1　几个自由度的 χ^2 分布密度曲线

三、χ^2 的连续性矫正

根据式（7-1）计算的 χ^2 只是近似服从连续型随机变量 χ^2 分布。对次数资料进行 χ^2 检验，利用连续型随机变量 χ^2 分布计算的概率常常偏低，自由度为 1 偏差较大。Yates 于 1934 年提出了对 χ^2 作连续性矫正的一个计算公式，矫正后的 χ^2 记为 χ_c^2，计算公式为

$$\chi_c^2 = \sum \frac{(|A-T|-0.5)^2}{T}。 \tag{7-4}$$

若自由度大于 1，根据式（7-1）计算的 χ^2 分布接近连续型随机变量 χ^2 分布，可不对 χ^2 作连续性矫正，但要求各类别的理论次数不小于 5。若某一类别的理论次数小于 5，要求将它与其相邻的一类别或几类别合并，直到合并类别后的理论次数大于 5 为止。

第二节　适合性检验

一、适合性检验的意义

根据属性类别的次数资料判断属性类别分配是否符合已知属性类别分配的理论或学说的假设检验称为适合性检验（test for goodness of fit）。进行适合性检验，无效假设 H_0：属性类别分配符合已知属性类别分配的理论或学说；备择假设 H_A：属性类别分配不符合已知属性类别分配的理论或学说。假定属性类别分配符合已知属性类别分配的理论或学说，计算各属性类别的理论次数，根据式（7-1）或式（7-4）计算 χ^2 或 χ_c^2。因为计算所得的各个属性类别理论次数的合计等于各个属性类别实际观察次数的合计，即独立的理论次数的个数等于属性类别数减 1。所以适合性检验的自由度等于属性类别数减 1。若属性类别数为 k，适合性检验的自由度 $df=k-1$。将计算所得的 χ^2 或 χ_c^2 与根据自由度 $df=k-1$ 查附表 4-7 所得的临界 χ^2 值 $\chi_{0.05(k-1)}^2$、$\chi_{0.01(k-1)}^2$ 比较，作出统计推断：

若 χ^2（或 χ_c^2）$<\chi_{0.05(k-1)}^2$，$p>0.05$，不能否定无效假设 H_0。表明属性类别分配与已知属性类别分配的理论或学说差异不显著，可以认为属性类别分配符合已知属性类别分配的理论或学说。

若 $\chi_{0.05(k-1)}^2 \leqslant \chi^2$（或 χ_c^2）$<\chi_{0.01(k-1)}^2$，$0.01<p\leqslant0.05$，否定无效假设 H_0，接受备择假设 H_A。

表明属性类别分配与已知属性类别分配的理论或学说差异显著，或者说属性类别分配显著不符合已知属性类别分配的理论或学说。

若 χ^2（或 χ_c^2）$\geqslant \chi_{0.01(k-1)}^2$，$p \leqslant 0.01$，否定无效假设 H_0，接受备择假设 H_A。表明属性类别分配与已知属性类别分配的理论或学说差异极显著，或者说属性类别分配极显著不符合已知属性类别分配的理论或学说。

二、适合性检验的方法

下面结合实际例子介绍适合性检验的方法。

【例 7.1】 观察白色羊与黑色羊杂交 F_2（遗传育种学将子二代记为 F_2）的 260 只羊的毛色，其中白色 181 只，黑色 79 只。检验白色羊与黑色羊杂交在 F_2 的毛色分离是否符合 3∶1 的理论比例。

因为例 7.1 的属性类别数 $k=2$，$df=k-1=2-1=1$，所以进行 χ^2 检验须对 χ^2 作连续性矫正，根据式（7-4）计算 χ_c^2。检验步骤如下：

（1）提出无效假设与备择假设。

H_0：白色羊与黑色羊杂交在 F_2 的毛色分离符合 3∶1 的理论比例；

H_A：白色羊与黑色羊杂交在 F_2 的毛色分离不符合 3∶1 的理论比例。

（2）计算理论次数。假定白色羊与黑色羊杂交在 F_2 的毛色分离符合 3∶1 的理论比例，计算理论次数。

白色的理论次数 $T_1 = 260 \times 3/4 = 195$；

黑色的理论次数 $T_2 = 260 \times 1/4 = 65$，或 $T_2 = 260 - T_1 = 260 - 195 = 65$。

（3）计算 χ_c^2。χ_c^2 的计算列于表 7-2。

表 7-2 χ_c^2 计算表

毛 色	实际观察次数 A	理论次数 T	$A-T$	$(\vert A-T \vert -0.5)^2/T$
白 色	181	195	-14	0.935
黑 色	79	65	$+14$	2.804
合 计	260	260	0	3.739

$$\chi_c^2 = \sum \frac{(\vert A-T \vert -0.5)^2}{T} = \frac{(\vert 181-195 \vert -0.5)^2}{195} + \frac{(\vert 79-65 \vert -0.5)^2}{65} = 3.739。$$

（4）统计推断。根据自由度 $df=1$ 查附表 4-7，得临界 χ^2 值 $\chi_{0.05(1)}^2 = 3.84$，因为 $\chi_c^2 = 3.739 < \chi_{0.05(1)}^2$，$p > 0.05$，表明白色羊与黑色羊杂交在 F_2 的毛色分离与 3∶1 的理论比例差异不显著，可以认为白色羊与黑色羊杂交在 F_2 的毛色分离符合 3∶1 的理论比例。

【例 7.2】 用黑色无角牛和红色有角牛杂交，观察 F_2 360 头，其中黑色无角牛 192 头，黑色有角牛 78 头，红色无角牛 72 头，红色有角牛 18 头。检验黑色无角牛和红色有角牛杂交，牛的毛色和角的有无这两对相对性状在 F_2 的分离是否符合 9∶3∶3∶1 的理论比例。

因为例 7.2 的属性类别数 $k=4$，$df=k-1=4-1=3>1$，所以进行 χ^2 检验不对 χ^2 作连续性矫正。检验步骤如下：

（1）提出无效假设与备择假设。

H_0：黑色无角牛和红色有角牛杂交，牛的毛色和角的有无两对相对性状在 F_2 的分离符合 9∶3∶3∶1 的理论比例；

H_A：黑色无角牛和红色有角牛杂交，牛的毛色和角的有无两对相对性状在 F_2 的分离不符合

9∶3∶3∶1 的理论比例。

（2）计算理论次数。假定黑色无角牛和红色有角牛杂交，牛的毛色和角的有无两对相对性状在 F_2 的分离符合 9∶3∶3∶1 的理论比例计算理论次数。

黑色无角牛的理论次数 $T_1 = 360 \times 9/16 = 202.5$；

黑色有角牛的理论次数 $T_2 = 360 \times 3/16 = 67.5$；

红色无角牛的理论次数 $T_3 = 360 \times 3/16 = 67.5$；

红色有角牛的理论次数 $T_4 = 60 \times 1/16 = 22.5$，或 $T_4 = 360 - 202.5 - 67.5 - 67.5 = 22.5$。

（3）计算 χ^2。χ^2 的计算列于表 7-3。

表 7-3 χ^2 计算表

类 别	实际观察次数 A	理论次数 T	$A-T$	$(A-T)^2/T$
黑色无角牛	192(A_1)	202.5(T_1)	−10.5	0.54
黑色有角牛	78(A_2)	67.5(T_2)	+10.5	1.63
红色无角牛	72(A_3)	67.5(T_3)	+4.5	0.30
红色有角牛	18(A_4)	22.5(T_4)	−4.5	0.90
合 计	360	360	0	3.37

$$\chi^2 = \sum \frac{(A-T)^2}{T} = 0.54 + 1.63 + 0.30 + 0.90 = 3.37。$$

（4）统计推断。根据自由度 $df=3$ 查附表 4-7，得临界 χ^2 值 $\chi^2_{0.05(3)}=7.81$，因为 $\chi^2=3.37<\chi^2_{0.05(3)}$，$p>0.05$，表明黑色无角牛和红色有角牛杂交，牛的毛色与角的有无这两对相对性状在 F_2 的分离与 9∶3∶3∶1 的理论比例差异不显著，可以认为黑色无角牛和红色有角牛杂交，牛的毛色与角的有无这两对相对性状在 F_2 的分离符合 9∶3∶3∶1 的理论比例。

【例 7.3】 两对相对性状在 F_2 的 4 种表现型 $A\_\_B\_\_$，$A\_\_bb$，$aaB\_\_$，$aabb$ 的实际观察次数依次为 152，39，53，6。检验这两对相对性状在 F_2 的 4 种表现型 $A\_\_B\_\_$，$A\_\_bb$，$aaB\_\_$，$aabb$ 的分离是否符合 9∶3∶3∶1 的理论比例。

因为例 7.3 的属性类别数 $k=4$，$df=k-1=4-1=3>1$，所以进行 χ^2 检验不对 χ^2 作连续性矫正。检验步骤如下：

（1）提出无效假设与备择假设。

H_0：两对相对性状在 F_2 的 4 种表现型 $A\_\_B\_\_$，$A\_\_bb$，$aaB\_\_$，$aabb$ 的分离符合 9∶3∶3∶1 的理论比例；

H_A：两对相对性状在 F_2 的 4 种表现型 $A\_\_B\_\_$，$A\_\_bb$，$aaB\_\_$，$aabb$ 的分离不符合 9∶3∶3∶1 的理论比例。

（2）计算理论次数。假定两对相对性状在 F_2 的 4 种表现型 $A\_\_B\_\_$，$A\_\_bb$，$aaB\_\_$，$aabb$ 的分离符合 9∶3∶3∶1 的理论比例，计算理论次数。

$A\_\_B\_\_$ 的理论次数 $T_1 = 250 \times 9/16 = 140.625$；

$A\_\_bb$ 的理论次数 $T_2 = 250 \times 3/16 = 46.875$；

$aaB\_\_$ 的理论次数 $T_3 = 250 \times 3/16 = 46.875$；

$aabb$ 的理论次数 $T_4 = 250 \times 1/16 = 15.625$，或 $T_4 = 250 - 140.625 - 46.875 - 46.875 = 15.625$。

（3）计算 χ^2。χ^2 的计算列于表 7-4。

表 7 - 4　χ^2 计算表

表现型	实际观察次数 A	理论次数 T	$A - T$	$(A-T)^2/T$
$A\_\_B\_\_$	152	140.625	11.375	0.92
$A\_\_bb$	39	46.875	−7.875	1.32
$aaB\_\_$	53	46.875	6.125	0.80
$aabb$	6	15.625	−9.625	5.93
合　计	250	250	0	8.97

$$\chi^2 = \sum \frac{(A-T)^2}{T} = 0.92 + 1.32 + 0.80 + 5.93 = 8.97。$$

（4）统计推断。根据自由度 $df = 3$ 查附表 4 - 7，得临界 χ^2 值 $\chi^2_{0.05(3)} = 7.81$，$\chi^2_{0.01(3)} = 11.34$。因为 $\chi^2_{0.05(3)} < \chi^2 = 8.97 < \chi^2_{0.01(3)}$，$0.01 < p < 0.05$，表明该两对相对性状在 F_2 的 4 种表现型 $A\_\_B\_\_$，$A\_\_bb$，$aaB\_\_$，$aabb$ 的分离显著不符合 $9:3:3:1$ 的理论比例。有必要进一步检验，以确定哪一种表现型的分离不符合 $9:3:3:1$ 的理论比例。

① 检验 $A\_\_B\_\_$，$A\_\_bb$，$aaB\_\_$ 3 种表现型的分离是否符合 $9:3:3$ 的理论比例。

因为①的属性类别数 $k = 3$，$df = k - 1 = 3 - 1 = 2$。所以进行 χ^2 检验不对 χ^2 作连续性矫正。

假定 $A\_\_B\_\_$，$A\_\_bb$，$aaB\_\_$ 3 种表现型的分离符合 $9:3:3$ 的理论比例，计算理论次数。

$A\_\_B\_\_$ 的理论次数 $T_1 = 244 \times 9/15 = 146.40$；

$A\_\_bb$ 的理论次数 $T_2 = 244 \times 3/15 = 48.80$；

$aaB\_\_$ 的理论次数 $T_3 = 244 \times 3/15 = 48.80$，或 $T_3 = 244 - 146.40 - 48.80 = 48.80$。

χ^2 的计算列于表 7 - 5。

表 7 - 5　χ^2 计算表

表现型	实际观察次数 A	理论次数 T	$A - T$	$(A-T)^2/T$
$A\_\_B\_\_$	152	146.40	5.60	0.21
$A\_\_bb$	39	48.80	−9.80	1.97
$aaB\_\_$	53	48.80	4.20	0.36
合　计	244	244	0	2.54

$$\chi^2 = \sum \frac{(A-T)^2}{T} = 0.21 + 1.97 + 0.36 = 2.54。$$

根据自由度 $df = 2$ 查附表 4 - 7，得临界 χ^2 值 $\chi^2_{0.05(2)} = 5.99$，因为 $\chi^2 = 2.54 < \chi^2_{0.05(2)}$，$p > 0.05$，表明 $A\_\_B\_\_$，$A\_\_bb$，$aaB\_\_$ 3 种表现型的分离与 $9:3:3$ 的理论比例差异不显著，可以认为 $A\_\_B\_\_$，$A\_\_bb$，$aaB\_\_$ 3 种表现型的分离符合 $9:3:3$ 的理论比例。

于是，再检验表现型 $aabb$ 与表现型 $A\_\_B\_\_$，$A\_\_bb$，$aaB\_\_$ 合并组的分离是否符合 $1:15$ 的理论比例。

② 检验表现型 $aabb$ 与表现型 $A\_\_B\_\_$，$A\_\_bb$，$aaB\_\_$ 合并组的分离是否符合 $1:15$ 的理论比例。

因为②的属性类别数 $k = 2$，$df = k - 1 = 2 - 1 = 1$，所以进行 χ^2 检验须对 χ^2 作连续性矫正，根据式（7 - 4）计算 χ^2_c。

假定表现型 $aabb$ 与表现型 $A\_\_B\_\_$，$A\_\_bb$，$aaB\_\_$ 合并组的分离符合 $1:15$ 的理论比例，计算理论次数。

表现型 $aabb$ 的理论次数 $T_1 = 250 \times 1/16 = 15.625$；

表现型 $A\_\_B\_\_$，$A\_\_bb$，$aaB\_\_$ 合并组的理论次数 $T_2 = 250 \times 15/16 = 234.375$，

或　$T_2 = 250 - T_1 = 250 - 15.625 = 234.375$。

χ_c^2 的计算列于表 7-6。

表 7-6　χ_c^2 计算表

表现型	实际观察次数 A	理论次数 T	$A-T$
$aabb$	6	15.625	-9.625
$A\_B\_$，A_bb，$aaB\_$合并组	244	234.375	9.625
合　计	250	250.000	0

$$\chi_c^2 = \sum \frac{(|A-T|-0.5)^2}{T} = \frac{(|6-15.625|-0.5)^2}{15.625} + \frac{(|244-234.375|-0.5)^2}{234.375} = 5.684。$$

根据自由度 $df=1$ 查附表 4-7，得临界 χ^2 值 $\chi_{0.05(1)}^2 = 3.84$，$\chi_{0.01(1)}^2 = 6.63$，因为 $\chi_{0.05(1)}^2 < \chi_c^2 = 5.684 < \chi_{0.01(1)}^2$，$0.01 < p < 0.05$，表明表现型 $aabb$ 与表现型 $A\_B\_$，A_bb，$aaB\_$合并组的分离显著不符合 1∶15 的理论比例。这一结论为进一步研究这个问题提供了线索。

三、资料分布类型的适合性检验

实际观测得来的资料是否服从某种理论分布，可利用适合性检验来判断。进行资料分布类型的适合性检验要利用资料的次数分布表；并假定该资料服从某种理论分布计算各组的理论次数，若某组内理论次数小于 5，必须与相邻的一组或几组合并，直至合并组的理论次数大于 5 为止。下面分别举例说明实际观测资料服从正态分布、二项分布、泊松分布的适合性检验。

（一）实际观测资料服从正态分布的适合性检验

【例 7.4】　利用表 2-7 126 只基础母羊体重的次数分布表，检验基础母羊体重是否服从正态分布。基础母羊体重服从正态分布的适合性检验计算列于表 7-7。

表 7-7　基础母羊体重服从正态分布的适合性检验计算表

组限 (1)	组中值 x (2)	实际次数 $f=A$ (3)	上限 l (4)	$l-\bar{x}$ (5)	$u = \dfrac{l-\bar{x}}{s}$ (6)	累加概率 $\Phi(u)$ (7)	各组概率 p (8)	理论次数 T (9)
<36		0	36	-16.26	-3.19	0.000 7	0.000 7	0.088 2
36~	37.5	1 ⎫	39	-13.26	-2.60	0.004 7	0.004 0	0.504 0 ⎫
39~	40.5	1 ⎬ 8	42	-10.26	-2.01	0.022 2	0.017 5	2.205 0 ⎬ 9.802 8
42~	43.5	6 ⎭	45	-7.26	-1.42	0.077 8	0.055 6	7.005 6 ⎭
45~	46.5	18	48	-4.26	-0.84	0.200 5	0.122 7	15.460 2
48~	49.5	26	51	-1.26	-0.25	0.401 3	0.200 8	25.300 8
51~	52.5	27	54	1.74	0.34	0.633 1	0.231 8	29.206 8
54~	55.5	26	57	4.74	0.93	0.823 8	0.190 7	24.028 2
57~	58.5	12	60	7.74	1.52	0.935 7	0.111 9	14.099 4
60~	61.5	7 ⎫	63	10.74	2.11	0.982 6	0.046 9	5.909 4 ⎫
63~	64.5	2 ⎬ 9	66	13.74	2.69	0.996 4	0.013 8	1.738 8 ⎬ 8.101 8
≥66		0 ⎭					0.002 9	0.365 4 ⎭
合计		126					1.000 0	126

（1）表 7-7（1）、（2）、（3）列抄自表 2-7 中 126 只基础母羊体重的次数分布表，表 7-7（4）列是各组的上限。

（2）利用次数分布表采用加权法计算平均数 $\bar{x}$、标准差 s。

$$\bar{x} = \frac{\sum fx}{\sum f} = \frac{1 \times 37.5 + 1 \times 40.5 + \cdots + 2 \times 64.5}{126} = \frac{6585}{126} = 52.26(\text{kg}),$$

$$s = \sqrt{\frac{\sum fx^2 - \frac{1}{\sum f}(\sum fx)^2}{\sum f - 1}} = \sqrt{\frac{(1 \times 37.5^2 + 1 \times 40.5^2 + \cdots + 2 \times 64.5^2) - \frac{6585^2}{126}}{126 - 1}}$$

$$= \sqrt{\frac{347\,395.5 - 344\,144.64}{125}} = 5.10(\text{kg}).$$

（3）计算各组上限的标准正态离差 $u = (l - \bar{x})/s$，列于表 7-7（6）列。例如第一组

$$u = \frac{36 - 52.26}{5.10} = -3.19。$$

（4）假定基础母羊体重服从正态分布，根据 u 值查标准正态分布表得各组的累加概率 $\Phi(u)$，列于表 7-7（7）列。例如，当 $u = -3.19$ 时，$\Phi(u) = 0.000\,711\,4$，这里取 4 位小数，即 $\Phi(u) = 0.000\,7$；当 $u = -2.60$ 时，$\Phi(u) = 0.004\,7$；当 $u = -2.01$ 时，$\Phi(u) = 0.022\,2$。

（5）将本组的累加概率减去前一组的累加概率计算每一组的概率 p，列于表 7-7（8）列。例如，"36~"组的概率为 $0.004\,7 - 0.000\,7 = 0.004\,0$；"39~"组的概率为 $0.022\,2 - 0.004\,7 = 0.017\,5$。

（6）将各组概率乘以 126 计算各组理论次数，列于表 7-7（9）列。理论次数小于 5 者与相邻组合并。本例前 4 组、后 3 组分别合并。并组后的实际次数与理论次数分别为 8 与 9.802 8，9 与 8.101 8，列于表 7-7（3）列、（9）列。

（7）根据式（7-1）计算 χ^2。

$$\chi^2 = \sum \frac{(A-T)^2}{T} = \frac{(8 - 9.802\,8)^2}{9.802\,8} + \frac{(18 - 15.460\,2)^2}{15.460\,2} + \cdots + \frac{(9 - 8.101\,8)^2}{8.101\,8} = 1.508\,8。$$

（8）确定自由度。进行资料分布类型的正态分布适合性检验，因为理论次数利用样本总次数、平均数与标准差 3 个统计数计算，所以自由度为 $k-3$（k 为并组后的分组数）。此例并组后的分组数为 7，即 $k=7$，故自由度 $df = 7 - 3 = 4$。

（9）统计推断。根据自由度 $df = 4$ 查附表 4-7，得临界 χ^2 值 $\chi^2_{0.05(4)} = 9.49$，因为 $\chi^2 = 1.508\,8 < \chi^2_{0.05(4)}$，$p > 0.05$，可以认为基础母羊体重服从正态分布。

（二）实际观测资料服从二项分布的适合性检验

【例 7.5】 用 800 粒牧草种子进行发芽试验，分 80 行，每行 10 粒种子，共有 174 粒种子发芽。每粒种子发芽概率的估计值为 $174/800 = 0.217\,5$，不发芽概率的估计值为 $1 - 0.217\,5 = 0.782\,5$。将 80 行按每行发芽种子数归组，次数分布表列于表 7-8 的（1）、（2）列。检验牧草种子发芽试验每行 10 粒种子一行内种子发芽数 x 是否服从二项分布。

牧草种子发芽试验每行 10 粒种子一行内种子发芽数 x 服从二项分布适合性检验计算列于表 7-8。

假定牧草种子发芽试验每行 10 粒种子一行内种子发芽数服从二项分布，根据二项分布概率计算公式 $P_n(k) = C_n^k p^k q^{n-k}$，$n=10$，$p = 0.217\,5$，$q = 1 - p = 1 - 0.217\,5 = 0.782\,5$，计算理论概率，列于表 7-8（3）列。例如

表7-8 牧草种子发芽试验每行10粒种子一行内种子发芽数x服从二项分布适合性检验计算表

一行内种子发芽数 x (1)	实际行数 $f=A$ (2)	理论概率 (3)	理论行数 T (4)
0	6	0.086 1	6.888 0
1	20	0.239 2	19.136 0
2	28	0.299 2	23.936 0
3	12	0.221 8	17.744 0
4	8 ⎫	0.107 9	8.632 0 ⎫
5	6	0.036 0	2.880 0
6	0	0.008 3	0.664 0
7	0 ⎬14	0.001 3	0.104 0 ⎬12.288 0
8	0	0.000 1	0.008 0
9	0	0.000 0	0.000 0
10	0 ⎭	0.000 0	0.000 0 ⎭
合计	80	0.999 9	79.992 0

$$P_{10}(0)=C_{10}^0 p^0 q^{10}=\frac{10!}{10!0!}\times 0.217\,5^0\times 0.782\,5^{10}=0.086\,1,$$

$$P_{10}(1)=C_{10}^1 p^1 q^9=\frac{10!}{9!1!}\times 0.217\,5^1\times 0.782\,5^9=0.239\,2。$$

由于舍入误差，理论概率之和为0.999 9，不等于1。

将理论概率乘以80计算理论行数T，列于表7-8（4）列。例如

$$0.086\,1\times 80=6.888\,0,\ 0.239\,2\times 80=19.136\,0。$$

理论次数小于5者与相邻组合并。此例后6组与第5组合并为一组，并组后的分组数为5。根据式（7-1）计算χ^2，

$$\chi^2=\sum\frac{(A-T)^2}{T}=\frac{(6-6.888\,0)^2}{6.888\,0}+\frac{(20-19.136\,0)^2}{19.136\,0}+\cdots+\frac{(14-12.288\,0)^2}{12.288\,0}=2.941\,4。$$

进行资料分布类型的二项分布的适合性检验，因为理论次数是利用样本总次数、平均数2个统计数计算，所以自由度为$k-2$（k为并组后的分组数）。此例并组后的分组数为5，即$k=5$，故自由度$df=5-2=3$。

根据自由度$df=3$查附表4-7，得临界χ^2值$\chi^2_{0.05(3)}=7.81$，因为$\chi^2=2.9414<\chi^2_{0.05(3)}$，$p>0.05$，可以认为牧草种子发芽试验每行10粒种子一行内种子发芽数x服从二项分布。

（三）实际观测资料服从泊松分布的适合性检验

【例7.6】 用显微镜检查某样品内结核菌数目，对视野内共118个小方格的结核菌数计数，然后按照结核菌数目把各小方格归组，次数分布表列于表7-9（1）、（2）列。检验结核菌数x是否服从泊松分布。

结核菌数x服从泊松分布适合性检验计算列于表7-9。

假定结核菌数x服从泊松分布，根据泊松分布概率计算公式$P(x=k)=\lambda^k e^{-\lambda}/k!$ （$k=0$，$1,\cdots$）计算理论概率，其中，λ为平均数μ，且等于方差σ^2。因为λ未知，用样本平均数$\bar{x}$估计。利用次数分布表采用加权法计算样本平均数$\bar{x}$，

表 7-9 结核菌数 x 服从泊松分布适合性检验计算表

结核菌数 x (1)	实际小方格数 $f=A$ (2)	理论概率 (3)	理论小方格数 T (4)
0	5	0.050 6	5.970 8
1	19	0.151 1	17.829 8
2	26	0.225 3	26.585 4
3	26	0.224 0	26.432 0
4	21	0.167 1	19.717 8
5	13	0.099 7	11.764 6
6	5 ⎫	0.049 6	5.852 8 ⎫
7	1 ⎪ 8	0.021 1	2.489 8 ⎪ 9.581 6
8	1 ⎪	0.007 9	0.932 2 ⎬
9	1 ⎭	0.002 6	0.306 8 ⎭
合计	118	0.999 0	117.882 0

$$\bar{x}=\frac{\sum fx}{\sum f}=\frac{5\times 0+19\times 1+\cdots+1\times 9}{118}=2.983。$$

将 $\bar{x}=2.983$ 代入泊松分布概率计算公式

$$P(x=k)=\frac{2.983^k}{k!}e^{-2.983},\ (k=1,2,\cdots,9)$$

计算各项理论概率，列于表 7-9（3）列。由于舍入误差，理论概率之和为 0.999 0，不等于 1。

将理论概率乘以 118 计算理论小方格数 T，列于表 7-9（4）列。理论次数小于 5 者与相邻组合并。此例后 3 组与第 7 组合并为一组，并组后的实际小方格数为 8，理论小方格数为 9.581 6，并组后的分组数为 7。根据式（7-1）计算 χ^2，

$$\chi^2=\sum\frac{(A-T)^2}{T}=\frac{(5-5.970\ 8)^2}{5.970\ 8}+\frac{(19-17.829\ 8)^2}{17.829\ 8}+\cdots+\frac{(8-9.581\ 6)^2}{9.581\ 6}=0.728\ 8。$$

进行资料分布类型的泊松分布的适合性检验，因为理论次数是利用样本总次数、平均数 2 个统计数计算，所以自由度为 $k-2$（k 为并组后的分组数）。此例并组后的分组数为 7，即 $k=7$，故自由度 $df=7-2=5$。

根据自由度 $df=5$ 查附表 4-7，得临界 χ^2 值 $\chi^2_{0.05(5)}=11.07$，因为 $\chi^2=0.728\ 8<\chi^2_{0.05(5)}$，$p>0.05$，可以认为结核菌数 x 服从泊松分布。

第三节　独立性检验

一、独立性检验的意义

χ^2 检验还可以用来检验某一质量性状各个属性类别或等级资料各个等级的构成比与某一因素是否有关。例如研究两种药物对家畜某种疾病治疗效果的好坏，先将病畜随机分为两组，一组用第一种药物治疗，另一组用第二种药物治疗，然后统计每种药物的治愈头数和未治愈头数。需要分析病畜治愈、未治愈两个属性类别的构成比是否与药物种类这一因素有关，若病畜治愈、未治愈两个属性类别的构成比与药物种类这一因素有关，表明疗效因药物种类不同而异，即两种药物疗效不相

同；若病畜治愈、未治愈两个属性类别的构成比与药物种类这一因素无关，表明疗效不因药物种类不同而不相同，即两种药物疗效相同。根据质量性状的各个属性类别或等级资料各个等级与某一因素的各个水平利用统计次数法得来的次数资料，判断某一质量性状的各个属性类别或等级资料各个等级的构成比与这一因素是否有关的假设检验称为独立性检验（test for independence）。

某一因素的各个水平与某一质量性状的各个属性类别或等级资料的各个等级构成 r 行、c 列的列联表（contingency table），简记为 $r \times c$ 列联表。在 $r \times c$ 列联表中，通常将因素的各个水平作为横标目，将质量性状的各个属性类别或等级资料的各个等级作为纵标目，列联表的行数为因素的水平数，列联表的列数为质量性状的属性类别数或等级资料的等级数；也可以将质量性状的各个属性类别或等级资料的各个等级作为横标目，将因素的各个水平作为纵标目，列联表的行数为质量性状的属性类别数或等级资料的等级数，列联表的列数为因素的水平数。

进行 $r \times c$ 列联表独立性检验，假定某一质量性状各个属性类别或等级资料各个等级的构成比与某一因素无关，计算理论次数；其自由度 $df=(r-1)(c-1)$。这是因为进行 $r \times c$ 列联表的独立性检验，共有 rc 个理论次数，但受到以下条件的约束：

（1）rc 个理论次数之和等于 rc 个实际次数之和；

（2）r 个横行中的每一横行理论次数之和等于该行实际次数之和。由于 r 个横行实际次数之和相加应等于 rc 个实际次数之和，因而独立的行约束条件只有 $r-1$ 个；

（3）与行约束条件类似，独立的列约束条件有 $c-1$ 个。

所以进行 $r \times c$ 列联表的独立性检验，自由度 $df=rc-1-(r-1)-(c-1)=(r-1)(c-1)$，即 $r \times c$ 列联表独立性检验的自由度 $df=(r-1)(c-1)$。

二、独立性检验的方法

（一）2×2 列联表的独立性检验

2×2 列联表的一般形式列于表 7-10。2×2 列联表独立性检验的自由度 $df=(2-1) \times (2-1)=1$，进行 χ^2 检验须对 χ^2 作连续性矫正，根据式（7-4）计算 χ_c^2。

表 7-10　2×2 列联表的一般形式

	1	2	行合计 $T_i.$
1	$A_{11}(T_{11})$	$A_{12}(T_{12})$	$T_1.=A_{11}+A_{12}$
2	$A_{21}(T_{21})$	$A_{22}(T_{22})$	$T_2.=A_{21}+A_{22}$
列合计 $T._j$	$T._1=A_{11}+A_{21}$	$T._2=A_{12}+A_{22}$	总合计 $T..=A_{11}+A_{12}+A_{21}+A_{22}$

表 7-10 中，A_{ij} 为实际观察次数，T_{ij} 为理论次数（$i, j=1, 2$）。

【例 7.7】　为了检验某种疫苗的免疫效果，某猪场用 80 头猪试验。接种疫苗的 44 头猪有 12 头发病，32 头未发病；未接种疫苗的 36 头猪有 22 头发病，14 头未发病。检验该疫苗是否有免疫效果。

此例在列联表中，将因素的各水平作为横标目，将质量性状的各属性类别作为纵标目，行数为因素的水平数 2，列数为质量性状的属性类别数 2。2×2 列联表列于表 7-11。

因为 2×2 列联表独立性检验，$df=1$，进行 χ^2 检验须对 χ^2 作连续性矫正，根据式（7-4）计算 χ_c^2。检验步骤如下：

（1）提出无效假设与备择假设。

H_0：猪发病率与接种疫苗无关，即该疫苗无免疫效果；

表 7-11 接种疫苗与未接种疫苗和发病与未发病的 2×2 列联表

处 理	属 性 类 别		行合计 $T_{i\cdot}$	发病率
	发病	未发病		
接 种	12(18.7)	32(25.3)	44	27.3%
未接种	22(15.3)	14(20.7)	36	61.1%
列合计 $T_{\cdot j}$	34	46	总合计 $T_{\cdot\cdot}=80$	

H_A：猪发病率与接种疫苗有关，即该疫苗有免疫效果。

（2）计算理论次数。假定猪发病率与接种疫苗无关，计算各个理论次数。猪发病率与接种疫苗无关，即该疫苗无免疫效果，也就是说接种疫苗与未接种疫苗猪的发病率相同，均应等于总发病率 $34/80=0.425$。各个理论次数计算如下：

接种疫苗的理论发病数 $T_{11}=44\times34/80=18.7$；

接种疫苗的理论未发病数 $T_{12}=44\times46/80=25.3$，或 $T_{12}=44-18.7=25.3$；

未接种疫苗的理论发病数 $T_{21}=36\times34/80=15.3$，或 $T_{21}=34-18.7=15.3$；

未接种疫苗的理论未发病数 $T_{22}=36\times46/80=20.7$，或 $T_{22}=36-15.3=20.7$。

表 7-11 括号内的数据为相应的理论次数。

（3）根据式（7-4）计算 χ_c^2。

$$\chi_c^2=\frac{(|12-18.7|-0.5)^2}{18.7}+\frac{(|32-25.3|-0.5)^2}{25.3}+\frac{(|22-15.3|-0.5)^2}{15.3}+$$

$$\frac{(|14-20.7|-0.5)^2}{20.7}=7.944。$$

（4）统计推断。根据自由度 $df=1$ 查附表 4-7，得临界 χ^2 值 $\chi_{0.01(1)}^2=6.63$，因为 $\chi_c^2=7.944>\chi_{0.01(1)}^2$，$p<0.01$，表明猪发病率与接种疫苗极显著有关，接种与未接种疫苗猪发病率差异极显著，这里表现为接种疫苗猪的发病率极显著低于未接种疫苗猪的发病率，说明该疫苗免疫效果极显著。

进行 2×2 列联表独立性检验，还可根据简化公式（7-5）计算 χ_c^2。

$$\chi_c^2=\frac{\left(|A_{11}A_{22}-A_{12}A_{21}|-\dfrac{T_{\cdot\cdot}}{2}\right)^2 T_{\cdot\cdot}}{T_{\cdot 1}T_{\cdot 2}T_{1\cdot}T_{2\cdot}}。 \qquad (7-5)$$

在式（7-5）中，不需要先计算理论次数，直接利用实际观察次数 A_{ij}、行、列合计 $T_{i\cdot}$、$T_{\cdot j}$，总合计 $T_{\cdot\cdot}$ 计算 χ_c^2，计算简便，且舍入误差小。

对于例 7.7，根据简化公式（7-5）计算 χ_c^2，

$$\chi_c^2=\frac{(|12\times14-32\times22|-80/2)^2\times80}{34\times46\times36\times44}=7.944，$$

计算结果与根据式（7-1）的计算结果相同。

（二）2×c 列联表的独立性检验

2×c 列联表的一般形式列于表 7-12。2×c 列联表独立性检验的自由度 $df=(2-1)\times(c-1)=c-1$，因为 $c\geqslant3$，$df\geqslant2$，所以进行 χ^2 检验，不对 χ^2 作连续性矫正。

表 7-12 2×c 列联表一般形式

	1	2	...	c	行合计 $T_{i\cdot}$
1	A_{11}	A_{12}	...	A_{1c}	$T_{1\cdot}$
2	A_{21}	A_{22}	...	A_{2c}	$T_{2\cdot}$
列合计 $T_{\cdot j}$	$T_{\cdot 1}$	$T_{\cdot 2}$	...	$T_{\cdot c}$	总合计 $T_{\cdot\cdot}$

表 7-12 中，A_{ij}（$i=1$，2；$j=1$，2，$\cdots$，c）为实际观察次数。

【例 7.8】 在甲、乙两地进行水牛体型调查，将体型按优、良、中、劣 4 个等级分类，统计结果列于表 7-13。检验甲、乙两地水牛体型构成比是否相同。

表 7-13 两地水牛体型 4 个等级的 2×4 列联表

地区	等级				行合计 $T_{i.}$
	优	良	中	劣	
甲	10(13.3)	10(10.0)	60(53.3)	10(13.3)	90
乙	10(6.7)	5(5.0)	20(26.7)	10(6.7)	45
列合计 $T_{.j}$	20	15	80	20	总合计 $T_{..}=135$

在列联表 7-13 中，因素的各个水平为横标目、水牛体型的各个等级为纵标目，行数为因素的水平数 2、列数为水牛体型的等级数 4。表 7-13 是一个 2×4 列联表，因为 2×4 列联表的独立性检验，$c=4$，$df=(c-1)=(4-1)=3$，所以进行 χ^2 检验不对 χ^2 作连续性矫正，检验步骤如下：

（1）提出无效假设与备择假设。

H_0：水牛体型 4 个等级构成比与地区无关，即甲、乙两地水牛体型 4 个等级构成比相同；

H_A：水牛体型 4 个等级构成比与地区有关，即甲、乙两地水牛体型 4 个等级构成比不同。

（2）计算各个理论次数。假定甲、乙两地水牛体型 4 个等级构成比相同计算各个理论次数。

甲地优等理论次数 $T_{11}=90\times20/135=13.3$，
甲地良好理论次数 $T_{12}=90\times15/135=10.0$，
甲地中等理论次数 $T_{13}=90\times80/135=53.3$，
甲地劣等理论次数 $T_{14}=90\times20/135=13.3$，
乙地优等理论次数 $T_{21}=45\times20/135=6.7$，
乙地良好理论次数 $T_{22}=45\times15/135=5.0$，
乙地中等理论次数 $T_{23}=45\times80/135=26.7$，
乙地劣等理论次数 $T_{24}=45\times20/135=6.7$。

（3）根据式（7-1）计算 χ^2。

$$\chi^2=\frac{(10-13.3)^2}{13.3}+\frac{(10-10)^2}{10}+\cdots+\frac{(10-6.7)^2}{6.7}=7.4118。$$

（4）统计推断。根据自由度 $df=3$ 查附表 4-7，得临界 χ^2 值 $\chi^2_{0.05(3)}=7.81$，因为 $\chi^2=7.4118<\chi^2_{0.05(3)}$，$p>0.05$，可以认为甲、乙两地水牛体型 4 个等级构成比相同。

进行 2×c 列联表独立性检验，还可以根据简化公式（7-6）或（7-7）计算 χ^2。

$$\chi^2=\frac{T_{..}^2}{T_{1.}T_{2.}}\left(\sum\frac{A_{1j}^2}{T_{.j}}-\frac{T_{1.}^2}{T_{..}}\right)，\tag{7-6}$$

$$\chi^2=\frac{T_{..}^2}{T_{1.}T_{2.}}\left(\sum\frac{A_{2j}^2}{T_{.j}}-\frac{T_{2.}^2}{T_{..}}\right)。\tag{7-7}$$

式（7-6）与式（7-7）的区别在于，式（7-6）括号中的分子分别为第 1 行中的实际观察次数 A_{1j} 和行合计 $T_{1.}$；式（7-7）括号中的分子分别为第 2 行中的实际观察次数 A_{2j} 和行合计 $T_{2.}$。根据式（7-6）与式（7-7）计算结果相同。对于例 7.8，根据式（7-7）计算 χ^2，

$$\chi^2=\frac{135^2}{90\times45}\times\left(\frac{10^2}{20}+\frac{5^2}{15}+\frac{20^2}{80}+\frac{10^2}{20}-\frac{45^2}{135}\right)=7.5000。$$

计算结果与根据式（7-1）的计算结果因舍入误差略有不同。

进行动物科学试验研究，有时需要将数量性状资料转化为等级资料。例如剪毛量分为特等、一

等、二等，产奶量分为高产与低产等。对于这样的等级资料，也可采用 χ^2 检验进行假设检验。

【例 7.9】 统计 A、B 两个品种各 67 头经产母猪的产仔数，按照产仔数 $\leqslant 9$ 头、$10\sim12$ 头、$\geqslant 13$ 头 3 个等级统计经产母猪头数，列于表 7-14。检验 A、B 两个品种经产母猪产仔数的 3 个等级构成比是否相同。

表 7-14 A、B 两个品种经产母猪产仔数 3 个等级的 2×3 列联表

品种	等级			行合计 $T_{i\cdot}$
	$\leqslant 9$ 头	$10\sim12$ 头	$\geqslant 13$ 头	
A	17	44	6	67
B	5	33	29	67
列合计 $T_{\cdot j}$	22	77	35	总合计 $T_{\cdot\cdot}=134$

在列联表 7-14 中，因素（品种）的各水平为横标目，数量性状资料（本例为计数资料）转化为等级资料的各个等级为纵标目，行数为因素（品种）的水平数 2，列数为等级资料的等级数 3。表 7-14 是一个 2×3 列联表，因为 2×3 列联表的独立性检验，$c=3$，$df=(c-1)=(3-1)=2$，所以进行 χ^2 检验不用对 χ^2 作连续性矫正，检验步骤如下：

（1）提出无效假设与备择假设。

H_0：经产母猪产仔数 3 个等级的构成比与品种无关，即 A、B 两个品种经产母猪产仔数 3 个等级的构成比相同；

H_A：经产母猪产仔数 3 个等级的构成比与品种有关，即 A、B 两个品种经产母猪产仔数 3 个等级构成比不相同。

（2）根据简化公式（7-6）计算 χ^2。

$$\chi^2=\frac{134^2}{67\times67}\times\left(\frac{17^2}{22}+\frac{44^2}{77}+\frac{6^2}{35}-\frac{67^2}{134}\right)=23.23。$$

（3）统计推断。根据自由度 $df=2$ 查附表 4-7，得临界 χ^2 值 $\chi^2_{0.01(2)}=9.21$，因为 $\chi^2=23.23>\chi^2_{0.01(2)}$，$p<0.01$，表明经产母猪产仔数 3 个等级的构成比与品种极显著有关，即 A、B 两个品种经产母猪产仔数 3 个等级的构成比差异极显著。有必要进一步检验，以确定 3 个等级的构成比差异极显著在哪个等级。

① 检验 A、B 两品种经产母猪产仔数 $\leqslant 9$ 头与 $10\sim12$ 头两个等级的构成比是否相同。按照产仔数 $\leqslant 9$ 头与 $10\sim12$ 头两个等级统计经产母猪头数，列于表 7-15。表 7-15 是一个 2×2 列联表，$df=1$，进行 χ^2 检验须对 χ^2 作连续性矫正，计算 χ^2_c。

表 7-15 A、B 两品种经产母猪产仔数 $\leqslant 9$ 头与 $10\sim12$ 头两个等级的 2×2 列联表

品种	等级		行合计 $T_{i\cdot}$
	$\leqslant 9$ 头	$10\sim12$ 头	
A	17	44	61
B	5	33	38
列合计 $T_{\cdot j}$	22	77	总合计 $T_{\cdot\cdot}=99$

根据简化公式（7-5）计算 χ^2_c，

$$\chi^2_c=\frac{\left(|17\times33-5\times44|-\frac{99}{2}\right)^2\times99}{22\times77\times61\times38}=2.142。$$

根据自由度 $df=1$ 查附表 4-7，得临界 χ^2 值 $\chi^2_{0.05(1)}=3.84$，因为 $\chi^2_c=2.142<\chi^2_{0.05(1)}$，$p>0.05$，表明这两个品种经产母猪的产仔数 $\leqslant 9$ 头和 $10\sim12$ 头这两个等级的构成比差异不显著，

可以认为这两个品种经产母猪的产仔数≤9头和10～12头这两个等级的构成比相同。

② 检验 A、B 两品种经产母猪产仔数≥13 头与≤12 头两个等级的构成比是否相同。按照产仔数≥13 头与≤12 头两个等级统计经产母猪头数，表 7-16 是一个 2×2 列联表，$df=1$，进行 χ^2 检验须对 χ^2 作连续性矫正，计算 χ_c^2。

表 7-16　A、B 两品种经产母猪产仔数≥13 头与≤12 头两个等级的 2×2 列联表

品种	等级		行合计 $T_{i\cdot}$
	≤12 头	≥13 头	
A	61	6	67
B	38	29	67
列合计 $T_{\cdot j}$	99	35	总合计 $T_{\cdot\cdot}=134$

根据简化公式（7-5）计算 χ_c^2，

$$\chi_c^2 = \frac{\left(\left|61\times29-6\times38\right|-\dfrac{134}{2}\right)^2\times134}{99\times35\times67\times67} = 18.717。$$

根据自由度 $df=1$ 查附表 4-7，得临界 χ^2 值 $\chi_{0.01(1)}^2=6.63$，因为 $\chi_c^2=18.717>\chi_{0.01(1)}^2$，$p<0.01$，表明 A、B 两品种经产母猪的产仔数≤12 头与≥13 头这两个等级的构成比差异极显著。B 品种经产母猪产仔数≥13 头的比率极显著高于 A 品种经产母猪产仔数≥13 头的比率，或者说 B 品种经产母猪产仔数≤12 头的比率极显著低于 A 品种经产母猪产仔数≤12 头的比率。

（三）$r\times c$ 列联表的独立性检验

$r\times c$ 列联表的一般形式列于表 7-17。$r\times c$ 列联表的独立性检验自由度 $df=(r-1)(c-1)$，因为 r、$c\geq3$，$df>1$，所以进行 χ^2 检验不须对 χ^2 作连续性矫正。

表 7-17　$r\times c$ 列联表的一般形式

	1	2	...	c	行合计 $T_{i\cdot}$
1	A_{11}	A_{12}	...	A_{1c}	$T_{1\cdot}$
2	A_{21}	A_{22}	...	A_{2c}	$T_{2\cdot}$
⋮	⋮	⋮	⋮	⋮	⋮
r	A_{r1}	A_{r2}	...	A_{rc}	$T_{r\cdot}$
列合计 $T_{\cdot j}$	$T_{\cdot 1}$	$T_{\cdot 2}$	...	$T_{\cdot c}$	总合计 $T_{\cdot\cdot}$

在表 7-17 中，A_{ij}（$i=1,2,\cdots,r$；$j=1,2,\cdots,c$）为实际观察次数。

进行 $r\times c$ 列联表的独立性检验，若计算所得到的各个理论次数有小于 5 者，须将理论次数小于 5 的属性类别或等级与相邻属性类别或等级合并，使合并属性类别或等级后的各个理论次数大于 5。对于合并属性类别或等级后的列联表，可根据简化公式（7-8）计算 χ^2。

$$\chi^2 = T_{\cdot\cdot}\left(\sum_{i=1}^{r}\sum_{j=1}^{c}\frac{A_{ij}^2}{T_{i\cdot}T_{\cdot j}}-1\right) \tag{7-8}$$

【例 7.10】 将 117 头乳牛随机分为 3 组，每组 39 头，分别饲喂 3 种不同饲料，观察记载各组 39 头乳牛每头乳牛的发病次数。以乳牛发病次数 0，1，2，…，9 作为乳牛发病的 10 个等级，乳牛发病 10 个等级与饲喂 3 种饲料的 10×3 列联表列于表 7-18。检验乳牛发病等级的构成比与所饲喂的饲料种类是否有关。

表 7 - 18　乳牛发病 10 个等级与饲喂 3 种饲料的 10×3 列联表

乳牛发病等级	饲 料 种 类			行合计 $T_{i.}$
（次数）	1	2	3	
0	19(17.3)	16(17.3)	17(17.3)	52
1	1(0.3)	0(0.3)	0(0.3)	1
2	0(1.3)	3(1.3)	1(1.3)	4
3	7(5.7)	9(5.7)	1(5.7)	17
4	3(4.7)	5(4.7)	6(4.7)	14
5	4(3.3)	1(3.3)	5(3.3)	10
6	2(2.0)	1(2.0)	3(2.0)	6
7	0(1.3)	2(1.3)	2(1.3)	4
8	1(2.3)	2(2.3)	4(2.3)	7
9	2(0.7)	0(0.7)	0(0.7)	2
列合计 $T_{.j}$	39	39	39	总合计 $T_{..}=117$

在列联表 7 - 18 中，乳牛发病的各个等级为横标目，因素（饲料种类）的各个水平为纵标目，行数为乳牛发病的等级数 10，列数为因素（饲料种类）的水平数 3。表 7 - 18 是一个 10×3 列联表，因为 10×3 列联表的独立性检验，$df=(10-1)\times(3-1)=18$，所以不对 χ^2 作连续性矫正，检验步骤如下：

（1）提出无效假设与备择假设。

H_0：乳牛发病 10 个等级的构成比与饲料种类无关，即 3 种饲料乳牛发病 10 个等级的构成比相同；

H_A：乳牛发病 10 个等级的构成比与饲料种类有关，即 3 种饲料乳牛发病 10 个等级的构成比不相同。

（2）计算理论次数。假定 3 种饲料乳牛发病 10 个等级的构成比相同，计算各个等级的理论次数：$T_{11}=52\times39/117=17.3$，$T_{12}=52\times39/117=17.3$，……，$T_{10,3}=2\times39/117=0.7$。表 7 - 18 中括号内的数据为各个等级的实际观察次数对应的理论次数。对于理论次数小于 5 者，须将理论次数小于 5 的等级与相邻等级合并，合并等级后的次数资料列于表 7 - 19。表 7 - 19 中括号内的数据为合并等级后各个等级的实际观察次数对应的理论次数，合并等级后各个等级的理论次数均大于 5。

在列联表 7 - 19 中，行数为合并等级后的等级数 4，列数仍为因素（饲料种类）的水平数 3。表 7 - 19 是一个 4×3 列联表。

表 7 - 19　表 7 - 18 合并等级后的 4×3 列联表

乳牛发病等级	饲 料 种 类			行合计 $T_{i.}$
（次数）	1	2	3	
0	19(17.3)	16(17.3)	17(17.3)	52
1~3	8(7.3)	12(7.3)	2(7.3)	22
4~5	7(8.0)	6(8.0)	11(8.0)	24
6~9	5(6.3)	5(6.3)	9(6.3)	19
列合计 $T_{.j}$	39	39	39	总合计 $T_{..}=117$

（3）利用合并等级后的 4×3 列联表，根据简化公式（7 - 8）计算 χ^2。

$$\chi^2=117\times\left(\frac{19^2}{39\times52}+\frac{16^2}{39\times52}+\cdots+\frac{9^2}{39\times19}-1\right)=10.61。$$

（4）统计推断。根据自由度 $df=(r-1)(c-1)=(4-1)\times(3-1)=6$ 查附表 4 - 7，得临界 χ^2

值 $\chi^2_{0.05(6)}=12.59$，因为 $\chi^2=10.61<\chi^2_{0.05(6)}$，$p>0.05$，表明乳牛发病 4 个等级的构成比与饲料种类无关，可以认为用此 3 种饲料饲喂乳牛，乳牛发病 4 个等级的构成比相同。

*第四节　方差一致性检验

方差的一致性是方差分析的基本要求之一。在对试验资料进行方差分析之前，应先检验各处理的误差方差是否具有一致性。χ^2 检验可以用来进行次数资料的适合性检验、独立性检验和资料分布类型的适合性检验，还可以用来检验方差的一致性（test for homogeneity of variances）。下面介绍由 Bartlett 于 1937 年提出的用于方差一致性检验的 Bartlett 法。Bartlett 法须先计算校正的 χ^2，校正的 χ^2 记为 χ^2_c，χ^2_c 计算公式为

$$\chi^2_c = \frac{2.302\,6}{C}(df_e \lg \bar{s}^2 - \sum_{i=1}^k df_i \lg s_i^2), \qquad (7-9)$$

$$C = 1 + \frac{1}{3(k-1)}\Big(\sum_{i=1}^k \frac{1}{df_i} - \frac{1}{df_e}\Big)。 \qquad (7-10)$$

其中，df_e 为误差自由度，$df_e = N - k = \sum\limits_{i=1}^k df_i$；$df_i$ 为第 i 个处理的误差自由度，$df_i = n_i - 1$；$N = \sum\limits_{i=1}^k n_i$ 为资料中观测值总个数；n_i 为第 i 个处理的重复数；k 为处理数；$\bar{s}^2$ 为处理误差均方 s_i^2 以 df_i 为权的加权平均数，$\bar{s}^2 = \sum\limits_{i=1}^k df_i s_i^2 / \sum\limits_{i=1}^k df_i$；$s_i^2$ 为第 i 个处理的误差均方，$s_i^2 = \sum\limits_{j=1}^{n_i}(x_{ij} - \bar{x}_{i.})^2 / (n_i - 1)$；$\chi^2_c$ 服从自由度为 $k-1$ 的 χ^2 分布。

若 k 个处理的重复数相等均为 n，式（7-9）可简化为

$$\chi^2_c = \frac{2.302\,6\,k(n-1)}{C}(\lg \bar{s}^2 - \frac{1}{k}\sum_{i=1}^k \lg s_i^2), \qquad (7-11)$$

其中

$$\bar{s}^2 = \frac{1}{k}\sum_{i=1}^k s_i^2, \quad C = \frac{k+1}{3k(n-1)} + 1。 \qquad (7-12)$$

χ^2_c 的自由度仍为 $k-1$。

【例 7.11】　某试验有 3 个处理，重复数为 8，7，6，3 个处理误差均方为 6.290，1.583，0.684。检验 3 个处理误差方差是否具有一致性。

用 Bartlett 法检验方差的一致性步骤如下：

（1）提出无效假设与备择假设。

H_0：$\sigma_1^2 = \sigma_2^2 = \sigma_3^2$，即 3 个处理误差方差具有一致性；

H_A：σ_1^2、σ_2^2、σ_3^2 不全相同，即 3 个处理误差方差不具有一致性。

（2）计算 χ^2_c。χ^2_c 的计算列于表 7-20。

表 7-20　χ^2_c 计算表

处理	s_i^2	$df_i = n_i - 1$	$df_i s_i^2$	$\lg s_i^2$	$df_i \lg s_i^2$
1	6.290	7	44.030	0.798 7	5.590 9
2	1.583	6	9.498	0.199 5	1.197 0
3	0.684	5	3.420	−0.164 9	−0.824 5
合计		18	56.948		5.963 4

根据式（7-12）计算 $\bar{s}^2$，计算 $\lg\bar{s}^2$；根据式（7-10）计算 C，

$$\bar{s}^2 = \frac{\sum_{i=1}^{k} df_i s_i^2}{\sum_{i=1}^{k} df_i} = \frac{56.948}{18} = 3.163\,8,\ \lg\bar{s}^2 = 0.500\,2,$$

$$C = 1 + \frac{1}{3(k-1)}\left(\sum_{i=1}^{k}\frac{1}{df_i} - \frac{1}{df_e}\right) = 1 + \frac{1}{3\times(3-1)}\times\left(\frac{1}{7} + \frac{1}{6} + \frac{1}{5} - \frac{1}{18}\right) = 1.075\,7。$$

根据式（7-9）计算 χ_c^2，

$$\chi_c^2 = \frac{2.302\,6}{1.075\,7}\times(18\times0.500\,2 - 5.963\,4) = 6.507\,7。$$

（3）统计推断。根据自由度 $df = k-1 = 3-1 = 2$ 查附表 4-7，得临界 χ^2 值 $\chi_{0.05(2)}^2 = 5.99$，$\chi_{0.01(2)}^2 = 9.21$，因为 $\chi_{0.05(2)}^2 < \chi_c^2 = 6.5077 < \chi_{0.01(2)}^2$，$0.01 < p < 0.05$，表明 3 个处理误差方差差异显著，即 3 个处理误差方差不具有一致性。

习 题

1. χ^2 检验与 t 检验、F 检验有何区别？

2. 什么是适合性检验？什么是独立性检验？它们有何区别？

3. 在什么情况下进行 χ^2 检验须对 χ^2 作连续性矫正？如何矫正？在什么情况下须先将相邻属性类别或等级合并后进行 χ^2 检验？

4. 两对相对性状在 F_2 的 4 种表现型 $A\_\_B\_\_$，$A\_\_bb$，$aaB\_\_$，$aabb$ 的实际观察次数依次为 315，108，101，32。检验两对相对性状在 F_2 的 4 种表现型 $A\_\_B\_\_$，$A\_\_bb$，$aaB\_\_$，$aabb$ 的分离是否符合 9∶3∶3∶1 的理论比例。

5. 某猪场 102 头仔猪中，公猪 54 头，母猪 48 头。检验该猪场仔猪中公猪、母猪的比例是否符合家畜性别 1∶1 的理论比例。

6. 某生物药品厂研制出一批新的鸡瘟疫苗，为检验其免疫力，用 200 只鸡进行试验，以旧疫苗为对照。在新疫苗注射的 100 只鸡中患病的 10 只，不患病的 90 只；对照组的 100 只鸡中患病的 15 只，不患病的 85 只。检验新旧疫苗的免疫力是否相同。

7. 将牛的肉用性能外形划分为优、良、中、下 4 个等级，调查 3 个保种基地某品种牛的肉用性能外形，调查结果列于下表。检验 3 个保种基地该品种牛的肉用性能外形 4 个等级构成比是否相同。

3 个保种基地某品种牛的肉用性能外形 4 个等级调查结果（头）

保种基地	等级			
	优	良	中	下
甲	10	10	60	10
乙	10	5	20	10
丙	5	5	23	6

8. 某防疫站对屠宰场及食品零售点的猪肉沙门杆菌带菌情况进行检测，检测结果列于下表。检验屠宰场与零售点猪肉沙门杆菌带菌率有无差异。

屠宰场及食品零售点猪肉沙门杆菌带菌情况检测结果（头）

检测地点	属性类别	
	带菌	不带菌
屠宰场	8	32
零售点	14	16

9. 甲、乙、丙3个乳牛场高产、低产乳牛头数统计列于下表。检验3个乳牛场高产、低产乳牛的构成比是否相同。

3个乳牛场高产、低产乳牛头数统计（头）

乳牛场	等级	
	高产	低产
甲	32	18
乙	28	26
丙	38	10

10. 为了比较4种配合饲料对鱼的饲喂效果，选取了条件基本相同的鱼20尾，随机分成4组，每组投喂不同饲料1个月，各组鱼的增重列于下表。检验4个处理误差方差是否具有一致性。

饲喂不同饲料1个月的鱼的增重（×10 g）

饲料	增 重 x_{ij}				
A_1	31.0	29.9	31.8	28.4	30.9
A_2	24.8	25.7	26.8	27.9	26.2
A_3	22.1	23.6	26.3	24.9	25.8
A_4	36.0	35.8	34.0	32.5	33.5

第八章

直线回归分析与相关分析

　　第五章、第六章、第七章所介绍的统计分析方法都只涉及一个变量，例如产仔数、增重、体温、存活天数、子宫重量、蛋白质消化率、断奶重等。但变量之间常常是相互影响、彼此相关的，例如黄牛的体重与体长有关，仔猪断奶重与初生重有关，猪瘦肉量与眼肌面积、胴体长、背膘厚有关等等，因此进行动物科学试验研究，常常要研究两个或两个以上变量的关系。

　　变量的关系分为两类。一类是变量存在着完全确定性的关系，可以用精确的数学表达式表示，例如，长方形的面积 S 与长 a 和宽 b 的关系可以表示为 $S=ab$。它们的关系是确定性的，只要知道其中两个变量的数值就可以精确地计算出另一个变量的数值。这类变量的关系称为函数关系。另一类是变量不存在完全的确定性关系，不能用精确的数学表达式来表示，例如，黄牛的体重与体长的关系，仔猪断奶重与初生重的关系，猪瘦肉量与眼肌面积、胴体长、背膘厚的关系等。这些变量都存在着十分密切的关系，但由于随机误差的影响，不能由一个或几个变量的数值精确地求出另一个变量的数值。这类变量的关系称为相关关系。存在相关关系的变量称为相关变量。相关变量的关系分为两种。一种是因果关系，即一个变量受另一个或几个变量的影响，例如，仔猪断奶重受初生重的影响，初生重是原因，断奶重是结果；猪瘦肉量受眼肌面积、胴体长、背膘厚的影响，眼肌面积、胴体长、背膘厚是原因，瘦肉量是结果，它们的关系是因果关系。另一种是平行关系，即互为因果，共同受到另外的因素的影响，例如，黄牛的胸围与体长互为因果，共同受到另外的因素，例如饲料种类、环境条件等的影响，它们的关系是平行关系。

　　统计学用回归分析（regression analysis）研究呈因果关系的相关变量的关系。表示原因的变量称为自变量，表示结果的变量称为依变量。研究"一因一果"，即研究一个自变量与一个依变量的回归分析称为一元回归分析；研究"多因一果"，即研究多个自变量与一个依变量的回归分析称为多元回归分析。一元回归分析分为直线回归分析与曲线回归分析两种；多元回归分析分为多元线性回归分析与多元非线性回归分析两种。回归分析的任务是揭示出呈因果关系的相关变量的联系形式，建立它们的回归方程，利用所建立的回归方程，由自变量（原因）来预测、控制依变量（结果）。

　　统计学用相关分析（correlation analysis）研究呈平行关系的相关变量的关系。对两个相关变量的直线关系进行相关分析称为直线相关分析，也称为简单相关分析；对多个相关变量进行相关分析，研究一个变量与多个变量的线性相关称为复相关分析；研究其余变量保持不变的条件下两个变量的直线相关称为偏相关分析。进行相关分析，变量不区分自变量和依变量。相关分析只能研究两个变量直线相关的程度和性质或一个变量与多个变量之间线性相关的程度，不能用一个或多个变量去预测、控制另一个变量，这是回归分析与相关分析的主要区别。但是二者也不能截然分开，因为由回归分析可以获得相关分析的一些重要信息，由相关分析也可以获得回归分析的一些重要信息。本章先介绍直线回归分析与相关分析，然后介绍曲线回归分析。

第一节　直线回归分析

一、直线回归方程的建立

对于两个相关变量 x 与 y，通过试验或调查获得 n 对实际观测值：$(x_1，y_1)$，$(x_2，y_2)$，…，$(x_n，y_n)$。为了呈现相关变量 x 与 y 相关的程度与性质，可将 n 对实际观测值在 x、y 直角坐标平面上描点，作出散点图（scatter diagram），$(x_i，y_i)$ 的散点图作于图 8 - 1。

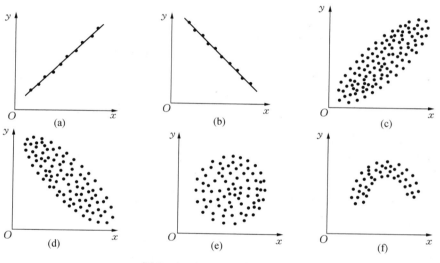

图 8 - 1　$(x_i，y_i)$ 的散点图

从图 8 - 1 可以看出：①两个变量关系的类型。图（a）、（b）表明变量 x 与 y 是完全直线关系，这种情况在生物界不多见；图（c）、（d）表明变量 x 与 y 是直线相关关系，这种情况在生物界较常见；图（f）表明变量 x 与 y 是曲线关系，这种情况在生物界也较常见；图（e）表明变量 x 与 y 无关。②呈直线相关关系的两个相关变量 x 与 y 直线相关的程度（是相关密切还是不密切）与性质（是正相关还是负相关），图（c）表明相关变量 x 与 y 呈较为密切的正直线相关；图（d）表明相关变量 x 与 y 呈较为密切的负直线相关。③是否有异常观测值。

散点图直观地、定性地表示出两个相关变量的关系。为了探讨相关变量关系的特性，还必须根据实际观测值将相关变量的内在关系定量地表达出来。

若两个相关变量 x 与 y 的关系是直线关系，x 为自变量（independent varible），y 为依变量（dependent varible），根据 n 对实际观测值所描出的散点图如图 8 - 1(c)、（d）所示，y_i 可由 x_i 表示为

$$y_i＝\alpha＋\beta x_i＋\varepsilon_i \quad (i=1，2，…，n)。 \qquad (8-1)$$

其中，自变量 x 为可以观测的一般变量或为可以观测的随机变量；依变量 y 为可以观测的随机变量，随自变量 x 而变，受试验误差影响；α 为总体回归截距（intercept），β 为总体回归系数（regression coeficient），ε_i 为相互独立、且都服从 $N(0，\sigma^2)$ 的随机变量。

式（8 - 1）就是直线回归的数学模型。可以根据实际观测值对 α、β 以及方差 σ^2 作出估计。

在 x、y 直角坐标平面上可以作出无数条直线，回归直线是指所有直线中最接近散点图中全部散点的直线。设直线回归方程（linear regression equation）为

$$\hat{y}=a+bx。 \tag{8-2}$$

其中，a 为样本回归截距、b 为样本回归系数，是利用最小二乘法（least squares method）求出的总体回归截距 α、总体回归系数 β 的最小二乘估计值，也是无偏估计值。样本回归截距 a 是回归直线与 y 轴交点的纵坐标，当 $x=0$ 时，$\hat{y}=a$。若自变量 $x=0$ 在研究范围内，a 是依变量 y 的起始值。样本回归系数 b 是回归直线的斜率，表示自变量 x 改变一个单位，依变量 y 平均改变的数量。b 的绝对值大小反映自变量 x 影响依变量 y 的大小；b 的正、负反映自变量 x 影响依变量 y 的性质：$b>0$ 表示依变量 y 与自变量 x 同向增减，$b<0$ 表示依变量 y 与自变量 x 异向增减。$\hat{y}$ 为回归估计值（regression estimate），是当自变量 x 在其研究范围内取某一数值时，依变量 y 总体平均数（$\alpha+\beta x$）的估计值。

下面利用最小二乘法推导出 a、b 的计算公式。所谓最小二乘法就是使偏差平方和最小求总体参数估计值的方法。也就是说，a、b 应使实际观测值 y_i 与回归估计值 $\hat{y}_i$ 的偏差平方和 $Q=\sum(y-\hat{y})^2=\sum(y-a-bx)^2$ 最小。Q 为关于 a、b 的二元函数，根据微积分学中二元函数求极值点的方法，令 Q 对 a、b 的一阶偏导数等于 0，即

$$\frac{\partial Q}{\partial a}=-2\sum(y-a-bx)=0,$$

$$\frac{\partial Q}{\partial b}=-2\sum(y-a-bx)x=0。$$

整理后得到关于 a、b 的二元一次联立方程组，称为 a、b 的正规方程组

$$\begin{cases} an+b\sum x=\sum y, \\ a\sum x+b\sum x^2=\sum xy, \end{cases}$$

解 a、b 的正规方程组，得

$$b=\frac{\sum xy-\frac{1}{n}(\sum x)(\sum y)}{\sum x^2-\frac{1}{n}(\sum x)^2}=\frac{\sum(x-\bar{x})(y-\bar{y})}{\sum(x-\bar{x})^2}=\frac{SP_{xy}}{SS_x}, \tag{8-3}$$

$$a=\bar{y}-b\bar{x}。 \tag{8-4}$$

式(8-3)中，分子是自变量 x 的离均差与依变量 y 的离均差的乘积和 $\sum(x-\bar{x})(y-\bar{y})$，简称为乘积和，记为 SP_{xy}；分母是自变量 x 的离均差平方和 $\sum(x-\bar{x})^2$，简称为平方和，记为 SS_x。

若将式（8-4）代入式（8-2），得到中心化形式的直线回归方程

$$\hat{y}=\bar{y}+b(x-\bar{x})。 \tag{8-5}$$

【例8.1】 四川白鹅的雏鹅重（g）与 70 日龄重（g）的 12 对实际观测值列于表 8-1。建立四川白鹅 70 日龄重 y 与雏鹅重 x 的直线回归方程。

表 8-1 四川白鹅的雏鹅重与 70 日龄重 12 对实际观测值（g）

雏鹅重 x	80	86	98	90	120	102	95	83	113	105	110	100
70 日龄重 y	2 350	2 400	2 720	2 500	3 150	2 680	2 630	2 400	3 080	2 920	2 960	2 860

（1）作散点图。以雏鹅重 x 为横坐标，70 日龄重 y 为纵坐标，根据 12 对实际观测值作散点图，见图 8-2。由图 8-2 可以初步判断四川白鹅的 70 日龄重与雏鹅重之间的关系是直线关系，70 日龄重随雏鹅重的增大而增大。

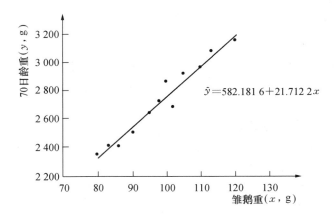

图 8-2　四川白鹅的雏鹅重与 70 日龄重散点图和回归直线图

（2）计算回归截距 a，回归系数 b，建立直线回归方程。

根据列于表 8-1 的 12 对实际观测值计算出下列数据，

$$\bar{x} = \frac{\sum x}{n} = \frac{1\,182}{12} = 98.50 , \quad \bar{y} = \frac{\sum y}{n} = \frac{32\,650}{12} = 2\,720.833\,3 ,$$

$$SS_x = \sum x^2 - \frac{1}{n}\left(\sum x\right)^2 = 118\,112 - \frac{1\,182^2}{12} = 1\,685.00 ,$$

$$SP_{xy} = \sum xy - \frac{1}{n}\left(\sum x\right)\left(\sum y\right) = 3\,252\,610 - \frac{1\,182 \times 32\,650}{12} = 36\,585.00 ,$$

$$SS_y = \sum y^2 - \frac{1}{n}\left(\sum y\right)^2 = 89\,666\,700 - \frac{32\,650^2}{12} = 831\,491.666\,7 ,$$

根据式（8-3）、式（8-4）计算 b、a，

$$b = \frac{SP_{xy}}{SS_x} = \frac{36\,585.00}{1\,685.00} = 21.712\,2 ,$$

$$a = \bar{y} - b\bar{x} = 2\,720.833\,3 - 21.712\,2 \times 98.50 = 582.181\,6 。$$

于是，四川白鹅 70 日龄重 y 对雏鹅重 x 的直线回归方程为

$$\hat{y} = 582.181\,6 + 21.712\,2x 。$$

根据直线回归方程在直角坐标平面上作回归直线，见图 8-2。从图 8-2 看出，并不是所有的散点都恰好在回归直线上，这说明 $\hat{y}_i$ 与 y_i 是有偏差的。由于是利用最小二乘法求 α 的估计值 a、β 的估计值 b，使得回归估计值 $\hat{y}_i$ 与实际观测值 y_i 的偏差平方和最小，也就是说回归直线是直角坐标平面上所有直线中最接近散点图中全部散点的直线。

（3）直线回归的偏离度估计。以上根据使偏差平方和 $\sum (y - \hat{y})^2$ 最小建立了直线回归方程。偏差平方和 $\sum (y - \hat{y})^2$ 的大小表示回归直线与实测点偏离程度的大小，因而偏差平方和又称为离回归平方和。在直线回归分析中，离回归平方和的自由度为 $n-2$。于是可求得离回归均方为 $\sum (y - \hat{y})^2/(n-2)$。离回归均方是直线回归的数学模型式（8-1）中 σ^2 的估计值。离回归均方的平方根称为离回归标准误，记为 s_{yx}，

$$s_{yx} = \sqrt{\frac{\sum (y - \hat{y})^2}{n-2}} 。 \tag{8-6}$$

离回归标准误 s_{yx} 的大小表示回归直线与实测点偏差程度的大小，即回归估测值 $\hat{y}_i$ 与实际观测

值 y_i 偏差程度的大小，于是用离回归标准误 s_{yx} 来表示回归方程的偏离度。离回归标准误 s_{yx} 大，表示回归方程偏离度大；离回归标准误 s_{yx} 小，表示回归方程偏离度小。

根据式（8-6）计算离回归标准误，需要根据直线回归方程把每一个 x_i 的回归估计值 $\hat{y}_i$ 计算出来，计算麻烦，且累计舍入误差大。以后将证明

$$\sum(y-\hat{y})^2 = SS_y - \frac{SP_{xy}^2}{SS_x} \text{。} \tag{8-7}$$

根据式（8-7）计算 $\sum(y-\hat{y})^2$ 再代入式（8-6）求离回归标准误 s_{yx} 就简便多了。对于例8.1，

$$\sum(y-\hat{y})^2 = SS_y - \frac{SP_{xy}^2}{SS_x} = 831\,491.666\,7 - \frac{36\,585^2}{1\,685} = 37\,152.067\,3 \text{，}$$

于是

$$s_{yx} = \sqrt{\frac{\sum(y-\hat{y})^2}{n-2}} = \sqrt{\frac{37\,152.067\,3}{12-2}} = 60.952\,5(\text{g}) \text{。}$$

利用直线回归方程 $\hat{y}=582.181\,6+21.712\,2x$ 由四川白鹅的雏鹅重估计70日龄重，离回归标准误为60.952 5 g。

二、直线回归的假设检验

若相关变量 x 与 y 不是直线关系，根据 x 与 y 的 n 对实际观测值（x_i，y_i），$i=1$，2，…，n，也可以利用上面介绍的方法建立直线回归方程 $\hat{y}=a+bx$。显然，这样建立的直线回归方程所反映的两个相关变量 x 与 y 的直线关系是不正确的。怎样判断直线回归方程所表示的两个相关变量 x 与 y 直线关系是否正确？这取决于相关变量 x 与 y 是否是直线关系。下面先探讨依变量 y 的变异来源。

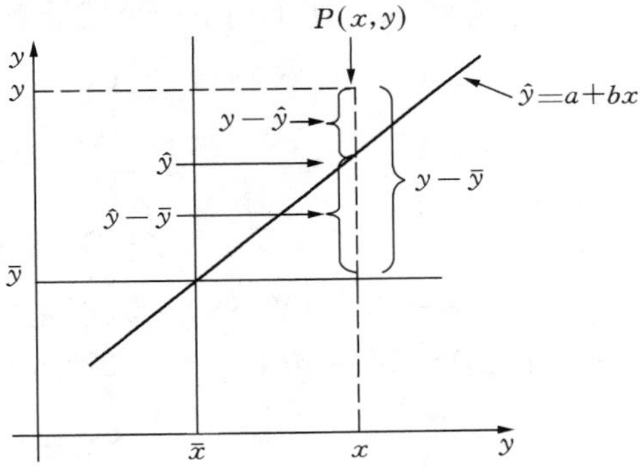

图 8-3 $(y-\bar{y})$ 的分解图

1. 依变量 y 的变异来源（图8-3）

因为　　$(y-\bar{y})=(\hat{y}-\bar{y})+(y-\hat{y})$，

将上式两端平方，求和，

$$\sum(y-\bar{y})^2 = \sum[(\hat{y}-\bar{y})+(y-\hat{y})]^2$$
$$= \sum(\hat{y}-\bar{y})^2 + \sum(y-\hat{y})^2 + 2\sum(\hat{y}-\bar{y})(y-\hat{y}) \text{。}$$

由于 $\hat{y}=a+bx=\bar{y}+b(x-\bar{x})$，所以

$$\hat{y}-\bar{y}=b(x-\bar{x})，$$

于是

$$\sum(\hat{y}-\bar{y})(y-\hat{y}) = \sum b(x-\bar{x})(y-\hat{y})$$
$$= \sum b(x-\bar{x})[(y-\bar{y})-b(x-\bar{x})]$$
$$= \sum b(x-\bar{x})(y-\bar{y}) - \sum b(x-\bar{x})b(x-\bar{x})$$
$$= bSP_{xy} - b^2SS_x$$
$$= \frac{SP_{xy}}{SS_x}SP_{xy} - \left(\frac{SP_{xy}}{SS_x}\right)^2 SS_x = 0 \text{，}$$

所以

$$\sum(y-\bar{y})^2 = \sum(\hat{y}-\bar{y})^2 + \sum(y-\hat{y})^2 \text{。} \tag{8-8}$$

$\sum(y-\bar{y})^2$ 反映 y 的总变异，称为 y 的总平方和，记为 SS_y；$\sum(\hat{y}-\bar{y})^2$ 反映由于 y 与 x 存在

直线关系所引起的 y 的变异，称为回归平方和，记为 SS_R；$\sum(y-\hat{y})^2$ 反映其他原因（包括随机误差）所引起的 y 的变异，称为离回归平方和或剩余平方和，记为 SS_r。式（8-8）可表示为

$$SS_y = SS_R + SS_r。 \tag{8-9}$$

式（8-8）表明 y 的总平方和分解为回归平方和与离回归平方和两部分。与此相对应，y 的总自由度 df_y 也分解为回归自由度 df_R 与离回归自由度 df_r 两部分，即

$$df_y = df_R + df_r。 \tag{8-10}$$

式（8-9）与式（8-10）合称为直线回归的平方和与自由度的分解式。

进行直线回归分析，回归自由度等于自变量的个数 1，$df_R=1$，y 的总自由度 $df_y=n-1$，离回归自由度 $df_r=n-2$。于是，离回归均方 MS_r、回归均方 MS_R 为

$$MS_r = \frac{SS_r}{df_r} = \frac{SS_r}{n-2}, \quad MS_R = \frac{SS_R}{df_R} = SS_R。$$

2. 直线回归关系假设检验——F 检验　直线回归的数学模型式（8-1）表明，x 与 y 不是直线关系，总体回归系数 $\beta=0$；x 与 y 是直线关系，总体回归系数 $\beta\neq0$。所以，对相关变量 x 与 y 是否是直线关系进行假设检验。无效假设 H_0：$\beta=0$，备择假设 H_A：$\beta\neq0$。假设无效假设 H_0：$\beta=0$ 正确，回归均方与离回归均方的比值服从 $df_1=1$、$df_2=n-2$ 的 F 分布，所以可以进行 F 检验推断相关变量 x 与 y 是否是直线关系。F 值的计算公式为

$$F = \frac{MS_R}{MS_r} = \frac{SS_R/df_R}{SS_r/df_r} = \frac{SS_R}{SS_r/(n-2)}, \quad df_1=1, \; df_2=n-2。 \tag{8-11}$$

回归平方和 SS_R 还可用下面公式计算，

$$SS_R = \sum(\hat{y}-\bar{y})^2 = \sum[b(x-\bar{x})]^2$$

$$= b^2\sum(x-\bar{x})^2 = b^2 SS_x = b SP_{xy} \tag{8-12}$$

$$= \frac{SP_{xy}}{SS_x}SP_{xy} = \frac{SP_{xy}^2}{SS_x}。 \tag{8-13}$$

根据式（8-13）计算 SS_R 舍入误差最小，式（8-12）便于推广到多元线性回归分析。根据式（8-9），得到离回归平方和计算公式为

$$SS_r = SS_y - SS_R = SS_y - \frac{SP_{xy}^2}{SS_x}。 \tag{8-14}$$

例8.1已计算根据式（8-13）、式（8-14）计算 SS_R 和 SS_r，

$$SS_R = \frac{SP_{xy}^2}{SS_x} = \frac{36\,585^2}{1\,685} = 794\,339.599\,4，$$

$$SS_r = SS_y - SS_R = 831\,491.666\,7 - 794\,339.599\,4 = 37\,152.067\,3，$$

总自由度 df_y、回归自由度 df_R、离回归自由度 df_r 计算如下

$$df_y = n-1 = 12-1 = 11, \quad df_R = 1, \quad df_r = 12-2 = 10。$$

列出方差分析表（表8-2），进行直线回归关系假设检验。

表8-2　四川白鹅70日龄重与雏鹅重直线回归关系方差分析表

变异来源	平方和 SS	自由度 df	均方 MS	F 值	临界 F 值
回归	794 339.599 4	1	794 339.599 4	213.81**	$F_{0.01(1,10)}=10.04$
离回归	37 152.067 3	10	3 715.206 7		
总变异	831 491.666 7	11			

因为 $F=213.81>F_{0.01(1,10)}$，$p<0.01$，否定 H_0：$\beta=0$，接受 H_A：$\beta\neq0$，表明四川白鹅70日龄重对雏鹅重直线回归系数极显著，即四川白鹅70日龄重与雏鹅重的直线关系极显著。

3. 回归系数假设检验——t 检验 无效假设 H_0：$\beta = 0$，备择假设 H_A：$\beta \neq 0$，与 F 检验相同。t 值的计算公式为

$$t = \frac{b}{s_b}, \quad df = n - 2。 \tag{8-15}$$

其中，s_b 为回归系数标准误，计算公式为

$$s_b = \frac{s_{yx}}{\sqrt{SS_x}}。 \tag{8-16}$$

例 8.1 已计算 $SS_x = 1\,685.00$，$s_{yx} = 60.952\,5$，根据式（8-16）、式（8-15）计算 s_b 和 t。

$$s_b = \frac{s_{yx}}{\sqrt{SS_x}} = \frac{60.952\,5}{\sqrt{1\,685.00}} = 1.484\,9，$$

$$t = \frac{b}{s_b} = \frac{21.712\,2}{1.484\,9} = 14.622。$$

根据自由度 $df = n - 2 = 12 - 2 = 10$ 查附表 4-3，得临界 t 值 $t_{0.01(10)} = 3.169$。因为 $t = 14.662 > t_{0.01(10)}$，$p < 0.01$，否定 H_0：$\beta = 0$，接受 H_A：$\beta \neq 0$，表明四川白鹅 70 日龄重对雏鹅重的回归系数极显著，即四川白鹅 70 日龄重与雏鹅重直线关系极显著。

t 检验的结果与 F 检验的结果相同。进行直线回归假设检验，t 检验与 F 检验是等价的，可任选其一进行直线回归假设检验。

样本回归系数 $b = 21.712\,2$ 的实际意义是：雏鹅重增加 1 g，70 日龄重平均增加 21.712 2 g。由于 $x = 0$ 不在研究范围内，不讨论样本回归截距 $a = 582.181\,6$ 的实际意义。

需要指出的是，依变量 y 与自变量 x 直线关系显著或极显著，样本回归系数才有实际意义，才能利用所建立的直线回归方程进行预测或控制；而且利用所建立的直线回归方程进行预测或控制，一般只适用于原来的研究范围，不能随意把范围扩大。因为在原来的研究范围内两个相关变量是直线关系，这并不能保证在这研究范围之外两个相关变量仍然是直线关系。若需要扩大预测或控制的范围，要有充分的理论依据或进一步的试验依据。也就是说，利用经检验显著或极显著的直线回归方程进行预测或控制，一般只能"内插"，不要轻易"外延"。

*三、直线回归的区间估计

前面已求出总体回归截距 α 的估计值 a、总体回归系数 β 的估计值 b 和当 x 在其研究范围内取某一数值时 y 总体平均数 $(\alpha + \beta x)$ 的估计值 $\hat{y}$。这仅是一种点估计。还可以对总体回归截距 α、总体回归系数 β 以及当 x 在其研究范围内取某一数值时 y 总体平均数 $(\alpha + \beta x)$ 和单个 y 作出区间估计，即求出它们置信度为 95%、99% 的置信区间。

1. 总体回归截距 α 的置信区间 统计学已证明 $(a - \alpha)/s_a$ 服从自由度为 $n - 2$ 的 t 分布，其中，s_a 为样本回归截距标准误，计算公式为

$$s_a = s_{yx}\sqrt{\frac{1}{n} + \frac{\overline{x}^2}{SS_x}}。$$

总体回归截距 α 置信度为 95%、99% 的置信区间为

$$a - t_{0.05(n-2)}s_a \leqslant \alpha \leqslant a + t_{0.05(n-2)}s_a, \tag{8-17}$$

$$a - t_{0.01(n-2)}s_a \leqslant \alpha \leqslant a + t_{0.01(n-2)}s_a。 \tag{8-18}$$

【例 8.2】 对于例 8.1 求总体回归截距 α 置信度为 95% 和 99% 的置信区间。

因为 $a = 582.181\,6$，$s_{yx} = 60.952\,5$，$n = 12$，$\overline{x} = 98.50$，$SS_x = 1\,685.00$，所以

$$s_a = s_{yx}\sqrt{\frac{1}{n} + \frac{\overline{x}^2}{SS_x}} = 60.952\,5 \times \sqrt{\frac{1}{12} + \frac{98.5^2}{1\,685}} = 147.315\,3，$$

而 $t_{0.05(n-2)}=t_{0.05(10)}=2.228$，$t_{0.01(n-2)}=t_{0.01(10)}=3.169$，

于是，总体回归截距 α 置信度为 95％ 和 99％ 的置信区间为

$$582.181\,6-2.228\times147.315\,3\leqslant\alpha\leqslant582.181\,6+2.228\times147.315\,3,$$
$$582.181\,6-3.169\times147.315\,3\leqslant\alpha\leqslant582.181\,6+3.169\times147.315\,3,$$

即 $253.963\,1\leqslant\alpha\leqslant910.400\,1$ 与 $115.339\,4\leqslant\alpha\leqslant1\,049.023\,8$。

也就是说有 95％ 的把握估计总体回归截距 α 介于 253.963 1 g 与 910.400 1 g 之间；有 99％ 的把握估计总体回归截距 α 介于 115.339 4 g 与 1 049.023 8 g 之间。

2. 总体回归系数 β 的置信区间　统计学已证明 $(b-\beta)/s_b$ 服从自由度为 $n-2$ 的 t 公布，其中，s_b 为样本回归系数标准误，根据式（8-16）计算。总体回归系数 β 置信度为 95％、99％ 的置信区间为

$$b-t_{0.05(n-2)}s_b\leqslant\beta\leqslant b+t_{0.05(n-2)}s_b, \tag{8-19}$$
$$b-t_{0.01(n-2)}s_b\leqslant\beta\leqslant b+t_{0.01(n-2)}s_b。 \tag{8-20}$$

【例 8.3】　对于例 8.1，求总体回归系数 β 置信度为 95％ 和 99％ 的置信区间。

因为 $b=21.712\,2$，$s_{yx}=60.952\,5$，$SS_x=1\,685.00$，所以

$$s_b=\frac{s_{yx}}{\sqrt{SS_x}}=\frac{60.952\,5}{\sqrt{1\,685}}=1.484\,9。$$

而 $t_{0.05(n-2)}=t_{0.05(10)}=2.228$，$t_{0.01(n-2)}=t_{0.01(10)}=3.169$，

于是，总体回归系数 β 置信度为 95％ 和 99％ 的置信区间为

$$21.712\,2-2.228\times1.484\,9\leqslant\beta\leqslant21.712\,2+2.228\times1.484\,9,$$
$$21.712\,2-3.169\times1.484\,9\leqslant\beta\leqslant21.712\,2+3.169\times1.484\,9,$$

即 $18.403\,8\leqslant\beta\leqslant25.020\,6$ 与 $17.006\,6\leqslant\beta\leqslant26.417\,8$。

也就是说有 95％ 的把握估计 70 日龄重对雏鹅重的总体回归系数 β 介于 18.403 8 与 25.020 6 之间，即雏鹅重增加 1 g，有 95％ 的把握估计 70 日龄重平均增加 18.403 8～25.020 6 g；有 99％ 的把握估计 70 日龄重对雏鹅重的总体回归系数 β 介于 17.006 6 与 26.417 8 之间，即雏鹅重增加 1 g，有 99％ 的把握估计 70 日龄重平均增加 17.006 6～26.417 8 g。

3. 当 x 在其研究范围内取某一数值时 y 总体平均数 $\alpha+\beta x$ 的置信区间　统计学已证明 $[\hat{y}-(\alpha+\beta x)]/s_{\hat{y}}$ 服从自由度为 $n-2$ 的 t 分布。其中，$s_{\hat{y}}$ 为回归估计值标准误，计算公式为

$$s_{\hat{y}}=s_{yx}\sqrt{\frac{1}{n}+\frac{(x-\bar{x})^2}{SS_x}}。 \tag{8-21}$$

x 在其研究范围内取某一数值，y 总体平均数 $\alpha+\beta x$ 置信度为 95％、99％ 的置信区间为

$$\hat{y}-t_{0.05(n-2)}s_{\hat{y}}\leqslant\alpha+\beta x\leqslant\hat{y}+t_{0.05(n-2)}s_{\hat{y}}, \tag{8-22}$$
$$\hat{y}-t_{0.01(n-2)}s_{\hat{y}}\leqslant\alpha+\beta x\leqslant\hat{y}+t_{0.01(n-2)}s_{\hat{y}}。 \tag{8-23}$$

【例 8.4】　对于例 8.1，求当 $x=98$ 时，y 总体平均数 $\alpha+\beta x$ 置信度为 95％ 和 99％ 的置信区间。

因为当 $x=98$ 时，$\hat{y}=582.181\,6+21.712\,2\times98=2\,709.977\,2$，$s_{yx}=60.952\,5$，$\bar{x}=98.50$，$SS_x=1\,685.00$，所以

$$s_{\hat{y}}=s_{yx}\sqrt{\frac{1}{n}+\frac{(x-\bar{x})^2}{SS_x}}=60.952\,5\times\sqrt{\frac{1}{12}+\frac{(98-98.5)^2}{1\,685}}=17.611\,1。$$

而 $t_{0.05(n-2)}=t_{0.05(10)}=2.228$，$t_{0.01(n-2)}=t_{0.01(10)}=3.169$，

于是，当 $x=98$ 时，y 总体平均数 $\alpha+\beta x$ 置信度为 95％ 和 99％ 的置信区间为

$$2\,709.977\,2-2.228\times17.611\,1\leqslant\alpha+\beta x\leqslant2\,709.977\,2+2.228\times17.611\,1,$$
$$2\,709.977\,2-3.169\times17.611\,1\leqslant\alpha+\beta x\leqslant2\,709.977\,2+3.169\times17.611\,1,$$

即　　　　$2\,670.739\,7 \leqslant \alpha + \beta x \leqslant 2\,749.214\,7$ 与 $2\,654.167\,6 \leqslant \alpha + \beta x \leqslant 276\,5.786\,8$。

也就是说若雏鹅重为 98 g，有 95% 的把握估计平均 70 日龄重介于 $2\,670.739\,7$ g 与 $2\,749.214\,7$ g之间；有 99% 的把握估计平均 70 日龄重介于 $2\,654.167\,6$ g 与 $2\,765.786\,8$ g之间。

4. 当 x 在其研究范围内取某一数值时单个 y 的置信区间　统计学已证明，$(\hat{y} - y)/s_y$ 服从自由度为 $n-2$ 的 t 分布，其中，s_y 为单个 y 的标准误，计算公式为

$$s_y = s_{yx}\sqrt{1 + \frac{1}{n} + \frac{(x-\bar{x})^2}{SS_x}}。 \tag{8-24}$$

x 在其研究范围内取某一数值时单个 y 置信度为 95% 和 99% 的置信区间为

$$\hat{y} - t_{0.05(n-2)}s_y \leqslant y \leqslant \hat{y} + t_{0.05(n-2)}s_y, \tag{8-25}$$

$$\hat{y} - t_{0.01(n-2)}s_y \leqslant y \leqslant \hat{y} + t_{0.01(n-2)}s_y。 \tag{8-26}$$

【例 8.5】　对于例 8.1，求当 $x=98$ 时单个 y 置信度为 95% 和 99% 的置信区间。

因为当 $x=98$ 时，$\hat{y}=2\,709.977\,2$，$s_{yx}=60.952\,5$，$\bar{x}=98.50$，$SS_x = 1\,685.00$，所以

$$s_y = s_{yx}\sqrt{1 + \frac{1}{n} + \frac{(x-\bar{x})^2}{SS_x}} = 60.952\,5 \times \sqrt{1 + \frac{1}{12} + \frac{(98-98.5)^2}{1\,685}} = 63.445\,7,$$

而　　　　$t_{0.05(n-2)}=t_{0.05(10)}=2.228$，$t_{0.01(n-2)}=t_{0.01(10)}=3.169$，

于是，当 $x=98$ 时，单个 y 置信度为 95% 和 99% 的置信区间为

$$2\,709.977\,2 - 2.228 \times 63.445\,7 \leqslant y \leqslant 2\,709.977\,2 + 2.228 \times 63.445\,7,$$

$$2\,709.977\,2 - 3.169 \times 63.445\,7 \leqslant y \leqslant 2\,709.977\,2 + 3.169 \times 63.445\,7,$$

即　　　　$2\,568.620\,2 \leqslant y \leqslant 2\,851.334\,2$ 与 $2\,508.917\,8 \leqslant y \leqslant 2\,911.036\,6$。

也就是说若雏鹅重为 98 g，有 95% 的把握估计 70 日龄重介于 $2\,568.620\,2$ g 与 $2\,851.334\,2$ g之间，有 99% 的把握估计 70 日龄重介于 $2\,508.917\,8$ g 与 $2\,911.036\,6$ g之间。

从计算 $s_{\hat{y}}$ 的式（8-21）和计算 s_y 的式（8-24）看出，$s_{\hat{y}}$ 和 s_y 随 $(x-\bar{x})$ 的绝对值增大而增大，随 n 和 SS_x 的增大而减小。表明 x 愈靠近 $\bar{x}$，n 愈大，自变量 x 的取值范围愈大，对 y 总体平均数 $\alpha + \beta x$ 和单个 y 的区间估计就愈精确。

第二节　直线相关分析

直线相关分析的基本任务是根据两个相关变量 x 与 y 的 n 对实际观测值，计算表示两个相关变量 x 与 y 直线相关程度和性质的统计数——相关系数 r 并进行假设检验。

一、决定系数与相关系数

上一节已经证明了等式 $\sum(y-\bar{y})^2 = \sum(\hat{y}-\bar{y})^2 + \sum(y-\hat{y})^2$。从这个等式表明依变量 y 与自变量 x 直线关系程度的大小取决于回归平方和 $\sum(\hat{y}-\bar{y})^2$ 与离回归平方和 $\sum(y-\hat{y})^2$ 的大小，或者说取决于回归平方和 $\sum(\hat{y}-\bar{y})^2$ 与 y 的总平方和 $\sum(y-\bar{y})^2$ 比值的大小。这个比值大，依变量 y 与自变量 x 直线关系程度就大；这个比值小，依变量 y 与自变量 x 直线关系程度就小。比值 $\sum(\hat{y}-\bar{y})^2 / \sum(y-\bar{y})^2$ 称为**决定系数**（coefficient of determination），记为 r^2，即

$$r^2 = \frac{\sum(\hat{y}-\bar{y})^2}{\sum(y-\bar{y})^2}。 \tag{8-27}$$

决定系数 r^2 的大小表示回归方程估测可靠程度的高低，或者说表示回归直线拟合度的高低。决定系数 r^2 介于 0 与 1 之间，即 $0 \leqslant r^2 \leqslant 1$。通常给出依变量 y 与自变量 x 的直线回归方程，也给出决定系数 r^2。因为

$$r^2 = \frac{\sum (\hat{y} - \bar{y})^2}{\sum (y - \bar{y})^2} = \frac{SP_{xy}^2}{SS_x SS_y} = \frac{SP_{xy}}{SS_x} \frac{SP_{xy}}{SS_y} = b_{yx} b_{xy} \text{。}$$

以 x 为自变量、y 为依变量的回归系数 $b_{yx} = SP_{xy}/SS_x$；以 y 为自变量、x 为依变量的回归系数 $b_{xy} = SP_{xy}/SS_y$，所以决定系数 r^2 等于变量 y 对变量 x 的回归系数 b_{yx} 与变量 x 对变量 y 的回归系数 b_{xy} 的乘积。这就是说，决定系数 r^2 还表示 x 为自变量、y 为依变量和 y 为自变量、x 为依变量即互为因果关系的两个相关变量 x 与 y 直线相关的程度。但决定系数 r^2 介于 0 与 1 之间，不能表示相关变量 x 与 y 直线相关的性质——是正相关即同向增减或是负相关即异向增减。

若求决定系数 r^2 的平方根，且取平方根的正、负号与乘积和 SP_{xy} 一致，即与 b_{xy}、b_{yx} 一致，这样求出的决定系数 r^2 的平方根既能表示相关变量 y 与 x 直线相关的程度，也能表示相关变量 y 与 x 直线相关的性质。正、负号与乘积和 SP_{xy} 一致的决定系数 r^2 的平方根称为相关变量 x 与 y 的**相关系数**（coefficient of correlation），记为 r，即

$$r = \frac{SP_{xy}}{\sqrt{SS_x SS_y}} = \frac{\sum xy - \frac{1}{n} (\sum x)(\sum y)}{\sqrt{\left[\sum x^2 - \frac{1}{n} (\sum x)^2 \right]\left[\sum y^2 - \frac{1}{n} (\sum y)^2 \right]}} \text{。} \qquad (8-28)$$

相关变量 x 与 y 的相关系数 r 介于 -1 与 1 之间，即 $-1 \leqslant r \leqslant 1$。

二、相关系数的计算

【例 8.6】 10 只绵羊的胸围（cm）与体重（kg）的观测值列于表 8-3。计算绵羊的胸围与体重的相关系数。

表 8-3 10 只绵羊的胸围与体重

胸围 x(cm)	68	70	70	71	71	71	73	74	76	76
体重 y(kg)	50	60	68	65	69	72	71	73	75	77

根据列于表 8-3 的观测值计算 SS_x，SS_y，SP_{xy}

$$SS_x = \sum x^2 - \frac{1}{n} \left(\sum x \right)^2 = 51\,904 - \frac{1}{10} \times 720^2 = 64 \text{，}$$

$$SS_y = \sum y^2 - \frac{1}{n} \left(\sum y \right)^2 = 46\,818 - \frac{1}{10} \times 680^2 = 578 \text{，}$$

$$SP_{xy} = \sum xy - \frac{1}{n} \left(\sum x \right)\left(\sum y \right) = 49\,123 - \frac{1}{10} \times 720 \times 680 = 163 \text{，}$$

将 $SS_x = 64$，$SS_y = 578$，$SP_{xy} = 163$ 代入式（8-28）计算相关系数 r

$$r = \frac{SP_{xy}}{\sqrt{SS_x SS_y}} = \frac{163}{\sqrt{64 \times 578}} = 0.847\,5 \text{，}$$

即绵羊的胸围与体重的相关系数 $r = 0.847\,5$。

三、相关系数的假设检验

利用两个相关变量 x 与 y 的 n 对实际观测值 (x_1, y_1)，(x_2, y_2)，…，(x_n, y_n) 计算的相关

变量 x 与 y 的相关系数 r 是样本相关系数，它是双变量正态总体的总体相关系数 ρ 的估计值。样本相关系数 r 是否来自 $\rho \neq 0$ 的总体，还须对相关系数进行假设检验，无效假设与备择假设为 H_0：$\rho = 0$，H_A：$\rho \neq 0$。

相关系数的假设检验有三种方法——t 检验、F 检验与查表法，可任选其一。

1. t 检验 t 值的计算公式为

$$t = \frac{r}{s_r}, \quad df = n-2, \qquad (8-29)$$

其中，$s_r = \sqrt{(1-r^2)/(n-2)}$ 为相关系数标准误。

2. F 检验 F 值的计算公式为

$$F = \frac{r^2}{(1-r^2)/(n-2)}, \quad df_1 = 1, \quad df_2 = n-2。 \qquad (8-30)$$

3. 查表法 根据自由度 $df = n-2$，直线相关分析所涉及的变量总个数 $M=2$，查附表 4-8，得临界 r 值 $r_{0.05(n-2)}$，$r_{0.01(n-2)}$，将相关系数 r 的绝对值 $|r|$ 与临界 r 值比较，作出统计推断：

若 $|r| < r_{0.05(n-2)}$，$p > 0.05$，不能否定 H_0：$\rho = 0$，表明相关变量 x 与 y 的相关系数不显著，即相关变量 x 与 y 直线关系不显著；

若 $r_{0.05(n-2)} \leq |r| < r_{0.01(n-2)}$，$0.01 < p \leq 0.05$，否定 H_0：$\rho = 0$，接受 H_A：$\rho \neq 0$，表明相关变量 x 与 y 的相关系数显著，即相关变量 x 与 y 直线关系显著；

若 $|r| \geq r_{0.01(n-2)}$，$p \leq 0.01$，否定 H_0：$\rho = 0$，接受 H_A：$\rho \neq 0$，表明相关变量 x 与 y 的相关系数极显著，即相关变量 x 与 y 直线关系极显著。

通常在样本相关系数 r 的右上方标记"ns"（或不标记符号），表示相关变量 x 与 y 的相关系数不显著；在样本相关系数 r 的右上方标记"*"，表示相关变量 x 与 y 的相关系数显著；在样本相关系数 r 的右上方标记"**"，表示相关变量 x 与 y 的相关系数极显著。

对于例 8.6，用查表法对绵羊胸围与体重的相关系数进行假设检验。根据自由度 $df = n-2 = 10-2 = 8$，直线相关分析所涉及的变量总个数 $M=2$，查附表 4-8，得临界 r 值 $r_{0.01(8)} = 0.765$，因为 $r = 0.8475 > r_{0.01(8)}$，$p < 0.01$，表明绵羊胸围与体重的相关系数极显著，即绵羊胸围与体重直线关系极显著。由于 $r = 0.8475 > 0$，所以确切地说，绵羊胸围与体重呈极显著正直线相关。

四、直线回归分析与相关分析的关系

直线回归分析与相关分析关系十分密切。它们的研究对象都是呈直线关系的两个相关变量。直线回归分析将两个相关变量区分为自变量和依变量，侧重于寻求它们直线关系的形式——建立直线回归方程；直线相关分析不区分自变量和依变量，侧重于揭示它们直线关系的程度和性质——计算出相关系数。两种分析所进行的假设检验都是推断两个相关变量 y 与 x 是否是直线关系，二者的检验是等价的，即相关系数显著，回归系数亦显著；相关系数不显著，回归系数亦不显著。由于利用查表法对相关系数进行假设检验十分简便，因此进行直线回归分析，可用相关系数假设检验代替直线回归关系假设检验，即可先计算出相关系数 r 并进行假设检验，若检验结果相关变量 y 与 x 的相关系数 r 不显著，不建立直线回归方程；若相关变量 y 与 x 的相关系数 r 显著或极显著，计算回归系数 b、回归截距 a，建立直线回归方程，所建立的直线回归方程表示的两个相关变量 y 与 x 直线关系是正确的，可用来进行预测和控制。

五、直线回归分析与相关分析的注意事项

直线回归分析与相关分析已广泛应用于动物科学试验研究，但在实际工作中有时被误用或得出

错误的结论。为了正确应用直线回归分析和相关分析，必须注意以下事项。

（1）直线回归分析与相关分析毕竟是分析两个相关变量关系的统计分析方法，将这两种方法应用于动物科学试验研究要考虑到动物本身的客观实际情况。例如，两个相关变量是否是直线关系以及在什么条件下是直线关系，求出的直线回归方程是否有意义，某性状作为自变量或依变量的确定等等，都必须由动物科学知识来决定，并且还要用到动物科学实践中去检验。若不以一定的动物科学知识依据为前提，把风马牛不相及的观测值随意凑到一起作直线回归分析或相关分析，显然是错误的。

（2）研究两个相关变量的关系，要求其余变量应尽量保持在同一水平，否则，直线回归分析和相关分析可能会得出错误的结论。例如，研究黄牛的体长与胸围的关系，若体重固定，体长越大，胸围越小，体长与胸围呈负直线相关；若体重未固定，体长越大，胸围未必越小，体长与胸围未必呈负直线相关。

（3）利用两个相关变量 x 与 y 的 n 对实际观测值 $(x_1，y_1)$，$(x_2，y_2)$，$\cdots$，$(x_n，y_n)$ 进行直线回归分析与相关分析，为了保证分析的精确性高，要求至少要有 5 对以上的观测值。进行直线回归分析，自变量 x 的取值范围要尽可能大一些，这样才能正确表示两个相关变量 y 与 x 的关系。

（4）直线回归分析是在研究范围内建立直线回归方程对两个相关变量直线关系进行表达，超出这个研究范围，两个相关变量关系类型可能会发生改变，所以回归预测必须限制在自变量 x 的研究范围内，外推要谨慎，否则会得出错误的结论。

（5）两个变量 x 与 y 的相关系数不显著并不意味着两个变量 x 与 y 没有关系，只能说明两个变量 x 与 y 直线关系不显著；变量 y 对变量 x 的回归系数显著并不意味着变量 y 与变量 x 的关系只是直线关系，因为并不排除有能够更好地表示它们关系的曲线回归方程的存在。

（6）一个显著的直线回归方程估测可靠程度未必就高。例如，两个相关变量 x 与 y 的相关系数 $r=0.5$。若 $n=26$，$df=n-2=26-2=24$，$r_{0.01(24)}=0.496$，因为 $r=0.5>r_{0.01(24)}$，$p<0.01$，表明相关变量 x 与 y 的相关系数极显著，即相关变量 x 与 y 的直线关系极显著。但决定系数 $r^2=0.25$，即变量 y 对变量 x 的直线回归方程或变量 x 对变量 y 的直线回归方程估测可靠程度仅为 25%。说明一个显著的直线回归方程估测可靠程度未必就高。

*第三节　曲线回归分析

一、曲线回归分析概述

动物科学试验研究发现，试验动物的两个指标或性状的关系大多数不是直线关系，而是曲线关系。例如，畜禽在生长发育过程中各种生理指标与年龄的关系；乳牛的泌乳量与泌乳天数的关系；细菌的繁殖速率与温度的关系等。虽然在自变量 x 的某一取值范围内，依变量 y 与自变量 x 的关系是直线关系，但就自变量 x 可能取值的整个范围而言，依变量 y 与自变量 x 关系通常不是直线关系而是曲线关系，所以进行动物科学试验研究常常需要进行**曲线回归分析**（curvilinear regression analysis）。

曲线回归分析是利用自变量 x 与依变量 y 的 n 对实际观测值，建立依变量 y 对自变量 x 的曲线回归方程，表示依变量 y 与自变量 x 的曲线关系。

曲线回归分析最困难和首要的工作是确定依变量 y 与自变量 x 的曲线关系类型。通常利用以下两个方法确定：

（1）利用动物科学的有关专业知识，根据已知的理论规律和实践经验确定。例如，细菌数量的增长常具有指数函数的形式 $y=ae^{bx}$ 曲线的形式；幼畜体重的增长常具有 S 形曲线的形式，即 Logistic 曲线的形式等。

（2）若没有已知的理论规律和实践经验可资利用，可作出散点图，观察散点图实测点的分布趋势，选用与散点图实测点分布趋势最接近的函数曲线来表示散点图实测点的分布趋势。

可用来表示两个变量曲线关系的曲线函数种类很多，其中许多曲线函数可以通过变量转换转化为直线函数，这种曲线函数称为可直线化的曲线函数。也就是说，对于可直线化的曲线函数，通过变量转换可把曲线回归分析转化为直线回归分析。

利用可直线化的曲线函数进行曲线回归分析的基本步骤是：先将 y 和（或）x 进行变量转换，将曲线函数直线化；然后对新变量进行直线回归分析——建立直线回归方程、进行假设检验；最后将新变量还原为原变量，由新变量的直线回归方程得到原变量的曲线回归方程。

二、可直线化的曲线函数类型

下面介绍几种常用的可直线化的曲线函数类型及其图形，并将可直线化的曲线函数直线化，供进行曲线回归分析选用。

1. 双曲线函数 $1/y=a+b/x$ 双曲线函数的图形作于图 8-4。令 $y'=1/y$，$x'=1/x$，将双曲线函数直线化为 $y'=a+bx'$。

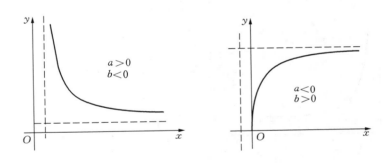

图 8-4 双曲线函数 $1/y=a+b/x$ 的图形（虚线为渐近线）

2. 幂函数 $y=ax^b$ 或 $y=ax^{-b}$ （$a>0$，$b>0$）

（1）幂函数 $y=ax^b$ 的图形作于图 8-5(a)。对幂函数 $y=ax^b$ 两端求自然对数，得 $\ln y=\ln a+b\ln x$，令 $y'=\ln y$，$a'=\ln a$，$x'=\ln x$，将幂函数直线化为 $y'=a'+bx'$。

（2）幂函数 $y=ax^{-b}$ 的图形作于图 8-5(b)。对幂函数 $y=ax^{-b}$ 两端求自然对数，得 $\ln y=\ln a-b\ln x$，令 $y'=\ln y$，$a'=\ln a$，$x'=\ln x$，$b'=-b$，将幂函数直线化为 $y'=a'+b'x'$。

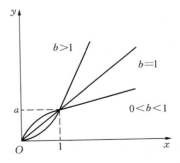

图 8-5(a) 幂函数 $y=ax^b$ 的图形

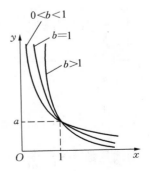

图 8-5(b) 幂函数 $y=ax^{-b}$ 的图形

3. 指数函数 $y = ae^{bx}$ 或 $y = ae^{b/x}$ $(a > 0)$

（1）指数函数 $y = ae^{bx}$ 的图形作于图 8-6(a)。对指数函数 $y = ae^{bx}$ 两端求自然对数，得 $\ln y = \ln a + bx$，令 $y' = \ln y$，$a' = \ln a$，将指数函数直线化为 $y' = a' + bx$。

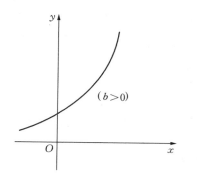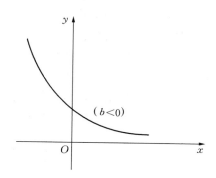

图 8-6(a)　指数函数 $y = ae^{bx}$ 的图形

（2）指数函数 $y = ae^{b/x}$ 的图形作于图 8-6(b)。对指数函数 $y = ae^{b/x}$ 两端求自然对数，得 $\ln y = \ln a + b/x$，令 $y' = \ln y$，$a' = \ln a$，$x' = 1/x$，将指数函数直线化为 $y' = a' + bx'$。

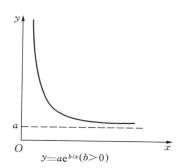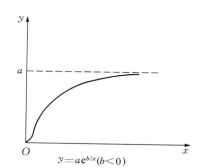

图 8-6(b)　指数函数 $y = ae^{b/x}$ 的图形

4. 对数函数 $y = a + b\lg x$　对数函数 $y = a + b\lg x$ 的图形见图 8-7。令 $x' = \lg x$，将对数函数直线化为 $y = a + bx'$。

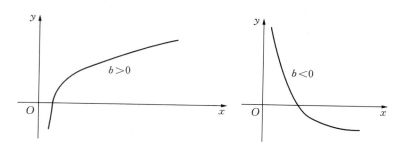

图 8-7　对数函数 $y = a + b\lg x$ 的图形

5. Logistic 生长曲线函数 $y = \dfrac{k}{1 + ae^{-bx}}$ $(a > 0，b > 0，k > 0)$　Logistic 生长曲线函数的图形作

于图8-8。将 $y=\dfrac{k}{1+ae^{-bx}}$ 两端取倒数，$\dfrac{k}{y}=1+ae^{-bx}$，$\dfrac{k-y}{y}=ae^{-bx}$；对 $\dfrac{k-y}{y}=ae^{-bx}$ 两端求自然对数，$\ln\dfrac{k-y}{y}=\ln a-bx$；令 $y'=\ln\dfrac{k-y}{y}$，$a'=\ln a$，$b'=-b$，将生长曲线函数直线化为 $y'=a'+b'x$。

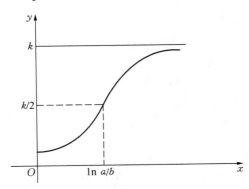

图8-8　Logistic生长曲线函数 $y=k/(1+ae^{-bx})$ 的图形

【例8.7】 黑龙江雌性鲟的体长（cm）和体重（kg）8对观测值列于表8-4(1)列、（2）列。对鲟体重与体长进行曲线回归分析。

表8-4　鲟体重与体长曲线回归分析计算表

体长 x (cm)	体重 y (kg)	$x'=\lg x$	$y'=\lg y$	$\hat{y}$	$y-\hat{y}$
(1)	(2)	(3)	(4)	(5)	(6)
70.70	1.00	1.849 4	0	1.152 32	−0.152 3
98.25	4.85	1.992 3	0.685 7	3.826 43	1.023 6
112.57	6.59	2.051 4	0.818 9	6.284 94	0.305 1
122.48	9.01	2.088 1	0.954 7	8.549 48	0.460 5
138.46	12.34	2.141 3	1.091 3	13.371 54	−1.031 5
148.00	15.50	2.170 3	1.190 3	17.049 78	−1.549 8
152.00	21.25	2.181 8	1.327 4	18.791 40	2.458 6
162.00	22.11	2.209 5	1.344 6	23.707 16	−1.597 2

（1）根据8对实际观测值在直角坐标平面上作散点图，选定曲线类型。此例的散点图见图8-9。从散点图实测点的分布趋势看出它比较接近幂函数曲线，因而选用幂函数 $y=ax^b$ 对鲟体重与体长进行曲线回归分析。对幂函数 $y=ax^b$ 两端求常用对数，得 $\lg y=\lg a+b\lg x$，令 $x'=\lg x$，$y'=\lg y$，$a'=\lg a$，将幂函数直线化为 $y'=a'+bx'$。

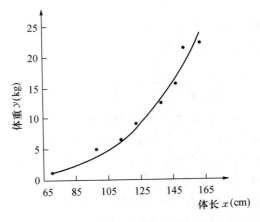

图8-9　鲟体长与体重散点图及回归曲线图

（2）对变量 y' 与 x' 进行直线回归分析。

利用表 8-4（3）列、（4）列的数据计算 $\bar{x}'$，$\bar{y}'$，$SS_{x'}$，$SS_{y'}$，$SP_{x'y'}$。

$$\bar{x}' = \frac{\sum x'}{n} = \frac{16.684\ 1}{8} = 2.085\ 5, \bar{y}' = \frac{\sum y'}{n} = \frac{7.412\ 9}{8} = 0.926\ 6,$$

$$SS_{x'} = \sum x'^2 - \frac{\left(\sum x'\right)^2}{n} = 34.895\ 4 - \frac{16.684\ 1^2}{8} = 0.100\ 6,$$

$$SS_{y'} = \sum y'^2 - \frac{\left(\sum y'\right)^2}{n} = 8.229\ 9 - \frac{7.412\ 9^2}{8} = 1.361\ 0,$$

$$SP_{x'y'} = \sum x'y' - \frac{\left(\sum x'\right)\left(\sum y'\right)}{n} = 15.826\ 6 - \frac{16.684\ 1 \times 7.412\ 9}{8} = 0.366\ 9。$$

变量 x' 与 y' 的相关系数 $r_{x'y'}$ 为

$$r_{x'y'} = \frac{SP_{x'y'}}{\sqrt{SS_{x'}SS_{y'}}} = \frac{0.366\ 9}{\sqrt{0.100\ 6 \times 1.361\ 0}} = 0.991\ 6。$$

根据自由度 $df = n - 2 = 8 - 2 = 6$，直线相关分析所涉及的变量总个数 $M = 2$，查附表 4-8，得临界 r 值 $r_{0.01(6)} = 0.834$，因为 $r_{x'y'} = 0.991\ 6 > r_{0.01(6)}$，$p < 0.01$，表明变量 x' 与 y' 的相关系数极显著，即变量 x' 与 y' 直线关系极显著。计算回归系数 b、回归截距 a'，建立直线回归方程

$$b = \frac{SP_{x'y'}}{SS_{x'}} = \frac{0.366\ 9}{0.100\ 6} = 3.647\ 1,$$

$$a' = \bar{y}' - b\bar{x}' = 0.926\ 6 - 3.647\ 1 \times 2.085\ 5 = -6.679\ 4,$$

变量 y' 对变量 x' 的直线回归方程为

$$\hat{y}' = -6.679\ 4 + 3.647\ 1x'。$$

（3）将变量 y'、x' 还原为变量 y、x。

$$\lg\hat{y} = -6.679\ 4 + 3.647\ 1\lg x,$$

即

$$\hat{y} = 2.092\ 1 \times 10^{-7}x^{3.647\ 1}。$$

（4）回归曲线的拟合度。曲线回归方程所确定的曲线称为回归曲线。1 与 $\sum(y - \hat{y})^2 / \sum(y - \bar{y})^2$ 之差称为相关指数，记为 R^2，即

$$R^2 = 1 - \frac{\sum(y - \hat{y})^2}{\sum(y - \bar{y})^2}。 \tag{8-31}$$

相关指数 R^2 的大小表示回归曲线拟合度的高低，或者说表示曲线回归方程估测可靠程度的高低。

对于例 8.7，根据曲线回归方程 $\hat{y} = 2.092\ 1 \times 10^{-7}x^{3.647\ 1}$ 计算出各个回归估计值 $\hat{y}$ 和 $y - \hat{y}$，列于表 8-4 的（5）列、（6）列，相关指数 R^2 为

$$R^2 = 1 - \frac{\sum(y - \hat{y})^2}{\sum(y - \bar{y})^2} = 1 - \frac{13.874\ 2}{409.068\ 1} = 0.966\ 1,$$

表明利用曲线回归方程 $\hat{y} = 2.092\ 1 \times 10^{-7}x^{3.647\ 1}$ 由鲟体长估测其体重的可靠程度高，达到 96.61%。

【例 8.8】 肉用四川白鹅的日龄（d）与体重（g）8 对观测值列于表 8-5(1)、(2) 列。对肉用四川白鹅的体重与日龄进行曲线回归分析。

（1）先根据实际观测值在直角坐标平面上作散点图，选定曲线函数类型。此例的散点图作于图 8-10。根据动物学知识和散点图实测点的分布趋势，选用 Logistic 生长曲线函数 $y = k/(1 + ae^{-bx})$ 对肉用四川白鹅的体重与日龄进行曲线回归分析。其中 k 为极限生长量，即上界。选取满足条件

$x_j=(x_i+x_k)/2$ 的 3 对观测值 $(x_i，y_i)$，$(x_j，y_j)$，$(x_k，y_k)$，根据式（8-32）计算 k 的估计值。

$$k=\frac{y_j^2(y_i+y_k)-2y_iy_jy_k}{y_j^2-y_iy_k}。 \qquad (8-32)$$

此例选取 $x_6=(x_3+x_8)/2$ 的 3 对观测值 $(x_3，y_3)$，$(x_6，y_6)$，$(x_8，y_8)$，$x_3=14$、$y_3=335$，$x_6=42$、$y_6=1\,290$，$x_8=70$、$y_8=2\,950$，根据式（8-32）计算 k 的估计值。

$$k=\frac{y_6^2(y_3+y_8)-2y_3y_6y_8}{y_6^2-y_3y_8}=\frac{1\,290^2\times(335+2\,950)-2\times335\times1\,290\times2\,950}{1\,290^2-335\times2\,950}=4\,316，$$

计算出 $(4\,316-y)/y$ 和 $y'=\lg[(4\,316-y)/y]$，列于表 8-5 的（3）列、（4）列。

表 8-5　肉用四川白鹅的体重与日龄曲线回归分析计算表

日龄 x(d) (1)	体重 y(g) (2)	$(4\,316-y)/y$ (3)	$y'=\lg[(4\,316-y)/y]$ (4)	$\hat{y}$ (5)	$y-\hat{y}$ (6)
0	105	40.104 8	1.603 2	141.672 6	-36.672 6
7	214	19.168 2	1.282 6	212.256 5	1.743 5
14	335	11.883 6	1.074 9	315.349 8	19.650 2
21	560	6.707 1	0.826 5	462.868 1	97.131 9
28	790	4.463 3	0.649 7	667.873 9	122.126 1
42	1 290	2.345 7	0.370 3	1 287.640 5	2.359 5
56	2 010	1.147 3	0.059 7	2 144.459 2	-134.459 2
70	2 950	0.463 1	-0.334 3	3 005.568 7	-55.568 7

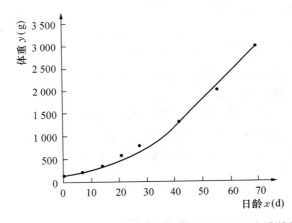

图 8-10　肉用四川白鹅日龄与体重散点图及回归曲线图

（2）对变量 y' 与 x 进行直线回归分析。利用表 8-5(1)、（4）列的数据计算 $\bar{x}$，$\bar{y}'$，SS_x，$SS_{y'}$，$SP_{xy'}$。

$$\bar{x}=\frac{\sum x}{n}=\frac{238}{8}=29.750\,0，\quad \bar{y}'=\frac{\sum y'}{n}=\frac{5.532\,6}{8}=0.691\,6，$$

$$SS_x=\sum x^2-\frac{\left(\sum x\right)^2}{n}=11\,270-\frac{238^2}{8}=4\,189.5，$$

$$SS_{y'}=\sum y'^2-\frac{\left(\sum y'\right)^2}{n}=6.728\,5-\frac{5.532\,6^2}{8}=2.902\,3，$$

$$SP_{xy'} = \sum xy' - \frac{(\sum x)(\sum y')}{n} = 55.069\ 7 - \frac{238 \times 5.532\ 6}{8} = -109.525\ 2,$$

所以变量 x 与 y' 的相关系数 $r_{xy'}$ 为

$$r_{xy'} = \frac{SP_{xy'}}{\sqrt{SS_x SS_{y'}}} = \frac{-109.525\ 2}{\sqrt{4\ 189.5 \times 2.902\ 3}} = -0.993\ 3 \, 。$$

根据自由度 $df = n - 2 = 8 - 2 = 6$，直线相关分析所涉及的变量总个数 $M = 2$，查附表 4-8，得临界 r 值 $r_{0.01(6)} = 0.834$，因为 $|r_{xy'}| = 0.993\ 3 > r_{0.01(6)}$，$p < 0.01$，表明变量 x 与 y' 的相关系数极显著，即变量 x 与 y' 直线关系极显著。计算回归系数 b'、回归截距 a'，建立直线回归方程

$$b' = \frac{SP_{xy'}}{SS_x} = \frac{-109.525\ 2}{4\ 189.5} = -0.026\ 14,$$

$$a' = \bar{y}' - b'\bar{x} = 0.691\ 6 - (-0.026\ 14) \times 29.75 = 1.469\ 3,$$

所以变量 y' 对变量 x 的直线回归方程为

$$\hat{y}' = 1.469\ 3 - 0.026\ 14x \, 。$$

（3）将变量 y' 还原为变量 y。因为 $a' = \lg a$，$b' = -b\lg e$，所以

$$a = 10^{a'} = 10^{1.469\ 3} = 29.464\ 6,$$

$$b = \frac{-b'}{\lg e} = \frac{0.026\ 14}{\lg e} = 0.060\ 19,$$

已计算 $k = 4\ 316$，Logistic 生长曲线回归方程为

$$\hat{y} = \frac{4\ 316}{1 + 29.464\ 6e^{-0.060\ 19x}} \, 。$$

（4）回归曲线的拟合度。先根据 Logistic 生长曲线回归方程 $\hat{y} = 4\ 316/(1 + 29.464\ 6e^{-0.060\ 19x})$ 计算出各个回归估计值 $\hat{y}$ 和 $y - \hat{y}$，列于表 8-5 的（5）列、（6）列，相关指数 R^2 为

$$R^2 = 1 - \frac{\sum (y - \hat{y})^2}{\sum (y - \bar{y})^2} = 1 - \frac{47\ 222.909\ 3}{6\ 997\ 381.50} = 0.993\ 3 \, 。$$

表明利用 Logistic 生长曲线回归方程 $\hat{y} = 4\ 316/(1 + 29.464\ 6e^{-0.060\ 19x})$，由肉用四川白鹅日龄估测其体重的可靠程度高，达到 99.33%。

对于两个相关变量 y 与 x 的 n 对实际观测值，根据散点图实测点的分布趋势，若可用两条或三条相近的曲线拟合，建立两个或三个曲线回归方程。此时可根据动物学知识和相关指数 R^2 的大小，选择既符合动物学规律、拟合度又高的曲线回归方程来表示这两个相关变量 y 与 x 的曲线关系。

习 题

1. 怎样进行直线回归分析？样本回归截距 a、样本回归系数 b 与回归估计值 $\hat{y}$ 的意义是什么？

2. 决定系数 r^2 的意义是什么？如何计算？

3. 怎样进行直线相关分析？直线回归分析与相关分析有何关系？

4. 怎样确定依变量 y 与自变量 x 的曲线关系类型？怎样进行可直线化的曲线回归分析？

5. 10 头育肥猪的增重 y（kg）与饲料消耗 x（kg）观测值列于下表。

10 头育肥猪的增重 y 与饲料消耗 x

饲料消耗 x(kg)	191	167	194	158	200	179	178	174	170	175
增重 y(kg)	33	11	42	24	38	44	38	37	30	35

(1) 对育肥猪增重 y 与饲料消耗 x 进行直线回归分析，计算决定系数 r^2，作出回归直线。

(2) 对育肥猪增重 y 与饲料消耗 x 进行直线相关分析。

6. 5～20 日龄来航鸡胚重观测值列于下表。建立来航鸡胚重与日龄的曲线回归方程。

5～20 日龄来航鸡胚重

日龄 x (d)	胚重 y (g)	日龄 x (d)	胚重 y (g)
5	0.250	13	6.518
6	0.498	14	7.486
7	0.846	15	9.948
8	1.288	16	14.522
9	1.656	17	15.610
10	2.662	18	19.914
11	3.100	19	23.736
12	4.579	20	26.472

提示：选用 Logistic 生长曲线函数 $y=k/(1+ae^{-bx})$ 对来航鸡胚重与日龄进行曲线回归分析。选取 3 对观测值 (7, 0.846)，(13, 6.518)，(19, 23.736) 计算 k 的估计值。

多元线性回归分析与多项式回归分析

直线回归分析研究 1 个依变量与 1 个自变量之间的直线关系。动物科学试验研究发现，影响试验动物某个指标或性状的其他指标或性状往往不止 1 个，而是多个。例如，影响绵羊产毛量的性状有体重、胸围、体长等；影响猪的瘦肉量的性状有眼肌面积、胴体长、背膘厚等，因此需要进行 1 个依变量与多个自变量之间的回归分析，即进行多元回归分析（multiple regression analysis）。多元回归分析分为多元线性回归分析与多元非线性回归分析两种。多元线性回归分析（multiple linear regression analysis）是最简单、最常用的多元回归分析。许多多元非线性回归分析（multiple nonlinear regression analysis）和多项式回归分析（polynomial regression analysis）都可以转化为多元线性回归分析来解决。多元线性回归分析的原理和方法与直线回归分析基本相同，但要涉及一些新的概念，进行更细致的分析，在计算上要比直线回归分析复杂得多，当自变量较多时，须借助电脑和程序进行计算。

第一节 多元线性回归分析

多元线性回归分析先根据依变量与多个自变量的实际观测值建立多元线性回归方程，检验依变量与多个自变量是否是线性关系，检验依变量对每个自变量的偏回归系数是否显著，仅选留偏回归系数显著或极显著的自变量、建立最优多元线性回归方程等内容。

一、多元线性回归方程的建立

（一）多元线性回归的数学模型

设依变量 y 与自变量 x_1，x_2，$\cdots$，x_m 有 n 组实际观测值

y	x_1	x_2	$\cdots$	x_m
y_1	x_{11}	x_{21}	$\cdots$	x_{m1}
y_2	x_{12}	x_{22}	$\cdots$	x_{m2}
$\vdots$	$\vdots$	$\vdots$		$\vdots$
y_n	x_{1n}	x_{2n}	$\cdots$	x_{mn}

若依变量 y 与自变量 x_1，x_2，$\cdots$，x_m 是线性关系，y_j 可由 x_{1j}，x_{2j}，$\cdots$，x_{mj} 表示为

$$y_j = \beta_0 + \beta_1 x_{1j} + \beta_2 x_{2j} + \cdots + \beta_m x_{mj} + \varepsilon_j，\quad (j=1，2，\cdots，n)。 \tag{9-1}$$

其中，自变量 x_1，x_2，$\cdots$，x_m 为可以观测的一般变量或可以观测的随机变量；依变量 y 为可以观测的随机变量，随 x_1，x_2，$\cdots$，x_m 而变，受随机误差影响；β_0 为总体回归常数项；β_i（$i=1$，2，$\cdots$，m）为依变量 y 对自变量 x_i 的总体偏回归系数；ε_j 为相互独立、且都服从 $N(0，\sigma^2)$ 的随机变量。

式（9-1）就是多元线性回归的数学模型。根据依变量 y 与自变量 x_1，x_2，$\cdots$，x_m 的 n 组实际观测值对 β_0，β_1，β_2，$\cdots$，β_m，σ^2 作出估计。

（二）建立多元线性回归方程

设依变量 y 对自变量 x_1，x_2，$\cdots$，x_m 的 m 元线性回归方程为

$$\hat{y} = b_0 + b_1 x_1 + b_2 x_2 + \cdots + b_m x_m，$$

其中，b_0，b_1，b_2，$\cdots$，b_m 为 β_0，β_1，β_2，$\cdots$，β_m 的最小二乘估计值，即 b_0，b_1，b_2，$\cdots$，b_m 应使实际观测值 y_j 与回归估计值 $\hat{y}_j$ 的偏差平方和 $Q = \sum\limits_{j=1}^{n}(y_j - \hat{y}_j)^2$ 最小。

$$Q = \sum_{j=1}^{n}(y_j - \hat{y}_j)^2 = \sum_{j=1}^{n}(y_j - b_0 - b_1 x_{1j} - b_2 x_{2j} - \cdots - b_m x_{mj})^2，$$

Q 为关于 b_0，b_1，b_2，$\cdots$，b_m 的 $m+1$ 元函数。根据微分学中多元函数求极值点的方法，令 Q 对 b_0，b_1，b_2，$\cdots$，b_m 的一阶偏导数等于 0，即

$$\frac{\partial Q}{\partial b_0} = -2\sum_{j=1}^{n}(y_j - b_0 - b_1 x_{1j} - b_2 x_{2j} - \cdots - b_m x_{mj}) = 0，$$

$$\frac{\partial Q}{\partial b_i} = -2\sum_{j=1}^{n} x_{ij}(y_j - b_0 - b_1 x_{1j} - b_2 x_{2j} - \cdots - b_m x_{mj}) = 0，$$

$$(i=1，2，\cdots，m)$$

经整理得

$$\left.\begin{aligned}
& nb_0 + (\textstyle\sum x_1)b_1 + (\textstyle\sum x_2)b_2 + \cdots + (\textstyle\sum x_m)b_m = \textstyle\sum y，\\
& (\textstyle\sum x_1)b_0 + (\textstyle\sum x_1^2)b_1 + (\textstyle\sum x_1 x_2)b_2 + \cdots + (\textstyle\sum x_1 x_m)b_m = \textstyle\sum x_1 y，\\
& (\textstyle\sum x_2)b_0 + (\textstyle\sum x_2 x_1)b_1 + (\textstyle\sum x_2^2)b_2 + \cdots + (\textstyle\sum x_2 x_m)b_m = \textstyle\sum x_2 y，\\
& \quad\vdots \qquad\qquad \vdots \qquad\qquad \vdots \qquad\qquad\quad \vdots \qquad\qquad \vdots \\
& (\textstyle\sum x_m)b_0 + (\textstyle\sum x_m x_1)b_1 + (\textstyle\sum x_m x_2)b_2 + \cdots + (\textstyle\sum x_m^2)b_m = \textstyle\sum x_m y。
\end{aligned}\right\} \tag{9-2}$$

由方程组（9-2）中的第一个方程可得

$$b_0 = \bar{y} - b_1 \bar{x}_1 - b_2 \bar{x}_2 - \cdots - b_m \bar{x}_m， \tag{9-3}$$

即

$$b_0 = \bar{y} - \sum_{i=1}^{m} b_i \bar{x}_i，$$

其中，

$$\bar{y} = \frac{1}{n}\sum_{j=1}^{n} y_j，\quad \bar{x}_i = \frac{1}{n}\sum_{j=1}^{n} x_{ij}。$$

若记

$$SS_i = \sum_{j=1}^{n}(x_{ij} - \bar{x}_i)^2 = \sum_{j=1}^{n} x_{ij}^2 - \frac{1}{n}\Big(\sum_{j=1}^{n} x_{ij}\Big)^2，$$

$$SS_y = \sum_{j=1}^{n}(y_j - \bar{y})^2 = \sum_{j=1}^{n} y_j^2 - \frac{1}{n}\Big(\sum_{j=1}^{n} y_j\Big)^2，$$

$$SP_{ik} = \sum_{j=1}^{n} (x_{ij} - \bar{x}_i)(x_{kj} - \bar{x}_k) = \sum_{j=1}^{n} x_{ij}x_{kj} - \frac{1}{n}\Big(\sum_{j=1}^{n} x_{ij}\Big)\Big(\sum_{j=1}^{n} x_{kj}\Big) = SP_{ki},$$

$$SP_{i0} = \sum_{j=1}^{n} (x_{ij} - \bar{x}_i)(y_j - \bar{y}) = \sum_{j=1}^{n} x_{ij}y_j - \frac{1}{n}\Big(\sum_{j=1}^{n} x_{ij}\Big)\Big(\sum_{j=1}^{n} y_j\Big),$$

$$(i, k = 1, 2, \cdots, m; \ i \neq k),$$

将 $b_0 = \bar{y} - b_1\bar{x}_1 - b_2\bar{x}_2 - \cdots - b_m\bar{x}_m$ 分别代入方程组（9－2）中的后 m 个方程，经整理可得到关于 b_1，b_2，$\cdots$，b_m 的**正规方程组**（normal equations）

$$\left.\begin{array}{l} SS_1 b_1 + SP_{12} b_2 + \cdots + SP_{1m} b_m = SP_{10}, \\ SP_{21} b_1 + SS_2 b_2 + \cdots + SP_{2m} b_m = SP_{20}, \\ \quad\vdots \qquad\quad \vdots \qquad\qquad \vdots \qquad\quad \vdots \\ SP_{m1} b_1 + SP_{m2} b_2 + \cdots + SS_m b_m = SP_{m0}. \end{array}\right\} \qquad (9-4)$$

解正规方程组（9－4）可得 b_1，b_2，$\cdots$，b_m 的解，根据式（9－3）计算 b_0，于是得到依变量 y 对自变量 x_1，x_2，$\cdots$，x_m 的 m 元线性回归方程

$$\hat{y} = b_0 + b_1 x_1 + b_2 x_2 + \cdots + b_m x_m. \qquad (9-5)$$

依变量 y 与自变量 x_1，x_2，$\cdots$，x_m 的 m 元线性回归方程的图形为 $m+1$ 维空间的一个平面，称为**回归平面**（regression plane）。b_0 为**样本回归常数项**（regression constant），是总体回归常数项 β_0 的最小二乘估计值也是无偏估计值。若 $x_1 = x_2 = \cdots = x_m = 0$，$\hat{y} = b_0$，若 $x_1 = x_2 = \cdots = x_m = 0$ 在研究范围内，则 b_0 表示 y 的起始值。b_i（$i = 1, 2, \cdots, m$）为依变量 y 对自变量 x_i 的**样本偏回归系数**（partial regression coefficient），是总体偏回归系数 β_i 的最小二乘估计值也是无偏估计值，表示若其余 $m-1$ 个自变量都固定不变，自变量 x_i 改变一个单位，依变量 y 平均改变的数量。确切地说，若 $b_i > 0$，自变量 x_i 增加一个单位，依变量 y 平均增加 b_i 个单位；若 $b_i < 0$，自变量 x_i 增加一个单位，依变量 y 平均减少 $|b_i|$ 个单位。也就是说，样本偏回归系数 b_i 表示自变量 x_i 对依变量 y 影响的程度与性质；b_i 的绝对值大小表示自变量 x_i 对依变量 y 影响的程度大小；b_i 的正、负表示自变量 x_i 对依变量 y 影响的性质，$b_i > 0$ 表示依变量 y 与自变量 x_i 同向增减，$b_i < 0$ 表示依变量 y 与自变量 x_i 异向增减。

若将 $b_0 = \bar{y} - b_1\bar{x}_1 - b_2\bar{x}_2 - \cdots - b_m\bar{x}_m$ 代入式（9－5），得依变量 y 对自变量 x_1，x_2，$\cdots$，x_m 的中心化形式的 m 元线性回归方程，

$$\hat{y} = \bar{y} + b_1(x_1 - \bar{x}_1) + b_2(x_2 - \bar{x}_2) + \cdots + b_m(x_m - \bar{x}_m). \qquad (9-6)$$

对于正规方程组（9－4），若记 $\boldsymbol{A}$ 为正规方程组的系数矩阵，$\boldsymbol{b}$ 为偏回归系数矩阵（列向量），$\boldsymbol{B}$ 为常数项矩阵（列向量），

$$\boldsymbol{A} = \begin{pmatrix} SS_1 & SP_{12} & \cdots & SP_{1m} \\ SP_{21} & SS_2 & \cdots & SP_{2m} \\ \vdots & \vdots & & \vdots \\ SP_{m1} & SP_{m2} & \cdots & SS_m \end{pmatrix}, \quad \boldsymbol{b} = \begin{pmatrix} b_1 \\ b_2 \\ \vdots \\ b_m \end{pmatrix}, \quad \boldsymbol{B} = \begin{pmatrix} SP_{10} \\ SP_{20} \\ \vdots \\ SP_{m0} \end{pmatrix},$$

正规方程组（9－4）可用矩阵形式表示为

$$\begin{pmatrix} SS_1 & SP_{12} & \cdots & SP_{1m} \\ SP_{21} & SS_2 & \cdots & SP_{2m} \\ \vdots & \vdots & & \vdots \\ SP_{m1} & SP_{m2} & \cdots & SS_m \end{pmatrix} \begin{pmatrix} b_1 \\ b_2 \\ \vdots \\ b_m \end{pmatrix} = \begin{pmatrix} SP_{10} \\ SP_{20} \\ \vdots \\ SP_{m0} \end{pmatrix}, \qquad (9-7)$$

即

$$\boldsymbol{Ab} = \boldsymbol{B}. \qquad (9-8)$$

设系数矩阵 $\boldsymbol{A}$ 的逆矩阵为矩阵 $\boldsymbol{C}$，即 $\boldsymbol{A}^{-1} = \boldsymbol{C}$，

$$\boldsymbol{C} = \boldsymbol{A}^{-1} = \begin{pmatrix} SS_1 & SP_{12} & \cdots & SP_{1m} \\ SP_{21} & SS_2 & \cdots & SP_{2m} \\ \vdots & \vdots & & \vdots \\ SP_{m1} & SP_{m2} & \cdots & SS_m \end{pmatrix}^{-1} = \begin{pmatrix} c_{11} & c_{12} & \cdots & c_{1m} \\ c_{21} & c_{22} & \cdots & c_{2m} \\ \vdots & \vdots & & \vdots \\ c_{m1} & c_{m2} & \cdots & c_{mn} \end{pmatrix}_{\circ}$$

矩阵 $\boldsymbol{C}$ 的元素 c_{ij}（i、$j=1$，2，$\cdots$，m）称为高斯乘数。

求系数矩阵 $\boldsymbol{A}$ 的逆矩阵 $\boldsymbol{A}^{-1}$ 的方法有多种，请参阅线性代数教材，这里不赘述。

对于矩阵方程（9-8）求解，

$$\boldsymbol{b} = \boldsymbol{A}^{-1} \boldsymbol{B},$$
$$\boldsymbol{b} = \boldsymbol{CB},$$

即

$$\begin{pmatrix} b_1 \\ b_2 \\ \vdots \\ b_m \end{pmatrix} = \begin{pmatrix} c_{11} & c_{12} & \cdots & c_{1m} \\ c_{21} & c_{22} & \cdots & c_{2m} \\ \vdots & \vdots & & \vdots \\ c_{m1} & c_{m2} & \cdots & c_{mn} \end{pmatrix} \begin{pmatrix} SP_{10} \\ SP_{20} \\ \vdots \\ SP_{m0} \end{pmatrix}_{\circ} \tag{9-9}$$

偏回归系数 b_1，b_2，$\cdots$，b_m 的解为

$$b_i = c_{i1}SP_{10} + c_{i2}SP_{20} + \cdots + c_{im}SP_{m0}, \quad (i=1, 2, \cdots, m), \tag{9-10}$$

即

$$b_i = \sum_{j=1}^{m} c_{ij}SP_{j0} \quad (i=1, 2, \cdots, m),$$

根据式（9-3）计算 b_0，

$$b_0 = \bar{y} - b_1\bar{x}_1 - b_2\bar{x}_2 - \cdots - b_m\bar{x}_m_{\circ}$$

【例 9.1】 猪的瘦肉量是肉用型猪育种的重要指标。影响猪瘦肉量的性状有猪的眼肌面积、胴体长、背膘厚等。设依变量 y 为瘦肉量（kg），自变量 x_1 为眼肌面积（cm²），自变量 x_2 为胴体长（cm），自变量 x_3 为背膘厚（cm）。根据 54 头三江猪的实际观测值，经过计算，得到，

$$\bar{x}_1 = 25.700\,2, \quad \bar{x}_2 = 94.434\,3, \quad \bar{x}_3 = 3.434\,4, \quad \bar{y} = 14.872\,2,$$
$$SS_1 = 846.228\,1, \quad SP_{12} = 40.683\,2, \quad SP_{13} = -6.259\,4, \quad SP_{10} = 114.453\,0,$$
$$SS_2 = 745.604\,1, \quad SP_{23} = -45.151\,1, \quad SP_{20} = 76.279\,9,$$
$$SS_3 = 13.898\,7, \quad SP_{30} = -11.296\,6,$$
$$SS_y = 70.661\,7,$$

建立 y 对 x_1，x_2，x_3 的三元线性回归方程 $\hat{y} = b_0 + b_1x_1 + b_2x_2 + b_3x_3$。

将上述有关数据代入式（9-4），得到关于偏回归系数 b_1，b_2，b_3 的正规方程组

$$\begin{cases} 846.228\,1b_1 + 40.683\,2b_2 - 6.259\,4b_3 = 114.453\,0, \\ 40.683\,2b_1 + 745.604\,1b_2 - 45.151\,1b_3 = 76.279\,9, \\ -6.259\,4b_1 - 45.151\,1b_2 + 13.898\,7b_3 = -11.296\,6_{\circ} \end{cases}$$

求得系数矩阵的逆矩阵如下，

$$\boldsymbol{C} = \boldsymbol{A}^{-1} = \begin{pmatrix} 846.228\,1 & 40.683\,2 & -6.259\,4 \\ 40.683\,2 & 745.604\,1 & -45.151\,1 \\ -6.259\,4 & -45.151\,1 & 13.898\,7 \end{pmatrix}^{-1}$$
$$= \begin{pmatrix} 0.001\,187 & -0.000\,040 & 0.000\,403 \\ -0.000\,040 & 0.001\,671 & 0.005\,410 \\ 0.000\,403 & 0.005\,410 & 0.089\,707 \end{pmatrix}$$

$$= \begin{bmatrix} c_{11} & c_{12} & c_{13} \\ c_{21} & c_{22} & c_{23} \\ c_{31} & c_{32} & c_{33} \end{bmatrix}。$$

根据式（9-9），关于偏回归系数 b_1，b_2，b_3 的解为

$$\begin{bmatrix} b_1 \\ b_2 \\ b_3 \end{bmatrix} = \begin{bmatrix} c_{11} & c_{12} & c_{13} \\ c_{21} & c_{22} & c_{23} \\ c_{31} & c_{32} & c_{33} \end{bmatrix} \begin{bmatrix} SP_{10} \\ SP_{20} \\ SP_{30} \end{bmatrix},$$

即

$$\begin{bmatrix} b_1 \\ b_2 \\ b_3 \end{bmatrix} = \begin{bmatrix} 0.001\,187 & -0.000\,040 & 0.000\,403 \\ -0.000\,040 & 0.001\,671 & 0.005\,410 \\ 0.000\,403 & 0.005\,410 & 0.089\,707 \end{bmatrix} \begin{bmatrix} 114.453\,0 \\ 76.279\,9 \\ -11.296\,6 \end{bmatrix} = \begin{bmatrix} 0.128\,2 \\ 0.061\,7 \\ -0.554\,5 \end{bmatrix},$$

根据式（9-3）计算 b_0，

$$\begin{aligned} b_0 &= \bar{y} - b_1\bar{x}_1 - b_2\bar{x}_2 - b_3\bar{x}_3 \\ &= 14.872\,2 - 0.128\,2 \times 25.700\,2 - 0.061\,7 \times 94.434\,3 - (-0.554\,5) \times 3.434\,4 \\ &= 7.655\,2。 \end{aligned}$$

于是，瘦肉量 y 对眼肌面积 x_1、胴体长 x_2、背膘厚 x_3 的三元线性回归方程为

$$\hat{y} = 7.655\,2 + 0.128\,2x_1 + 0.061\,7x_2 - 0.554\,5x_3。$$

（三）多元线性回归方程的偏离度

以上根据最小二乘法建立了多元线性回归方程。偏差平方和 $\sum(y-\hat{y})^2$ 的大小，表示回归平面与实测点的偏离程度的大小，因而偏差平方和又称为离回归平方和。m 元线性回归分析的离回归平方和的自由度为 $(n-m-1)$，于是可求得离回归均方为 $\sum(y-\hat{y})^2/(n-m-1)$。离回归均方是多元线性回归的数学模型式（9-1）中 σ^2 的估计值。离回归均方的平方根称为离回归标准误，记为 $s_{y.12\cdots m}$，简记为 s_r，即

$$s_{y.12\cdots m} = s_r = \sqrt{\frac{\sum(y-\hat{y})^2}{n-m-1}}。 \tag{9-11}$$

离回归标准误 $s_{y.12\cdots m}$ 的大小表示回归平面与实测点偏离程度的大小，也就是表示回归估计值 $\hat{y}_j$ 与实际观测值 y_j 偏离程度的大小，于是把离回归标准误 $s_{y.12\cdots m}$ 用来表示多元线性回归方程的偏离度。离回归标准误 $s_{y.12\cdots m}$ 大，表示多元线性回归方程偏离度大；离回归标准误 $s_{y.12\cdots m}$ 小，表示多元线性回归方程偏离度小。

若采用 $\sum(y-\hat{y})^2$ 计算离回归平方和，需计算出各个回归估计值 $\hat{y}_j$，计算工作量大，后面将介绍计算离回归平方和的简便公式。

二、多元线性回归的假设检验

（一）多元线性回归关系的假设检验

根据依变量 y 与自变量 x_1，x_2，$\cdots$，x_m 的 n 组实际观测值建立多元线性回归方程，依变量 y 与自变量 x_1，x_2，$\cdots$，x_m 是线性关系只是一种假定，尽管这种假定常常不是没有根据的，但是在建立了多元线性回归方程之后，还必须对依变量 y 与自变量 x_1，x_2，$\cdots$，x_m 之间的线性关系进行假设检验，也就是对多元线性回归关系进行假设检验，或者说对多元线性回归方程进行假设检验。

与直线回归分析即一元线性回归分析一样，多元线性回归分析依变量 y 的总平方和 SS_y 也可以分解为回归平方和 SS_R 与离回归平方和 SS_r 两部分，即

$$SS_y = SS_R + SS_r, \tag{9-12}$$

依变量 y 的总自由度 df_y 也可以分解为回归自由度 df_R 与离回归自由度 df_r 两部分，即

$$df_y = df_R + df_r。 \tag{9-13}$$

式（9-12）与式（9-13）合称为多元线性回归分析平方和与自由度的分解式。

式（9-12）中，$SS_y = \sum (y - \bar{y})^2$ 反映依变量 y 的总变异；$SS_R = \sum (\hat{y} - \bar{y})^2$ 反映依变量 y 与自变量 x_1，x_2，$\cdots$，x_m 线性关系所引起的变异，或者说反映自变量 x_1，x_2，$\cdots$，x_m 共同对依变量 y 的线性影响所引起的变异；$SS_r = \sum (y - \hat{y})^2$ 反映其他因素（包括随机误差）所引起的变异。

式（9-12）中各项平方和的计算公式如下

$$\left. \begin{array}{l} SS_y = \sum y^2 - \dfrac{\left(\sum y \right)^2}{n}, \\[3mm] SS_R = b_1 SP_{10} + b_2 SP_{20} + \cdots + b_m SP_{m0} = \displaystyle\sum_{i=1}^{m} b_i SP_{i0}, \\[3mm] SS_r = SS_y - SS_R。 \end{array} \right\} \tag{9-14}$$

式（9-13）中各项自由度的计算公式如下

$$df_y = n - 1, \quad df_R = m, \quad df_r = n - m - 1,$$

在上述计算公式中，m 为自变量的个数，n 为实际观测值的组数。

将回归平方和 SS_R 除以回归自由度 df_R、离回归平方和 SS_r 除以离回归自由度 df_r 计算出回归均方 MS_R 与离回归均方 MS_r，

$$MS_R = \frac{SS_R}{df_R} = \frac{SS_R}{m}, \quad MS_r = \frac{SS_r}{df_r} = \frac{SS_r}{n - m - 1}。$$

检验依变量 y 与自变量 x_1，x_2，$\cdots$，x_m 之间是否是线性关系，就是检验依变量 y 对各个自变量 x_i 的总体偏回归系数 β_i （$i = 1, 2, \cdots, m$）是否全为 0，检验的无效假设与备择假设为

$$H_0: \beta_1 = \beta_2 = \cdots = \beta_m = 0, \quad H_A: \beta_1, \beta_2, \cdots, \beta_m \text{ 不全为 } 0。$$

假设无效假设 H_0 正确，回归均方 MS_R 与离回归均方 MS_r 的比值服从 $df_1 = df_R$、$df_2 = df_r$ 的 F 分布，所以可以进行 F 检验推断依变量 y 与自变量 x_1，x_2，$\cdots$，x_m 是否是线性关系，F 值的计算公式为

$$F = \frac{MS_R}{MS_r}, \quad (df_1 = df_R, \ df_2 = df_r)。 \tag{9-15}$$

对于例 9.1，建立的三元线性回归方程为

$$\hat{y} = 7.6552 + 0.1282 x_1 + 0.0617 x_2 - 0.5545 x_3。$$

下面对三元线性回归关系进行假设检验。无效假设与备择假设为

$$H_0: \beta_1 = \beta_2 = \beta_3 = 0, \quad H_A: \beta_1, \beta_2, \beta_3 \text{ 不全为 } 0,$$

已计算得，$SS_y = 70.6617$，而

$$\begin{aligned} SS_R &= b_1 SP_{10} + b_2 SP_{20} + b_3 SP_{30} \\ &= 0.1282 \times 114.4530 + 0.0617 \times 76.2799 + (-0.5545) \times (-11.2966) \\ &= 25.6433, \end{aligned}$$

$$SS_r = SS_y - SS_R = 70.6617 - 25.6433 = 45.0184,$$

各项自由度计算如下

$df_y = n-1 = 54-1 = 53$，$df_R = m = 3$，$df_r = n-m-1 = 54-3-1 = 50$。

列出方差分析表（表 9-1），进行 F 检验。

表 9-1 三元线性回归关系假设检验方差分析表

变异来源	平方和 SS	自由度 df	均方 MS	F 值	临界 F 值
回　归	25.643 3	3	8.547 8	9.493**	$F_{0.01(3,50)} = 4.20$
离回归	45.018 4	50	0.900 4		
总变异	70.661 7	53			

因为 $F = 9.493 > F_{0.01(3,50)}$，$p < 0.01$，否定 H_0：$\beta_1 = \beta_2 = \beta_3 = 0$，接受 H_A：β_1，β_2，β_3 不全为 0，表明瘦肉量 y 与眼肌面积 x_1、胴体长 x_2、背膘厚 x_3 之间的线性关系极显著，或者说眼肌面积 x_1、胴体长 x_2、背膘厚 x_3 共同对瘦肉量 y 的线性影响极显著。

（二）偏回归系数的假设检验

若经多元线性回归关系假设检验——F 检验否定 H_0：$\beta_1 = \beta_2 = \cdots = \beta_m = 0$，接受 H_A：β_1，β_2，$\cdots$，β_m 不全为 0，表明依变量 y 与自变量 x_1，x_2，$\cdots$，x_m 之间的线性关系显著或极显著。但 β_1，β_2，$\cdots$，β_m 不全为 0 并不就是 β_1，β_2，$\cdots$，β_m 全不为 0，β_i（$i = 1$，2，$\cdots$，m）中也许有等于 0 的。因此，若依变量 y 与自变量 x_1，x_2，$\cdots$，x_m 线性关系显著或极显著，还须对每个偏回归系数进行假设检验，发现并剔除偏回归系数不显著的自变量。对每个偏回归系数进行假设检验，检验对象是样本偏回归系数 b_i，目的是对总体偏回归系数 β_i（$i = 1$，2，$\cdots$，m）是否为 0 作出推断。

偏回归系数的假设检验有两种方法——t 检验与 F 检验，可任选其一，其无效假设与备择假设为

$$H_0: \beta_i = 0, \ H_A: \beta_i \neq 0 (i = 1, \ 2, \ \cdots, \ m)$$

1. t 检验　t 值的计算公式为

$$t_{b_i} = \frac{b_i}{s_{b_i}}, \ df = n-m-1 (i = 1, \ 2, \ \cdots, \ m), \tag{9-16}$$

其中，$s_{b_i} = s_{y \cdot 12 \cdots m} \sqrt{c_{ii}}$ 为偏回归系数标准误；$s_{y \cdot 12 \cdots m} = \sqrt{\sum (y - \hat{y})^2 / (n-m-1)} = \sqrt{MS_r}$ 为离回归标准误；c_{ii} 为 $\boldsymbol{C} = \boldsymbol{A}^{-1}$ 的主对角线元素，即高斯乘数。

2. F 检验　多元线性回归分析中的回归平方和 SS_R 反映所有自变量共同对依变量的线性影响，它随着自变量个数的增多而增加。因此，若在所考虑的所有自变量中去掉一个自变量，回归平方和 SS_R 只会减少，不会增加。减少的数量越大，表明该自变量在多元线性回归方程中所起的作用越大，表明该自变量越重要。

设 SS_R 为 m 个自变量 x_1，x_2，$\cdots$，x_m 的回归平方和，SS_R' 为去掉一个自变量 x_i 后 $m-1$ 个自变量的回归平方和，SS_R 与 SS_R' 之差为去掉自变量 x_i 之后回归平方和减少的量，称为自变量 x_i 的偏回归平方和，记为 SS_{b_i}，即

$$SS_{b_i} = SS_R - SS_R'。$$

统计学已证明

$$SS_{b_i} = \frac{b_i^2}{c_{ii}} \ (i = 1, \ 2, \ \cdots, \ m)。 \tag{9-17}$$

偏回归平方和的大小表示自变量在多元线性回归方程中所起作用的大小，或者说表示自变量对依变量影响程度的大小。值得注意的是，在一般情况下

$$SS_R \neq \sum_{i=1}^{m} SS_{b_i}。$$

这是因为 m 个自变量之间往往存在着不同程度的相关，使得各自变量对依变量的作用相互影响。若 m 个自变量相互独立时，才有

$$SS_R = \sum_{i=1}^{m} SS_{b_i} \, 。$$

偏回归平方和 SS_{b_i} 的自由度称为偏回归自由度，记为 df_{b_i}，偏回归自由度为 1，即 $df_{b_i}=1$。于是偏回归均方 MS_{b_i} 为

$$MS_{b_i} = \frac{SS_{b_i}}{df_{b_i}} = SS_{b_i} = \frac{b_i^2}{c_{ii}} \quad (i=1, \ 2, \ \cdots, \ m) 。 \qquad (9-18)$$

假定无效假设 H_0 正确，偏回归均方 MS_{b_i} 与离回归均方 MS_r 的比值服从 $df_1=df_{b_i}=1$、$df_2=df_r$ 的 F 分布，所以可以采用 F 检验进行偏回归系数的假设检验。F 值的计算公式为

$$F_{b_i} = \frac{MS_{b_i}}{MS_r}, \ df_1=1、df_2=n-m-1(i=1, \ 2, \ \cdots, \ m) 。 \qquad (9-19)$$

可以将上述 F 检验列成方差分析表。

对于例 9.1，前面已经进行了三元线性回归关系的假设检验，瘦肉量 y 与眼肌面积 x_1、胴体长 x_2、背膘厚 x_3 之间的线性关系极显著。现在对 3 个偏回归系数进行假设检验。

（1）t 检验。无效假设与备择假设为

$$H_0: \beta_i=0, \ H_A: \beta_i \neq 0 (i=1, \ 2, \ 3) 。$$

计算离回归标准误和各个偏回归系数标准误，

$$s_{y \cdot 123} = \sqrt{MS_r} = \sqrt{0.900\,4} = 0.948\,9,$$

$$s_{b_1} = s_{y \cdot 123}\sqrt{c_{11}} = 0.948\,9 \times \sqrt{0.001\,187} = 0.032\,7,$$

$$s_{b_2} = s_{y \cdot 123}\sqrt{c_{22}} = 0.948\,9 \times \sqrt{0.001\,671} = 0.038\,8,$$

$$s_{b_3} = s_{y \cdot 123}\sqrt{c_{33}} = 0.948\,9 \times \sqrt{0.089\,707} = 0.284\,2,$$

计算各个 t 值，

$$t_{b_1} = \frac{b_1}{s_{b_1}} = \frac{0.128\,2}{0.032\,7} = 3.921^{**},$$

$$t_{b_2} = \frac{b_2}{s_{b_2}} = \frac{0.061\,7}{0.038\,8} = 1.590,$$

$$t_{b_3} = \frac{b_3}{s_{b_3}} = \frac{-0.554\,5}{0.284\,2} = -1.951 。$$

根据 $df=n-m-1=50$ 查附表 4-3，得临界 t 值 $t_{0.05(50)}=2.008$，$t_{0.01(50)}=2.678$。因为 $t_{b_1}=3.921>t_{0.01(50)}$，$p<0.01$，否定 $H_0: \beta_1=0$，接受 $H_A: \beta_1 \neq 0$，表明瘦肉量 y 对眼肌面积 x_1 的偏回归系数极显著，意味着若胴体长 x_2、背膘厚 x_3 保持不变，瘦肉量 y 与眼肌面积 x_1 线性关系极显著；因为 $t_{b_2}=1.590<t_{0.05(50)}$，$p>0.05$，不能否定 $H_0: \beta_2=0$，表明瘦肉量 y 对胴体长 x_2 的偏回归系数不显著，意味着若眼肌面积 x_1、背膘厚 x_3 保持不变，瘦肉量 y 与胴体长 x_2 线性关系不显著；因为 $|t_{b_3}|=1.951<t_{0.05(50)}$，$p>0.05$，不能否定 $H_0: \beta_3=0$，表明瘦肉量 y 对背膘厚 x_3 的偏回归系数不显著，意味着若眼肌面积 x_1、胴体长 x_2 保持不变，瘦肉量 y 与背膘厚 x_3 线性关系不显著。

偏回归系数 $b_1=0.128\,2$ 的实际意义为：若胴体长 x_2、背膘厚 x_3 保持不变，眼肌面积 x_1 增加 $1\,cm^2$，瘦肉量 y 将平均增加 $0.128\,2\,kg$。注意，偏回归系数经检验显著或极显著才有实际意义。$x_1=0$、$x_2=0$、$x_3=0$ 不在研究范围内，所以不讨论 $b_0=7.655\,2$ 的实际意义。

（2）F 检验。无效假设与备择假设与 t 检验相同。

计算各个偏回归平方和，

$$SS_{b_1} = \frac{b_1^2}{c_{11}} = \frac{0.128\ 2^2}{0.001\ 187} = 13.846\ 0,$$

$$SS_{b_2} = \frac{b_2^2}{c_{22}} = \frac{0.061\ 7^2}{0.001\ 671} = 2.278\ 2,$$

$$SS_{b_3} = \frac{b_3^2}{c_{33}} = \frac{(-0.554\ 5)^2}{0.089\ 707} = 3.427\ 5,$$

计算各个偏回归均方，

$$MS_{b_1} = SS_{b_1} = 13.846\ 0,\ MS_{b_2} = SS_{b_2} = 2.278\ 2,\ MS_{b_3} = SS_{b_3} = 3.427\ 5,$$

计算各个 F 值，

$$F_{b_1} = \frac{MS_{b_1}}{MS_r} = \frac{13.846\ 0}{0.900\ 4} = 15.378^{**},$$

$$F_{b_2} = \frac{MS_{b_2}}{MS_r} = \frac{2.278\ 2}{0.900\ 4} = 2.530,$$

$$F_{b_3} = \frac{MS_{b_3}}{MS_r} = \frac{3.427\ 5}{0.900\ 4} = 3.807。$$

根据 $df_1 = 1$，$df_2 = 50$，查附表 4-4，得临界 F 值 $F_{0.05(1,50)} = 4.03$，$F_{0.01(1,50)} = 7.17$。因为 $F_{b_1} = 15.378 > F_{0.01(1,50)}$，$p < 0.01$，否定 $H_0: \beta_1 = 0$，接受 $H_A: \beta_1 \neq 0$，表明 y 对 x_1 的偏回归系数极显著，意味着若胴体长 x_2、背膘厚 x_3 保持不变，猪瘦肉量 y 与眼肌面积 x_1 线性关系极显著；因为 $F_{b_2} = 2.530 < F_{0.05(1,50)}$，$p > 0.05$，不能否定 $H_0: \beta_2 = 0$，表明 y 对 x_2 的偏回归系数不显著，意味着若眼肌面积 x_1、背膘厚 x_3 保持不变，猪瘦肉量 y 与胴体长 x_2 线性关系不显著；因为 $F_{b_3} = 3.807 < F_{0.05(1,50)}$，$p > 0.05$，不能否定 $H_0: \beta_3 = 0$，表明 y 对 x_3 的偏回归系数不显著，意味着若眼肌面积 x_1、胴体长 x_2 保持不变，猪瘦肉量 y 与背膘厚 x_3 线性关系不显著。F 检验结果与 t 检验结果相同。

将上述偏回归系数假设检验——F 检验列成方差分析表（表 9-2）。

表 9-2　偏回归系数假设检验方差分析表

变异来源	平方和 SS	自由度 df	均方 MS	F 值	临界 F 值
对 x_1 的偏回归	13.846 0	1	13.846 0	15.378**	$F_{0.05(1,50)} = 4.03$
对 x_2 的偏回归	2.278 2	1	2.278 2	2.530	$F_{0.01(1,50)} = 7.17$
对 x_3 的偏回归	3.427 5	1	3.427 5	3.807	
离回归	45.018 4	50	0.900 4		

（三）自变量的剔除与重新建立多元线性回归方程

如果经偏回归系数假设检验有一个或几个偏回归系数不显著，说明相应的自变量在多元线性回归方程中是不重要的，可将偏回归系数不显著的自变量从多元线性回归方程中剔除，使多元线性回归方程仅包含偏回归系数显著的自变量。剔除偏回归系数不显著的自变量的过程称为自变量的统计选择，仅包含偏回归系数显著的自变量的多元线性回归方程称为**最优多元线性回归方程**（the best multiple linear regression equation）。

由于自变量常常存在相关，若 m 元线性回归方程中偏回归系数不显著的自变量有几个，一次只能剔除 1 个偏回归系数不显著的自变量。被剔除的自变量的偏回归系数，应是所有不显著的偏回归系数中的 F 值（或 $|t|$ 值、或偏回归平方和）最小者。剔除这个偏回归系数不显著的自变量，其

余的偏回归系数原来不显著的可能变为显著，原来显著的可能变为不显著。因此，为了获得最优回归方程，剔除偏回归系数不显著的自变量要一步一步做下去，直至最后一个偏回归系数不显著的自变量被剔除、所有留在回归方程中的自变量的偏回归系数皆显著为止。这种求最优多元线性回归方程的方法称为反向淘汰法。

用反向淘汰法求最优多元线性回归方程的具体步骤为：

第一步，根据依变量 y 与自变量 x_1，x_2，$\cdots$，x_m 的 n 组实际观测数据进行 m 元线性回归分析。若依变量对各个自变量的偏回归系数皆显著，所得回归方程就是最优多元线性回归方程。若不显著的偏回归系数只有一个，剔除该偏回归系数相应的自变量；若不显著的偏回归系数不止一个，剔除偏回归平方和最小的那个自变量，设剔除的自变量为 x_p，进行第二步分析。

第二步，将 m 元线性回归分析中用矩阵形式表示的正规方程组 $\boldsymbol{A}$ 矩阵中的第 p 行和第 p 列删除，将 $\boldsymbol{b}$ 矩阵（列向量）中的偏回归系数 b_p 删除，将 $\boldsymbol{B}$ 矩阵（列向量）中的第 p 行删除，进行 $(m-1)$ 元线性回归分析。若依变量对各个自变量的偏回归系数皆显著，所得回归方程就是最优多元线性回归方程。若不显著的偏回归系数只有一个，剔除该偏回归系数相应的自变量；若不显著的偏回归系数不止一个，则剔除偏回归平方和最小的那个自变量，设剔除的自变量为 x_q，进行第三步分析。

第三步，将 m 元线性回归分析中用矩阵形式表示的正规方程组 $\boldsymbol{A}$ 矩阵中再删除第 q 行和第 q 列，将 $\boldsymbol{b}$ 矩阵（列向量）中再删除偏回归系数 b_q，将 $\boldsymbol{B}$ 矩阵（列向量）中再删除第 q 行，进行 $(m-2)$ 元线性回归分析。若依变量对各个自变量的偏回归系数皆显著，所得回归方程就是最优多元线性回归方程。若不显著的偏回归系数只有一个，剔除该偏回归系数相应的自变量；若不显著的偏回归系数不止一个，剔除偏回归平方和最小的那个自变量。

如此继续进行，直至所有留下的自变量的偏回归系数都显著，求得最优多元线性回归方程为止。

对于例 9.1，所建立的三元线性回归方程为

$$\hat{y}=7.655\,2+0.128\,2x_1+0.061\,7x_2-0.554\,5x_3,$$

经假设检验，回归方程极显著，y 对 x_1 的偏回归系数极显著，y 对 x_2、x_3 的偏回归系数不显著。因为 $F_{b_2}<F_{b_3}$，所以剔除 y 对 x_2 的偏回归系数相应的自变量 x_2（胴体长），重新进行瘦肉量 y 与眼肌面积 x_1、背膘厚 x_3 的二元线性回归分析。

将用矩阵形式表示的正规方程组 $\boldsymbol{A}$ 矩阵中的第 2 行和第 2 列删除，将 $\boldsymbol{b}$ 矩阵（列向量）中的偏回归系数 b_2 删除，将 $\boldsymbol{B}$ 矩阵（列向量）中的第 2 行删除，关于偏回归系数 b_1、b_3 的正规方程组为

$$\begin{cases}846.228\,1b_1-6.259\,4b_3=114.453\,0,\\-6.259\,4b_1+13.898\,7b_3=-11.296\,6,\end{cases}$$

求系数矩阵 $\boldsymbol{A}$ 的逆矩阵 $\boldsymbol{C}=\boldsymbol{A}^{-1}$，

$$\boldsymbol{C}=\boldsymbol{A}^{-1}=\begin{pmatrix}846.228\,1 & -6.259\,4\\-6.259\,4 & 13.898\,7\end{pmatrix}^{-1}=\begin{pmatrix}0.001\,186 & 0.000\,534\\0.000\,534 & 0.072\,190\end{pmatrix}=\begin{pmatrix}c_{11} & c_{13}\\c_{31} & c_{33}\end{pmatrix},$$

偏回归系数 b_1，b_3 的解为

$$\begin{pmatrix}b_1\\b_3\end{pmatrix}=\begin{pmatrix}c_{11} & c_{13}\\c_{31} & c_{33}\end{pmatrix}\begin{pmatrix}SP_{10}\\SP_{30}\end{pmatrix}=\begin{pmatrix}0.001\,186 & 0.000\,534\\0.000\,534 & 0.072\,190\end{pmatrix}\begin{pmatrix}114.453\,0\\-11.296\,6\end{pmatrix}=\begin{pmatrix}0.129\,7\\-0.754\,4\end{pmatrix},$$

根据式（9-3）计算 b_0，

$$b_0=\bar{y}-b_1\bar{x}_1-b_3\bar{x}_3=14.872\,2-0.129\,7\times25.700\,2-(-0.754\,4)\times3.434\,4=14.129\,8。$$

于是，瘦肉量 y 对眼肌面积 x_1、背膘厚 x_3 的二元线性回归方程为

$$\hat{y}=14.129\,8+0.129\,7x_1-0.754\,4x_3。$$

现在对二元线性回归方程进行假设检验。因为

$SS_y = 70.6617$，

$SS_R = b_1 SP_{10} + b_3 SP_{30} = 0.1297 \times 114.4530 + (-0.7544) \times (-11.2966) = 23.3667$，

$SS_r = SS_y - SS_R = 70.6617 - 23.3667 = 47.2950$，

$df_y = n - 1 = 53$，$df_R = 2$，$df_r = df_y - df_R = 51$。

列出方差分析表进行 F 检验（表9-3）。

表9-3 二元线性回归关系假设检验方差分析表

变异来源	平方和 SS	自由度 df	均方 MS	F 值
回 归	23.3667	2	11.6834	12.5980**
离回归	47.2950	51	0.9274	
总变异	70.6617	53		

根据 $df_1 = 2$，$df_2 = 51$，利用线性插值法求临界 F 值，

$$F_{0.01(2,51)} = F_{0.01(2,50)} - (51 - 50) \times \frac{F_{0.01(2,50)} - F_{0.01(2,60)}}{60 - 50} = 5.06 - \frac{5.06 - 4.98}{10} = 5.052。$$

因为 $F = 12.5980 > F_{0.01(2,51)}$，$p < 0.01$，表明瘦肉量 y 与眼肌面积 x_1、背膘厚 x_3 线性关系极显著。

采用 F 检验对偏回归系数进行假设检验。各个偏回归平方和为

$$SS_{b_1} = \frac{b_1^2}{c_{11}} = \frac{0.1297^2}{0.001186} = 14.1839，\quad SS_{b_3} = \frac{b_3^2}{c_{33}} = \frac{(-0.7544)^2}{0.072190} = 7.8836，$$

列出方差分析表（表9-4），进行 F 检验。

表9-4 偏回归系数假设检验方差分析表

变异来源	平方和 SS	自由度 df	均方 MS	F 值
对 x_1 的偏回归	14.1839	1	14.1839	15.2943**
对 x_3 的偏回归	7.8836	1	7.8836	8.5008**
离回归	47.2950	51	0.9274	

根据 $df_1 = 1$，$df_2 = 51$ 利用线性插值法求临界 F 值，

$$F_{0.01(1,51)} = F_{0.01(1,50)} - (51 - 50) \times \frac{F_{0.01(1,50)} - F_{0.01(1,60)}}{60 - 50} = 7.17 - \frac{7.17 - 7.08}{10} = 7.161。$$

因为 $F_{b_1} = 15.2943$，$F_{b_3} = 8.5008$ 均大于 $F_{0.01(1,51)}$，$p < 0.01$，表明瘦肉量 y 对眼肌面积 x_1、背膘厚 x_3 的偏回归系数极显著。于是，得到例9.1的最优二元线性回归方程为

$$\hat{y} = 14.1298 + 0.1297 x_1 - 0.7544 x_3。$$

偏回归系数 $b_1 = 0.1297$ 的实际意义是：若背膘厚保持不变，眼肌面积增加 $1\,cm^2$，瘦肉量平均增加 $0.1297\,kg$；偏回归系数 $b_3 = -0.7544$ 的实际意义是：若眼肌面积保持不变时，背膘厚增加 $1\,cm$，瘦肉量平均减少 $0.7544\,kg$。$x_1 = 0$，$x_3 = 0$ 不在研究范围内，不讨论常数项 $b_0 = 14.1298$ 的实际意义。

二元线性回归方程的离回归标准误 $s_{y \cdot 13}$ 为

$$s_{y \cdot 13} = \sqrt{MS_r} = \sqrt{0.9274} = 0.9630（kg）。$$

第二节 复相关分析

一、复相关系数的意义与计算

研究一个变量与多个变量线性相关分析称为复相关分析。就相关分析而言，复相关分析不区分依变量与自变量，但在实际应用中，复相关分析经常与多元线性回归分析联系在一起。复相关分析一般是进行依变量 y 与自变量 x_1，x_2，$\cdots$，x_m 线性相关分析。

在多元线性回归分析中，回归平方和 SS_R 与 y 的总平方和 SS_y 的比值越大，表明依变量 y 与自变量 x_1，x_2，$\cdots$，x_m 线性关系越密切。回归平方和 SS_R 与 y 的总平方和 SS_y 的比值称为复相关指数，简称为**相关指数**（correlation index），记为 R^2，即

$$R^2 = \frac{SS_R}{SS_y}。 \tag{9-20}$$

相关指数 R^2 表示依变量 y 与自变量 x_1，x_2，$\cdots$，x_m 线性相关的密切程度，亦表示多元线性回归方程的拟合度，或者说表示用多元线性回归方程进行预测的可靠程度。相关指数 R^2 介于 0 与 1 之间，即 $0 \leqslant R^2 \leqslant 1$。

相关指数 R^2 的平方根称为**复相关系数**（multiple correlation coefficient），即

$$R = \sqrt{\frac{SS_R}{SS_y}}。 \tag{9-21}$$

复相关系数是表示依变量 y 与自变量 x_1，x_2，$\cdots$，x_m 线性关系密切程度的一个统计数。由于回归估计值 $\hat{y}$ 包含了自变量 x_1，x_2，$\cdots$，x_m 对依变量 y 的线性影响，因此，复相关系数 R 相当于依变量 y 与回归估计值 $\hat{y}$ 的简单相关系数 $r_{y\hat{y}}$，即

$$R = r_{y\hat{y}}。 \tag{9-22}$$

复相关系数 R 介于 0 与 1 之间，即 $0 \leqslant R \leqslant 1$。

二、复相关系数的假设检验

复相关系数的假设检验也就是对依变量 y 与自变量 x_1，x_2，$\cdots$，x_m 线性关系的假设检验，因此，复相关系数的假设检验与相应的多元线性回归关系假设检验等价。复相关系数的假设检验有两种方法——F 检验与查表法。

（一）F 检验

对复相关系数进行假设检验，检验对象是样本复相关系数 R，目的是对总体复相关系数 ρ 是否为 0 作出推断。复相关系数假设检验——F 检验的无效假设与备择假设为

$$H_0: \rho = 0, \quad H_A: \rho \neq 0。$$

F 值的计算公式为

$$F = \frac{R^2/m}{(1-R^2)/(n-m-1)}, \quad df_1 = m, \quad df_2 = n-m-1。 \tag{9-23}$$

将 $R^2 = SS_R/SS_y$，代入式（9-23），

$$F = \frac{SS_R/m}{SS_y(1-SS_R/SS_y)/(n-m-1)} = \frac{SS_R/m}{SS_r/(n-m-1)} = \frac{MS_R}{MS_r}。$$

根据式（9-23）计算的 F 值就是多元线性回归关系假设检验——F 检验所计算的 F 值，也就是说复相关系数假设检验与多元线性回归关系假设检验等价。

（二）查表法

根据自由度 $df=n-m-1$、复相关分析所涉及的变量总个数 $M=m+1$，查附表 4-8，得临界 R 值 $R_{0.05(n-m-1,M)}$ 和 $R_{0.01(n-m-1,M)}$，将复相关系数 R 与临界 R 值比较作出统计推断：

若 $R<R_{0.05(n-m-1,M)}$，$p>0.05$，不能否定 H_0：$\rho=0$，表明复相关系数不显著，即依变量 y 与自变量 x_1，x_2，$\cdots$，x_m 线性关系不显著；

若 $R_{0.05(n-m-1,M)}\leq R<R_{0.01(n-m-1,M)}$，$0.01<p\leq0.05$，否定 H_0：$\rho=0$，接受 H_A：$\rho\neq0$，表明复相关系数显著，即依变量 y 与自变量 x_1，x_2，$\cdots$，x_m 线性关系显著；

若 $R\geq R_{0.01(n-m-1,M)}$，$p\leq0.01$，否定 H_0：$\rho=0$，接受 H_A：$\rho\neq0$，表明复相关系数极显著，即依变量 y 与自变量 x_1，x_2，$\cdots$，x_m 线性关系极显著。

对于例 9.1，复相关系数 R 为

$$R=\sqrt{\frac{SS_R}{SS_y}}=\sqrt{\frac{25.643\,3}{70.661\,7}}=0.602\,4,$$

$$F=\frac{R^2/m}{(1-R^2)/(n-m-1)}=\frac{0.602\,4^2/3}{(1-0.602\,4^2)/(54-3-1)}=9.493^{**}。$$

根据 $df_1=3$，$df_2=50$，查附表 4-4，得临界 F 值 $F_{0.01(3,50)}=4.20$。因为 $F=9.493>F_{0.01(3,50)}$，$p<0.01$，表明复相关系数极显著，即瘦肉量 y 与眼肌面积 x_1、胴体长 x_2、背膘厚 x_3 之间的线性关系极显著。

注意，这里的 F 值与三元线性回归关系假设检验——F 检验的 F 值相同。

若用查表法，根据自由度 $df=n-m-1=50$、复相关分析所涉及的变量总个数 $M=m+1=3+1=4$，查附表 4-8，得临界 R 值 $R_{0.01(50,4)}=0.449$，因为 $R=0.602\,4>R_{0.01(50,4)}$，$p<0.01$，表明复相关系数极显著，即瘦肉量 y 与眼肌面积 x_1、胴体长 x_2、背膘厚 x_3 线性关系极显著。

查表法的检验结果与 F 检验的检验结果相同。

由于篇幅的限制，附表 4-8 仅列出了复相关分析所涉及的变量总个数 $M=3$，4，5 的临界 R 值。若复相关分析所涉及的变量总个数 $M>5$，采用 F 检验或根据多元线性回归关系假设检验的结果推断复相关系数是否显著。

第三节　偏相关分析

多个相关变量的关系是复杂的，彼此常常相互影响。在研究多个相关变量中的两个相关变量之间的关系时，若采用简单相关分析即直线相关分析，由于没有排除其他变量对这两个变量的影响，简单相关分析并不能正确表示这两个相关变量之间的直线关系。只有排除了其他变量的影响，研究两个变量之间的直线关系，才能正确表示这两个变量直线相关的程度与性质。偏相关分析就是在多个相关变量中，其他变量保持不变，研究两个变量的直线相关程度与性质的统计分析方法。

一、偏相关系数的意义与计算

（一）偏相关系数的意义

在多个相关变量中其他变量保持不变所研究的两个变量的直线相关称为**偏相关**（partial correlation）。用来表示两个相关变量偏相关的程度与性质的统计数称为**偏相关系数**（partial correlation coefficient）。根据保持不变的变量个数将偏相关系数分级，偏相关系数的级数等于保持不变的变量个数。

研究 2 个相关变量 x_1，x_2 的直线相关，用直线相关系数 r_{12} 表示 x_1 与 x_2 直线相关的程度与性质。此时保持不变的变量个数为 0，所以直线相关系数 r_{12} 又称为零级偏相关系数。

研究 3 个相关变量 x_1，x_2，x_3 两两的直线相关，其中 1 个变量保持不变，研究另外 2 个变量的直线相关，即此时只有一级偏相关系数才正确表示两个相关变量直线相关的程度与性质。3 个相关变量 x_1，x_2，x_3 的一级偏相关系数共有 $C_3^2 = 3$ 个，记为 $r_{12 \cdot 3}$，$r_{13 \cdot 2}$，$r_{23 \cdot 1}$。

研究 4 个相关变量 x_1，x_2，x_3，x_4 两两的直线相关，其中 2 个变量保持不变研究另外 2 个变量之间的直线相关，即此时只有二级偏相关系数才正确表示两个相关变量直线相关的程度与性质。4 个相关变量 x_1，x_2，x_3，x_4 的二级偏相关系数共有 $C_4^2 = 6$ 个，记为 $r_{12 \cdot 34}$，$r_{13 \cdot 24}$，$r_{14 \cdot 23}$，$r_{23 \cdot 14}$，$r_{24 \cdot 13}$，$r_{34 \cdot 12}$。

研究 m 个相关变量 x_1，x_2，$\cdots$，x_m 两两的直线相关，其中 $m-2$ 个变量保持不变研究另外 2 个变量的直线相关，即此时只有 $m-2$ 级偏相关系数才正确表示这两个相关变量直线相关的程度与性质。m 个相关变量 x_1，x_2，$\cdots$，x_m 的 $m-2$ 级偏相关系数共有 $C_m^2 = m(m-1)/2$ 个，记为 $r_{ij \cdot}$（i、$j = 1$，2，$\cdots$，m；$i \neq j$）。

偏相关系数 $r_{ij \cdot}$ 介于 -1 与 1 之间，即 $-1 \leqslant r_{ij \cdot} \leqslant 1$。

在实际研究工作中，对多个相关变量进行偏相关分析，偏相关系数一定是指该多个相关变量的最高级偏相关系数，在叙述时通常略去偏相关系数的级。例如，对 m 个相关变量进行偏相关分析，偏相关系数一定是 $m-2$ 级偏相关系数 $r_{ij \cdot}$（i、$j = 1$，2，$\cdots$，m；$i \neq j$）。换句话说，这时所说的偏相关系数就是 $m-2$ 级偏相关系数。

（二）偏相关系数的计算

1. 一级偏相关系数的计算 设 3 个相关变量 x_1，x_2，x_3 有 n 组实际观测值

x_1	x_2	x_3
x_{11}	x_{21}	x_{31}
x_{12}	x_{22}	x_{32}
$\vdots$	$\vdots$	$\vdots$
x_{1n}	x_{2n}	x_{3n}

利用零级偏相关系数即直线相关系数计算 3 个相关变量 x_1，x_2，x_3 的一级偏相关系数，计算公式为

$$\left.\begin{array}{l} r_{12 \cdot 3} = \dfrac{r_{12} - r_{13} r_{23}}{\sqrt{(1 - r_{13}^2)(1 - r_{23}^2)}}, \\[3mm] r_{13 \cdot 2} = \dfrac{r_{13} - r_{12} r_{32}}{\sqrt{(1 - r_{12}^2)(1 - r_{32}^2)}}, \\[3mm] r_{23 \cdot 1} = \dfrac{r_{23} - r_{21} r_{31}}{\sqrt{(1 - r_{21}^2)(1 - r_{31}^2)}}. \end{array}\right\} \qquad (9-24)$$

2. 二级偏相关系数的计算 设 4 个相关变量 x_1，x_2，x_3，x_4 有 n 组实际观测值

x_1	x_2	x_3	x_4
x_{11}	x_{21}	x_{31}	x_{41}
x_{12}	x_{22}	x_{32}	x_{42}
$\vdots$	$\vdots$	$\vdots$	$\vdots$
x_{1n}	x_{2n}	x_{3n}	x_{4n}

利用一级偏相关系数计算 4 个相关变量 x_1，x_2，x_3，x_4 的二级偏相关系数，计算公式为

$$\left.\begin{array}{l} r_{12\cdot34}=\dfrac{r_{12\cdot3}-r_{14\cdot3}r_{24\cdot3}}{\sqrt{(1-r_{14\cdot3}{}^2)(1-r_{24\cdot3}{}^2)}}, \quad r_{13\cdot24}=\dfrac{r_{13\cdot2}-r_{14\cdot2}r_{34\cdot2}}{\sqrt{(1-r_{14\cdot2}{}^2)(1-r_{34\cdot2}{}^2)}}, \\[4mm] r_{14\cdot23}=\dfrac{r_{14\cdot2}-r_{13\cdot2}r_{43\cdot2}}{\sqrt{(1-r_{13\cdot2}{}^2)(1-r_{43\cdot2}{}^2)}}, \quad r_{23\cdot14}=\dfrac{r_{23\cdot1}-r_{24\cdot1}r_{34\cdot1}}{\sqrt{(1-r_{24\cdot1}{}^2)(1-r_{34\cdot1}{}^2)}}, \\[4mm] r_{24\cdot13}=\dfrac{r_{24\cdot1}-r_{23\cdot1}r_{43\cdot1}}{\sqrt{(1-r_{23\cdot1}{}^2)(1-r_{43\cdot1}{}^2)}}, \quad r_{34\cdot12}=\dfrac{r_{34\cdot1}-r_{32\cdot1}r_{42\cdot1}}{\sqrt{(1-r_{32\cdot1}{}^2)(1-r_{42\cdot1}{}^2)}}。 \end{array}\right\} \tag{9-25}$$

3. $m-2$ 级偏相关系数的计算　设 m 个相关变量 x_1，x_2，$\cdots$，x_m 有 n 组实际观测值

x_1	x_2	$\cdots$	x_m
x_{11}	x_{21}	$\cdots$	x_{m1}
x_{12}	x_{22}	$\cdots$	x_{m2}
$\vdots$	$\vdots$		$\vdots$
x_{1n}	x_{2n}	$\cdots$	x_{mn}

m 个相关变量 x_1，x_2，$\cdots$，x_m 的 $m-2$ 级偏相关系数 $r_{ij\cdot}$ 的计算方法如下。

先计算简单相关系数即直线相关系数 r_{ij}，

$$r_{ij}=\frac{SP_{ij}}{\sqrt{SS_i SS_j}}, \quad (i、j=1,2,\cdots,m), \tag{9-26}$$

其中，$SP_{ij}=\sum\limits_{k=1}^{n}(x_{ik}-\bar{x}_i)(x_{jk}-\bar{x}_j)$，$SS_i=\sum\limits_{k=1}^{n}(x_{ik}-\bar{x}_i)^2$，$SS_j=\sum\limits_{k=1}^{n}(x_{jk}-\bar{x}_j)^2$。

利用简单相关系数 r_{ij} 组成相关系数矩阵 $\boldsymbol{R}$，

$$\boldsymbol{R}=\begin{bmatrix} r_{11} & r_{12} & \cdots & r_{1m} \\ r_{21} & r_{22} & \cdots & r_{2m} \\ \vdots & \vdots & & \vdots \\ r_{m1} & r_{m2} & \cdots & r_{mm} \end{bmatrix}, \tag{9-27}$$

求相关系数矩阵 $\boldsymbol{R}$ 的逆矩阵 $\boldsymbol{C}$，

$$\boldsymbol{C}=\boldsymbol{R}^{-1}=\begin{bmatrix} c_{11} & c_{12} & \cdots & c_{1m} \\ c_{21} & c_{22} & \cdots & c_{2m} \\ \vdots & \vdots & & \vdots \\ c_{m1} & c_{m2} & \cdots & c_{mm} \end{bmatrix}。 \tag{9-28}$$

相关变量 x_i 与 x_j 的 $m-2$ 级偏相关系数 $r_{ij\cdot}$ 的计算公式为

$$r_{ij\cdot}=\frac{-c_{ij}}{\sqrt{c_{ii}c_{jj}}}, \quad (i、j=1,2,\cdots,m;i\neq j)。 \tag{9-29}$$

二、偏相关系数的假设检验

偏相关系数的假设检验有两种方法——t 检验与查表法。

(一) t 检验

对偏相关系数进行假设检验，检验对象是样本偏相关系数 $r_{ij\cdot}$，目的是对总体偏相关系数 $\rho_{ij\cdot}$ 是否为 0 作出推断，无效假设与备择假设为

$$H_0: \rho_{ij\cdot} = 0, \quad H_A: \rho_{ij\cdot} \neq 0,$$

t 值计算公式为

$$t_{r_{ij\cdot}} = \frac{r_{ij\cdot}}{s_{r_{ij\cdot}}} = \frac{r_{ij\cdot}}{\sqrt{(1-r_{ij\cdot}^2)/(n-m)}}, \quad df = n-m. \tag{9-30}$$

其中，$s_{r_{ij\cdot}} = \sqrt{(1-r_{ij\cdot}^2)/(n-m)}$ 为偏相关系数标准误；n 为实际观测值组数；m 为相关变量总个数。

注意，m 个相关变量的偏相关分析的 m 是相关变量的总个数，m 元线性回归分析的 m 是自变量的个数，这两种分析方法的 m 所表示的意义不同。

(二) 查表法

根据自由度 $df = n-m$、偏相关分析所涉及的变量总个数 $M=2$ 查附表 4-8，得临界 r 值 $r_{0.05(n-m)}$，$r_{0.01(n-m)}$，将偏相关系数 $r_{ij\cdot}$ 的绝对值 $|r_{ij\cdot}|$ 与临界 r 值比较，作出统计推断：

若 $|r_{ij\cdot}| < r_{0.05(n-m)}$，$p > 0.05$，不能否定 $H_0: \rho_{ij\cdot} = 0$，表明相关变量 x_i 与 x_j 偏相关系数不显著，即 m 个相关变量中其他 $m-2$ 个变量保持不变，两个相关变量 x_i 与 x_j 之间的直线关系不显著。

若 $r_{0.05(n-m)} \leqslant |r_{ij\cdot}| < r_{0.01(n-m)}$，$0.01 < p \leqslant 0.05$，否定 $H_0: \rho_{ij\cdot} = 0$，接受 $H_A: \rho_{ij\cdot} \neq 0$，表明相关变量 x_i 与 x_j 偏相关系数显著，即 m 个相关变量中其他 $m-2$ 个变量固定不变，两个相关变量 x_i 与 x_j 之间直线关系显著。

若 $|r_{ij\cdot}| \geqslant r_{0.01(n-m)}$，$p \leqslant 0.01$，否定 $H_0: \rho_{ij\cdot} = 0$，接受 $H_A: \rho_{ij\cdot} \neq 0$，表明相关变量 x_i 与 x_j 偏相关系数极显著，即 m 个相关变量中其他 $m-2$ 个变量保持不变，两个相关变量 x_i 与 x_j 之间直线关系极显著。

【例 9.2】　对于例 9.1，计算瘦肉量（y）与眼肌面积（x_1）、胴体长（x_2）、背膘厚（x_3）的偏相关系数 $r_{01\cdot23}$，$r_{02\cdot13}$，$r_{03\cdot12}$，并进行假设检验。

注意，此例相关变量总个数 $m = 1+3 = 4$。先根据例 9.1 已计算的 SS_1，SS_2，SS_3，SS_y，SP_{12}，SP_{13}，SP_{23}，SP_{10}，SP_{20}，SP_{30} 计算变量 y，x_1，x_2，x_3 两两的简单相关系数，

$$r_{12} = \frac{SP_{12}}{\sqrt{SS_1 SS_2}} = \frac{40.683\,2}{\sqrt{846.228\,1 \times 745.604\,1}} = 0.051\,2,$$

$$r_{13} = \frac{SP_{13}}{\sqrt{SS_1 SS_3}} = \frac{-6.259\,4}{\sqrt{846.228\,1 \times 13.898\,7}} = -0.057\,7,$$

$$r_{23} = \frac{SP_{23}}{\sqrt{SS_2 SS_3}} = \frac{-45.151\,1}{\sqrt{745.604\,1 \times 13.898\,7}} = -0.443\,5,$$

$$r_{10} = \frac{SP_{10}}{\sqrt{SS_1 SS_y}} = \frac{114.453\,0}{\sqrt{846.228\,1 \times 70.661\,7}} = 0.468\,0,$$

$$r_{20}=\frac{SP_{20}}{\sqrt{SS_2SS_y}}=\frac{76.279\,9}{\sqrt{745.604\,1\times70.661\,7}}=0.332\,3,$$

$$r_{30}=\frac{SP_{30}}{\sqrt{SS_3SS_y}}=\frac{-11.296\,6}{\sqrt{13.898\,7\times70.661\,7}}=-0.360\,5。$$

相关系数矩阵 $\boldsymbol{R}$ 为

$$\boldsymbol{R}=\begin{bmatrix} r_{11} & r_{12} & r_{13} & r_{10} \\ r_{21} & r_{22} & r_{23} & r_{20} \\ r_{31} & r_{32} & r_{33} & r_{30} \\ r_{01} & r_{02} & r_{03} & r_{00} \end{bmatrix}=\begin{bmatrix} 1 & 0.051\,2 & -0.057\,7 & 0.468\,0 \\ 0.051\,2 & 1 & -0.443\,5 & 0.332\,3 \\ -0.057\,7 & -0.443\,5 & 1 & -0.360\,5 \\ 0.468\,0 & 0.332\,3 & -0.360\,5 & 1 \end{bmatrix},$$

相关系数矩阵 $\boldsymbol{R}$ 的逆矩阵 $\boldsymbol{C}$ 为

$$\boldsymbol{C}=\boldsymbol{R}^{-1}=\begin{bmatrix} c_{11} & c_{12} & c_{13} & c_{10} \\ c_{21} & c_{22} & c_{23} & c_{20} \\ c_{31} & c_{32} & c_{33} & c_{30} \\ c_{01} & c_{02} & c_{03} & c_{00} \end{bmatrix}=\begin{bmatrix} 1.312\,941 & 0.107\,564 & -0.127\,506 & -0.696\,166 \\ 0.107\,564 & 1.308\,967 & 0.473\,288 & -0.314\,690 \\ -0.127\,506 & 0.473\,288 & 1.341\,733 & 0.386\,094 \\ -0.696\,166 & -0.314\,690 & 0.386\,094 & 1.569\,564 \end{bmatrix}。$$

根据式（9-29）计算瘦肉量（y）与眼肌面积（x_1）、胴体长（x_2）、背膘厚（x_3）的偏相关系数 $r_{01\cdot23}$，$r_{02\cdot13}$，$r_{03\cdot12}$，

$$r_{01\cdot23}=\frac{-c_{01}}{\sqrt{c_{00}c_{11}}}=\frac{-(-0.696\,166)}{\sqrt{1.569\,564\times1.312\,941}}=0.485\,0,$$

$$r_{02\cdot13}=\frac{-c_{02}}{\sqrt{c_{00}c_{22}}}=\frac{-(-0.314\,690)}{\sqrt{1.569\,564\times1.308\,967}}=0.219\,5,$$

$$r_{03\cdot12}=\frac{-c_{03}}{\sqrt{c_{00}c_{33}}}=\frac{-0.386\,094}{\sqrt{1.569\,564\times1.341\,733}}=-0.266\,1。$$

用 t 检验对偏相关系数进行假设检验。根据式（9-30）计算 t 值，

$$t_{r_{01\cdot23}}=\frac{r_{01\cdot23}}{\sqrt{(1-r_{01\cdot23}^2)/(n-m)}}=\frac{0.485\,0}{\sqrt{(1-0.485\,0^2)/(54-4)}}=3.922,$$

$$t_{r_{02\cdot13}}=\frac{r_{02\cdot13}}{\sqrt{(1-r_{02\cdot13}^2)/(n-m)}}=\frac{0.219\,5}{\sqrt{(1-0.219\,5^2)/(54-4)}}=1.591,$$

$$t_{r_{03\cdot12}}=\frac{r_{03\cdot12}}{\sqrt{(1-r_{03\cdot12}^2)/(n-m)}}=\frac{-0.266\,1}{\sqrt{[1-(-0.266\,1)^2]/(54-4)}}=-1.952。$$

根据自由度 $df=n-m=54-4=50$ 查附表4-3，得临界 t 值 $t_{0.05(50)}=2.008$，$t_{0.01(50)}=2.678$，因为 $t_{r_{01\cdot23}}=3.922>t_{0.01(50)}$，$p<0.01$，表明瘦肉量 y 与眼肌面积 x_1 的偏相关系数极显著；因为 $t_{r_{02\cdot13}}=1.591<t_{0.05(50)}$，$|t_{r_{03\cdot12}}|=1.952<t_{0.05(50)}$，$p>0.05$，表明瘦肉量 y 与胴体长 x_2、背膘厚 x_3 的偏相关系数不显著。

用查表法对偏相关系数进行假设检验，根据自由度 $df=n-m=54-4=50$、偏相关分析所涉及的变量总个数 $M=2$，查附表4-8，得临界 r 值 $r_{0.01(50)}=0.354$，$r_{0.05(50)}=0.273$，因为 $r_{01\cdot23}=0.485\,0>r_{0.01(50)}$，$p<0.01$，表明瘦肉量 y 与眼肌面积 x_1 的偏相关系数极显著；因为 $r_{02\cdot13}=0.219\,5<r_{0.05(50)}$，$|r_{03\cdot12}|=0.266\,1<r_{0.05(50)}$，$p>0.05$，表明瘦肉量 y 与胴体长 x_2、背膘厚 x_3 的偏相关系数不显著。查表法的检验结果与 t 检验的检验结果相同。

从以上分析发现，偏相关系数 $r_{01\cdot23}$，$r_{02\cdot13}$，$r_{03\cdot12}$ 与简单相关系数 r_{01}，r_{02}，r_{03} 的数值不相同。对简单相关系数进行假设检验，y 与 x_1、x_3 的简单相关系数极显著，y 与 x_2 的简单相关系数显著；对偏相关系数进行假设检验，y 与 x_1 的偏相关系数极显著，y 与 x_2、x_3 的偏相关系数不显

著。偏相关系数假设检验结果与简单相关系数假设检验结果不相同。偏相关系数与简单相关系数的数值不相同、偏相关系数与简单相关系数假设检验结果不相同的原因是多个相关变量两两的相关性。

对多个相关变量进行相关分析，偏相关系数与简单相关系数的数值可能相差很大，甚至有时连正、负号都可能相反，只有偏相关系数才能正确表示两个相关变量直线相关的程度与性质，才能正确表示两个相关变量的真实关系；而简单相关系数由于其他变量的影响，表示的两个相关变量的关系是非真实的表面关系。因此，对多个相关变量进行相关分析，应进行偏相关分析，而且所计算的偏相关系数应是多个相关变量的最高级偏相关系数。例如，对 10 个相关变量进行偏相关分析，所计算的偏相关系数应是 $10-2=8$ 级偏相关系数 $r_{ij}.$（i、$j=1$, 2, $\cdots$, 10; $i \neq j$）。

第四节 多项式回归分析

一、多项式回归分析概述

研究依变量与自变量多项式关系的回归分析称为多项式回归（polynomial regression）分析。研究一个依变量与一个自变量的多项式回归分析称为一元多项式回归分析；研究一个依变量与多个自变量的多项式回归分析称为多元多项式回归分析。

进行一元回归分析，若依变量与自变量的关系是非线性的，但又找不到适当的函数曲线来拟合，可以采用一元多项式回归分析。多项式回归分析的最大优点是可以通过增加自变量的高次项对实测点进行逼近，直至多项式回归方程估测的可靠程度满意为止。

一元 m 次多项式回归方程为

$$\hat{y}=b_0+b_1 x+b_2 x^2+\cdots+b_m x^m。 \tag{9-31}$$

二元二次多项式回归方程为

$$\hat{y}=b_0+b_1 x_1+b_2 x_2+b_3 x_1^2+b_4 x_2^2+b_5 x_1 x_2。 \tag{9-32}$$

三元二次多项式回归方程为

$$\hat{y}=b_0+b_1 x_1+b_2 x_2+b_3 x_3+b_4 x_1^2+b_5 x_2^2+b_6 x_3^2+b_7 x_1 x_2+b_8 x_1 x_3+b_9 x_2 x_3。 \tag{9-33}$$

二、多项式回归分析的一般方法

多项式回归分析可以通过变量转换转化为多元线性回归分析。

对于一元 m 次多项式回归方程（9-31），若令 $x_1=x$, $x_2=x^2$, $\cdots$, $x_m=x^m$，则一元 m 次多项式回归方程（9-31）就转化为 m 元线性回归方程

$$\hat{y}=b_0+b_1 x_1+b_2 x_2+\cdots+b_m x_m。$$

通过变量转换，一元 m 次多项式回归分析转化为 m 元线性回归分析。

对于二元二次多项式回归方程（9-32），若令 $z_1=x_1$, $z_2=x_2$, $z_3=x_1^2$, $z_4=x_2^2$, $z_5=x_1 x_2$，二元二次多项式回归方程（9-32）就转化为五元线性回归方程

$$\hat{y}=b_0+b_1 z_1+b_2 z_2+b_3 z_3+b_4 z_4+b_5 z_5。$$

通过变量转换，二元二次多项式回归分析转化为五元线性回归分析。

对于三元二次多项式回归方程（9-33），若令 $z_1=x_1$, $z_2=x_2$, $z_3=x_3$, $z_4=x_1^2$, $z_5=x_2^2$, $z_6=x_3^2$, $z_7=x_1 x_2$, $z_8=x_1 x_3$, $z_9=x_2 x_3$，三元二次多项式回归方程（9-33）就转化为九元线性回归方程

$$\hat{y}=b_0+b_1z_1+b_2z_2+b_3z_3+b_4z_4+b_5z_5+b_6z_6+b_7z_7+b_8z_8+b_9z_9。$$

通过变量转换，三元二次多项式回归分析转化为九元线性回归分析。

较为常用的多项式回归分析是一元二次多项式回归分析和一元三次多项式回归分析。下面结合实例详细介绍一元二次多项式回归分析的基本步骤。

三、一元二次多项式回归分析

【例 9.3】 给动物口服某种药物 1 000 mg，每间隔 1 h 测定血药浓度，服药时间与血药浓度观测值列于表 9-5（血药浓度为 5 头供试动物的平均值）。建立血药浓度（依变量 y）对服药时间（自变量 x）的回归方程。

表 9-5　服药时间与血药浓度

服药时间 x（h）	1	2	3	4	5	6	7	8	9
血药浓度 y（mg/mL）	21.89	47.13	61.86	70.78	72.81	66.36	50.34	25.31	3.17
$\hat{y}$	22.700 6	46.240 3	62.255 2	70.745 3	71.710 6	65.151 1	51.066 8	29.457 7	0.323 8
$y-\hat{y}$	−0.810 6	0.889 7	−0.395 2	0.034 7	1.099 4	1.208 9	−0.726 8	−4.147 7	2.846 2

（1）作散点图。根据列于表 9-5 的 9 对实际观测值作散点图，散点图见图 9-1。散点图 9-1 表明，血药浓度最大值出现在服药后5 h，在 5 h 之前血药浓度随着时间的增加而增加，在 5 h 之后血药浓度随着时间的增加而减少，散点图呈抛物线形状，因此可以选用一元二次多项式来表示血药浓度与服药时间的关系，进行一元二次多项式回归分析即抛物线回归分析。

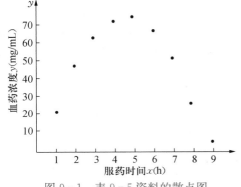

图 9-1　表 9-5 资料的散点图

（2）进行变量转换。设一元二次多项式回归方程为
$$\hat{y}=b_0+b_1x+b_2x^2，$$
令 $x_1=x$，$x_2=x^2$，一元二次多项式回归方程转化为二元线性回归方程
$$\hat{y}=b_0+b_1x_1+b_2x_2，$$
通过变量转换，一元二次多项式回归分析转化为二元线性回归分析。

（3）进行二元线性回归分析。根据列于表 9-5 的 9 对服药时间与血药浓度观测值计算进行二元线性回归分析所需要的各个数据，

$$\sum x_1=\sum x=45，\sum x_2=\sum x^2=285，\sum y=419.65，$$

$$\sum x_1^2=\sum x^2=285，\sum x_2^2=\sum x^4=15\,333，\sum y^2=24\,426.583\,3，$$

$$\sum x_1x_2=\sum x^3=2\,025，\sum x_1y=\sum xy=1\,930.45，\sum x_2y=\sum x^2y=10\,452.11，$$

$$\bar{x}_1=\frac{\sum x_1}{n}=5.000\,0，\bar{x}_2=\frac{\sum x_2}{n}=31.666\,7，\bar{y}=\frac{\sum y}{n}=46.627\,8，$$

$$SS_1=\sum x_1^2-\frac{\left(\sum x_1\right)^2}{n}=60.000\,0，$$

$$SS_2=\sum x_2^2-\frac{\left(\sum x_2\right)^2}{n}=6\,308.000\,0，$$

$$SS_y = \sum y^2 - \frac{\left(\sum y\right)^2}{n} = 859.236\,4 \text{ ,}$$

$$SP_{12} = \sum x_1 x_2 - \frac{\left(\sum x_1\right)\left(\sum x_2\right)}{n} = 600.000\,0 = SP_{21} \text{ ,}$$

$$SP_{10} = \sum x_1 y - \frac{\left(\sum x_1\right)\left(\sum y\right)}{n} = -167.800\,0 \text{ ,}$$

$$SP_{20} = \sum x_2 y - \frac{\left(\sum x_2\right)\left(\sum y\right)}{n} = -2\,836.806\,7 \text{ 。}$$

关于 b_1、b_2 的正规方程组为

$$\begin{cases} 60.000\,0b_1 + 600.000\,0b_2 = -167.800\,0 \text{ ,} \\ 600.000\,0b_1 + 6\,308.000\,0b_2 = -2\,836.806\,7 \text{ ,} \end{cases}$$

先求正规方程组系数矩阵 $\boldsymbol{A}$ 的逆矩阵 $\boldsymbol{C}$,

$$\boldsymbol{C} = \begin{pmatrix} c_{11} & c_{12} \\ c_{21} & c_{22} \end{pmatrix} = \begin{pmatrix} 60.000\,0 & 600.000\,0 \\ 600.000\,0 & 6\,308.000\,0 \end{pmatrix}^{-1} = \begin{pmatrix} 0.341\,342 & -0.032\,468 \\ -0.032\,468 & 0.003\,247 \end{pmatrix} \text{ ,}$$

b_1、b_2 的解为

$$\begin{bmatrix} b_1 \\ b_2 \end{bmatrix} = \begin{bmatrix} c_{11} & c_{12} \\ c_{21} & c_{22} \end{bmatrix} \begin{bmatrix} SP_{10} \\ SP_{20} \end{bmatrix} = \begin{bmatrix} 0.341\,342 & -0.032\,468 \\ -0.032\,468 & 0.003\,247 \end{bmatrix} \begin{bmatrix} -167.800\,0 \\ -2\,836.806\,7 \end{bmatrix}$$

$$= \begin{bmatrix} 34.826\,9 \\ -3.762\,4 \end{bmatrix} \text{ ,}$$

即 $b_1 = 34.826\,9$,$b_2 = -3.762\,4$。

根据式（9-3）计算 b_0

$$b_0 = \bar{y} - b_1 \bar{x}_1 - b_2 \bar{x}_2 = 46.627\,8 - 34.826\,9 \times 5 - (-3.762\,4) \times 31.666\,7 = -8.363\,9 \text{ ,}$$

于是,y 对 x_1、x_2 的二元线性回归方程为

$$\hat{y} = -8.363\,9 + 34.826\,9x_1 - 3.762\,4x_2 \text{ 。}$$

下面对二元线性回归关系进行假设检验。因为

$$SS_y = 4\,859.236\,4 \text{ ,}$$

$$SS_R = b_1 SP_{10} + b_2 SP_{20} = 34.826\,9 \times (-167.800\,0) + (-3.762\,4) \times (-2\,836.806\,7) \text{ ,}$$

$$= 4\,829.247\,7 \text{ ,}$$

$$SS_r = SS_y - SS_R = 4\,859.236\,4 - 4\,829.247\,7 = 29.988\,7 \text{ ,}$$

$$df_y = n - 1 = 9 - 1 = 8 \text{ ,} \quad df_R = 2 \text{ ,} \quad df_r = df_y - df_R = 8 - 2 = 6 \text{ 。}$$

列出方差分析表（表9-6）,进行 F 检验。

表9-6　二元线性回归关系假设检验方差分析表

变异来源	平方和 SS	自由度 df	均方 MS	F 值	临界 F 值
回　归	4 829.247 7	2	2 414.623 9	483.108**	$F_{0.01(2,6)} = 10.92$
离回归	29.988 7	6	4.998 1		
总变异	4 859.236 4	8			

因为 $F = 483.108 > F_{0.01(2,6)}$,$p < 0.01$,表明 y 与 x_1、x_2 线性关系极显著。

下面采用 F 检验进行偏回归系数的假设检验。

$$SS_{b_1} = \frac{b_1^2}{c_{11}} = \frac{34.826\,9^2}{0.341\,342} = 3\,553.365\,7 \text{ ,}$$

$$SS_{b_2} = \frac{b_2^2}{c_{22}} = \frac{(-3.7624)^2}{0.003\,247} = 4\,359.610\,0,$$

$$F_{b_1} = \frac{MS_{b_1}}{MS_r} = \frac{SS_{b_1}}{MS_r} = \frac{3\,553.365\,7}{4.998\,1} = 710.943^{**},$$

$$F_{b_2} = \frac{MS_{b_2}}{MS_r} = \frac{SS_{b_2}}{MS_r} = \frac{4\,359.610\,0}{4.998\,1} = 872.253^{**}。$$

根据 $df_1 = 1$，$df_2 = 6$ 查附 4，得临界 F 值 $F_{0.01(1,6)} = 13.74$，因为 $F_{b_1} = 710.943 > F_{0.01(1,6)}$，$p < 0.01$；$F_{b_2} = 872.253 > F_{0.01(1,6)}$，$p < 0.01$，表明 y 对 x_1、x_2 的偏回归系数均极显著。

（4）建立一元二次多项式回归方程。将 x_1 还原为 x，x_2 还原为 x^2，得到 y 对 x 的一元二次多项式回归方程

$$\hat{y} = -8.363\,9 + 34.826\,9x - 3.762\,4x^2。$$

（5）计算相关指数 R^2。根据 y 对 x 的一元二次多项式回归方程计算各个回归估计值 $\hat{y}$，计算 $y - \hat{y}$，计算 $\sum (y - \hat{y})^2 = 30.108\,7$，已计算 $\sum (y - \bar{y})^2 = 4\,859.236\,4$，所以相关指数 R^2 为

$$R^2 = 1 - \frac{\sum (y - \hat{y})^2}{\sum (y - \bar{y})^2} = 1 - \frac{30.108\,7}{4\,859.236\,4} = 0.993\,8。$$

表明血药浓度 y 对服药时间 x 的一元二次多项式回归方程估测的可靠程度高，达到 99.38%。

习 题

1. 怎样建立多元线性回归方程？

2. 多元线性回归的假设检验包含哪些内容？怎样进行？

3. 在多元线性回归分析中，怎样剔除偏回归系数不显著的自变量？怎样重新建立多元线性回归方程？

4. 相关指数 R^2 的意义是什么？怎样计算？

5. 复相关系数 R 的意义是什么？怎样计算？怎样进行复相关系数的假设检验？

6. 偏相关系数的意义是什么？怎样计算？偏相关系数与简单相关系数有何区别？怎样进行偏相关系数的假设检验？

7. 怎样将多项式回归分析转化为多元线性回归分析？

8. 25 头育肥猪瘦肉量、眼肌面积、腿肉量、腰肉量的观测值列于下表，（1）进行瘦肉量 y 对眼肌面积 x_1、腿肉量 x_2、腰肉量 x_3 的三元线性回归分析，建立最优回归方程。（2）计算瘦肉量 y 与眼肌面积 x_1、腿肉量 x_2、腰肉量 x_3 的复相关系数 R，并进行假设检验。

25 头育肥猪瘦肉量、眼肌面积、腿肉量、腰肉量观测值

序号	瘦肉量 y (kg)	眼肌面积 x_1 (cm²)	腿肉量 x_2 (kg)	腰肉量 x_3 (kg)	序号	瘦肉量 y (kg)	眼肌面积 x_1 (cm²)	腿肉量 x_2 (kg)	腰肉量 x_3 (kg)
1	15.02	23.73	5.49	1.21	14	15.94	23.52	5.18	1.98
2	12.62	22.34	4.32	1.35	15	14.33	21.86	4.86	1.59
3	14.86	28.84	5.04	1.92	16	15.11	28.95	5.18	1.37
4	13.98	27.67	4.72	1.49	17	13.81	24.53	4.88	1.39
5	15.91	20.83	5.35	1.56	18	15.58	27.65	5.02	1.66
6	12.47	22.27	4.27	1.50	19	15.85	27.29	5.55	1.70
7	15.80	27.57	5.25	1.85	20	15.28	29.07	5.26	1.82
8	14.32	28.01	4.62	1.51	21	16.40	32.47	5.18	1.75
9	13.76	24.79	4.42	1.46	22	15.02	29.65	5.08	1.70
10	15.18	28.96	5.30	1.66	23	15.73	22.11	4.90	1.81
11	14.20	25.77	4.87	1.64	24	14.75	22.43	4.65	1.82
12	17.07	23.17	5.80	1.90	25	14.37	20.44	5.10	1.55
13	15.40	28.57	5.22	1.66					

9. 根据列于习题 8 的观测值，计算瘦肉量 y 与眼肌面积 x_1、腿肉量 x_2、腰肉量 x_3 的偏相关系数 $r_{01 \cdot 23}$，$r_{02 \cdot 13}$，$r_{03 \cdot 12}$ 并进行假设检验。

10. 重庆市种畜场乳牛群各月份产犊母牛平均 305 d 产乳量观测值列于下表，进行一元二次多项式回归分析。

重庆市种畜场乳牛群各月份产犊母牛平均 305 d 产乳量观测值

产犊月份 x	平均产乳量 y（kg）	产犊月份 x	平均产乳量 y（kg）
1	3 833.43	7	3 476.76
2	3 811.58	8	3 466.22
3	3 769.47	9	3 395.42
4	3 565.74	10	3 807.08
5	3 481.99	11	3 817.03
6	3 372.82	12	3 884.52

第十章

协方差分析

第一节　协方差与协方差分析

一、协方差的意义

利用两个相关变量 x 与 y 的 n 对观测值 (x_i, y_i)，$i=1, 2, \cdots, n$，可以计算 x 的均方 MS_x、y 的均方 MS_y，

$$MS_x = \frac{1}{n-1} \sum_{i=1}^{n} (x_i - \bar{x})^2, \quad MS_y = \frac{1}{n-1} \sum_{i=1}^{n} (y_i - \bar{y})^2 。$$

x 的均方 MS_x 的数学期望是 x 的方差 σ_x^2，即 $EMS_x = \sigma_x^2$；y 的均方 MS_y 的数学期望是 y 的方差 σ_y^2，即 $EMS_y = \sigma_y^2$。

利用两个相关变量 x 与 y 的 n 对观测值 (x_i, y_i)，$i=1, 2, \cdots, n$，还可以计算出 x 的离均差与 y 的离均差乘积的平均数（以自由度 $n-1$ 作除数），简称均积，记为 MP_{xy}，即

$$MP_{xy} = \frac{1}{n-1} \sum_{i=1}^{n} (x_i - \bar{x})(y_i - \bar{y}) = \frac{1}{n-1} \Big[\sum_{i=1}^{n} x_i y_i - \frac{1}{n} \Big(\sum_{i=1}^{n} x_i \Big) \Big(\sum_{i=1}^{n} y_i \Big) \Big] 。$$

$$(10-1)$$

均积 MP_{xy} 相应的总体参数称为**协方差**（covariance），记为 $\text{Cov}(x, y)$ 或 σ_{xy}，均积 MP_{xy} 的数学期望是协方差 $\text{Cov}(x, y)$，即 $EMP_{xy} = \text{Cov}(x, y)$。

方差是表示变量变异程度大小的总体参数。方差大，表示该变量的变异程度大；方差小，表示该变量的变异程度小。协方差是表示两个相关变量相互影响程度大小和性质的总体参数。协方差绝对值的大小表示两个相关变量相互影响程度的大小。协方差的绝对值大，表示两个相关变量相互影响的程度大；协方差的绝对值小，表示两个相关变量相互影响的程度小。协方差的正、负号表示两个相关变量相互影响的性质。协方差为正，表示两个相关变量正相关即同向增减；协方差为负，表示两个相关变量负相关即异向增减。

利用总体标准差 σ_x、σ_y 和协方差 $\text{Cov}(x, y)$ 可以计算两个相关变量 x 与 y 的总体相关系数 ρ，

$$\rho = \frac{\text{Cov}(x, y)}{\sigma_x \sigma_y} 。$$

$$(10-2)$$

二、协方差分析的意义与功用

对于不受别的变量线性影响的试验资料，总变异仅含自身变异。例如单因素完全随机设计试验资料，如果不受别的变量线性影响，总变异仅含自身变异，即仅含处理间变异与试验误差，可以用方差分析法进行分析。对于受别的变量线性影响的试验资料，总变异不仅包含自身变异，还包含由于别的变量线性影响所引起的变异。在这种情况下，应先判断别的变量对试验资料是否有线性影响，如果别的变量对试验资料有线性影响，应排除别的变量对试验资料的线性影响才能得到正确的结论。若别的变量对试验指标有线性影响，须采用本章介绍的**协方差分析**（analysis of covariance 法，简记为 ANOCOV）进行分析。

协方差分析有以下两个功用：

1. 对试验进行统计控制 为了提高试验的精确性和准确性，对处理以外的一切条件都需要采取有效措施严格控制，使它们尽量一致，使处理以外的一切条件尽量一致对试验进行控制称为试验控制。但在有些情况下，即使尽最大努力也很难满足试验控制的要求。例如，研究几种配合饲料对仔猪增重的影响，希望试验仔猪的初始重相同，因为经研究发现，仔猪增重与仔猪初始重是直线关系，即仔猪初始重对仔猪增重有线性影响。但是，在实际试验中很难满足试验仔猪初始重相同这一要求。这时可利用仔猪初始重（记为 x）与仔猪增重（记为 y）的直线关系，将仔猪增重都矫正为仔猪初始重相同的增重，这就排除了仔猪初始重对仔猪增重的线性影响。由于矫正的仔猪增重是应用统计方法——直线回归分析将仔猪初始重控制一致而得到的，应用统计方法对试验进行控制称为统计控制。统计控制是试验控制的一种辅助手段，目的在于降低试验误差、提高试验处理效应估计的准确性，提高方差分析的正确性。这种将直线回归分析与方差分析相结合的统计分析方法称为**回归模型的协方差分析**（ANOCOV of regression model）。

2. 估计协方差分量 进行方差分析，可以根据均方 MS 是期望均方 EMS 的估计值求得方差分量的估计值。进行协方差分析可以根据均积 MP 是期望均积（expected mean products）EMP 的估计值求得协方差分量的估计值。利用方差分量的估计值和协方差分量的估计值可以计算两个相关变量的总体相关系数的估计值，进行相关分析。这在遗传、育种、生态、环保等的研究上是很有用处的。估计协方差分量的协方差分析称为**相关模型的协方差分析**（ANOCOV of correlation model）。

下面介绍单因素试验资料回归模型协方差分析的基本原理与步骤。

第二节　单因素试验资料回归模型的协方差分析

设一单因素试验有 k 个处理、n 次重复，每个处理有两个变量 x 和 y（y 为试验指标，例如仔猪增重；x 为对试验指标 y 有线性影响而又难以控制一致的试验条件，例如仔猪初始重）的 n 对观测值。该试验资料共有两个变量 x 和 y 的 kn 对观测值。单因素试验两个变量 x 和 y 的 kn 对观测值资料的一般模式列于表 $10-1$。

表 10 - 1 单因素试验两个变量 x 和 y 的 kn 对观测值资料的一般模式

处理 变量	处理 1		处理 2		…	处理 i		…	处理 k	
	x	y	x	y	…	x	y	…	x	y
观测值	x_{11}	y_{11}	x_{21}	y_{21}	…	x_{i1}	y_{i1}	…	x_{k1}	y_{k1}
	x_{12}	y_{12}	x_{22}	y_{22}	…	x_{i2}	y_{i2}	…	x_{k2}	y_{k2}
x_{ij}、y_{ij}	⋮	⋮	⋮	⋮		⋮	⋮		⋮	⋮
($i=1, 2, …, k$;	x_{1j}	y_{1j}	x_{2j}	y_{2j}	…	x_{ij}	y_{ij}	…	x_{kj}	y_{kj}
$j=1, 2, …, n$)	⋮	⋮	⋮	⋮		⋮	⋮		⋮	⋮
	x_{1n}	y_{1n}	x_{2n}	y_{2n}	…	x_{in}	y_{in}	…	x_{kn}	y_{kn}
合 计	$x_{1.}$	$y_{1.}$	$x_{2.}$	$y_{2.}$	…	$x_{i.}$	$y_{i.}$	…	$x_{k.}$	$y_{k.}$
平 均	$\bar{x}_{1.}$	$\bar{y}_{1.}$	$\bar{x}_{2.}$	$\bar{y}_{2.}$	…	$\bar{x}_{i.}$	$\bar{y}_{i.}$	…	$\bar{x}_{k.}$	$\bar{y}_{k.}$

其中 $x_{i.} = \sum\limits_{j=1}^{n} x_{ij}$ ，$\bar{x}_{i.} = \dfrac{1}{n} \sum\limits_{j=1}^{n} x_{ij}$ ，$y_{i.} = \sum\limits_{j=1}^{n} y_{ij}$ ，$\bar{y}_{i.} = \dfrac{1}{n} \sum\limits_{j=1}^{n} y_{ij}$ ，

进行协方差分析还需要计算 $x.. = \sum\limits_{i=1}^{k} x_{i.}$ ，$\bar{x}.. = \dfrac{x..}{kn}$ ，$y.. = \sum\limits_{i=1}^{k} y_{i.}$ ，$\bar{y}.. = \dfrac{y..}{kn}$ 。

（一）数学模型

列于表 10 - 1 的观测值 y_{ij} 包含处理效应、x_{ij} 的线性影响和试验误差，因此，观测值 y_{ij} 的数据结构式为

$$y_{ij} = \mu_y + \tau_i + \beta_e (x_{ij} - \mu_x) + \varepsilon_{ij} (i=1, 2, …, k; j=1, 2, …, n)。 \quad (10 - 3)$$

其中，μ_y 和 μ_x 分别为观测值 y_{ij} 和 x_{ij} 的总体平均数；τ_i 为第 i 个处理效应（固定效应）；β_e 为各组 y 与 x 呈直线关系的总体回归系数 β_{ei} （$i=1, 2, …, k$）的加权平均数（假定 $\beta_{e1} = \beta_{e2} = … = \beta_{ek}$ 正确），$\beta_e (x_{ij} - \mu_x)$ 为由于 x_{ij} 对 y_{ij} 线性影响所引起的 y_{ij} 的变异部分；ε_{ij} 为试验误差，相互独立，且都服从 $N(0, \sigma^2)$。

式（10 - 3）就是单因素试验资料回归模型协方差分析的数学模型。

由式（10 - 3）移项可得

$$y_{ij} - \tau_i = (\mu_y - \beta_e \mu_x) + \beta_e x_{ij} + \varepsilon_{ij}， \quad (10 - 4)$$

$$y_{ij} - \beta_e (x_{ij} - \mu_x) = \mu_y + \tau_i + \varepsilon_{ij}。 \quad (10 - 5)$$

将 y_{ij} 用样本统计数表示，

$$y_{ij} = \bar{y}.. + t_i + b_e (x_{ij} - \bar{x}..) + e_{ij}， \quad (10 - 6)$$

$$y_{ij} - t_i = (\bar{y}.. - b_e \bar{x}..) + b_e x_{ij} + e_{ij}， \quad (10 - 7)$$

$$y_{ij} - b_e (x_{ij} - \bar{x}..) = \bar{y}.. + t_i + e_{ij}， \quad (10 - 8)$$

其中，$\bar{y}..$ ，$\bar{x}..$ ，t_i ，b_e ，e_{ij} 分别是 μ_y ，μ_x ，τ_i ，β_e ，ε_{ij} 的估计值。

令 $Y'_{ij} = y_{ij} - \tau_i$ 或 $Y'_{ij} = y_{ij} - t_i$ ，即 Y'_{ij} 为观测值 y_{ij} 与处理效应之差，是包含 x_{ij} 对 y_{ij} 线性影响的误差项，式（10 - 4）或式（10 - 7）改写为

$$Y'_{ij} = (\mu_y - \beta_e \mu_x) + \beta_e x_{ij} + \varepsilon_{ij}， \quad (10 - 9)$$

$$Y'_{ij} = (\bar{y}.. - b_e \bar{x}..) + b_e x_{ij} + e_{ij}。 \quad (10 - 10)$$

式（10 - 9）或式（10 - 10）表明，对包含 x_{ij} 对 y_{ij} 线性影响的误差项 Y'_{ij} 与 x_{ij} 进行直线回归分析，可求出 β_e 的估计值 b_e。

若令 $y'_{ij} = y_{ij} - \beta_e (x_{ij} - \mu_x)$ 或 $y'_{ij} = y_{ij} - b_e (x_{ij} - \bar{x}..)$ ，y'_{ij} 为对观测值 y_{ij} 进行直线回归矫正后的矫正观测值，式（10 - 5）或式（10 - 8）改写为

$$y'_{ij} = \mu_y + \tau_i + \varepsilon_{ij}， \quad (10 - 11)$$

$$y'_{ij} = \bar{y}.. + t_i + e_{ij}。 \tag{10-12}$$

式（10-11）或式（10-12）表明，对矫正观测值 y'_{ij} 进行方差分析就排除了 x_{ij} 对 y_{ij} 的线性影响。

（二）计算变量 x、y 的各项平方和、乘积和与自由度

对试验资料进行回归模型的协方差分析，先计算变量 x、y 的各项平方和、乘积和与自由度。第六章单因素试验资料的方差分析已列出表 10-1 资料的变量 x、y 的平方和与自由度的分解式。变量 x、y 的各项乘积和分解式及计算公式如下：

$$SP_T = SP_t + SP_e， \tag{10-13}$$

SP_T 为总乘积和，SP_T 的计算公式为

$$SP_T = \sum_{i=1}^{k} \sum_{j=1}^{n} (x_{ij} - \bar{x}..)(y_{ij} - \bar{y}..) = \sum_{i=1}^{k} \sum_{j=1}^{n} x_{ij} y_{ij} - C， \tag{10-14}$$

SP_t 为处理间乘积和，SP_t 的计算公式为

$$SP_t = n \sum_{i=1}^{k} (\bar{x}_{i.} - \bar{x}..)(\bar{y}_{i.} - \bar{y}..) = \frac{1}{n} \sum_{i=1}^{k} x_{i.} y_{i.} - C， \tag{10-15}$$

其中，$C = x.. \, y.. /kn$ 为矫正数。

SP_e 为误差乘积和，SP_e 的计算公式为

$$SP_e = \sum_{i=1}^{k} \sum_{j=1}^{n} (x_{ij} - \bar{x}_{i..})(y_{ij} - \bar{y}_{i..}) = SP_T - SP_t。 \tag{10-16}$$

以上是各处理重复数相等的各项乘积和的计算公式。若各处理重复数不相等，分别为 n_1，n_2，$\cdots$，n_k，$N = \sum_{i=1}^{k} n_i$，各项乘积和的计算公式为

$$
\left.
\begin{aligned}
\text{矫正数} \quad & C = \frac{x.. \, y..}{N}， \\[2mm]
\text{总乘积和} \quad & SP_T = \sum_{i=1}^{k} \sum_{j=1}^{n_i} x_{ij} y_{ij} - C， \\[2mm]
\text{处理间乘积和} \quad & SP_t = \sum_{i=1}^{k} \frac{x_{i.} \, y_{i.}}{n_i} - C， \\[2mm]
\text{误差乘积和} \quad & SP_e = SP_T - SP_t。
\end{aligned}
\right\} \tag{10-17}
$$

下面结合实际例子说明单因素试验资料回归模型协方差分析的步骤。

【例 10.1】 为了寻找一种较好的哺乳仔猪食欲增进剂，以增进仔猪食欲，提高断奶重，对哺乳仔猪做了以下试验：试验设对照饲粮和由 3 种食欲增进剂配制的饲粮 1、饲粮 2、饲粮 3 共 4 个处理，重复 12 次，选择初生重尽量相近的长白猪哺乳仔猪 48 头，完全随机分为 4 组，每组 12 头，分别饲喂 4 种饲粮。哺乳仔猪初生重 x、50 日龄重 y 的观测值列于表 10-2。对该资料进行回归模型的协方差分析。

表 10-2　不同饲粮哺乳仔猪初生重与 50 日龄重观测值（kg）

处理	对照饲粮		饲粮 1		饲粮 2		饲粮 3	
变量	初生重 x	50 日龄重 y	初生重 x	50 日龄重 y	初生重 x	50 日龄重 y	初生重 x	50 日龄重 y
观测值 x_{ij}，y_{ij}	1.50	12.40	1.35	10.20	1.15	10.00	1.20	12.40
	1.85	12.00	1.20	9.40	1.10	10.60	1.00	9.80
	1.35	10.80	1.45	12.20	1.10	10.40	1.15	11.60
	1.45	10.00	1.20	10.30	1.05	9.20	1.10	10.60

(续)

处理	对照饲粮		饲粮 1		饲粮 2		饲粮 3	
变量	初生重 x	50 日龄重 y	初生重 x	50 日龄重 y	初生重 x	50 日龄重 y	初生重 x	50 日龄重 y
观 测 值 x_{ij}，y_{ij}	1.40	11.00	1.40	11.30	1.40	13.00	1.00	9.20
	1.45	11.80	1.30	11.40	1.45	13.50	1.45	13.90
	1.50	12.50	1.15	12.80	1.30	13.00	1.35	12.80
	1.55	13.40	1.30	10.90	1.70	14.80	1.15	9.30
	1.40	11.20	1.35	11.60	1.40	12.30	1.10	9.60
	1.50	11.60	1.15	8.50	1.45	13.20	1.20	12.40
	1.60	12.60	1.35	12.20	1.25	12.00	1.05	11.20
	1.70	12.50	1.20	9.30	1.30	12.80	1.10	11.00
合计 $x_{i\cdot}$，$y_{i\cdot}$	18.25	141.80	15.40	130.10	15.65	144.80	13.85	133.80
平均 $\bar{x}_{i\cdot}$，$\bar{y}_{i\cdot}$	1.52	11.82	1.28	10.84	1.30	12.07	1.15	11.15

此例，处理数 $k=4$，重复数 $n=12$，初生重 x、50 日龄重 y 各有 $kn=4\times12=48$ 个观测值。

$$x.. = x_1. + x_2. + x_3. + x_4. = 18.25 + 15.40 + 15.65 + 13.85 = 63.15,$$

$$y.. = y_1. + y_2. + y_3. + y_4. = 141.80 + 130.10 + 144.80 + 133.80 = 550.50。$$

回归模型的协方差分析步骤如下：

（1）计算变量 x 和 y 的各项平方和、乘积和与自由度。

① 计算变量 x 的各项平方和。

矫正数
$$C = \frac{x..^2}{kn} = \frac{63.15^2}{4\times12} = 83.08,$$

总平方和
$$SS_{T(x)} = \sum_{i=1}^{k}\sum_{j=1}^{n} x_{ij}^2 - C = (1.50^2 + 1.85^2 + \cdots + 1.10^2) - 83.08$$
$$= 84.83 - 83.08 = 1.75,$$

处理间平方和 $SS_{t(x)} = \frac{1}{n}\sum_{i=1}^{k} x_{i\cdot}^2 - C = \frac{18.25^2 + 15.40^2 + 15.65^2 + 13.85^2}{12} - 83.08$
$$= 83.91 - 83.08 = 0.83,$$

误差平方和
$$SS_{e(x)} = SS_{T(x)} - SS_{t(x)} = 1.75 - 0.83 = 0.92。$$

② 计算变量 y 的各项平方和。

矫正数
$$C = \frac{y..^2}{kn} = \frac{550.5^2}{4\times12} = 6\,313.55,$$

总平方和
$$SS_{T(y)} = \sum_{i=1}^{k}\sum_{j=1}^{n} y_{ij}^2 - C = (12.40^2 + 12.00^2 + \cdots + 11.00^2) - 6\,313.55$$
$$= 6\,410.31 - 6\,313.55 = 96.76,$$

处理间平方和

$$SS_{t(y)} = \frac{1}{n}\sum_{i=1}^{n} y_{i\cdot}^2 - C = \frac{141.80^2 + 130.10^2 + 144.80^2 + 133.80^2}{12} - 6\,313.55$$
$$= 6\,325.23 - 6\,313.55 = 11.68,$$

误差平方和
$$SS_{e(y)} = SS_{T(y)} - SS_{t(y)} = 96.76 - 11.68 = 85.08。$$

③ 计算变量 x、y 的各项乘积和。

矫正数
$$C = \frac{x.. \, y..}{kn} = \frac{63.15\times550.5}{4\times12} = 724.25,$$

总乘积和
$$SP_T = \sum_{i=1}^{k}\sum_{j=1}^{n} x_{ij}y_{ij} - C$$
$$= 1.50 \times 12.40 + 1.85 \times 12.00 + \cdots + 1.10 \times 11.00 - 724.25$$
$$= 732.50 - 724.25 = 8.25,$$

处理间乘积和

$$SP_t = \frac{1}{n}\sum_{i=1}^{k} x_i.y_i. - C$$
$$= \frac{18.25 \times 141.80 + 15.40 \times 130.10 + 15.65 \times 144.80 + 13.85 \times 133.80}{12} - 724.25$$
$$= 725.89 - 724.25 = 1.64,$$

误差乘积和 $\qquad SP_e = SP_T - SP_t = 8.25 - 1.64 = 6.61$。

④ 计算各项自由度。

总自由度 $\qquad df_T = kn - 1 = 4 \times 12 - 1 = 47$,

处理间自由度 $\qquad df_t = k - 1 = 4 - 1 = 3$,

误差自由度 $\qquad df_e = df_T - df_t = 47 - 3 = 44$。

变量 x 和 y 的各项平方和、乘积和与自由度列于表 10-3。

表 10-3 变量 x、y 的平方和、乘积和与自由度

变异来源	df	$SS_{(x)}$	$SS_{(y)}$	SP
处理间	3	0.83	11.68	1.64
误差	44	0.92	85.08	6.61
总变异	47	1.75	96.76	8.25

（2）列出方差分析表，分别对变量 x 和 y 进行 F 检验。方差分析表见表 10-4。

表 10-4 哺乳仔猪初生重 x 与 50 日龄重 y 的方差分析表

变异来源	df	变量 x			变量 y			临界 F 值
		SS	MS	F	SS	MS	F	
处理间	3	0.83	0.28	14**	11.68	3.89	2.02	$F_{0.05(3,44)} = 2.82$
误差	44	0.92	0.02		85.08	1.93		$F_{0.01(3,44)} = 4.27$
总变异	47	1.75			96.76			

因为哺乳仔猪初生重 x 处理间的 $F = 14 > F_{0.01(3,44)}$，$p < 0.01$，表明 4 种处理的哺乳仔猪平均初生重差异极显著；因为 50 日龄重 y 处理间的 $F = 2.02 < F_{0.05(3,44)}$，$p > 0.05$，表明 4 种处理的平均 50 日龄重差异不显著。这里对 50 日龄重 y 进行的 F 检验是在没有考虑哺乳仔猪初生重 x 对 50 日龄重 y 的线性影响下进行的。若 50 日龄重 y 与哺乳仔猪初生重 x 直线关系不显著，即哺乳仔猪初生重 x 对 50 日龄重 y 的线性影响不显著，上述对 50 日龄重 y 进行的 F 检验结果可以接受；若 50 日龄重 y 与哺乳仔猪初生重 x 直线关系显著，即哺乳仔猪初生重 x 对 50 日龄重 y 的线性影响显著，须进行回归模型的协方差分析，以排除哺乳仔猪初生重对 50 日龄重的线性影响，降低试验误差，揭示出可能被掩盖的处理间差异的显著性。

（3）对误差项进行直线回归分析。计算出误差项的回归系数并对误差项直线回归关系进行假设检验。若误差项直线回归关系显著，表明 50 日龄重 y 与初生重 x 直线关系显著，应利用 50 日龄重 y 与初生重 x 直线关系校正 50 日龄重 y 以排除仔猪初生重 x 对 50 日龄重 y 的线性影响，然后对校正 50 日龄重进行方差分析。若误差项直线回归关系不显著，表明 50 日龄重 y 与初生重 x 直线关系

不显著，不进行后面的分析。

误差项直线回归分析如下：

① 计算误差项回归系数、回归平方和、离回归平方和与回归自由度、离回归自由度。

误差项回归系数记为 $b_{yx(e)}$，$b_{yx(e)}$ 的计算公式为

$$b_{yx(e)}=\frac{SP_e}{SS_{e(x)}}=\frac{6.61}{0.92}=7.1848, \tag{10-18}$$

误差项回归平方和记为 $SS_{R(e)}$，误差项回归自由度记为 $df_{R(e)}$。$SS_{R(e)}$，$df_{R(e)}$ 的计算公式为

$$\left.\begin{array}{l}SS_{R(e)}=\dfrac{SP_e^2}{SS_{e(x)}}=\dfrac{6.61^2}{0.92}=47.49, \\ df_{R(e)}=1, \end{array}\right\} \tag{10-19}$$

误差项离回归平方和记为 $SS_{r(e)}$，误差项回归自由度记为 $df_{r(e)}$。$SS_{r(e)}$，$df_{r(e)}$ 的计算公式为

$$\left.\begin{array}{l}SS_{r(e)}=SS_{e(y)}-SS_{R(e)}=85.08-47.49=37.59, \\ df_{r(e)}=df_{e(y)}-df_{R(e)}=44-1=43。\end{array}\right\} \tag{10-20}$$

② 误差项直线回归关系假设检验。误差项直线回归关系方差分析表列于表 10-5。

表 10-5 误差项直线回归关系方差分析表

变异来源	SS	df	MS	F	临界 F 值
误差项回归	47.49	1	47.49	54.59**	$F_{0.01(1,43)}=7.26$
误差项离回归	37.59	43	0.87		
误差总和	85.08	44			

因为 $F=54.59>F_{0.01(1,43)}$，$p<0.01$，表明误差项直线回归关系极显著，即哺乳仔猪 50 日龄重 y 与初生重 x 直线关系极显著。$b_{yx(e)}=7.1848$ 的实际意义为：初生重 x 增加 1 g，50 日龄重 y 将平均增加 7.1848 g。因此须利用 50 日龄重 y 与初生重 x 直线关系校正 50 日龄重 y，对校正 50 日龄重进行方差分析。

（4）对校正 50 日龄重进行方差分析。

① 求校正 50 日龄重的各项平方和与自由度。利用 50 日龄重 y 与初生重 x 直线回归关系对 50 日龄重 y 作校正，根据校正 50 日龄重计算各项平方和工作量大，舍入误差也大。统计学已证明，校正 50 日龄重的总平方和、误差平方和与总自由度、误差自由度等于相应变异项的离回归平方和与自由度。各项平方和与自由度可直接根据下述公式计算。

a. 校正 50 日龄重的总平方和记为 SS_T'，等于总离回归平方和，校正 50 日龄重的总自由度记为 df_T'，等于总离回归自由度，

$$\left.\begin{array}{l}SS_T'=SS_{T(y)}-SS_{R(y)}=SS_{T(y)}-\dfrac{SP_T^2}{SS_{T(x)}}=96.76-\dfrac{8.25^2}{1.75}=57.87, \\ df_T'=df_T-df_{R(y)}=47-1=46。\end{array}\right\} \tag{10-21}$$

b. 校正 50 日龄重的误差项平方和记为 SS_e'，等于误差离回归平方和，校正 50 日龄重的误差项自由度记为 df_e'，等于误差离回归自由度，

$$\left.\begin{array}{l}SS_e'=SS_{r(e)}=37.59, \\ df_e'=df_{r(e)}=43。\end{array}\right\} \tag{10-22}$$

c. 校正 50 日龄重的处理间平方和记为 SS_t'，校正 50 日龄重的处理间自由度记为 df_t'，SS_t'、df_t' 计算如下：

$$\left.\begin{array}{l}SS_t'=SS_T'-SS_e'=57.87-37.59=20.28, \\ df_t'=df_T'-df_e'=k-1=4-1=3。\end{array}\right\} \tag{10-23}$$

② 列出方差分析表（表 10-6），对校正 50 日龄重进行方差分析。

表 10-6　校正 50 日龄重方差分析表

变异来源	SS	df	MS	F
处理间	20.28	3	6.76	7.77**
误 差	37.59	43	0.87	
总变异	57.87	46		

根据 $df_1 = 3$、$df_2 = 43$ 查附表 4-4，利用线性插值法计算临界 F 值，得

$$F_{0.01(3,43)} = F_{0.01(3,42)} - (43-42) \times \frac{F_{0.01(3,42)} - F_{0.01(3,50)}}{50-42} = 4.29 - \frac{4.29-4.20}{8} = 4.28。$$

因为 $F = 7.77 > F_{0.01(3,43)}$，$p < 0.01$，表明 4 个处理的哺乳仔猪校正平均 50 日龄重差异极显著，因而还须进行 4 个处理哺乳仔猪校正平均 50 日龄重的多重比较。

③ 计算各个处理的校正平均 50 日龄重，校正平均 50 日龄重记为 $\bar{y}'_{i.}$，$\bar{y}'_{i.}$ 的计算公式为

$$\bar{y}'_{i.} = \bar{y}_{i.} - b_{yx(e)} (\bar{x}_{i.} - \bar{x}_{..}), \tag{10-24}$$

其中，$\bar{y}'_{i.}$ 为第 i 个处理校正平均 50 日龄重；$\bar{y}_{i.}$ 为第 i 个处理平均 50 日龄重；$\bar{x}_{i.}$ 为第 i 个处理平均初生重；$\bar{x}_{..}$ 为全试验的平均初生重，$\bar{x}_{..} = x_{..}/kn = 63.15/48 = 1.3156$；$b_{yx(e)}$ 为误差项回归系数，$b_{yx(e)} = 7.1848$。

根据式（10-24），计算各个处理的校正平均 50 日龄重：

$$\bar{y}'_{1.} = \bar{y}_{1.} - b_{yx(e)} (\bar{x}_{1.} - \bar{x}_{..}) = 11.82 - 7.1848 \times (1.52 - 1.3156) = 10.3514,$$
$$\bar{y}'_{2.} = \bar{y}_{2.} - b_{yx(e)} (\bar{x}_{2.} - \bar{x}_{..}) = 10.84 - 7.1848 \times (1.28 - 1.3156) = 11.0958,$$
$$\bar{y}'_{3.} = \bar{y}_{3.} - b_{yx(e)} (\bar{x}_{3.} - \bar{x}_{..}) = 12.07 - 7.1848 \times (1.30 - 1.3156) = 12.1821,$$
$$\bar{y}'_{4.} = \bar{y}_{4.} - b_{yx(e)} (\bar{x}_{4.} - \bar{x}_{..}) = 11.15 - 7.1848 \times (1.15 - 1.3156) = 12.3398。$$

④ 各个处理校正平均 50 日龄重的多重比较。

a. t 检验。t 值的计算公式为

$$t = \frac{\bar{y}'_{i.} - \bar{y}'_{j.}}{s_{\bar{y}'_{i.} - \bar{y}'_{j.}}}, \tag{10-25}$$

其中，$s_{\bar{y}'_{i.} - \bar{y}'_{j.}}$ 为校正平均数差数标准误，$s_{\bar{y}'_{i.} - \bar{y}'_{j.}}$ 的计算公式为，

$$s_{\bar{y}'_{i.} - \bar{y}'_{j.}} = \sqrt{MS'_e \left[\frac{2}{n} + \frac{(\bar{x}_{i.} - \bar{x}_{j.})^2}{SS_{e(x)}} \right]}, \tag{10-26}$$

其中，MS'_e 为误差项离回归均方；n 为各个处理的重复数；$\bar{x}_{i.}$ 和 $\bar{x}_{j.}$ 为第 i 个处理和第 j 个处理的变量 x 的平均数；$SS_{e(x)}$ 为变量 x 的误差平方和。

例如，检验饲粮 1（处理 2）与对照饲粮（处理 1）校正平均 50 日龄重是否相同，将 $MS'_e = 0.87$，$n = 12$，$\bar{x}_{1.} = 1.52$，$\bar{x}_{2.} = 1.28$，$SS_{e(x)} = 0.92$，代入式（10-26）得

$$s_{\bar{y}'_{1.} - \bar{y}'_{2.}} = \sqrt{0.87 \times \left[\frac{2}{12} + \frac{(1.52-1.28)^2}{0.92} \right]} = 0.4466。$$

因为 $\bar{y}'_{1.} = 10.3514$，$\bar{y}'_{2.} = 11.0958$，于是

$$t = \frac{\bar{y}'_{1.} - \bar{y}'_{2.}}{s_{\bar{y}'_{1.} - \bar{y}'_{2.}}} = \frac{10.3514 - 11.0958}{0.4466} = -1.667。$$

根据自由度 $df'_e = 43$（表 10-6 中的误差自由度）查附表 4-3，利用线性插值法计算临界 t 值，得

$$t_{0.05(43)} = t_{0.05(40)} - (43-40) \times \frac{t_{0.05(40)} - t_{0.05(45)}}{45-40} = 2.021 - 3 \times \frac{2.021 - 2.014}{5} = 2.017。$$

因为 $|t|=1.667 < t_{0.05(43)}$，$p > 0.05$，表明饲粮 1 与对照饲粮校正平均 50 日龄重差异不显著。

其他的每两个处理校正平均 50 日龄重的比较都须另计算校正平均数差数标准误 $s_{\bar{y}'_{i.} - \bar{y}'_{j.}}$，进行 t 检验。

b. LSD 法。采用 t 检验进行多重比较，每一次比较都需要算出各自的校正平均数差数标准误 $s_{\bar{y}'_{i.} - \bar{y}'_{j.}}$，工作量大。若误差自由度在 20 以上，变量 x 的变异不甚大（即变量 x 各处理平均数差异不显著），为简便起见，可计算出平均校正平均数差数标准误 $\bar{s}_{\bar{y}'_{i.} - \bar{y}'_{j.}}$，采用 LSD 法进行多重比较。平均校正平均数差数标准误 $\bar{s}_{\bar{y}'_{i.} - \bar{y}'_{j.}}$ 的计算公式为

$$\bar{s}_{\bar{y}'_{i.} - \bar{y}'_{j.}} = \sqrt{\frac{2MS'_e}{n}\left[1 + \frac{SS_{t(x)}}{SS_{e(x)}\,(k-1)}\right]}, \tag{10-27}$$

其中，$SS_{t(x)}$ 为变量 x 的处理间平方和。

根据误差自由度 df'_e 查临界 t 值 $t_{\alpha(df'_e)}$，将临界 t 值乘以 $\bar{s}_{\bar{x}'_{i.} - \bar{y}'_{j.}}$ 计算最小显著差数 LSD_α，

$$LSD_\alpha = t_{\alpha(df'_e)}\bar{s}_{\bar{y}'_{i.} - \bar{y}'_{j.}} \tag{10-28}$$

此例变量 x 各个处理平均数差异极显著，不满足"x 变量的变异不甚大"这一条件，不应采用 LSD 法进行多重比较。为了便于读者熟悉该方法，仍以本例予以说明。

将 $MS'_e = 0.87$，$n = 12$，$SS_{t(x)} = 0.83$，$SS_{e(x)} = 0.92$，$k = 4$ 代入式（10-27）得

$$\bar{s}_{\bar{y}'_{i.} - \bar{y}'_{j.}} = \sqrt{\frac{2 \times 0.87}{12} \times \left[1 + \frac{0.83}{0.92 \times (4-1)}\right]} = 0.434\,3。$$

根据自由度 $df'_e = 43$ 查附表 4-3，利用线性插值法计算临界 t 值，得 $t_{0.05(43)} = 2.017$ 和 $t_{0.01(43)} = 2.696$，将临界 t 值乘以平均校正平均数差数标准误 $\bar{s}_{\bar{y}'_{i.} - \bar{y}'_{j.}} = 0.434\,3$，计算最小显著差数 $LSD_{0.05}$ 和 $LSD_{0.01}$，

$$LSD_{0.05} = 2.017 \times 0.434\,3 = 0.876，$$
$$LSD_{0.01} = 2.696 \times 0.434\,3 = 1.171。$$

各处理校正平均 50 日龄重的多重比较列于表 10-7。

表 10-7　各个处理校正平均 50 日龄重多重比较表（LSD 法）

处理	$\bar{y}'_{i.}$	$\bar{y}'_{i.} - 10.351\,4$	$\bar{y}'_{i.} - 11.095\,8$	$\bar{y}'_{i.} - 12.182\,1$
饲粮 3	12.339 8　a　A	1.988 4**	1.244 0**	0.157 7
饲粮 2	12.182 1　a　AB	1.830 7**	1.086 3*	
饲粮 1	11.095 8　b　BC	0.744 4		
对照饲粮	10.351 4　b　C			

将表 10-7 中的各个差数与 $LSD_{0.05} = 0.876$ 和 $LSD_{0.01} = 1.171$ 比较，作出统计推断。多重比较结果标记在表 10-7 中。多重比较结果表明：饲粮 3 的哺乳仔猪校正平均 50 日龄重极显著高于饲粮 1 和对照饲粮的校正平均 50 日龄重；饲粮 2 的哺乳仔猪校正平均 50 日龄重极显著高于对照饲粮、显著高于饲粮 1 的校正平均 50 日龄重；饲粮 3 与饲粮 2、饲粮 1 与对照饲粮哺乳仔猪校正平均 50 日龄重差异不显著。4 种饲粮以饲粮 3、饲粮 2 的增重效果为好。

c. LSR 法。若误差自由度在 20 以上，变量 x 的变异不甚大，还可以计算出平均校正平均数标准误 $\bar{s}_{\bar{y}'}$，采用 LSR 法（SSR 或 q 法）进行各处理平均校正 50 日龄重的多重比较。平均校正平均数标准误 $\bar{s}_{\bar{y}'}$ 的计算公式为

$$\bar{s}_{\bar{y}'} = \sqrt{\frac{MS'_e}{n}\left[1 + \frac{SS_{t(x)}}{SS_{e(x)}\,(k-1)}\right]}。 \tag{10-29}$$

根据误差自由度 df'_e 和秩次距 k 查临界 SSR 值或临界 q 值，将临界 SSR 值或临界 q 值乘以 $\bar{s}_{\bar{y}'}$

计算最小显著极差 LSR

$$LSR_{\alpha,k} = SSR_{\alpha(df'_e,k)} \bar{s}_{\bar{y}'}, \tag{10-30}$$

或

$$LSR_{\alpha,k} = q_{\alpha(df'_e,k)} \bar{s}_{\bar{y}'}. \tag{10-31}$$

对于例 10.1，由于不满足"x 变量的变异不甚大"这一条件，不应采用 LSR 法进行多重比较。为了便于读者熟悉该方法，仍以例 10.1 予以说明。

此例，采用 SSR 法进行各处理校正平均 50 日龄重的多重比较，将 $MS'_e=0.87$，$n=12$，$SS_{t(x)}=0.83$，$SS_{e(x)}=0.92$，$k=4$，代入式（10-29）计算平均校正平均数标准误 $\bar{s}_{\bar{y}'}$ 得

$$\bar{s}_{\bar{y}'} = \sqrt{\frac{0.87}{12} \times \left[1 + \frac{0.83}{0.92 \times (4-1)} \right]} = 0.307\,1.$$

根据自由度 $df'_e=43$ 查附表 4-6，利用线性插值法计算临界 SSR 值，临界 SSR 值与 LSR 值列于表 10-8。

表 10-8 临界 SSR 值与 LSR 值表

df'_e	秩次距 k	$SSR_{0.05}$	$SSR_{0.01}$	$LSR_{0.05}$	$LSR_{0.01}$
	2	2.856	3.811	0.877	1.170
43	3	3.006	3.980	0.923	1.222
	4	3.097	4.090	0.951	1.256

各个处理校正平均 50 日龄重的多重比较见表 10-9。

表 10-9 各个处理校正平均 50 日龄重多重比较表（SSR 法）

处 理	$\bar{y}'_{i\cdot}$	$\bar{y}'_{i\cdot}-10.351\,4$	$\bar{y}'_{i\cdot}-11.095\,8$	$\bar{y}'_{i\cdot}-12.182\,1$
饲粮 3	12.339 8 a A	1.988 4**	1.244 0**	0.157 7
饲粮 2	12.182 1 a AB	1.830 7**	1.086 3*	
饲粮 1	11.095 8 b BC	0.744 4		
对照饲粮	10.351 4 b C			

将表 10-9 中的各个差数与表 10-8 中相应最小显著极差比较，作出统计推断。多重比较结果已标记在表 10-9 中。多重比较结果表明：饲粮 3 的哺乳仔猪校正平均 50 日龄重极显著高于饲粮 1 和对照饲粮的校正平均 50 日龄重；饲粮 2 的哺乳仔猪校正平均 50 日龄重极显著高于对照饲粮、显著高于饲粮 1 的校正平均 50 日龄重；饲粮 3 与饲粮 2、饲粮 1 与对照饲粮哺乳仔猪校正平均 50 日龄重差异不显著。4 种饲粮以饲粮 3、饲粮 2 的增重效果为好。

● 习 题 ●

1. 什么是均积、协方差？均积与协方差有何关系？
2. 什么是试验控制？怎样对试验进行统计控制？
3. 什么是回归模型的协方差分析？什么是相关模型的协方差分析？
4. 某饲养试验，设有两种中草药饲料添加剂和对照 3 个处理，重复 9 次，共有 27 头猪参与试验，参与试验猪的初始重与两个月增重观测值列于下表。对此试验资料进行回归模型的协方差分析。

中草药饲料添加剂饲养试验参与试验猪的初始重与增重（kg）

处 理	2号中草药添加剂		1号中草药添加剂		对照	
变 量	初始重 x	增重 y	初始重 x	增重 y	初始重 x	增重 y
观测值	30.5	35.5	27.5	29.5	28.5	26.5
	24.5	25.0	21.5	19.5	22.5	18.5
	23.0	21.5	20.0	18.5	32.0	28.5
	20.5	20.5	22.5	24.5	19.0	18.0
	21.0	25.5	24.5	27.5	16.5	16.0
	28.5	31.5	26.0	28.5	35.0	30.5
	22.5	22.5	18.5	19.0	22.5	20.5
	18.5	20.5	28.5	31.5	15.5	16.0
	21.5	24.5	20.5	18.5	17.0	16.0

5. 4种配合饲料比较试验，每种饲料各有参与试验猪10头，参与试验猪的初始重（kg）与日增重（kg）观测值列于下表。对此试验资料进行回归模型的协方差分析。

4种配合饲料比较试验参与试验猪的初始重与日增重（kg）

处 理	Ⅰ号料		Ⅱ号料		Ⅲ号料		Ⅳ号料	
变 量	初始重 x	日增重 y	初始重 x	日增重 y	初始重 x	日增重 y	初始重 x	日增重 y
观测值	36	0.89	28	0.64	28	0.55	32	0.52
	30	0.80	27	0.81	33	0.62	27	0.58
	26	0.74	27	0.73	26	0.58	25	0.64
	23	0.80	24	0.67	22	0.58	23	0.62
	26	0.85	25	0.77	23	0.66	27	0.54
	30	0.68	23	0.67	20	0.55	28	0.54
	20	0.73	20	0.64	22	0.60	20	0.55
	19	0.68	18	0.65	23	0.71	24	0.44
	20	0.80	17	0.59	18	0.55	19	0.51
	16	0.58	20	0.57	17	0.48	17	0.51

非 参 数 检 验

前面各章介绍的假设检验都是在已知样本所属总体服从所要求服从的某种分布的情况下对总体参数进行的假设检验，因此称为参数检验。参数检验需要知道样本所属总体服从的分布是所要求服从的某种分布，检验以这种分布为基础。例如，两个样本平均数假设检验的 t 检验和多个样本平均数假设检验的 F 检验，都是已知样本所属总体服从的分布是所要求服从的正态分布，检验以正态分布为基础，推断两个或多个总体平均数是否相同。但是，在动物科学试验研究中，常常不知道样本所属总体服从什么分布，这时，进行假设检验就需要采用非参数检验（non-parametric test）。非参数检验是一种与样本所属总体服从什么分布无关的假设检验，它不依赖于样本所属总体服从的分布，应用时可以不考虑样本所属总体服从何种分布以及分布是否已知。非参数检验是对两个或多个样本所属总体位置（中位数）是否相同进行检验，不对总体分布的参数如平均数、方差等作出统计推断。其优点是，简单、直观，计算量小。但对于能用参数检验的资料采用非参数检验进行假设检验，由于非参数检验不能充分利用样本中所有观测值的数量信息，检验的效率和灵敏度一般低于参数检验，所以，通常是在不能应用参数检验的情况下，才应用非参数检验。

非参数检验内容很多，本章介绍常用的**符号检验**（sign test）、**秩和检验**（rank‐sum test）和**等级相关分析**（rank correlation analysis）。

第一节　符号检验

一、配对设计试验资料的符号检验

配对设计试验资料的符号检验是根据样本各对观测值之差的正、负符号多少推断两个总体位置（中位数）是否相同。每对观测值之差正值用"＋"表示、负值用"－"表示。若两个总体位置相同，"＋"或"－"出现的次数应该相同；若"＋"或"－"出现的次数不相同，超过一定的临界值就推断两个总体位置（中位数）显著或极显著不相同。检验步骤如下：

1. 提出无效假设与备择假设

H_0：两个处理差值 d 总体中位数＝0，即两个处理观测值总体位置相同；

H_A：两个处理差值 d 总体中位数≠0，即两个处理观测值总体位置不相同。

因为备择假设为 H_A：两个处理差值 d 总体中位数≠0，所以进行两尾检验。若将备择假设 H_A 中的"≠"改为"＜"或"＞"，进行一尾检验。

2. 计算差值并赋予符号 求两个处理的配对观测值之差 d。$d>0$ 记为"+"，$d<0$ 记为"−"，$d=0$ 记为"0"。统计"+""−""0"的个数，分别记为 n_+、n_-、n_0，令 $n=n_++n_-$。检验的统计数 K 为 n_+、n_- 的较小者，即 $K=\min\{n_+,\ n_-\}$。

3. 统计推断 根据 n 查附表 4-9（表中 $p_{(2)}$ 是两尾概率，用于两尾检验，$p_{(1)}$ 是一尾概率，用于一尾检验），得临界 K 值 $K_{0.05(n)}$，$K_{0.01(n)}$。若 $K>K_{0.05(n)}$，$p>0.05$，不能否定 H_0，表明两个处理观测值总体位置相同，即两个处理差异不显著；若 $K_{0.01(n)}<K\leqslant K_{0.05(n)}$，$0.01<p\leqslant0.05$，否定 H_0，接受 H_A，表明两个处理观测值总体位置显著不相同，即两个处理差异显著；若 $K\leqslant K_{0.01(n)}$，$p\leqslant0.01$，否定 H_0，接受 H_A，表明两个处理观测值总体位置极显著不相同，即两个处理差异极显著。注意，若 K 恰好等于临界 K 值，概率 p 常小于附表 4-9 中列出的相应概率。

【例 11.1】 噪声刺激前后 15 头猪的心率测定值见表 11-1。用符号检验法检验噪声对猪的心率有无影响。

表 11-1 噪声刺激前后猪的心率符号检验计算表（次/min）

	猪号														
	1	2	3	4	5	6	7	8	9	10	11	12	13	14	15
刺激前	61	70	68	73	85	81	65	62	72	84	76	60	80	79	71
刺激后	75	79	85	77	84	87	88	76	74	81	85	78	88	80	84
差值 d	−14	−9	−17	−4	1	−6	−23	−14	−2	3	−9	−18	−8	−1	−13
符号	−	−	−	−	+	−	−	−	−	+	−	−	−	−	−

例 11.1 列出的测定值，提出的检验，表明须进行配对设计两尾符号检验，符号检验法检验步骤如下：

(1) 提出无效假设与备择假设。

H_0：噪声刺激前后猪的心率差值 d 总体中位数 $=0$，即噪声刺激前后猪的心率观测值总体位置相同；

H_A：噪声刺激前后猪的心率差值 d 总体中位数 $\neq0$，即噪声刺激前后猪的心率观测值总体位置不相同。

(2) 计算差值并赋予符号。噪声刺激前后猪的心率差值 d 及符号列于表 11-1 第 4 行和第 5 行，$n_+=2$，$n_-=13$，$n=n_++n_-=2+13=15$，$K=\min\{n_+,\ n_-\}=n_+=2$。

(3) 统计推断。根据 $n=15$ 查附表 4-9，得临界 K 值 $K_{0.05(15)}=3$，$K_{0.01(15)}=2$，因为 $K=2=K_{0.01(15)}$，$p\leqslant0.01$，表明噪声刺激前后猪的心率观测值总体位置极显著不相同，即噪声刺激对猪的心率影响极显著，这里表现为噪声刺激后猪的心率极显著高于刺激前猪的心率。

值得注意的是，虽然符号检验方法简单，但是，由于利用观测值的数量信息较少，所以效率较低，且样本的配对数少于 6，不能检验出差别，配对数在 7~12 也不敏感，配对数在 20 以上符号检验才较为有用。

二、单个样本的符号检验

单个样本的符号检验用于判断一个样本是否来自某已知中位数的总体，即样本所属总体中位数是否与某一已知总体中位数相同。检验步骤如下：

1. 提出无效假设与备择假设

H_0：样本所属总体中位数 $=$ 已知总体中位数；

H_A：样本所属总体中位数 $\neq$ 已知总体中位数。

因为备择假设为 H_A：样本所属总体中位数≠已知总体中位数，所以进行两尾检验。若将备择假设 H_A 中的"≠"改为"<"或">"，进行一尾检验。

2. 计算差值并赋予符号 求样本各个观测值与已知总体中位数之差 d。$d>0$ 记为"+"，$d<0$ 记为"−"，$d=0$ 记为"0"。统计"+""−""0"的个数，分别记为 n_+、n_-、n_0，令 $n=n_+ + n_-$。检验的统计数 K 为 n_+、n_- 的较小者，即 $K=\min\{n_+，n_-\}$。

3. 统计推断 根据 n 查附表 4-9，得临界 K 值 $K_{0.05(n)}$，$K_{0.01(n)}$。若 $K>K_{0.05(n)}$，$p>0.05$，不能否定 H_0，表明样本所属总体中位数与已知总体中位数差异不显著，可以认为样本所属总体中位数与已知总体中位数相同；若 $K_{0.01(n)}<K\leqslant K_{0.05(n)}$，$0.01<p\leqslant 0.05$，否定 H_0，接受 H_A，表明样本所属总体中位数与已知总体中位数差异显著；若 $K\leqslant K_{0.01(n)}$，$p\leqslant 0.01$，否定 H_0，接受 H_A，表明样本所属总体中位数与已知总体中位数差异极显著。

【例 11.2】 已知某品种成年公黄牛胸围总体平均数为 140 cm，在某地随机抽测 10 头该品种成年公黄牛胸围列于表 11-2。用符号检验法检验某地该品种成年公黄牛胸围总体平均数与该品种成年公黄牛胸围总体平均数 140 cm 是否相同。

表 11-2 成年公黄牛胸围符号检验计算表（cm）

	牛号									
	1	2	3	4	5	6	7	8	9	10
胸围	128.1	144.4	150.3	146.2	140.6	139.7	134.1	124.3	147.9	143
差值 d	−11.9	4.4	6.3	6.2	0.6	−0.3	−5.9	−15.7	7.9	3
符号	−	+	+	+	+	−	−	−	+	+

例 11.2 列出的测定值，提出的检验，表明须进行单个样本两尾符号检验，符号检验法检验步骤如下：

（1）提出无效假设与备择假设。

H_0：某地该品种成年公黄牛胸围总体平均数＝140 cm；

H_A：某地该品种成年公黄牛胸围总体平均数≠ 140 cm。

（2）计算差值并赋予符号。样本各个观测值与 140（cm）的差值 d 与符号列于表 11-2 的第 3 行与第 4 行，$n_+=6$，$n_-=4$，$n=n_+ + n_-=6+4=10$，$K=\min\{n_+，n_-\}=n_-=4$。

（3）统计推断。根据 $n=10$ 查附表 4-9，得临界 K 值 $K_{0.05(10)}=1$，因为 $K=4>K_{0.05(10)}$，$p>0.05$，不能否定 H_0，表明某地该品种成年公黄牛胸围总体平均数与 140（cm）差异不显著，可以认为某地该品种成年公黄牛胸围总体平均数与 140（cm）相同。

第二节 秩和检验

秩和检验（rank-sum test）是将观测值按由小到大的次序排列，编定秩次，求出秩次和（简称秩和），对两个或多个样本所属总体位置（中位数）是否相同进行的假设检验。

一、配对设计试验资料的符号秩和检验（Wilcoxon 配对法）

配对设计试验资料的符号秩和检验（signed rank-sum test）或称为 **Wilcoxon 检验**，是一种经过改进的符号检验，其检验效率高于符号检验。配对设计试验资料的符号秩和检验步骤如下：

1. 提出无效假设与备择假设

H_0：两个处理差值 d 总体中位数＝0，即两个处理观测值总体位置相同；

H_A：两个处理差值 d 总体中位数≠0，即两个处理观测值总体位置不相同。

因为备择假设为 H_A：两个处理差值 d 总体中位数≠0，所以进行两尾检验。若将备择假设 H_A 中的"≠"改为"<"或">"，进行一尾检验。

2. 计算差值、编秩次、标符号 先计算配对观测值的差值 d，然后按差值 d 的绝对值从小到大编秩次，再根据差值的正、负在各秩次前标上正、负号。若差值 $d=0$，则舍去不记；若差值 d 的绝对值相等，取其平均秩次。

3. 确定统计数 T 分别计算正秩次和、负秩次和，并以绝对值较小的秩次和的绝对值作为检验的统计数 T。

4. 统计推断 记正、负差值的总个数为 n，根据 n 查附表 4-10，得临界 T 值 $T_{0.05(n)}$，$T_{0.01(n)}$。若 $T>T_{0.05(n)}$，$p>0.05$，不能否定 H_0，表明两个处理观测值总体位置差异不显著，即两个处理差异不显著；若 $T_{0.01(n)}<T\leq T_{0.05(n)}$，$0.01<p\leq 0.05$，否定 H_0，接受 H_A，表明两个处理观测值总体位置差异显著，即两个处理差异显著；若 $T\leq T_{0.01(n)}$，$p\leq 0.01$，否定 H_0，接受 H_A，表明两个处理观测值总体位置差异极显著，即两个处理差异极显著。注意，若 T 恰好等于临界 T 值，概率 p 常小于附表 4-10 中列出的相应概率。

【例 11.3】 用大鼠研究饲料中维生素 E 缺乏是否影响肝脏中维生素 A 的含量。先将大鼠按性别、月龄、体重相同的要求配为 10 对；再把每对中的 2 只大鼠随机分配到正常饲料组和维生素 E 缺乏饲料组，试验结束后测定大鼠肝脏中维生素 A 的含量，测定值列于表 11-3。用符号秩和检验法检验两组大鼠肝脏中维生素 A 的含量是否相同。

表 11-3 两种饲料大鼠肝脏维生素 A 含量符号秩和检验计算表（IU/g）

	大鼠配对编号									
	1	2	3	4	5	6	7	8	9	10
正常饲料	3 550	2 000	3 100	3 000	3 950	3 800	3 620	3 750	3 450	3 050
维生素 E 缺乏饲料	2 450	2 400	3 100	1 800	3 200	3 250	3 620	2 700	2 700	1 750
差值 d	1 100	−400	0	1 200	750	550	0	1 050	750	1 300
秩次	+6	−1		+7	+3.5	+2		+5	+3.5	+8

例 11.3 列出的测定值，提出的检验，表明须进行配对设计试验资料两尾符号秩和检验，符号秩和检验法检验步骤如下：

（1）提出无效假设与备择假设。

H_0：两种饲料大鼠肝脏中维生素 A 含量差值 d 总体中位数＝0，即两种饲料大鼠肝脏中维生素 A 含量相同；

H_A：两种饲料大鼠肝脏中维生素 A 含量差值 d 总体中位数≠0，即两种饲料大鼠肝脏中维生素 A 含量不相同。

（2）计算差值、编秩次、标符号。计算表 11-3 中配对观测值差值 d，将差值 $d=0$ 舍去，共有差值个数 $n=8$。按差值 d 的绝对值从小到大编秩次并标上相应的正、负号。绝对值为 750 的差值有两个，秩次为 3 和 4，取其平均秩次 $(3+4)/2=3.5$。编秩次、标符号的结果列于表 11-3 的第 5 行。

（3）确定统计数 T。此例中，正秩次有 7 个：2，3.5，3.5，5，6，7，8，正秩次和为 35；负秩次只有 1 个：−1，负秩次和为 −1。正秩次和绝对值为 35，负秩次和绝对值为 1，所以检验的统计数 $T=1$。

（4）统计推断。根据 $n=8$ 查附表 4-10，得临界 T 值 $T_{0.05(8)}=3$，$T_{0.01(8)}=0$，因为 $T_{0.01(8)}<$

$T=1<T_{0.05(8)}$，$0.01<p<0.05$，否定 H_0，接受 H_A，表明两种饲料大鼠肝脏中维生素 A 的含量差异显著，这里表现为正常饲料大鼠肝脏中维生素 A 的含量显著高于维生素 E 缺乏饲料大鼠肝脏中维生素 A 的含量。

二、非配对设计试验资料的秩和检验（Wilcoxon 非配对法）

非配对设计试验资料的秩和检验用于判断两个样本所属总体中位数是否相同。检验步骤如下：

1. 提出无效假设与备择假设

H_0：甲样本所属总体中位数＝乙样本所属总体中位数；

H_A：甲样本所属总体中位数≠乙样本所属总体中位数。

因为备择假设为 H_A：甲样本所属总体中位数≠乙样本所属总体中位数，所以进行两尾检验。若将备择假设 H_A 中的"≠"改为"<"或">"，进行一尾检验。

2. 将两个样本观测值合并编秩次 设两个样本的容量分别为 n_1 和 n_2，将两个样本的观测值合并后，观测值的总个数为 n_1+n_2。将合并后的观测值按从小到大的顺序排列，与每个观测值对应的序号即为该观测值的秩次，最小观测值的秩次为"1"，最大观测值的秩次为"n_1+n_2"。不同样本的相同观测值取其平均秩次，同一样本的相同观测值不必求其平均秩次，相同观测值的秩次孰先孰后都可以。

3. 确定统计数 T 将两个样本分开，计算两个样本的秩和。若 $n_1 \neq n_2$，将较小的样本容量记为 n_1，取较小的样本秩和为检验的统计数 T；若 $n_1=n_2$，取较大的样本秩和为检验的统计数 T。

4. 统计推断 根据 n_1、(n_2-n_1) 查附表 $4-11$，得接受区域 $T'_{0.05} \sim T_{0.05}$，$T'_{0.01} \sim T_{0.01}$。若 T 在 $T'_{0.05} \sim T_{0.05}$ 之内，$p>0.05$，不能否定 H_0，表明两个样本所属总体中位数差异不显著，即两个处理差异不显著；若 T 在 $T'_{0.05} \sim T_{0.05}$ 之外但在 $T'_{0.01} \sim T_{0.01}$ 之内，$0.01<p \leq 0.05$，否定 H_0，接受 H_A，表明两个样本所属总体中位数差异显著，即两个处理差异显著；若 T 在 $T'_{0.01} \sim T_{0.01}$ 之外，$p<0.01$，否定 H_0，接受 H_A，表明两个样本所属总体中位数差异极显著，即两个处理差异极显著。

【例 11.4】 研究 2 种不同能量水平饲料对 5～6 周龄肉用仔鸡增重（g）的影响，资料列于表 11-4。用秩和检验法检验 2 种不同能量水平饲料的肉用仔鸡增重是否相同。

表 11-4 两种不同能量水平饲料的肉用仔鸡增重秩和检验计算表

饲料	肉用仔鸡增重（g）									
高能量	603	585	598	620	617	650				$n_1=6$
秩次	12	8.5	11	14	13	15				$T_1=73.5$
低能量	489	457	512	567	512	585	591	531	467	$n_2=9$
秩次	3	1	4	7	5	8.5	10	6	2	$T_2=46.5$

例 11.4 列出的仔鸡增重，提出的检验，表明对于例 11.4 须进行非配对设计试验资料两尾秩和检验，秩和检验法检验步骤如下：

（1）提出无效假设与备择假设。

H_0：高能量饲料肉用仔鸡增重总体中位数＝低能量饲料肉用仔鸡增重总体中位数，即 2 种不同能量水平饲料的肉用仔鸡增重相同；

H_A：高能量饲料肉用仔鸡增重总体中位数≠低能量饲料肉用仔鸡增重总体中位数，即 2 种不同能量水平饲料的肉用仔鸡增重不相同。

（2）将两个样本观测值合并编秩次。将两个样本观测值混合从小到大排列，每个观测值的序号为该观测值的秩次。在低能量组有两个"512"，秩次为 4 和 5，不求其平均秩次；在高、低能量组各有一个观测值"585"，秩次为 8 和 9，取其平均秩次（8+9）/2=8.5。编秩次的结果列于表 11-4 的第 3 行和第 5 行。

（3）确定统计数 T。此例，$n_1 \neq n_2$，较小的样本容量为 6，即 $n_1=6$，较小的样本秩和为 73.5，即检验的统计数 $T=73.5$。

（4）统计推断。根据 $n_1=6$、$n_2-n_1=9-6=3$ 查附表 4-11，得接受区域 $T'_{0.05} \sim T_{0.05}$ 为 31~65，$T'_{0.01} \sim T_{0.01}$ 为 26~70。因为 $T=73.5$ 在 26~70 之外，即在 $T'_{0.01} \sim T_{0.01}$ 之外，$p<0.01$，否定 H_0，接受 H_A，表明高能量饲料肉用仔鸡增重与低能量饲料肉用仔鸡增重差异极显著，这里表现为高能量饲料肉用仔鸡增重极显著高于低能量饲料肉用仔鸡增重。

三、多个样本比较的秩和检验（Kruskal-Wallis 法，H 法）

多个样本比较的秩和检验 Kruskal-Wallis 法，也称为 H 法。该法假设抽样总体是连续的和相同的，利用各个样本的秩和推断各个样本所属各个总体位置是否相同，检验步骤如下：

1. 提出无效假设与备择假设

H_0：各个样本所属各个总体位置相同；

H_A：各个样本所属各个总体位置不完全相同。

2. 编秩次、求秩和　设有 k 个样本，n_i 为第 i（$i=1$，2，$\cdots$，k）个样本的容量。先将 k 个样本的所有观测值混合，按观测值由小到大的顺序对每个观测值编秩次为 1，2，$\cdots$，N，$N=\sum n$。不同样本的相同观测值，取其平均秩次；一个样本内的相同观测值，不取其平均秩次。然后求出 k 个样本观测值的秩和 R_i（$i=1$，2，$\cdots$，k）。

3. 计算 H 值　H 值的计算公式为

$$H = \frac{12}{N(N+1)} \sum_{i=1}^{k} \frac{R_i^2}{n_i} - 3(N+1) 。 \tag{11-1}$$

4. 统计推断　根据 N，n_1，n_2，$\cdots$，n_k 查附表 4-12，得临界 H 值 $H_{0.05}$，$H_{0.01}$。若 $H<H_{0.05}$，$p>0.05$，不能否定 H_0，可以认为各个样本所属各个总体位置相同；若 $H_{0.05} \leqslant H < H_{0.01}$，$0.01<p\leqslant0.05$，否定 H_0，接受 H_A，表明各个样本所属各个总体位置显著不相同；若 $H \geqslant H_{0.01}$，$p\leqslant0.01$，表明各个样本所属各个总体位置极显著不相同。

当样本数 $k>3$，样本容量 $n_i>5$ 时，不能从附表 4-12 中查得临界 H 值。因为 H 近似服从自由度为 $k-1$ 的 χ^2 分布，所以可对 H 进行 χ^2 检验。

若相同的秩次较多，根据式（11-1）计算的 H 值常常偏低，须对 H 进行校正，校正 H 记为 H_c，H_c 的计算公式为

$$H_c = \frac{H}{1 - \frac{1}{N^3 - N} \sum_{j=i}^{l} (t_j^3 - t_j)} 。 \tag{11-2}$$

其中，l 为具有相同秩次的秩次数，t_j（$j=1$，2，$\cdots$，l）为第 j 个相同秩次的个数。

【例 11.5】　研究 3 种不同制剂杀灭钩虫的效果，用 11 只大鼠试验，分为 3 组。每只鼠先人工感染 500 条钩蚴，感染后第 8 天，3 组分别服用甲、乙、丙 3 种制剂，第 10 天全部解剖检查每只大鼠体内活虫数，检查结果列于表 11-5。用 Kruskal-Wallis 法即 H 法检验 3 种制剂杀灭钩虫的效果是否相同。

表 11-5 3种制剂杀灭钩虫效果秩和检验计算表

	制剂甲组（A）		制剂乙组（B）		制剂丙组（C）	
	活虫数	秩次	活虫数	秩次	活虫数	秩次
	279	6	229	4	210	3
	338	11	274	5	285	7
	334	10	310	9	117	1
	198	2				
	303	8				
样本容量 n_i	5		3		3	
秩和 R_i		37		18		11

例 11.5 列出的检查结果，提出的检验，表明须进行 3 个样本比较的秩和检验，$k=3$，$n_1=5$，$n_2=3$，$n_3=3$，$N=n_1+n_2+n_3=11$。Kruskal-Wallis 法即 H 法检验步骤如下：

（1）提出无效假设与备择假设。

H_0：3 种制剂活虫数总体位置相同，即 3 种制剂杀灭钩虫的效果相同；

H_A：3 种制剂活虫数总体位置不完全相同，即 3 种制剂杀灭钩虫的效果不完全相同。

（2）编秩次、求秩和。3 个样本观测值混合后的秩次与秩和列于表 11-5。

（3）计算 H 值。根据式（11-1）计算 H 值，

$$H=\frac{12}{11\times(11+1)}\times\left(\frac{37^2}{5}+\frac{18^2}{3}+\frac{11^2}{3}\right)-3\times(11+1)=2.38。$$

（4）统计推断。根据 $N=11$、$n_1=5$、$n_2=3$、$n_3=3$ 查附表 4-12，得临界 H 值 $H_{0.05}=5.65$。因为 $H=2.38<H_{0.05}$，$p>0.05$，不能否定 H_0，表明 3 种制剂杀灭钩虫的效果差异不显著。

【例 11.6】 对某种疾病采用一穴、二穴、三穴作针刺治疗，治疗效果分为控制、显效、有效、无效 4 级。治疗结果列于表 11-6 第 2，3，4 列。用 Kruskal-Wallis 法即 H 法检验 3 种针刺治疗方式治疗效果是否相同。

表 11-6 3种针刺方式治疗效果秩和检验计算表

等级	一穴	二穴	三穴	合计	秩次范围	平均秩次	秩和 一穴	秩和 二穴	秩和 三穴
(1)	(2)	(3)	(4)	(5)	(6)	(7)	(8)	(9)	(10)
控制	21	30	10	61	1～61	31.0	651.0	930.0	310.0
显效	18	10	22	50	62～111	86.5	1 557.0	865.0	1 903.0
有效	15	8	11	34	112～145	128.5	1 927.5	1 028.0	1 413.5
无效	5	2	8	15	146～160	153.0	765.0	306.0	1 224.0
合计	59	50	51	160			4 900.5	3 129.0	4 850.5
	n_1	n_2	n_3	N			R_1	R_2	R_3

例 11.6 列出的治疗结果，提出的检验，表明须进行 3 个样本比较的秩和检验，$k=3$，$n_1=59$，$n_2=50$，$n_3=51$，$N=n_1+n_2+n_3=160$。Kruskal-Wallis 法即 H 法检验步骤如下：

（1）提出无效假设与备择假设。

H_0：3 种针刺方式治疗效果总体位置相同，即 3 种针刺方式治疗效果相同；

H_A：3 种针刺方式治疗效果总体位置不完全相同，即 3 种针刺方式治疗效果不完全相同。

（2）编秩次、求秩和。编秩次、求秩和的结果列于表 11-6。其中，合计列即第 5 列=第 2 列+第 3 列+第 4 列；秩次范围列即第 6 列为每一等级组应占的秩次；平均秩次列即第 7 列是因为同一

等级组所包含的秩次同属一个等级，不能分列出高低，故一律取其平均秩次，平均秩次等于各等级组秩次下限与上限的平均数；3个样本秩和R_1，R_2，R_3分别等于第2，3，4列乘以第7列所得第8，9，10列各列之和。

（3）求H值。因为4个等级组段均取其平均秩次，视为相同秩次，具有相同秩次的秩次数$l=4$，4个相同秩次的个数t_1，t_2，t_3，t_4等于各自的秩次合计，见第5列，即$t_1=61$，$t_2=50$，$t_3=34$，$t_4=15$。相同秩次较多，须根据式（11-2）计算H_c。先根据式（11-1）计算H值，计算$\sum\limits_{j=1}^{4}(t_j^3-t_j)$，

$$H=\frac{12}{160\times(160+1)}\times\left(\frac{4\,900.5^2}{59}+\frac{3\,129.0^2}{50}+\frac{4\,850.5^2}{51}\right)-3\times(160+1)=12.729\,3,$$

$$\sum\limits_{j=1}^{4}(t_j^3-t_j)=(61^3-61)+(50^3-50)+(34^3-34)+(15^3-15)=394\,500,$$

根据式（11-2）计算H_c，

$$H_c=\frac{12.729\,3}{1-\dfrac{1}{160^3-160}\times394\,500}=\frac{12.729\,3}{0.903\,7}=14.085\,8。$$

（4）统计推断。本例，因为样本容量$n_1=59$，$n_2=50$，$n_3=51$均大于5，不能从附表4-12中查得临界H值，所以对H进行χ^2检验。根据自由度$df=k-1=3-1=2$，查附表4-7，得临界χ^2值$\chi^2_{0.01(2)}=9.21$，因为$H_c=14.085\,8>\chi^2_{0.01(2)}$，$p<0.01$，表明3种针刺方式的治疗效果差异极显著。

四、多个样本两两比较的秩和检验（Nemenyi-Wilcoxson-Wilcox法）

若多个样本比较的秩和检验，推断多个样本所属总体的位置不完全相同，则需进一步作多个样本的两两比较的秩和检验，以推断哪两个样本所属总体的位置不同，哪两个样本所属总体位置并无不同。多个样本的两两比较的秩和检验类似于方差分析的多重比较，常用q法，q值计算公式为

$$q=\frac{R_i-R_j}{s_{R_i-R_j}},\tag{11-3}$$

其中，R_i和R_j为第i个样本和第j个样本的秩和；$s_{R_i-R_j}$为秩和差数标准误，$s_{R_i-R_j}$计算公式为

$$s_{R_i-R_j}=\sqrt{\frac{n(nk)(nk+1)}{12}}。\tag{11-4}$$

其中，n为样本容量即处理的重复数；k为比较的两个样本秩和差数范围内所包含的处理数，即秩次距。可见，这里的q法只适用于重复数相等的试验资料。

根据自由度$df=\infty$和秩次距k查附表4-5，得临界q值$q_{\alpha(\infty,k)}$。将q值与临界q值$q_{\alpha(\infty,k)}$比较，作出统计推断。

【例11.7】 某种激素4种剂量对大鼠耻骨间隙宽度增加量的影响试验，重复数$n=5$，大鼠耻骨间隙宽度增加量见表11-7。用秩和检验法检验4种剂量的大鼠耻骨间隙宽度增加量是否相同。

表11-7 某种激素4种剂量大鼠耻骨间隙宽度增加量秩和检验计算表

剂量	耻骨间隙宽度增加量（mm）										秩和 R_i
1	0.15	(1)	0.30	(2)	0.40	(3)	0.40	(4)	0.50	(5)	15
2	1.20	(6.5)	1.35	(8)	1.40	(9.5)	1.50	(11)	1.90	(14)	49
3	2.50	(19.5)	1.20	(6.5)	1.40	(9.5)	2.00	(15)	2.20	(16.5)	67
4	1.80	(13)	1.60	(12)	2.50	(19.5)	2.20	(16.5)	2.30	(18)	79

例 11.7 列出的增加量，提出的检验，表明须进行 4 个样本两两比较的秩和检验，$k=4$，处理的重复数 $n=5$，$N=4\times5=20$。秩和检验法检验步骤如下：

（1）提出无效假设与备择假设。

H_0：4 种剂量大鼠耻骨间隙宽度增加量的总体位置相同，即 4 种剂量大鼠耻骨间隙宽度增加量相同；

H_A：4 种剂量大鼠耻骨间隙宽度增加量的总体位置不完全相同，即 4 种剂量大鼠耻骨间隙宽度增加量不完全相同。

（2）编秩次、求秩和。将 4 个样本观测值混合，由小到大编秩次，秩次列于表 11-7 括号内。不同样本的相同观测值取其平均秩次，例如第 2、第 3 个样本各有一个 1.20，秩次为 6 和 7，取其平均秩次 6.5；同一个样本内相同观测值不取其平均秩次。各个样本秩和见表 11-7 最后一列。

（3）计算 H 值。因为此例有 2 个 1.20，2 个 1.40，2 个 2.20，2 个 2.50，即具有相同秩次的秩次数 $l=4$，4 个相同秩次的个数 $t_1=2$，$t_2=2$，$t_3=2$，$t_4=2$。相同秩次较多，须根据式（11-2）求 H_c。先根据式（11-1）计算 H 值，计算 $\sum\limits_{j=1}^{4}(t_j^3-t_j)$，

$$H=\frac{12}{20\times(20+1)}\times\left(\frac{15^2}{5}+\frac{49^2}{5}+\frac{67^2}{5}+\frac{79^2}{5}\right)-3\times(20+1)=13.32,$$

$$\sum\limits_{j=1}^{4}(t_j^3-t_j)=(2^3-2)+(2^3-2)+(2^3-2)+(2^3-2)=24,$$

根据式（11-2）计算 H_c，

$$H_c=\frac{13.32}{1-\dfrac{1}{20^3-20}\times24}=\frac{13.32}{0.9970}=13.36。$$

（4）统计推断。本例，由于 $k=4$，不能从附表 4-12 中查得临界 H 值，所以对 H 进行 χ^2 检验。根据自由度 $df=k-1=4-1=3$，查附表 4-7，得临界 χ^2 值 $\chi^2_{0.01(3)}=11.34$。因为 $H_c=13.36>\chi^2_{0.01(3)}$，$p<0.01$，表明 4 种剂量大鼠耻骨间隙宽度增加量的总体位置极显著不相同，即 4 种剂量大鼠耻骨间隙宽度的增加量差异极显著。因而还须进行 4 种剂量大鼠耻骨间隙宽度增加量两两比较的秩和检验。

（5）4 种剂量大鼠耻骨间隙宽度增加量两两比较的秩和检验。4 种剂量大鼠耻骨间隙宽度增加量两两比较的秩和检验表，见表 11-8。

表 11-8　4 种剂量大鼠耻骨间隙宽度增加量两两比较的秩和检验表

比较 (1)	秩和差数 R_i-R_j (2)	秩次距 k (3)	$s_{R_i-R_j}$ (4)	q 值 (5)	临界 q 值	
					$\alpha=0.05$ (6)	$\alpha=0.01$ (7)
剂量 4 与剂量 1	64	4	13.2288	4.84**	3.63	4.40
剂量 3 与剂量 1	52	3	10.0000	5.20**	3.32	4.12
剂量 2 与剂量 1	34	2	6.7700	5.02**	2.77	3.64
剂量 4 与剂量 2	30	3	10.0000	3.00ns	3.32	4.12
剂量 3 与剂量 2	18	2	6.7700	2.66ns	2.77	3.64
剂量 4 与剂量 3	12	2	6.7700	1.77ns	2.77	3.64

① 根据表列于 11-7 秩和求秩和差数 R_i-R_j。各个秩和差数列于第 2 列。

② 确定秩次距 k，例如剂量 4 与剂量 1 的比较，其秩和差数 64 范围内有 4 个处理，秩次距 $k=4$；剂量 3 与剂量 1 的比较，其秩和差数 52 范围内有 3 个处理，秩次距 $k=3$，其余类推。各个秩次

距 k 列于第 3 列。

③ 根据式（11-4）计算各个秩和差数标准误 $s_{R_i - R_j}$。

$$秩次距\ k=4，s_{R_1-R_4}=\sqrt{\frac{5\times(5\times4)\times(5\times4+1)}{12}}=13.228\,8，$$

$$秩次距\ k=3，s_{R_1-R_3}=\sqrt{\frac{5\times(5\times3)\times(5\times3+1)}{12}}=10.000\,0，$$

$$秩次距\ k=2，s_{R_1-R_2}=\sqrt{\frac{5\times(5\times2)\times(5\times2+1)}{12}}=6.770\,0，$$

各个秩和差数标准误列于第 4 列。

④ 根据式（11-3）计算 q 值，即 q 值等于第 2 列的秩和差数除以第 4 列相应的秩和差数标准误。各个 q 值列于第 5 列。

⑤ 根据自由度 $df=\infty$，秩次距 $k=2$，3，4，从附表 4-5 查出 $\alpha=0.05$、$\alpha=0.01$ 的临界 q 值，列于第 6 和第 7 列。若 $q<1$，则秩和的差异必不显著，该行的临界 q 值不必列出。

⑥ 将各个 q 值与相应的临界 q 值比较，作出统计推断。检验结果已标记在表 11-8 中。

检验结果表明，激素剂量 4，3，2 大鼠耻骨间隙宽度的增加量与激素剂量 1 大鼠耻骨间隙宽度的增加量差异极显著，这里表现为激素剂量 4，3，2 大鼠耻骨间隙宽度的增加量极显著高于激素剂量 1 大鼠耻骨间隙宽度的增加量；激素剂量 4 和 3 与激素剂量 2，激素剂量 4 与激素剂量 3 大鼠耻骨间隙宽度的增加量差异不显著。

第三节　等级相关分析

若两个相关变量 x，y 服从正态分布，它们的关系可采用第八章介绍的直线相关分析予以研究。若两个相关变量 x，y 不服从正态分布，它们的关系只能采用等级相关分析予以研究。设相关变量 x，y 有 n 对观测值 x_i，y_i（$i=1$，2，$\cdots$，n）。等级相关分析是先按两个相关变量 x、y 的 n 对观测值 x_i，y_i（$i=1$，2，$\cdots$，n）的大小次序，分别由小到大确定观测值 x_i，y_i 的等级（秩次），再分析两个相关变量的等级（秩次）是否相关。统计学用**等级相关系数**（coefficient of rank correlation）表示两个相关变量等级相关的程度和性质。等级相关系数绝对值的大小表示两个相关变量等级相关程度的大小，等级相关系数的正、负号表示两个相关变量等级相关的性质。等级相关系数亦称为秩次相关系数。样本等级相关系数记为 r_S，它是总体等级相关系数 ρ_S 的估计值。等级相关系数 r_S 介于 -1 与 1 之间，即 $-1\leqslant r_S\leqslant 1$。

常用的等级相关系数有 Spearman 等级相关系数和 Kendall 等级相关系数，本节介绍 Spearman 等级相关系数的计算和等级相关系数的假设检验。

1. 等级相关系数的计算　先将两个相关变量 x，y 的 n 对观测值 x_i，y_i（$i=1$，2，$\cdots$，n）分别由小到大确定观测值 x_i，y_i 的等级，数值相同的观测值取其平均等级；再求出每对观测值等级之差 d，等级相关系数 r_S 的计算公式为

$$r_S=1-\frac{6}{n(n^2-1)}\sum_{i=1}^{n}d_i^2。\tag{11-5}$$

若观测值相同等级较多，须根据式（11-6）计算校正等级相关系数 r_S'，

$$r_S'=\frac{\frac{n^3-3}{6}-(t_x+t_y)-\sum_{i=1}^{n}d_i^2}{\sqrt{\left(\frac{n^3-n}{6}-2t_x\right)\left(\frac{n^3-n}{6}-2t_y\right)}}，\tag{11-6}$$

其中，t_x、t_y 的计算公式相同，均为

$$\frac{1}{12}\sum_{j=1}^{l}(t_j^3-t_j)。 \tag{11-7}$$

计算 t_x，l 为变量 x 的 n 个观测值具有相同等级的等级数，t_j ($j=1, 2, \cdots, l$) 为第 j 个相同等级的观测值个数；计算 t_y，l 为变量 y 的 n 个观测值具有相同等级的等级数，t_j ($j=1, 2, \cdots, l$) 为第 j 个相同等级的观测值个数。

2. 等级相关系数的假设检验　对等级相关系数进行假设检验，检验对象是样本等级相关系数 r_S，目的是对总体等级相关系数 ρ_S 是否为 0 作出统计推断。无效假设 H_0：$\rho_S=0$；备择假设 H_A：$\rho_S\neq0$。

根据 n 查附表 4-13，得等级相关系数的临界 r_S 值 $r_{S(0.05)}$，$r_{S(0.01)}$，将等级相关系数 r_S 的绝对值 $|r_S|$ 与临界 r_S 值比较，作出统计推断：若 $|r_S|<r_{S(0.05)}$，$p>0.05$，不能否定 H_0，表明两个相关变量 x 与 y 等级相关系数不显著，即两个相关变量 x 与 y 等级相关不显著；若 $r_{S(0.05)}\leq|r_S|<r_{S(0.01)}$，$0.01<p\leq0.05$，否定 H_0，接受 H_A，表明两个相关变量 x 与 y 的等级相关系数显著，即两个相关变量 x 与 y 等级相关显著；若 $|r_S|\geq r_{S(0.01)}$，$p\leq0.01$，否定 H_0，接受 H_A，表明两个相关变量 x 与 y 的等级相关系数极显著，即两个相关变量 x 与 y 等级相关极显著。

【例 11.8】　10 只大鼠进食量 x 和增重 y 的观测值列于表 11-9。计算大鼠的进食量与增重的等级相关系数并进行假设检验。

表 11-9　大鼠进食量与增重的等级相关系数计算表

鼠 号	进食量 x（g）	进食量等级	增重 y（g）	增重等级	等级差 d
1	820	7.5	165	7	0.5
2	780	5	158	5.5	−0.5
3	720	4	130	2	2
4	867	9	180	9	0
5	690	3	134	3	0
6	787	6	167	8	−2
7	934	10	186	10	0
8	679	2	145	4	−2
9	639	1	120	1	0
10	820	7.5	158	5.5	2

（1）计算等级相关系数。对列于表 11-9 各个观测值分别按进食量与增重从小到大确定进食量与增重观测值的等级，数值相同的观测值取其平均等级，例如进食量的两个 820（g）取其平均等级 $(7+8)/2=7.5$。求出进食量的等级与增重的等级差 d。根据式（11-5）计算等级相关系数 r_S，

$$r_S=1-\frac{6}{n(n^2-1)}\sum_{i=1}^{n}d_i^2=1-\frac{6\times[0.5^2+(-0.5)^2+\cdots+2^2]}{10\times(10^2-1)}=1-\frac{6\times16.5}{990}=0.90。$$

（2）等级相关系数的假设检验。根据 $n=10$，查附表 4-13，得临界 r_S 值 $r_{S(0.01)}=0.794$，因为 $r_S=0.90>r_{S(0.01)}$，$p<0.01$，表明大鼠的进食量与增重的等级相关系数极显著，即大鼠的进食量与增重等级相关极显著。因为 $r_S=0.90>0$，所以确切地说，大鼠的进食量与增重呈极显著正等级相关。

【例 11.9】　10 只雌鼠的月龄与所产仔鼠初生重（g）的观测值列于表 11-10。计算雌鼠月龄与仔鼠初生重的等级相关系数并进行假设检验。

表 11-10　雌鼠月龄和仔鼠初生重的等级相关分析计算表

雌鼠编号	雌鼠月龄（月）	月龄等级	仔鼠初生重（g）	初生重等级	等级差 d
1	12	10	19	10	0
2	7	5.5	13	7.5	-2
3	4	2.5	8	1.5	1
4	9	8.5	8	1.5	7
5	7	5.5	13	7.5	-2
6	2	1	14	9	-8
7	9	8.5	12	5.5	3
8	5	4	10	3	1
9	8	7	12	5.5	1.5
10	4	2.5	11	4	-1.5

（1）计算等级相关系数。对列于表 11-10 各个观测值分别按雌鼠月龄与仔鼠初生重从小到大确定雌鼠月龄与仔鼠初生重观测值的等级，数值相同的观测值取其平均等级，例如雌鼠月龄的两个 7 取其平均等级 $(5+6)/2=5.5$。求出雌鼠月龄的等级与仔鼠初生重的等级差 d。

此例，$n=10$，月龄观测值等级有 2 个 5.5，2 个 2.5，2 个 8.5；初生重观测值等级有 2 个 7.5，2 个 1.5，2 个 5.5，观测值相同的等级较多，须根据式（11-6）计算校正等级相关系数 r'_S。

先计算 t_x 和 t_y。对于 t_x，$l=3$，$t_1=2$，$t_2=2$，$t_3=2$；对于 t_y，$l=3$，$t_1=2$，$t_2=2$，$t_3=2$，于是

$$t_x=\frac{1}{12}\sum_{j=1}^{l}(t_j^3-t_j)=\frac{(2^3-2)+(2^3-2)+(2^3-2)}{12}=1.5 ,$$

$$t_y=\frac{1}{12}\sum_{j=1}^{l}(t_j^3-t_j)=\frac{(2^3-2)+(2^3-2)+(2^3-2)}{12}=1.5 ,$$

$$r'_S=\frac{\frac{n^3-3}{6}-(t_x+t_y)-\sum_{i=1}^{n}d_i^2}{\sqrt{\left(\frac{n^3-n}{6}-2t_x\right)\left(\frac{n^3-n}{6}-2t_y\right)}}=\frac{\frac{10^3-3}{6}-(1.5+1.5)-136.5}{\sqrt{\left(\frac{10^3-10}{6}-2\times1.5\right)\times\left(\frac{10^3-10}{6}-2\times1.5\right)}}$$

$$=\frac{26.6667}{\sqrt{(165-3)\times(165-3)}}=0.1646 。$$

（2）等级相关系数的假设检验。根据 $n=10$，查附表 4-13，得临界 r_S 值 $r_{S(0.05)}=0.648$，因为 $r'_S=0.1646<r_{S(0.05)}$，$p>0.05$，表明雌鼠月龄和仔鼠初生重的等级相关系数不显著，即雌鼠月龄与仔鼠初生重等级相关不显著。

习　题

1. 参数检验与非参数检验有何区别？各在什么情况下应用？

2. 某品种 10 头猪进食前后血糖含量测定值列于下表，用配对资料的符号检验法和符号秩和检验法检验该品种猪进食前后血糖的含量是否相同。

某品种10头猪进食前后血糖含量测定值（mg/dL）

	猪号									
	1	2	3	4	5	6	7	8	9	10
进食前	120	110	100	130	123	127	118	130	122	145
进食后	125	125	120	131	123	129	120	129	123	140

3. 已知某地正常人尿氟含量的中位数为0.86 mg/L。在该地某厂随机抽测11名工人的尿氟含量为：0.84，0.86，0.88，0.94，0.97，1.01，1.05，1.09，1.20，1.35，1.83（mg/L）。用符号检验法检验该厂工人的尿氟含量是否高于当地正常人的尿氟含量。

4. 将一种生物培养物以等量分别接种到两种综合培养基A和B上，接种培养基A 10瓶，接种培养基B 15瓶。一周后计算培养壁上单位面积的生物培养物细胞平均贴壁数，获得观测值如下。用秩和检验法检验两种综合培养基A和B的培养效果是否相同。

两种综合培养基A、B培养壁上单位面积生物培养物细胞平均贴壁数（mg/dL）

培养基	生物培养物细胞平均贴壁数													
A	254	140	193	153	316	473	389	257	167	147				
B	331	257	478	339	407	396	144	357	287	568	483	396	245	403	390

5. 将未达到性成熟的雌性大家鼠14只，随机分为3组，分别为5只、5只和4只，各组分别注射剂量为0.64 μg/只、1.64 μg/只、2.64 μg/只的促性腺激素，每天1次，连续注射3 d后将其杀死，取出卵巢称重，卵巢重量列于下表，用秩和检验法检验3种不同剂量促性腺激素雌性大家鼠卵巢重量是否相同。

3种不同剂量促性腺激素雌性大家鼠的卵巢重量（mg）

处理（注射剂量）	卵巢重量				
Ⅰ（0.64 μg/只）	16.5	45.0	26.5	32.9	20.0
Ⅱ（1.64 μg/只）	24.9	51.6	35.7	33.6	30.4
Ⅲ（2.64 μg/只）	41.8	54.6	31.5	39.9	

6. 分别观察A品种猪19头、B品种猪23头、C品种猪16头母猪的乳头数，次数分布列于下表。用秩和检验法检验A，B，C 3个品种猪的母猪乳头数是否相同。

3个品种猪的母猪乳头数次数分布

乳头数（个）	母猪数（头）			合计
	A品种	B品种	C品种	
≤12	1	2	1	4
13	3	2	2	7
14	2	5	4	11
15	4	3	2	9
16	4	6	3	13
17	3	4	2	9
≥18	2	1	2	5

7. 4 种抗生素的抑菌效力比较试验，重复数 $n=5$，以细菌培养皿内抑菌区直径（mm）为指标，抑菌区直径观测值列于下表。用秩和检验法检验 4 种抗生素的抑菌效力是否相同。若经秩和检验 4 种抗生素的抑菌效力显著或极显著不相同，用 q 法进行 4 种抗生素抑菌效力两两比较的秩和检验。

细菌培养皿内抑菌区直径（mm）

抗生素	抑菌区直径				
I	28	27	29	26	28
II	23	25	24	24	23
III	24	20	22	21	23
IV	19	22	21	23	22

8. 用最佳线性无偏预测（BLUP）法和相对育种值（RBV）法对 12 头肉牛种公牛的种用价值作评定，评定结果排序列于下表。进行等级相关分析判断两种评定方法是否相似。

最佳线性无偏预测法和相对育种值法对肉牛种公牛的种用价值评定结果

	序号											
	1	2	3	4	5	6	7	8	9	10	11	12
BLUP法	9号	8号	5号	4号	10号	11号	3号	6号	12号	2号	1号	7号
RBV法	9号	8号	4号	5号	10号	11号	6号	3号	12号	2号	1号	7号

9. 甲、乙两个鉴定员对 7 头贫乏饲养 3 周的大鼠评定的等级列于下表。进行等级相关分析判断甲、乙两个鉴定员评定结果是否相似。

甲、乙两个鉴定员对大鼠的等级评定结果

	等级						
	1	2	3	4	5	6	7
甲鉴定员	4号	1号	6号	5号	3号	2号	7号
乙鉴定员	4号	2号	5号	6号	1号	3号	7号

试验设计与调查设计

试验设计（experimental design）分为广义的试验设计与狭义的试验设计。广义的试验设计是指试验研究课题设计，也就是指试验计划的拟定；狭义的试验设计是指试验单位的选取，重复数目的确定，试验单位的分组。试验设计的任务是在试验研究进行之前，根据研究课题的要求，对试验作出周密安排，力求用较少的人力、物力和时间，获得足够而可靠的资料，通过分析得出正确的结论，明确回答研究课题所提出的问题。若试验设计不合理，考虑不周到，不仅不能得到预期的结果，甚至导致整个试验的失败。因此，正确掌握试验设计方法，对于进行动物科学试验研究具有十分重要的意义。

第一节 动物试验概述

一、动物试验的任务

动物科学试验研究通常选择某种动物进行试验，因此将动物科学所进行的试验称为动物试验。研究、揭示动物生长发育规律，研究、揭示动物生长发育与饲养管理、环境条件等的关系是动物试验的主要任务。通过动物试验，培育、鉴定新的动物品种（系），探索新的饲料配方、饲养管理方法和技术措施，以解决动物生产和动物科学研究的问题，进一步增加动物产品的数量、提高动物产品的质量，取得更大的经济效益和社会效益，推动动物生产和动物科学向前发展。

二、动物试验的特点

少数动物试验在严格控制的试验条件下进行，多数动物试验都与外界环境接触或者在外界环境下进行，试验对象是生长在不同时期、各种环境条件下的动物。因此动物试验有如下特点。

（一）具有试验误差

进行动物试验，试验处理受到各种非试验因素的影响，使试验处理效应不能准确地反映出来。也就是说，试验所获得的观测值，不但包含试验处理效应，还包含其他非试验因素的影响，试验所获得的观测值常常与观测值总体平均数有差异，这种差异称为试验误差。

动物试验误差的来源，首先是试验动物之间的差异，即各个处理实施的试验动物在遗传和生长发育上存在或多或少的差异。例如试验动物的遗传基础、性别、年龄、体重不同，生理状况、生产性能的不一致等，即使是全同胞之间或同一试验动物不同时期之间也会存在差异。其次是自然环境的差异，主要指那些不易控制的环境的差异，例如圈舍温度、湿度、光照、通风等不同所引起的差异。第三是饲养管理的差异，例如试验过程中日粮配合、饲养技术、管理方法等不一致所引起的差异。第四是在观测记载时由于工作人员的认真程度，掌握的标准不同或测量仪器、时间的不一致等所引起的差异。第五是由一些随机因素引起的偶然差异，例如疾病的侵袭、饲料质量的不稳定等引起的差异。

针对动物试验误差的来源，应采取切实有效的措施，如尽量选择初始条件一致的试验动物，尽量做到饲养管理一致，认真细致进行观测记载等，以控制和降低试验误差，提高试验的精确性与准确性，即提高试验的正确性。

（二）具有复杂性

动物试验的各种动物，它们都有自己的生长发育规律和遗传特性，并与饲养管理、环境条件等密切相关，而且这些因素之间又相互影响，相互制约，共同作用于试验动物。影响动物试验因素的多样性决定了动物试验的复杂性。进行单因素试验，不能分析各个因素的交互作用；进行多因素试验，才能分析各个因素的交互作用，找到各个因素的最优水平组合。

（三）试验周期长

动物的世代间隔长，特别是大动物、单胎动物、具有明显季节性繁殖的动物更是如此。有的动物试验1年内只能进行1次，有的动物试验需要几年的时间才能完成。所以进行动物试验，应尽量克服试验周期长、不同年度之间差异的影响，以获得正确的结论。

三、动物试验的要求

为了保证动物试验结果在推动动物生产和动物科学的发展上真正发挥作用，对动物试验有以下三点要求。

（一）试验要有代表性

动物试验的代表性包括生物学代表性和环境条件代表性。生物学代表性是指试验动物品种、个体要有代表性，并要有足够的数量。例如，进行品种比较试验，所选择的试验动物个体必须能够代表该品种，不要选择性状特殊的个体；并根据试验动物个体的均匀程度，确定适当的试验动物个体数。环境条件代表性是指试验场地的自然条件和生产条件，例如气候、饲料、饲养管理水平及设备等要有代表性，能够代表将来要推广和应用试验结果地区的自然条件和生产条件。试验的代表性决定了试验结果的可利用性。若一个试验缺乏代表性，再好的试验结果也不能推广应用，也就失去了应用价值。

（二）试验要有正确性

试验的正确性包括试验的精确性和准确性。进行动物试验，应合理进行试验设计，控制和排除非试验因素的干扰，准确进行试验和观测记载，避免系统误差，降低随机误差，从而提高试验的精确性和准确性，即提高试验的正确性。试验有正确性才能保证所获得的试验资料具有正确性，从而保证试验资料的统计分析结果具有正确性。

(三) 试验要有重演性

试验的重演性是指在相同条件下，重复进行同一试验，能够获得与原试验类似的结果，即试验结果必须经得起再试验的检验。试验的目的在于能将试验结果在生产实际中推广应用，若一个在试验中表现好的结果在生产实际中却表现不出来，这样的试验结果就不能在生产实际中推广。由于动物试验受试验动物个体差异和环境条件等因素影响，不同地区或不同时间进行的相同试验，结果往往有所不同；即使在相同条件下进行试验，试验结果也有一定出入。因此，进行动物试验，必须保证试验具有代表性和正确性；在条件允许的情况下，进行多年、多点试验，这样所获得的试验结果才具有较好的重演性，才能保证试验结果在生产实际中推广应用。

第二节 动物试验计划

一、试验计划的内容

进行任何科学试验，在试验前都必须拟定试验计划，以便使科学试验能够顺利开展，保证试验任务的完成。试验计划一般应包括以下内容。

(一) 课题名称与试验目的

课题名称是选定的科研课题的简要文字表述。科研课题的选择是研究工作的第一步。课题选择正确，研究工作就有了很好的开端。试验课题来自两个方面：一是国家或企业指定的试验课题，这些试验课题不仅确定了科研选题的方向，而且也为研究人员选题提供了依据，并提出了最终的目标和题目；二是研究人员自己选定的试验课题。研究人员自选课题时，首先应该明确为什么要进行这项试验，也就是说，应明确试验的目的是什么，解决什么问题，以及在动物生产和动物科学研究中的作用、效果如何等。例如，口服补液盐对雏鸡的影响试验，目的在于提高雏鸡的成活率；口服补液盐对肉鸡的影响试验，目的在于促进增重。

选择科研课题有以下 4 点要求：

1. 具有实用性 要针对动物生产和动物科学研究急需解决的问题，同时也要考虑动物生产和动物科学研究发展趋势，适当照顾到长远或不久的将来可能出现的情况，有一定的前瞻性。

2. 具有先进性 在了解国内外该研究领域的进展、水平等基础上，选择前人未解决或未完全解决的问题进行研究，以求在理论、观点及研究方法等方面有所突破。

3. 具有创新性 在研究方法、技术路线等方面要有自己的创新之处。

4. 具有可行性 已具有保证科研课题顺利完成的主观条件和客观条件。

(二) 研究依据、内容及预期效果

选择科研课题，应通过查阅国内外有关文献资料，明确所选择的科研课题的研究意义和应用前景、理论依据与特色、具体研究内容和重点解决的问题、取得成果后的应用推广、预期达到的经济技术指标及技术水平等。

(三) 试验方案和试验设计方法

什么是试验方案，拟定试验方案的方法详述于本节第二部分。试验方案拟定后，结合试验动物、场地等具体情况选择合适的试验设计方法，试验设计方法详述于本章第四节至第八节。

（四）试验动物的要求及数量

试验动物选择正确与否，直接关系到试验结果的正确性。因此，试验动物应力求均匀一致，尽量避免不同品种、不同年龄、不同胎次、不同性别等差异对试验的影响。确定试验动物数量的方法详述于本章第十节。

（五）设置预试期

有的动物试验需要设置预试期。所谓预试是指在正式试验开始之前对已分组的各组试验动物在相同饲养管理条件下进行的预备试验，为正式试验做准备。通过预备试验，使供试动物适应试验环境，为试验动物的调整或淘汰提供依据，同时也使试验人员熟悉操作方法和程序。预试期的长短，可根据具体情况决定，一般 $10 \sim 20$ d。预备试验供试动物的数量应适当多于正式试验所需的供试动物数量。通过对预备试验所获得的资料进行分析，判断选择的试验设计方法是否具有合理性和可行性，发现问题及时解决。

（六）试验记录的试验指标与要求

为了获得进行统计分析所需要的试验资料，应事先以表格形式列出需要观测的试验指标与要求。例如，在饲养试验中的定期称重，称重一般在清晨空腹或饲喂前进行，称重间隔为 1 周、10 d 或 1 个月。

（七）对试验资料采用什么统计分析方法分析与效益估算

试验结束后，对各阶段获得的试验资料要进行整理与分析。拟定试验计划就应确定采用什么统计分析方法，或者采用 t 检验，或者采用方差分析，或者采用协方差分析，或者采用回归分析与相关分析等。每一种试验设计都有相应的统计分析方法，对试验资料的获得也有明确的要求。若获得的试验资料不符合要求，统计方法应用不恰当，就不能获得正确的结论。千万不能在试验完了以后，才去考虑用什么统计分析方法，那样常常会因为获得的试验资料不符合统计分析方法的要求而无法对获得的试验资料进行统计分析。

若预料试验效果显著，可先估算经济效益。例如，某养鸡场进行肉仔鸡饲喂维生素添加剂试验，不仅记录分析饲喂维生素添加剂对肉仔鸡生长发育的效果，而且还计算出饲喂青料（对照）每只鸡分担的费用和饲喂维生素添加剂每只鸡分担的费用，进而估算出饲喂维生素添加剂全年可能节约的费用。

（八）已具备的条件和研究进度安排

已具备的条件主要包括过去的研究工作基础、前期试验情况、现有的主要仪器设备、研究技术人员情况及协作条件、从其他渠道已得到的经费等。研究进度安排可根据试验的内容按日期分阶段进行安排，定期写出总结报告。

（九）试验所需的条件

根据已具备的条件外，确定本试验还需要的条件，如场地、经费、饲料、仪器设备的数量和要求等。

（十）研究人员分类

研究人员分为主持人、主研人、参加人。应以学历高、职称高，有渊博的专业知识和丰富的实践经验的人员担任主持人或主研人。课题组应是高级、中级、初级专业技术人员相结合，老、中、青专业技术人员相搭配，使年限较长的研究项目能够后继有人，保持试验的连续性、稳定性，确保试验的完成。

(十一) 试验的时间、地点和工作人员

试验的时间、地点要安排合适，工作人员要固定，并参加一定培训，以保证试验正常进行。

(十二) 成果鉴定及撰写学术论文

国家课题应召开鉴定会议，由同行专家作出评价。个人自选课题通过对试验资料进行分析，撰写学术论文，表达个人自选课题的研究成果，提出自己的见解和新的学术观点。一些重要的个人自选课题的研究成果，可以申请相关部门鉴定和国家专利。

二、试验方案的拟订

试验方案（experimental scheme）是指根据试验目的所拟定的进行比较的一组试验处理。试验方案须周密考虑，慎重拟定。试验方案根据试验因素的多少分为单因素试验方案和多因素试验方案。

(一) 单因素试验方案

单因素试验方案由该试验因素的各个水平（处理）构成，是最基本、最简单的试验方案。例如，在猪饲料中添加 4 种剂量的酶制剂进行饲养试验。这是一个有 4 个水平的单因素试验。添加酶制剂的 4 种剂量，即该因素的 4 个水平就构成了试验方案。

(二) 多因素试验方案

多因素试验方案由多个试验因素的水平组合（即处理）构成。多因素试验方案根据是否包含多个试验因素全部水平组合分为完全试验方案和不完全试验方案。

1. 多因素完全试验方案 包含多个试验因素全部水平组合的试验方案称为多因素完全试验方案。多因素完全试验方案包含的水平组合数等于各个试验因素水平数的乘积。例如，研究 3 种饲料配方、4 个肉鸭品种的两因素试验，饲料配方 A 分为 A_1，A_2，A_3 3 个水平，肉鸭品种 B 分为 B_1，B_2，B_3，B_4 4 个水平，共有 $3 \times 4 = 12$ 个水平组合，即 A_1B_1，A_1B_2，A_1B_3，A_1B_4，A_2B_1，A_2B_2，A_2B_3，A_2B_4，A_3B_1，A_3B_2，A_3B_3，A_3B_4。包含这 12 个水平组合的试验方案就是饲料配方、肉鸭品种两因素完全试验方案。根据多因素完全试验方案进行的试验称为多因素全面试验。多因素全面试验既能考察各个试验因素的主效应和简单效应，也能考察试验因素的交互作用，选出最优水平组合。多因素全面试验的效率远远高于多个单因素试验的效率。多因素全面试验的主要问题是，若试验因素及其水平数较多时，水平组合数太多，以至于在试验，人力、物力、财力、场地等都难以承受，试验误差也不易控制。因而多因素全面试验宜在试验因素及其水平数都较少时应用。

2. 多因素不完全试验方案 包含多个试验因素部分水平组合的试验方案称为多因素不完全试验方案。根据多因素不完全试验方案进行的试验称为多因素部分试验。动物试验的**综合性试验**（comprehensive experiment）方案、**正交设计试验**（experiment of orthogonal design）方案都是多因素不完全试验方案。

综合性试验方案是针对起主导作用且相互关系已基本清楚的因素安排的不完全试验方案，各个

水平组合就是经过实践已初步证实的各个优良水平的搭配。正交设计试验方案是在多个试验因素全部水平组合中选出有代表性的部分水平组合安排的不完全试验方案，具体内容见第八节。多因素部分试验的目的在于探讨试验因素的部分水平组合的综合作用，选取最优水平组合，而不在于考察各个试验因素的主效应、简单效应和交互作用。

一个合理、完善的试验方案，不仅可以节省人力、物力，多快好省地完成试验任务，而且可以获得正确的试验资料。若试验方案拟订不合理，例如试验因素及其水平选择不恰当，多因素不完全试验方案所包含的水平组合针对性或代表性差，试验将收集不到所需要的试验资料，甚至导致试验的失败。因此，试验方案合理、完善与否决定试验的成败。

（三）试验方案的拟订

拟定一个合理、完善的试验方案，应仔细考虑以下几点：

1. 根据试验的目的、任务和条件挑选试验因素　拟订试验方案时，要求正确掌握动物生产和动物科学研究存在的问题，对试验目的、任务进行仔细分析，抓住关键，突出重点，挑选对试验指标影响较大的试验因素。若只研究一个试验因素，进行单因素试验；若同时研究两个或两个以上的试验因素，进行多因素试验。例如，进行猪饲料添加某种微量元素的饲养试验，在拟定试验方案时，设置1个添加一定剂量微量元素的处理和1个不添加微量元素的对照，得到一个包含2个处理的单因素试验方案；或设置4个添加不同剂量微量元素的处理和1个不添加微量元素的对照，得到一个包含5个处理的单因素试验方案。进行微量元素不同添加剂量与不同品种猪的饲养试验，安排一个两因素试验方案。应该注意，一个试验研究的试验因素不宜过多，否则处理数太多，试验过于庞大，试验干扰因素难以控制。能用简单方案的试验，就不用复杂方案。

2. 根据试验因素的特点及试验动物的反应能力确定试验因素的水平

（1）试验因素的水平数要适当。试验因素的水平数过多，不仅通过试验难以表现出试验因素各个水平间的差异，而且增大了工作量；试验因素的水平数太少又容易漏掉一些好的信息，使所获得的试验资料内容不全面。

（2）试验因素水平间的差异要合理，使试验因素各个水平通过试验有明显区别，并把最优水平包括在内。有些试验因素在数量等级上只需较小的差异就能通过试验表现出试验因素不同水平的差异，例如饲料中微量元素的添加等。有些试验因素在数量等级上则需较大的差异才能通过试验表现出试验因素不同水平的差异，例如饲料用量等。

（3）对于动物试验，以量的不同级别划分水平的试验因素的水平通常采用等差法（即等间距法）确定，也可采用等比法、选优法确定。

① 等差法。采用等差法确定试验因素的水平要求试验因素各相邻两个水平之差相等，例如猪饲料中钙的含量各水平分别为：0.4%，0.6%，0.8%，1.0%，各相邻两个水平之差都是0.2%。这就是采用等差法确定的试验因素的水平。

② 等比法。采用等比法确定试验因素的水平要求试验因素各相邻两个水平之比相同，例如猪饲料中钙的含量各水平分别为0.2%，0.4%，0.8%，各相邻两个水平之比都是1:2。这就是采用等比法确定的试验因素的水平。

③ 选优法。先确定试验因素水平的最大值和最小值，以 $G=$（最大值－最小值）$\times 0.618$ 作为水平间距，用（最小值＋G）和（最大值－G）确定试验因素另外2个水平。若试验指标的观测值与试验因素水平之间呈抛物线关系时，用这种方法可以找到试验因素的最优水平，所以将此法称为选优法。例如上述猪饲料中钙的含量，把试验因素水平的最大值和最小值定为1.0%和0.2%，水平间距 $G=(1-0.2)\times 0.618=0.5\%$，试验因素的另外2个水平分别为 $0.2\%+0.5\%=0.7\%$，$1\%-0.5\%=0.5\%$。猪饲料中钙的含量用选优法确定的试验因素水平为0.2%，0.5%，0.7%，1.0%。

3. 试验方案中必须包含作为比较标准的对照　动物试验的目的就是通过比较来鉴别处理效果的好坏。为了达到这一目的，试验方案应当包含各个试验处理，以及作为比较的对照。任何试验都不能缺少对照，否则就不能显示出试验处理的效果。

对照区分为空白对照、互为对照、标准对照、试验对照和自身对照等。根据试验研究的目的与内容，选择对照。进行添加微量元素的饲养试验，添加微量元素为处理，不添加微量元素为对照，这样的对照为空白对照。进行几种微量元素添加量的几个处理比较试验，几个处理互为对照，不必再设对照。对某种动物作生理生化指标检测，所得观测值是否异常应与动物的正常值作比较，动物的正常值就是标准对照。进行杂交试验，确定杂交优势的大小，必须以亲本作对照，这就是试验对照。某个处理实施在试验动物上，处理实施后与处理实施前比较，处理实施前为对照，这就是自身对照，例如病畜用药后与用药前比较，用药前为自身对照。

4. 试验处理应遵循唯一差异原则　试验处理的唯一差异原则是指除了试验处理不同外，其余因素或其他所有条件均应保持一致，以排除其余因素或其他所有条件对试验结果的干扰，保证试验处理具有可比性。例如，进行不同品种猪的育肥比较试验，各个参与试验猪除了品种不同外，性别、年龄、体重等均应一致，饲料和饲养管理等条件均应相同，才能准确评定品种的优劣。

第三节　试验设计的基本原则

试验设计通常指狭义的试验设计。通过合理选取试验单位，确定重复数目，对试验单位分组，控制、降低、无偏估计试验误差，对样本所属总体作出可靠、正确的统计推断。进行试验设计必须遵循以下三个基本原则。

（一）重复

重复是指试验的每一处理都实施在两个或两个以上的试验单位上。进行动物试验，1头动物可以为1个试验单位，或1组动物为1个试验单位。试验单位也是观测试验指标的单位。1个处理实施在几个试验单位上，就说这个处理重复了几次。试验设置重复的主要作用在于估计试验误差和降低试验误差。若1个处理只实施在1个试验单位上，获得试验指标的1个观测值，无法估计试验误差。若1个处理实施在两个或两个以上的试验单位上，获得两个或两个以上试验指标的观测值，才能估计试验误差。在第四章已指出，样本标准误 $s_{\bar{x}}$ 与样本标准差 s 的关系是 $s_{\bar{x}} = s/\sqrt{n}$，即平均数抽样误差估计值的大小与重复数的平方根成反比，适当增加重复数可以降低试验误差。若重复数太多，试验动物大量增加，试验动物的初始条件不易控制一致，也不一定能降低试验误差。重复数可根据试验的要求和试验动物初始条件差异的大小确定。试验动物初始条件差异较大，重复数应大些；试验动物初始条件差异较小，重复数可小些。

（二）随机

随机是指使用随机的方法将试验单位分组，使试验单位分入各试验处理组的机会相同，以避免试验单位分组试验人员主观倾向的影响。这是在试验中排除非试验因素干扰的重要手段，目的是为了获得试验误差的无偏估计。

（三）局部控制

进行动物试验，若试验环境或试验单位差异较大，仅根据重复和随机两原则进行设计不能将试验环境或试验单位差异所引起的变异从试验误差中分离出来，试验误差较大，试验的精确性与检验的灵敏度较低。在试验环境或试验单位差异较大的情况下，可将整个试验环境或试验单位分成若干个小环境或小组，在小环境或小组内使非处理因素尽量一致，实现试验条件的局部一致性，这就是局部控制。每个比较一致的小环境或小组，称为单位组。进行方差分析单位组之间的差异可以从试验误差中分离出来，局部控制能较好地降低试验误差。

试验设计三个基本原则的关系和作用如图 12-1 所示。

上述重复、随机、局部控制三个基本原则称为费舍尔（R. A. Fisher）三原则。根据这三个基本原则进行试验设计，采用适当的统计分析方法，才能对试验资料分析获得正确结论。

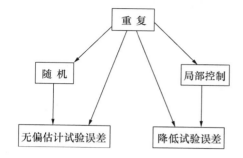

图 12-1　试验设计三个基本原则的关系和作用

第四节　完全随机设计

完全随机设计（completely randomized design）的步骤是，将全部试验单位随机分入各处理组，各处理组实施不同处理。随机分组的方法有抽签法和随机数字法两种。随机数字可以从随机数字表（附表 4-14）查得。随机数字表上所有的数字都是按随机抽样原理编制的，表中任何一个数字出现在任何一个位置都是随机的。从随机数字表可以查得随机数字，有些电脑与计算器有产生随机数字的功能，用起来更方便。下面结合实际例子说明完全随机设计试验单位的分组方法。

一、完全随机设计方法

（一）处理数＝2 的完全随机设计试验单位的分组方法

【例 12.1】　设一绵羊饲养试验有 2 个处理，重复 9 次，完全随机设计。选取同品种、同性别、同年龄、体重相近的 18 只绵羊参与试验。用随机数字法将参与试验的 18 只绵羊随机分成甲、乙两组。

此例处理数 $k=2$，重复数 $n=9$，完全随机设计，试验单位为绵羊。先将 18 只绵羊依次编号为 1，2，…，18；然后从随机数字表中任意一个随机数字开始，向任一方向（左、右、上、下）依次抄下 18 个 2 位随机数字，例如，从随机数字表（Ⅰ）第 12 行与第 7 列交叉处的 16 开始向右依次抄下 18 个 2 位随机数字填入表 12-1 第二行。将随机数字为奇数的绵羊分入甲组、随机数字为偶数的绵羊分入乙组（也可以反过来，将随机数字为奇数的绵羊分入乙组、随机数字为偶数的绵羊分入甲组）。

表 12-1　2 个处理完全随机设计表

绵羊编号	1	2	3	4	5	6	7	8	9	10	11	12	13	14	15	16	17	18
随机数字	16	07	44	99	83	11	46	32	24	20	14	85	88	45	10	93	72	88
组别	乙	甲	乙	甲	甲	甲	乙	乙	乙	乙	乙	甲	乙	甲	乙	甲	乙	乙
调整组别							甲		甲									

将 18 只绵羊随机分为甲、乙两组的结果如下,

甲组:2　4　5　6　12　14　16

乙组:1　3　7　8　9　10　11　13　15　17　18

因为甲组比乙组少 4 只绵羊,须从乙组调整两只绵羊到甲组。仍用随机数字法进行随机调整。在前面 18 个 2 位随机数字之后再接着抄下 2 个 2 位随机数字:71、23,分别除以 11(11 为分配于乙组的绵羊只数)、10(10 为调整 1 只绵羊去甲组后乙组剩余的绵羊只数),余数为 5、3,于是把分配于乙组的 11 只绵羊中的第 5 只绵羊(9 号绵羊)和余下 10 只绵羊中的第 3 只绵羊(7 号绵羊)分到甲组。调整后的甲、乙两组绵羊编号为

甲组:2　4　5　6　7　9　12　14　16

乙组:1　3　8　10　11　13　15　17　18

(二) 处理数≥3 的完全随机设计试验单位的分组方法

【例 12.2】　设一仔猪饲料配方试验有 3 个处理,重复 6 次,完全随机设计。选取同品种、同性别、同年龄、体重相近的 18 头仔猪参与试验。用随机数字法将参与试验的 18 头仔猪随机分成甲、乙、丙 3 组。

此例处理数 $k=3$,重复数 $n=6$,完全随机设计,试验单位为仔猪。先将 18 头仔猪依次编号为 1,2,…,18;然后从随机数字表中任意一个随机数字开始,向任一方向依次抄下 18 个 2 位随机数字,例如,从随机数字表(Ⅱ)第二行与第 10 列交叉处的 94 开始,向下依次抄下 18 个 2 位随机数字,填入表 12-2 第二行。

表 12-2　3 个处理完全随机设计表

仔猪编号	1	2	3	4	5	6	7	8	9	10	11	12	13	14	15	16	17	18
随机数字	94	94	88	46	56	00	04	00	26	56	48	91	90	88	26	53	12	25
除以 3 后之余数	1	1	1	1	2	0	1	0	2	2	0	1	0	1	2	2	0	1
组　别	甲	甲	甲	甲	乙	丙	甲	丙	乙	乙	丙	甲	丙	甲	乙	乙	丙	甲
调整组别												丙		乙				

将各个随机数字除以 3(3 为处理数),若余数为 1,将该仔猪分入甲组;若余数为 2,将该仔猪分入乙组;若商为 0 或余数为 0,将该仔猪分入丙组。将 18 头仔猪随机分为甲、乙、丙 3 组的分组结果为:

甲组:1　2　3　4　7　12　14　18

乙组:5　9　10　15　16

丙组:6　8　11　13　17

各组仔猪数不完全相等,应将甲组多余的 2 头仔猪调整 1 头仔猪给乙组、调整 1 头仔猪给丙组。仍然采用随机数字法进行随机调整。从随机数字 25 之后接着抄下 2 个 2 位随机数字 63、62,分别除以 8(8 为分入甲组的仔猪头数)、7,得第一个余数为 7、第二个余数为 6,于是把分入甲组的 8 头仔猪中第 7 头仔猪即 14 号仔猪改为乙组;把甲组中余下的 7 头仔猪中的第 6 头仔猪即 12 号仔猪改为丙组。这样各组的仔猪数相等了。(注意:若分入甲组的仔猪头数为 9,须将多余的 3 头仔猪调整给另外两组,应抄下 3 个 2 位随机数字,分别除以 9,8,7)。调整后 3 组的仔猪编号如下:

甲组:1　2　3　4　7　18

乙组:5　9　10　14　15　16

丙组:6　8　11　12　13　17

以上 2 例是用随机数字法将试验单位随机分为 2 组或 3 组。若用随机数字法将试验单位随机分为 4 组、5 组或更多组，方法同例 12.2。

二、完全随机设计试验资料的统计分析

（一）处理数＝2 的完全随机设计试验资料的统计分析

处理数＝2 的完全随机设计也就是两个处理的非配对设计，对处理数＝2 的完全随机设计试验资料采用非配对设计两个样本平均数假设检验 t 检验进行统计分析，例如例 5.3、例 5.4。

（二）处理数≥3 的完全随机设计试验资料的统计分析

对于单因素完全随机设计试验资料，若各处理重复数相等，采用各处理重复数相等的单因素试验资料的方差分析进行统计分析，例如例 6.2；若各处理重复数不等，采用各处理重复数不等的单因素试验资料的方差分析进行统计分析，例如例 6.3。对于两因素交叉分组完全随机设计试验资料，若各处理重复数相等，采用两因素交叉分组有重复观测值试验资料的方差分析进行统计分析，例如例 6.6。

三、完全随机设计的优缺点

完全随机设计是一种最简单的设计方法，其优点是：设计容易，处理数与重复数都不受限制，统计分析简单；其缺点是：由于未根据试验设计三个原则中的局部控制原则进行试验设计，非试验因素的影响被归入试验误差，试验误差较大，试验的精确性较低。

完全随机设计适用于试验条件、环境、试验单位初始条件差异较小的动物试验。若试验条件、环境、试验单位初始条件差异较大，则不宜采用此种设计方法。

第五节　随机单位组设计

随机单位组设计（randomized block design）或称为随机区组设计。设计步骤是：先根据局部控制原则将全部试验单位分为若干个单位组，单位组数等于试验的重复数，每一单位组内的试验单位数等于处理数，要求同一单位组内各试验单位的初始条件尽可能一致，不同单位组间试验单位的初始条件允许存在差异；然后将各个单位组内的试验单位独立随机分入各个处理组；将分入各个处理组的试验单位实施各个处理。单位组内各个试验单位随机分入各个处理组可采用抽签法或随机数字法。例如，为了比较 5 种不同中草药饲料添加剂对猪增重的效果，先从 4 头母猪所产的 4 窝仔猪中每窝选出性别相同、体重相近的仔猪各 5 头（共 20 头），组成 4 个单位组；然后将各个单位组的 5 头仔猪独立随机分入各个中草药饲料添加剂组，将分入各个中草药饲料添加剂组的仔猪饲喂各个中草药饲料添加剂。这就是处理数为 5，单位组数为 4 的随机单位组设计。

进行动物试验，把初始条件相同的动物如同窝、同性别、体重相近的仔畜作为单位组，还可以根据实际情况，把不同试验场、同一饲养场内不同畜舍、不同池塘等作为单位组。

一、随机单位组设计方法

（一）处理数≥3 的随机单位组设计试验单位的分组方法

下面结合实际例子说明处理数≥3 的随机单位组设计试验单位的分组方法。

【例 12.3】　5 种不同中草药饲料添加剂（分别记为 A_1，A_2，A_3，A_4，A_5）比较试验，重复 4 次，随机单位组设计。已从 4 头母猪所产的 4 窝仔猪中，每窝选出性别相同、体重相近的仔猪各 5 头，组成 4 个单位组。用随机数字法将各个单位组的 5 头仔猪独立随机分组表 12-3。

此例处理数 $k=5$，重复数 $n=4$，随机单位组设计，试验单位为仔猪。先将 4 个单位组的仔猪分别按体重由小到大依次编号：第 I 单位组的仔猪编号为 1～5 号，第 II 单位组的仔猪编号为 6～10 号，第 III 单位组的仔猪编号为 11～15 号，第 IV 单位组的仔猪编号为 16～20 号。然后从随机数字表中任意一个随机数字开始，向任一方向依次抄下 16 个 2 位随机数字（舍弃 00），例如，从随机数字表（II）第 15 行与第 11 列交叉处的 15 开始，向下依次抄下 16 个 2 位随机数字（舍弃 00），依次填入表 12-3 第三行，每填入 4 个 2 位随机数字留一空位。将同一单位组内前 4 个 2 位随机数字依次除以 5，4，3，2（最大除数 5 为处理数），根据余数（余数为 0 者，以除数代之）确定每个单位组内各头仔猪分入的添加剂组别。例如，第 I 单位组内，第一个余数是 5，将 1 号仔猪分入添加剂 A_5 组；第二个余数是 2，将 2 号仔猪分入剩下的 4 种添加剂 A_1，A_2，A_3，A_4 列于第 2 位的 A_2 组；第三个余数是 3，将 3 号仔猪分入剩下的 3 种添加剂 A_1，A_3，A_4 列于第 3 位的 A_4 组；第四个余数是 1，将 4 号仔猪分入剩下的 2 种添加剂 A_1，A_3 列于第 1 位的 A_1 组；5 号仔猪只能分入剩下的添加剂 A_3 组。用同样方法——确定其他单位组内各头仔猪的分组。各个单位组的 5 头仔猪独立随机分组结果列于表 12-4。

表 12-3　5 种中草药饲料添加剂比较试验随机单位组设计表

单 位 组	I					II					III					IV				
仔猪编号	1	2	3	4	5	6	7	8	9	10	11	12	13	14	15	16	17	18	19	20
随机数字	15	50	75	25	—	71	38	68	58	—	95	98	56	85	—	99	83	21	62	—
除　数	5	4	3	2		5	4	3	2		5	4	3	2		5	4	3	2	
余　数	5	2	3	1		1	2	2	2		5	2	2	1		4	3	3	2	
添加剂	A_5	A_2	A_4	A_1	A_3	A_1	A_3	A_4	A_5	A_2	A_5	A_2	A_3	A_1	A_4	A_4	A_3	A_5	A_2	A_1

表 12-4　5 种中草药饲料添加剂比较试验随机单位组设计仔猪分组表

添加剂	单 位 组			
	I	II	III	IV
A_1	4	6	14	20
A_2	2	10	12	19
A_3	5	7	13	17
A_4	3	8	15	16
A_5	1	9	11	18

（二）配对设计试验单位的分组方法

配对设计是处理数为 2 的随机单位组设计。进行配对设计，先将试验单位两两配对，配成对子的两个试验单位的初始条件尽量一致，不同对子间试验单位的初始条件允许有差异，每一个对子就是试验处理的一个重复；然后将配成对子的两个试验单位随机分配到两个处理组中。

【例 12.4】　设一个乳牛饲养试验有 2 个处理，重复 9 次，配对设计。选取同一品种的供试乳牛 18 头，分别将年龄相同、体重相近的两头乳牛配成对子，共 9 对，编号为 1～9。用随机数字法将每个对子中的两头乳牛随机分配到甲、乙两个处理组。

本例处理数 $k=2$，重复数 $n=9$，配对设计，试验单位为乳牛。从随机数字表中任意一个随机数字开始，向任一方向依次抄下 9 个 2 位随机数字，例如，从随机数字表（Ⅰ）的第 16 行与第 8 列的交叉处的 20 开始，向右依次抄下 9 个 2 位随机数字，见表 12-5 第二行。将随机数字为奇数的配对的第 1 头乳牛分入甲组、第 2 头乳牛分入乙组；将随机数字为偶数的配对的第 1 头乳牛分入乙组、第 2 头乳牛分入甲组。9 对乳牛的分组列于表 12-5 第三、第四行。

表 12-5 乳牛饲养试验 2 个处理配对设计表

配对编号	1	2	3	4	5	6	7	8	9
随机数字	20	38	26	13	89	51	03	74	17
配对的第 1 头乳牛组别	乙	乙	乙	甲	甲	甲	甲	乙	甲
配对的第 2 头乳牛组别	甲	甲	甲	乙	乙	乙	乙	甲	乙

二、随机单位组设计试验资料的统计分析

（一）处理数≥3 随机单位组设计试验资料的统计分析

处理数≥3 随机单位组设计试验资料采用方差分析进行统计分析。将单位组视为一个因素，与试验因素一起按照两因素交叉分组单个观测值试验资料的方差分析进行统计分析，要求试验因素与单位组因素无交互作用。将试验因素记为 A，水平数为 a；将单位组因素记为 B，单位组数为 b，进行方差分析的数学模型为

$$x_{ij} = \mu + \alpha_i + \beta_j + \varepsilon_{ij} \quad (i=1, 2, \cdots, a; j=1, 2, \cdots, b), \tag{12-1}$$

其中，μ 为试验全部观测值总体平均数；α_i 为试验因素 A 的第 i 个处理 A_i 的效应，β_j 为单位组因素 B 的第 j 个单位组 B_j 的效应，$\alpha_i = \mu_i. - \mu$，$\beta_j = \mu._j - \mu$，$\mu_i.$、$\mu._j$ 分别为试验因素 A 的第 i 个处理 A_i、单位组因素 B 的第 j 个单位组 B_j 观测值总体平均数，处理效应 α_i 通常是固定效应，$\sum_{i=1}^{a} \alpha_i = 0$，单位组效应 β_j 通常是随机的；ε_{ij} 为试验误差，相互独立，且都服从 $N(0, \sigma^2)$。

单因素随机单位组设计试验资料平方和与自由度分解式为

$$\left. \begin{array}{l} SS_T = SS_A + SS_B + SS_e, \\ df_T = df_A + df_B + df_e. \end{array} \right\} \tag{12-2}$$

对于例 12.3，按照列于表 12-4 的试验仔猪分组进行试验：添加剂 A_1 组的 4，6，14，20 号 4 头仔猪，喂添加剂 A_1；添加剂 A_2 组的 2，10，12，19 号 4 头仔猪，饲喂添加剂 A_2；添加剂 A_3 组的 5，7，13，17 号 4 头仔猪，饲喂添加剂 A_3；添加剂 A_4 组的 3，8，15，16 号 4 头仔猪，饲喂添加剂 A_4；添加剂 A_5 组的 1，9，11，18 号 4 头仔猪，饲喂添加剂 A_5。各头仔猪的增重列于表 12-6。

表 12-6 5 种不同中草药饲料添加剂饲喂各头仔猪的增重结果（g）

添加剂（A）	单位组（B）				合计 $x_i.$	平均 $\bar{x}_i.$
	B_1	B_2	B_3	B_4		
A_1	205	168	222	230	825	206.25
A_2	230	198	242	255	925	231.25
A_3	252	248	305	260	1 065	266.25
A_4	200	158	183	196	737	184.25
A_5	265	275	315	282	1 137	284.25
合计 $x._j$	1 152	1 047	1 267	1 223	$x.. = 4 689$	

表 12-6 是一份单因素随机单位组设计试验资料，试验因素 A 的水平数 $a=5$，单位组因素 B 的单位组数 $b=4$，方差分析如下：

1. 计算各项平方和与自由度

矫正数 $C=\dfrac{x^2_{..}}{ab}=\dfrac{4\,689^2}{5\times4}=1\,099\,336.05$，

总平方和　$SS_T=\sum\limits_{i=1}^{a}\sum\limits_{j=1}^{b}x^2_{ij}-C=(205^2+168^2+\cdots+282^2)-1\,099\,336.05=35\,890.95$，

总自由度　　　　$df_T=ab-1=5\times4-1=19$，

添加剂间平方和 $SS_A=\dfrac{1}{b}\sum\limits_{i=1}^{a}x^2_{i\cdot}-C=\dfrac{825^2+925^2+\cdots+1\,137^2}{4}-1\,099\,336.05=27\,267.2$，

添加剂间自由度　　　　$df_A=a-1=5-1=4$，

单位组间平方和　$SS_B=\dfrac{1}{a}\sum\limits_{j=1}^{b}x^2_{\cdot j}-C=\dfrac{1\,152^2+1\,047^2+\cdots+1\,223^2}{5}-1\,099\,336.05=5\,530.15$，

单位组间自由度　　　　$df_B=b-1=4-1=3$，

误差平方和　$SS_e=SS_T-SS_A-SS_B=35\,890.95-27\,267.2-5\,530.15=3\,093.60$，

误差自由度　$df_e=df_T-df_A-df_B=(a-1)(b-1)=(5-1)\times(4-1)=12$。

2. 列出方差分析表（表 12-7），进行 F 检验

表 12-7　列于表 12-6 资料的方差分析表

变异来源	平方和 SS	自由度 df	均方 MS	F 值	临界 F 值
添加剂间（A）	27 267.20	4	6 816.80	26.44**	$F_{0.01(4,12)}=5.41$
单位组间（B）	5 530.15	3	1 843.38	7.15**	$F_{0.01(3,12)}=5.95$
误　差	3 093.60	12	257.80		
总变异	35 890.95	19			

因为 $F_A=26.44>F_{0.01(4,12)}$，$p<0.01$，表明饲喂不同中草药饲料添加剂仔猪平均增重差异极显著，所以还须对饲喂不同中草药饲料添加剂仔猪平均增重进行多重比较。对于单位组间的变异，通常只需将它从误差中分离出来，不对单位组间的变异进行 F 检验，也不对不同单位组平均数进行多重比较。需要说明的是，若经 F 检验单位组平均数差异显著或极显著（此例 $F_B=7.15>F_{0.01(3,12)}$，$p<0.01$，表明单位组仔猪平均增重差异极显著），说明单位组间差异较大，这并不意味着试验资料的可靠性差，正好说明由于采用了随机单位组设计，进行了局部控制，把单位组间的变异从试验误差中分离了出来，降低了试验误差，提高了试验的精确性。

3. 饲喂不同中草药饲料添加剂仔猪平均增重的多重比较　采用 q 法。因为 $MS_e=257.8$，$b=4$，所以均数标准误 $s_{\bar{x}}$ 为

$$s_{\bar{x}}=\sqrt{\dfrac{MS_e}{b}}=\sqrt{\dfrac{257.8}{4}}=8.028。$$

根据自由度 $df_e=12$、秩次距 $k=2$，3，4，5，从附表 4-5 查出 $\alpha=0.05$，0.01 的临界 q 值，将临界 q 值乘以均数标准误 $s_{\bar{x}}=8.028$ 计算各个最小显著极差 LSR，临界 q 值与 LSR 值列于表 12-8。

表 12 - 8　临界 q 值和 LSR 值表

df_e	k	$q_{0.05}$	$q_{0.01}$	$LSR_{0.05}$	$LSR_{0.01}$
	2	3.08	4.32	24.73	34.68
	3	3.77	5.05	30.27	40.54
12	4	4.20	5.55	33.72	44.56
	5	4.51	5.84	36.21	46.88

饲喂不同中草药饲料添加剂仔猪平均增重的多重比较见表 12 - 9。

表 12 - 9　饲喂不同中草药饲料添加剂仔猪平均增重多重比较表（q 法）

添加剂	平均数 $\bar{x}_{i.}$			$\bar{x}_{i.}-184.25$	$\bar{x}_{i.}-206.25$	$\bar{x}_{i.}-231.25$	$\bar{x}_{i.}-266.25$
A_5	284.25 a	A		100**	78**	53**	18
A_3	266.25 a	A		82**	60**	35**	
A_2	231.25 b	B		47**	25*		
A_1	206.25 c	B	C	22			
A_4	184.25 c		C				

将表 12 - 9 中的差数与表 12 - 8 中相应的最小显著极差比较，作出统计推断。多重比较结果已标记在表 12 - 9 中。多重比较结果表明：饲喂中草药饲料添加剂 A_5，A_3 的仔猪平均增重极显著高于饲喂中草药饲料添加剂 A_2，A_1，A_4 的仔猪平均增重；饲喂中草药饲料添加剂 A_2 的仔猪平均增重极显著高于饲喂中草药饲料添加剂 A_4 的仔猪平均增重、显著高于饲喂中草药饲料添加剂 A_1 的仔猪平均增重；饲喂中草药饲料添加剂 A_5 与 A_3，A_1 与 A_4 的仔猪平均增重差异不显著。5 种中草药饲料添加剂以 A_5 和 A_3 对于仔猪增重的效果较好，A_1 和 A_4 对于仔猪增重的效果较差。

（二）配对设计试验资料的统计分析

若试验资料是计量资料，采用配对设计两个样本平均数的假设检验 t 检验进行统计分析，例如例 5.5；若试验资料是次数资料，采用配对次数资料的 χ^2 检验进行统计分析。

三、随机单位组设计的优缺点

随机单位组设计的优点是：设计与分析方法简单；由于随机单位组设计根据试验设计三原则进行试验设计，对试验资料进行统计分析，能将单位组间的变异从试验误差中分离出来，降低试验误差，试验的精确性较高；把条件一致的试验单位分在同一单位组，再将同一单位组的试验单位随机分配到不同处理组内，增大了处理之间的可比性。

随机单位组设计的缺点是：若处理数目过多时，各个单位组内的试验单位数目也过多，同一单位组内试验单位的初始条件难以控制一致，失去了对试验单位的局部控制。采用随机单位组设计，要求试验处理不超过 20。

配对设计是处理数为 2 的随机单位组设计，其优点是统计分析简单，试验误差通常比非配对设计小，但由于试验单位配对要求严格，不允许将不满足配对要求的试验单位随意配对。

第六节　拉丁方设计

拉丁方设计（latin square design）从横行和直列两个方向进行局部控制，是比随机单位组设计多一个单位组的设计。拉丁方设计的每一行或每一列都是一个单位组，每一个处理在每一行或每一列出现且只出现一次，横行单位组数＝直列单位组数＝试验重复数＝试验处理数。对拉丁方设计试验资料进行方差分析，能将横行、直列二个单位组间的变异从试验误差中分离出来，拉丁方设计的试验误差比随机单位组设计小，试验精确性比随机单位组设计高。

一、拉　丁　方

由于要利用拉丁方进行拉丁方设计，下面对拉丁方作一介绍。

由 n 个拉丁字母 A，B，C，…构成一个 n 阶方阵，若这 n 个拉丁字母在 n 阶方阵的每一行、每一列出现且仅出现一次，将该 n 阶方阵称为 $n \times n$ 阶拉丁方。例如，

A B　　　B A
B A　　　A B

是 2×2 阶拉丁方，2×2 阶拉丁方只有这 2 个。

A B C
B C A
C A B

是 3×3 阶拉丁方。

第一行与第一列的拉丁字母按自然顺序排列的拉丁方称为标准型拉丁方。3×3 阶标准型拉丁方只有上面所列出的 1 个，4×4 阶标准型拉丁方有 4 个，5×5 阶标准型拉丁方有 56 个。若重新排列标准型拉丁方的行或列，可得到更多个拉丁方。

下面列出 3×3，4×4，5×5，6×6 阶部分标准型拉丁方，供进行拉丁方设计选用。其余标准型拉丁方可查阅数理统计表及有关参考书。

3×3 阶标准型拉丁方

A B C
B C A
C A B

4×4 阶标准型拉丁方

(1)	(2)	(3)	(4)
A B C D	A B C D	A B C D	A B C D
B A D C	B C D A	B D A C	B A D C
C D B A	C D A B	C A D B	C D A B
D C A B	D A B C	D C B A	D C B A

5×5 阶标准型拉丁方

(1)	(2)	(3)	(4)
A B C D E	A B C D E	A B C D E	A B C D E
B A E C D	B A D E C	B A E C D	B A D E C
C D A E B	C E B A D	C E D A B	C D E A B
D E B A C	D C E B A	D C B E A	D E B C A
E C D B A	E D A C B	E D A B C	E C A B D

6×6 阶标准型拉丁方

A B C D E F
B F D C A E
C D E F B A
D A F E C B
E C A B F D
F E B A D C

二、拉丁方设计方法

进行动物试验，若要控制来自两个方面的试验误差，试验动物的数量又较少，常采用拉丁方设计。下面结合实际例子说明拉丁方设计方法。

【例 12.5】 研究 5 种不同温度——温度 1、温度 2、温度 3、温度 4、温度 5 对蛋鸡产蛋量的影响，有 5 个鸡舍的 5 个鸡群参与试验，鸡群的产蛋期分为 5 期。由于不同鸡群和不同产蛋期的产蛋量差异较大，因此采用拉丁方设计，把鸡群和产蛋期分别作为单位组设置，以消除这两个单位组因素对试验的影响。

此例处理数 $k=5$，拉丁方设计，试验单位为鸡群。一个单位组为鸡群，由 5 个鸡群组成；另一个单位组为产蛋期，由 5 个产蛋期组成。设计步骤如下：

（一）选择拉丁方

根据试验处理数选择标准型拉丁方。本例试验因素为温度，处理数为 5，选择 5×5 阶标准型拉丁方，本例选择前面列出的第 2 个 5×5 阶标准型拉丁方，列于图 12 -2(1)。并将鸡群作为直列单位组，直列单位组数为 5；将产蛋期作为横行单位组，横行单位组数亦为 5。

（二）随机排列

对于 3×3 阶标准型拉丁方：将直列随机排列，将第二和第三横行随机排列；将处理随机排列。

对于 4×4 阶标准型拉丁方：先随机选择 4 个标准型拉丁方中的一个；将所选择的标准型拉丁方的直列和第二、三、四横行随机排列，或将所选择的标准型拉丁方的直列、横行随机排列；将处理随机排列。

对于 5×5 阶标准型拉丁方：先随机选择 4 个标准型拉丁方中的一个；将所选择的标准型拉丁方的直列、横行及处理都随机排列。

对于 6×6 阶标准型拉丁方：将标准型拉丁方直列、横行及处理都随机排列。

下面对所选择的 5×5 阶标准型拉丁方利用随机数字法进行随机排列。从随机数字表抄录 3 个

5位随机数字，例如从随机数字表（Ⅰ）第22行与第8列交叉处的97开始，向右连续抄录3个5位随机数字，抄录时舍去"0""6以及6以上的数"和"重复出现的数"，抄录的3个5位随机数字为：13542，41523，34521。将上面所选择的5×5阶标准型拉丁方的直列、横行及处理按这3个5位随机数字的顺序重新排列。

1. 直列随机排列 将所选择的5×5阶标准型拉丁方的各直列顺序按第一个5位随机数字13542顺序重新排列。所选择的5×5阶标准型拉丁方直列随机排列后列于图12-2(2)。

2. 横行随机排列 将直列随机排列后的所选择的5×5阶标准型拉丁方的各横行按第二个5位随机数字41523顺序重新排列。直列随机排列后的所选择的5×5阶标准型拉丁方横行随机排列后列于图12-2（3）。

	选择拉丁方						直列随机排列						横行随机排列			
1	2	3	4	5		1	3	5	4	2		4	D	E	A	B	C

选择拉丁方：
```
  1 2 3 4 5
A B C D E
B A D E C
C E B A D
D C E B A
E D A C B
```
(1)

直列随机排列：
```
  1 3 5 4 2
1 A C E D B
2 B D C E A
3 C B D A E
4 D E A B C
5 E A B C D
```
(2)

横行随机排列：
```
4 D E A B C
1 A C E D B
5 E A B C D
2 B D C E A
3 C B D A E
```
(3)

图12-2 所选择的5×5阶标准型拉丁方及直列、横行随机排列

3. 处理随机排列 把5种不同温度——温度1、温度2、温度3、温度4、温度5按第三个5位随机数字34521顺序排列，即5种不同温度随机排列为温度3、温度4、温度5、温度2、温度1；将已进行直列、横行随机排列的所选择的5×5阶标准型拉丁方中的A，B，C，D、E分别替换为温度3、温度4、温度5、温度2、温度1。5种不同温度对蛋鸡产蛋量影响试验的5×5拉丁方设计，列于表12-10。

表12-10 5种不同温度对蛋鸡产蛋量影响试验的拉丁方设计

产蛋期	鸡 群				
	一	二	三	四	五
Ⅰ	温度2	温度1	温度3	温度4	温度5
Ⅱ	温度3	温度5	温度1	温度2	温度4
Ⅲ	温度1	温度3	温度4	温度5	温度2
Ⅳ	温度4	温度2	温度5	温度1	温度3
Ⅴ	温度5	温度4	温度2	温度3	温度1

表12-10指明，第一鸡群在第Ⅰ个产蛋期实施温度2，第二鸡群在第Ⅰ个产蛋期实施温度1……第五鸡群在第Ⅴ个产蛋期实施温度1。试验应严格按设计实施。

三、拉丁方设计试验资料的统计分析

拉丁方设计试验资料的统计分析，将两个单位组因素与试验因素一起，按照3因素单个观测值试验资料的方差分析进行统计分析，要求试验因素、横行单位组因素、直列单位组因素无交互作用。将横行单位组因素记为A，直列单位组因素记为B，试验因素记为C，横行单位组数＝直列单位组数＝试验重复数＝试验处理数记为r，拉丁方设计试验资料的数学模型为

$$x_{ij(k)}=\mu+\alpha_i+\beta_j+\gamma_{(k)}+\varepsilon_{ij(k)}, \quad (i=j=k=1, 2, \cdots, r),\qquad(12-3)$$

其中，μ 为试验全部观测值总体平均数；α_i 为横行单位组因素 A 第 i 个单位组 A_i 的效应；β_j 为直列单位组因素 B 第 j 个单位组 B_j 的效应；$\gamma_{(k)}$ 为试验因素 C 第 k 个处理 $C_{(k)}$ 的效应；$\alpha_i=\mu_{i\cdot}-\mu$，$\beta_j=\mu_{\cdot j}-\mu$，$\gamma_{(k)}=\mu_{(k)}-\mu$，$\mu_{i\cdot}$、$\mu_{\cdot j}$、$\mu_{(k)}$ 分别为横行单位组因素 A 第 i 个单位组 A_i、直列单位组因素 B 第 j 个单位组 B_j、试验因素 C 第 k 个处理 $C_{(k)}$ 观测值总体平均数；横行单位组效应 α_i、直列单位组效应 β_j 通常是随机的，处理效应 $\gamma_{(k)}$ 通常是固定效应，$\sum_{k=1}^{r}\gamma_{(k)}=0$；$\varepsilon_{ij(k)}$ 为试验误差，相互独立，且都服从 $N(0, \sigma^2)$。

注意：k 不是独立的下标，因为 i、j 一经确定，k 亦随之确定。

拉丁方设计试验资料的平方和与自由度分解式为

$$\left.\begin{array}{l}SS_T=SS_A+SS_B+SS_C+SS_e,\\ df_T=df_A+df_B+df_C+df_e。\end{array}\right\}\qquad(12-4)$$

例 12.5 的试验资料如表 12-11 所示，进行方差分析。

表 12-11　5 种不同温度对蛋鸡产蛋量影响拉丁方设计试验资料（个）

产蛋期	鸡　群					合计 $x_{i\cdot}$
	一	二	三	四	五	
I	温度 2（23）	温度 1（21）	温度 3（24）	温度 4（21）	温度 5（19）	108
II	温度 3（22）	温度 5（20）	温度 1（20）	温度 2（21）	温度 4（22）	105
III	温度 1（20）	温度 3（25）	温度 4（26）	温度 5（22）	温度 2（23）	116
IV	温度 4（25）	温度 2（22）	温度 5（25）	温度 1（21）	温度 3（23）	116
V	温度 5（19）	温度 4（20）	温度 2（24）	温度 3（22）	温度 1（19）	104
合计 $x_{\cdot j}$	109	108	119	107	106	$x_{\cdot\cdot}=549$

注：括号内数字为产蛋量。

根据列于表 12-11 的拉丁方设计试验资料计算各种温度（处理）的合计，见表 12-12。

表 12-12　各种温度（处理）的合计

	温　度				
	1	2	3	4	5
合计 $x_{(k)}$	101	113	116	114	105
平均 $\bar{x}_{(k)}$	20.2	22.6	23.2	22.8	21.0

表 12-12 中，

$$x_{(1)}=21+20+20+21+19=101, \quad \bar{x}_{(1)}=101/5=20.2,$$
$$x_{(2)}=23+21+23+22+24=113, \quad \bar{x}_{(2)}=113/5=22.6,$$
$$x_{(3)}=24+22+25+23+22=116, \quad \bar{x}_{(3)}=116/5=23.2,$$
$$x_{(4)}=21+22+26+25+20=114, \quad \bar{x}_{(4)}=114/5=22.8,$$
$$x_{(5)}=19+20+22+25+19=105, \quad \bar{x}_{(5)}=105/5=21.0。$$

拉丁方设计试验资料的方差分析如下：

1. 计算各项平方和与自由度

矫正数　　　　　　　　　　$$C=\frac{x_{\cdot\cdot}^2}{r^2}=\frac{549^2}{5^2}=12\,056.04,$$

总平方和

$$SS_T = \sum_{i=1}^{r} \sum_{j=1}^{r} x_{ij(k)}^2 - C = 23^2 + 21^2 + \cdots + 19^2 - 12\ 056.04 = 12\ 157 - 12\ 056.04 = 100.96,$$

总自由度

$$df_T = r^2 - 1 = 5^2 - 1 = 24,$$

横行单位组间平方和　$SS_A = \dfrac{1}{r}\sum_{i=1}^{r} x_{i\cdot}^2 - C = \dfrac{108^2 + 105^2 + \cdots + 104^2}{5} - 12\ 056.04 = 27.36,$

横行单位组间自由度　$df_A = r - 1 = 5 - 1 = 4,$

直列单位组间平方和　$SS_B = \dfrac{1}{r}\sum_{j=1}^{r} x_{\cdot j}^2 - C = \dfrac{109^2 + 108^2 + \cdots + 106^2}{5} - 12\ 056.04 = 22.16,$

直列单位组间自由度　$df_B = r - 1 = 5 - 1 = 4,$

温度间平方和　$SS_C = \dfrac{1}{r}\sum_{k=1}^{r} x_{(k)}^2 - C = \dfrac{116^2 + 114^2 + \cdots + 101^2}{5} - 12\ 056.04 = 33.36,$

温度间自由度　$df_C = r - 1 = 5 - 1 = 4,$

误差平方和　$SS_e = SS_T - SS_A - SS_B - SS_C = 100.96 - 33.36 - 27.36 - 22.16 = 18.08,$

误差自由度　$df_e = df_T - df_A - df_B - df_C = (r-1)(r-2) = (5-1)\times(5-2) = 12.$

2. 列出方差分析表（表 12 - 13），**进行 F 检验**　因为 $F_C = 5.52 > F_{0.01(4,12)}$，$p < 0.01$，表明不同温度平均产蛋量差异极显著，还须对不同温度平均产蛋量进行多重比较。对于横行、直列单位组间的变异，通常只需将它们从试验误差中分离出来，不对横行、直列单位组间的变异进行 F 检验，也不对横行、直列单位组平均数进行多重比较。本例 $F_A = 4.53$，$F_B = 3.67$ 介于 $F_{0.05(4,12)}$ 与 $F_{0.01(4,12)}$ 之间，$0.05 < p < 0.01$，表明横行单位组平均产蛋量、直列单位组平均产蛋量差异显著。由于采用了拉丁方设计，进行了双向局部控制，把横行、直列单位组间的变异从试验误差中分离了出来，降低了试验误差，提高了试验的精确性。

表 12 - 13　列于表 12 - 11 资料的方差分析表

变异来源	平方和 SS	自由度 df	均方 MS	F 值	临界 F 值
横行单位组间（A）	27.36	4	6.84	4.53*	$F_{0.05(4,12)} = 3.26$
直列单位组间（B）	22.16	4	5.54	3.67*	$F_{0.01(4,12)} = 5.41$
温度间（C）	33.36	4	8.34	5.52**	
误　差	18.08	12	1.51		
总变异	100.96	24			

下面对不同温度平均产蛋量进行多重比较。

3. 不同温度平均产蛋量的多重比较　采用 q 法。因为 $MS_e = 1.51$，$r = 5$，所以均数标准误 $s_{\bar{x}}$ 为，

$$s_{\bar{x}} = \sqrt{\dfrac{MS_e}{r}} = \sqrt{\dfrac{1.51}{5}} = 0.55。$$

根据自由度 $df_e = 12$、秩次距 $k = 2，3，4，5$，从附表 4 - 5 查出 $\alpha = 0.05，0.01$ 的临界 q 值，将临界 q 值乘以均数标准误 $s_{\bar{x}} = 0.55$ 计算各个最小显著极差 LSR。临界 q 值与 LSR 值列于表 12 - 14。

表 12－14　临界 q 值与 LSR 值表

表 12－14　临界 q 值与 LSR 值表

df_e	k	$q_{0.05}$	$q_{0.01}$	$LSR_{0.05}$	$LSR_{0.01}$
	2	3.08	4.32	1.69	2.38
12	3	3.77	5.05	2.07	2.78
	4	4.20	5.55	2.31	3.05
	5	4.51	5.84	2.48	3.21

不同温度平均产蛋量的多重比较见表 12－15。

表 12－15　不同温度平均产蛋量多重比较表（q 法）

温度	平均数 $\bar{x}_{(k)}$	$\bar{x}_{(k)}-20.2$	$\bar{x}_{(k)}-21.0$	$\bar{x}_{(k)}-22.6$	$\bar{x}_{(k)}-22.8$
3	23.2　a　A	3.0*	2.2	0.6	0.4
4	22.8　a　A	2.6*	1.8	0.2	
2	22.6　a　A	2.4*	1.6		
5	21.0　ab　A	0.8			
1	20.2　b　A				

　　将表 12－15 中的差数与表 12－14 中相应的最小显著极差比较，作出统计推断，多重比较结果已标记在表 12－15 中。多重比较结果表明：温度 3，4，2 的平均产蛋量显著高于温度 1 的平均产蛋量，其余温度平均产蛋量两两差异不显著。温度 1 的平均产蛋量最低。

四、拉丁方设计的优缺点

　　拉丁方设计的优点是：试验的精确性比随机单位组设计高，试验资料的分析简便。
　　拉丁方设计的缺点是：由于拉丁方设计的横行单位组数＝直列单位组数＝试验重复数＝试验处理数，所以处理数受到一定限制。若处理数少，重复数也少，误差自由度就小，影响检验的灵敏度；若处理数多，重复数也多，横行、直列单位组数也多，导致试验工作量大，且同一单位组内试验单位的初始条件亦难控制一致，失去了双向局部控制。因此，拉丁方设计一般用于 5～8 个处理的试验设计。若对 4 个以及 4 个以下处理的试验采用拉丁方设计时，为了使误差的自由度不小于 12，可采用"复拉丁方设计"，即同一个拉丁方试验重复进行数次，并将试验数据合并分析，以增大误差自由度。
　　应当注意，进行拉丁方设计试验，某些单位组因素，例如乳牛的泌乳阶段，试验处理要逐个地在不同阶段实施，若前一阶段的试验处理有残效，在后一阶段的试验就会产生系统误差而影响试验的准确性。应根据实际情况，安排适当的试验间歇期以消除前一阶段试验处理的残效。另外，还要注意试验因素、横行单位组因素、直列单位组因素无交互作用，否则不能采用拉丁方设计。

＊第七节　交叉设计

　　交叉设计（cross-over design），也称为交变试验（change-over experiment），设计步骤是：先将试验单位随机分为 2 组；然后将实施于 2 组试验单位的 2 个处理分期进行、交叉 1 次或 1 次以上。实施于 2 组试验单位的 2 个处理分 2 期 1 次交叉，简称为 2×2 交叉设计，2×2 交叉设计列于表 12－16；实施于 2 组试验动物的 2 个处理分 3 期 2 次交叉，简称为 2×3 交叉设计，2×3 交叉设计列于表12－17。

交叉设计适用于试验动物来源较困难、试验动物个体差异较大的动物试验。交叉设计可以消除试验动物个体差异和试验时期差异对试验的影响，用较少的试验动物达到较高的精确度。

表 12-16 2×2 交叉设计

组别	时 期	
	I	II
1	处理 1	处理 2
2	处理 2	处理 1

表 12-17 2×3 交叉设计

组别	时 期		
	I	II	III
1	处理 1	处理 2	处理 1
2	处理 2	处理 1	处理 2

一、2×2 交叉设计试验资料的统计分析方法

下面结合实际例子介绍 2×2 交叉设计试验资料的统计分析方法。

【例 12.6】 为了研究新配方饲料对乳牛产乳量的影响，设置对照饲料 A_1 和新配方饲料 A_2 两个处理，选择条件相近的乳牛 10 头，随机分为 B_1 和 B_2 两组，每组 5 头，预试期 1 周。试验分为 C_1 和 C_2 两期，每期两周，进行 2×2 交叉设计试验。2×2 交叉设计试验资料列于表 12-18。检验新配方饲料与对照饲料乳牛的产乳量是否相同。

表 12-18 2×2 交叉设计试验资料 [kg/(头·d)]

		时 期		$d=C_1-C_2$	
		C_1	C_2		
处 理		A_1	A_2	d_1	d_2
	B_{11}	13.8	15.5	−1.7	
	B_{12}	16.2	18.4	−2.2	
B_1 组	B_{13}	13.5	16.0	−2.5	
	B_{14}	12.8	15.8	−3.0	
	B_{15}	12.5	14.5	−2.0	
处 理		A_2	A_1		
	B_{21}	14.3	13.5		0.8
	B_{22}	20.2	15.4		4.8
B_2 组	B_{23}	18.6	14.3		4.3
	B_{24}	17.5	15.2		2.3
	B_{25}	14.0	13.0		1.0
合 计				$T_1=-11.4$	$T_2=13.2$

对于 2×2 交叉设计试验资料，采用单因素二水平差值 d 的方差分析法（Lucas）或 t 检验法（明道绪，2001）进行分析。

（一）方差分析法

此例处理数 $k=2$，重复数 $r=5$。两个时期产乳量的差值 $d=C_1-C_2$，以及 $T_1=\sum d_1$，$T_2=\sum d_2$，列于表 12-18。

1. 计算各项平方和与自由度

矫正数 $C=\dfrac{(T_1+T_2)^2}{kr}=\dfrac{(-11.4+13.2)^2}{2\times5}=0.324\,0$，

总平方和　$SS_T=\sum_{i=1}^{k}\sum_{j=1}^{r}d_{ij}^2-C=(-1.7)^2+(-2.2)^2+\cdots+1^2-0.324\,0=75.116\,0$，

总自由度　$df_T=kr-1=2\times5-1=9$，

处理间平方和　$SS_A=\dfrac{T_1^2+T_2^2}{r}-C=\dfrac{(-11.4)^2+13.2^2}{5}-0.324\,0=60.516\,0$，

处理间自由度　$df_A=k-1=2-1=1$，

误差平方和　$SS_e=SS_T-SS_A=75.116\,0-60.516\,0=14.600\,0$，

误差自由度　$df_e=df_T-df_A=k(r-1)=2\times(5-1)=8$。

2. 列出方差分析表（表 12-19），进行 **F** 检验

表 12-19　列于表 12-18 资料的方差分析表

变异来源	平方和 SS	自由度 df	均方 MS	F 值	临界 F 值
处理间	60.516 0	1	60.52	33.16**	$F_{0.01(1,8)}=11.26$
误差	14.600 0	8	1.83		
总变异	75.116 0	9			

因为 $F=33.16>F_{0.01(1,8)}$，$p<0.01$，表明新配方饲料与对照饲料乳牛的平均产乳量差异极显著，这里表现为新配方饲料乳牛的平均产乳量极显著高于对照饲料乳牛的平均产乳量。

（二）t 检验法

t 值的计算公式为

$$t=\frac{\bar{d}_1-\bar{d}_2}{s_{\bar{d}_1-\bar{d}_2}},\ df=(r-1)+(s-1),\tag{12-5}$$

$s_{\bar{d}_1-\bar{d}_2}$ 为差数平均数差异标准误，$s_{\bar{d}_1-\bar{d}_2}$ 的计算公式为

$$s_{\bar{d}_1-\bar{d}_2}=\sqrt{\frac{\left[\sum d_1^2-\frac{(\sum d_1)^2}{r}\right]+\left[\sum d_2^2-\frac{(\sum d_2)^2}{s}\right]}{(r-1)+(s-1)}\left(\frac{1}{r}+\frac{1}{s}\right)},\tag{12-6}$$

其中，r、s 分别为两组试验动物数。

此例，$r=s=5$，$T_1=-11.4$，$T_2=13.2$，$\bar{d}_1=-2.28$，$\bar{d}_2=2.64$，

$$s_{\bar{d}_1-\bar{d}_2}=\sqrt{\frac{\left[(-1.7)^2+(-2.2)^2+\cdots+(-2.0)^2-\frac{(-11.4)^2}{5}\right]+\left(0.8^2+4.8^2+\cdots+1.0^2-\frac{13.2^2}{5}\right)}{(5-1)+(5-1)}\left(\frac{1}{5}+\frac{1}{5}\right)}$$

$$=0.854\,4,$$

$$t=\frac{\bar{d}_1-\bar{d}_2}{s_{\bar{d}_1-\bar{d}_2}}=\frac{-2.28-2.64}{0.854\,4}=-5.758\,4。$$

根据 $df=(r-1)+(s-1)=(5-1)+(5-1)=8$ 查附表 4-3，得临界 t 值 $t_{0.01(8)}=3.355$，因为 $|t|=5.758\,4>t_{0.01(8)}$，$p<0.01$，表明新配方饲料与对照饲料乳牛的平均产乳量差异极显著，这里表现为新配方饲料乳牛的平均产乳量极显著高于对照饲料乳牛的平均产乳量。t 检验结果与方差分析结果相同。

二、2×3 交叉设计试验资料的统计分析方法

下面结合实际例子介绍 2×3 交叉设计试验资料的统计分析方法。

【例 12.7】 为了研究饲喂尿素对乳牛产乳量的影响，设置尿素配合饲料 A_1 和对照饲料 A_2 2 个处理，选择条件相近的乳牛 6 头，随机分为 B_1 和 B_2 两组，每组 3 头，试验分 C_1，C_2，C_3 3 期，每期 20 d，B_1 组（B_{11}，B_{12}，B_{13}）按 A_1—A_2—A_1 顺序饲喂，B_2 组（B_{21}，B_{22}，B_{23}）按 A_2—A_1—A_2 顺序饲喂，预饲期 1 周，进行 2×3 交叉设计试验。2×3 交叉设计试验资料列于表 12-20，检验尿素配合饲料与对照饲料乳牛的产乳量是否相同。

表 12-20 2×3 交叉设计试验资料 [kg/(头·d)]

处理		时 期			$d=C_1-2C_2-C_3$	
		C_1	C_2	C_3		
处 理		A_1	A_2	A_1	d_1	d_2
B_1 组	B_{11}	11.32	11.36	11.31	−0.09	
	B_{12}	13.67	13.40	13.83	0.70	
	B_{13}	18.74	16.34	16.39	2.45	
处 理		A_2	A_1	A_2		
B_2 组	B_{21}	11.65	11.19	11.12		0.39
	B_{22}	13.57	13.87	13.41		−0.76
	B_{23}	11.54	10.97	10.66		0.26
合 计					$T_1=3.06$	$T_2=-0.11$

此例处理数 $k=2$，重复数 $r=3$。三个时期产乳量的差值 $d=C_1-2C_2+C_3$，$T_1=\sum d_1$，$T_2=\sum d_2$。采用方差分析法与 t 检验法进行分析。

（一）方差分析法

此例，处理数 $k=2$，重复数 $r=3$。

1. 计算各项平方和与自由度

矫正数 $C=\dfrac{(T_1+T_2)^2}{kr}=\dfrac{(3.06-0.11)^2}{2\times3}=1.450\,4$，

总平方和 $SS_T=\sum\limits_{i=1}^{k}\sum\limits_{j=1}^{r}d_{ij}^2-C=(-0.09)^2+0.70^2+\cdots+0.26^2-1.450\,4=5.847\,5$，

总自由度 $df_T=kr-1=2\times3-1=5$，

处理间平方和 $SS_A=\dfrac{T_1^2+T_2^2}{r}-C=\dfrac{3.06^2+(-0.11)^2}{3}-1.450\,4=1.674\,8$，

处理间自由度 $df_A=k-1=2-1=1$，

误差平方和 $SS_e=SS_T-SS_A=5.847\,5-1.674\,8=4.172\,7$，

误差自由度 $df_e=k(r-1)=df_T-df_A=5-1=4$。

2. 列出方差分析表（表 12-21），进行 F 检验

表 12-21 列于表 12-20 资料的方差分析表

变异来源	平方和 SS	自由度 df	均方 MS	F 值	临界 F 值
处理间	1.674 8	1	1.674 8	1.61^{ns}	$F_{0.05(1,4)}=7.71$
误 差	4.172 7	4	1.043 2		
总变异	5.847 5	5			

因为 $F=1.61<F_{0.05(1,4)}$，$p>0.05$，表明尿素配合饲料与对照饲料乳牛的平均产乳量差异不显著。

（二）t 检验法

此例 $r=s=3$，$T_1=3.06$，$T_2=-0.11$，$\bar{d}_1=1.0200$，$\bar{d}_2=-0.0367$，根据式（12-6）计算差数平均数差异标准误 $s_{\bar{d}_1-\bar{d}_2}$，

$$s_{\bar{d}_1-\bar{d}_2}=\sqrt{\frac{\left[(-0.09)^2+0.70^2+2.45^2-\frac{3.06^2}{3}\right]+\left[0.39^2+(-0.76)^2+0.26^2-\frac{(-0.11)^2}{3}\right]}{(3-1)+(3-1)}\left(\frac{1}{3}+\frac{1}{3}\right)}$$

$$=0.8339,$$

根据式（12-5）计算 t 值，

$$t=\frac{\bar{d}_1-\bar{d}_2}{s_{\bar{d}_1-\bar{d}_2}}=\frac{1.02-(-0.0367)}{0.8339}=1.2672。$$

根据 $df=(r-1)+(s-1)=(3-1)+(3-1)=4$ 查附表 4-3，得临界 t 值 $t_{0.05(4)}=2.776$，因为 $t=1.2672<t_{0.05(4)}$，$p>0.05$，表明尿素配合饲料与对照饲料乳牛的平均产乳量差异不显著。t 检验结果与方差分析结果相同。

三、交叉设计的优缺点及其注意事项

（一）交叉设计的优缺点

交叉设计的优点是：可以消除试验动物个体间、试验时期间的差异对试验资料的影响，进一步突出处理效应，提高试验的精确性；试验资料的分析较为简便。交叉设计的缺点是：不能得到关于试验动物个体差异大小和试验时期差异大小的信息；也不能得到因素之间交互作用的信息，因此，交叉设计适用范围有一定的局限性。

（二）应用交叉设计须注意的问题

1. 交叉设计要求试验因素、试验时期、试验动物个体无交互作用 若试验因素、试验时期、试验动物个体有交互作用，则这些交互作用就会归入误差项，使误差增大，降低交叉设计试验的精确性。

2. 注意试验处理是否有残效 进行交叉设计试验，处理分期轮流更换，若前一时期试验处理有残效，对后一时期试验产生影响。可设置间歇期消失处理残效。对于处理残效不能消失的试验，例如带有破坏性且不能恢复的试验，不宜采用交叉设计。

3. 注意两组试验动物数是否相等 采用 Lucas 提出的方差分析法分析 2×2、2×3 交叉试验设计资料时要求各试验组动物的头数相等；采用明道绪提出的 t 检验法分析 2×2、2×3 交叉设计试验资料，不要求两组试验动物数相等，t 检验法的应用范围更广，计算也较方差分析法简便。

*第八节　正交设计

单因素试验、两因素试验，因试验因素少，试验设计、实施与分析都比较简单。由于影响试验指标的因素常常不止一、两个，因而有时需要进行多因素试验。但随着试验因素及其水平数的增加，多因素试验的水平组合数将大大增加，例如，3 因素各有 3 个水平的试验，有 $3^3=27$ 个水平组合；4 因素各有 4 个水平的试验，有 $4^4=256$ 个水平组合。若进行多因素全面试验，由于包含的

水平组合数多，试验的规模大，往往因试验场地、试验动物、经费等的限制而难于实施。科学研究工作者希望有一种既能同时考察较多的因素、水平组合数又不是很多的试验设计方法。正交设计就是这样一种设计方法。

一、正交设计原理与方法

正交设计（orthogonal design）是利用正交表安排多因素试验方案、分析试验资料的设计方法。它从多个因素的全部水平组合中挑选出部分有代表性的水平组合进行试验，通过对多因素部分试验资料的分析了解多因素全面试验的情况，找到最优水平组合。

例如，研究饲料配方 A、光照 B、温度 C 3 个因素对某品种鸡生产性能的影响，因素 A 有 A_1，A_2，A_3 3 个水平；因素 B 有 B_1，B_2，B_3 3 个水平；因素 C 有 C_1，C_2，C_3 3 个水平。这是 3 因素各有 3 个水平的试验，简记为 3^3 试验，完全试验方案包含 $3^3 = 27$ 个水平组合。若进行多因素全面试验，能分析各因素的主效应、简单效应、交互作用，找到最优水平组合。若试验的目的不是分析各因素的主效应、简单效应、交互作用，而是找到最优水平组合，可利用正交设计来安排试验方案。正交设计安排试验方案的基本特点是：用多因素不完全试验方案代替多因素完全试验方案，通过对多因素部分试验资料的分析了解多因素全面试验的情况。正因为正交设计安排的试验方案是多因素不完全试验方案，它不可能像多因素全面试验那样分析各因素的主效应、简单效应、交互作用；若当因素有交互作用，可能出现因素的主效应与因素交互作用的混杂。虽然正交设计有这些不足，但它能通过多因素部分试验找到最优水平组合，仍受科技工作者青睐。

例如对于上述 3^3 试验，利用正交表 $L_9(3^4)$ 安排的不完全试验方案仅包含 9 个水平组合，通过对仅包含 9 个水平组合的部分试验资料的分析了解包含 27 个水平组合的全面试验的情况，找到最优水平组合。

（一）正交设计原理

上述 3^3 试验，完全试验方案包含 27 个水平组合，3^3 试验完全试验方案见表 12-22。这 27 个水平组合就是 3 维因子空间一个立方体上的 27 个点，如图 12-3 所示。这个立方体的左、中、右 3 个平面代表因素 A 的 3 个水平 A_1，A_2，A_3；下、中、上 3 个平面代表因素 B 的 3 个水平 B_1，B_2，B_3；前、中、后 3 个平面代表因素 C 的 3 个水平 C_1，C_2，C_3。立方体上的 27 个点就是左、中、右 3 个平面与下、中、上 3 个平面和前、中、后 3 个平面的交点，为全面试验点。

表 12-22　3^3 试验完全试验方案

		C_1	C_2	C_3
A_1	B_1	$A_1B_1C_1$	$A_1B_1C_2$	$A_1B_1C_3$
	B_2	$A_1B_2C_1$	$A_1B_2C_2$	$A_1B_2C_3$
	B_3	$A_1B_3C_1$	$A_1B_3C_2$	$A_1B_3C_3$
A_2	B_1	$A_2B_1C_1$	$A_2B_1C_2$	$A_2B_1C_3$
	B_2	$A_2B_2C_1$	$A_2B_2C_2$	$A_2B_2C_3$
	B_3	$A_2B_3C_1$	$A_2B_3C_2$	$A_2B_3C_3$
A_3	B_1	$A_3B_1C_1$	$A_3B_1C_2$	$A_3B_1C_3$
	B_2	$A_3B_2C_1$	$A_3B_2C_2$	$A_3B_2C_3$
	B_3	$A_3B_3C_1$	$A_3B_3C_2$	$A_3B_3C_3$

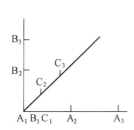
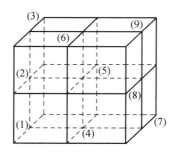

图 12-3 3^3 试验点的均衡分布立体图

正交设计就是从全面试验点（水平组合）中挑选出有代表性的部分试验点（水平组合）组成不完全试验方案。图 12-3 中标有括号的 9 个试验点，是利用正交表 $L_9(3^4)$ 从 27 个试验点中挑选出来的 9 个试验点，即

(1) $A_1B_1C_1$ (2) $A_1B_2C_2$ (3) $A_1B_3C_3$

(4) $A_2B_1C_2$ (5) $A_2B_2C_3$ (6) $A_2B_3C_1$

(7) $A_3B_1C_3$ (8) $A_3B_2C_1$ (9) $A_3B_3C_2$

利用正交表 $L_9(3^4)$ 从 27 个试验点中挑选出来的 9 个试验点，保证了因素 A 的每个水平与因素 B，C 的各个水平各搭配一次；因素 B 的每个水平与因素 A，C 的各个水平各搭配一次；因素 C 的每个水平与因素 A，B 的各个水平各搭配一次。这 9 个试验点，仅是全面试验点的三分之一。从图 12-3 可以看到，9 个试验点在立方体中分布是均衡的：在立方体的每个平面上都有 3 个试验点；每条线上都有 1 个试验点。9 个试验点均衡地分布于整个立方体内，有很强的代表性，能够反映包含 27 个试验点的 3^3 试验的全面试验情况。

（二）正交表及其特性

1. 正交表 由于正交设计要利用正交表安排试验方案、分析试验资料都要用正交表，下面以正交表 $L_8(2^7)$（表 12-23）为例对正交表作一介绍。

表 12-23 $L_8(2^7)$ 正交表

处 理	列 号						
	1	2	3	4	5	6	7
1	1	1	1	1	1	1	1
2	1	1	1	2	2	2	2
3	1	2	2	1	1	2	2
4	1	2	2	2	2	1	1
5	2	1	2	1	2	1	2
6	2	1	2	2	1	2	1
7	2	2	1	1	2	2	1
8	2	2	1	2	1	1	2

表 12-23 是正交表 $L_8(2^7)$，其中"L"表示这是一张正交表；L 右下角的数字"8"表示用这张正交表有 8 行，用这张正交表安排试验方案包含 8 个处理（水平组合）；括号内的底数"2"表示这张正交表的每一列有 1，2 两个数字，用这张正交表安排试验方案，因素的水平数为 2；括号内 2 的指数"7"表示用这张正交表安排试验方案，最多可以安排 7 个因素。也就是说，用正交表 $L_8(2^7)$ 安排试验方案包含 8 个处理，最多可以安排 7 个 2 水平数因素。

常用的正交表已由数学工作者制定出来，供进行正交设计选用。$L_8(2^7)$是一个 2 水平正交表，2 水平正交表还有 $L_4(2^3)$，$L_{16}(2^{15})$ 等；3 水平正交表有 $L_9(3^4)$，$L_{27}(2^{13})$ 等（详见附表 4 - 15 及有关参考书）。

2. 正交表的特性 任何一张正交表都有如下两个特性：

（1）任意一列中不同数字出现的次数相同。例如，正交表 $L_8(2^7)$ 的任意一列中不同数字只有 1 和 2，它们各出现 4 次；正交表 $L_9(3^4)$ 的任意一列中不同数字只有 1，2，3，它们各出现 3 次。

（2）任意两列同一横行所组成的数字对出现的次数相同。例如，正交表 $L_8(2^7)$ 的任意两列同一横行所组成的数字对 (1，1)，(1，2)，(2，1)，(2，2) 各出现两次；正交表 $L_9(3^4)$ 的任意两列同一横行所组成的数字对 (1，1)，(1，2)，(1，3)，(2，1)，(2，2)，(2，3)，(3，1)，(3，2)，(3，3) 各出现 1 次。即每个因素的一个水平与另一因素的各个水平搭配次数相同，表明正交表任意两列各个数字之间的搭配是均匀的。

由于正交表具有上述两个特性，用正交表安排的试验方案具有均衡分散和整齐可比两个特性。均衡分散是指用正交表安排的试验方案包含的多个因素部分水平组合在多个因素全部水平组合中的分布是均匀的。例如，利用正交表 $L_9(3^4)$ 安排的 3 因素每个因素 3 水平的试验方案包含 9 个水平组合。图 12 - 3 表明这 9 个水平组合在全部 27 个水平组合中的分布是均匀的，如图 12 - 3 所示。整齐可比是指每一个因素的各水平间具有可比性。因为用正交表安排的试验方案包含的多个因素水平组合中的每一因素的任一水平都均衡地与另外因素的各个水平相搭配，比较某因素的不同水平，其他因素的效应都彼此抵消。例如，利用正交表 $L_9(3^4)$ 安排的 3 因素每个因素 3 水平的试验方案包含 9 个水平组合。在这 9 个水平组合中，因素 A 的任一水平都均衡地与因素 B、C 的 3 个水平相搭配，即

$$A_1 \begin{array}{l} B_1C_1 \\ B_2C_2 \\ B_3C_3 \end{array} \qquad A_2 \begin{array}{l} B_1C_2 \\ B_2C_3 \\ B_3C_1 \end{array} \qquad A_3 \begin{array}{l} B_1C_3 \\ B_2C_1 \\ B_3C_2 \end{array}$$

虽然搭配方式不同，但 B、C 皆处于同等地位。比较因素 A 的不同水平，因素 B 不同水平的效应相互抵消，因素 C 不同水平的效应也相互抵消，所以因素 A 的 3 个水平之间具有可比性。同样，因素 B、C 的 3 个水平之间亦具有可比性。

3. 正交表的类别

（1）相同水平正交表。各列中出现的最大数字相同的正交表称为相同水平正交表。例如，正交表 $L_4(2^3)$，$L_8(2^7)$，$L_{12}(2^{11})$ 各列中最大数字为 2，称为 2 水平正交表；$L_9(3^4)$，$L_{27}(3^{13})$ 各列中最大数字为 3，称为 3 水平正交表。

（2）混合水平正交表。各列中出现的最大数字不完全相同的正交表称为混合水平正交表。例如，正交表 $L_8(4 \times 2^4)$ 中有一列最大数字为 4，有 4 列最大数字为 2。也就是说该正交表最多可以安排 1 个 4 水平因素和 4 个 2 水平因素。$L_{16}(4^4 \times 2^3)$，$L_{16}(4 \times 2^{12})$ 也是混合水平正交表，其意义与 $L_8(4 \times 2^4)$ 类似。

（三）正交设计方法

下面结合实际例子介绍利用正交表安排多因素试验方案的步骤。

【例 12.8】 矿物质元素对架子猪补饲试验考察补饲配方、用量、食盐 3 个因素，每个因素都有 3 个水平。安排一个正交试验方案。

利用正交表安排多因素试验方案步骤如下：

1. 挑选因素，确定因素的水平 挑选出几个对试验指标影响大、而又了解不够清楚的因素，

并根据实际经验和专业知识，确定各因素适宜的水平，列出因素水平表。例 12.8 的因素水平表如表 12-24 所示。

表 12-24 架子猪补饲试验因素水平表

水 平	因 素		
	矿物质元素补饲配方（A）	用量（g）（B）	食盐（g）（C）
1	配方Ⅰ（A₁）	15（B₁）	0（C₁）
2	配方Ⅱ（A₂）	25（B₂）	4（C₂）
3	配方Ⅲ（A₃）	20（B₃）	8（C₃）

2. 选用合适的正交表　选定因素及其水平后，根据因素（包括考察因素的交互作用）个数、因素的水平数来选择合适的正交表。选用正交表的原则是：既要能安排下全部因素（包括考察的因素的交互作用），又要使水平组合数（处理数）尽可能地少。一般情况下，因素的水平数应等于正交表记号中括号内的底数；因素（包括考察的因素的交互作用）的个数，选用相同水平正交表，应不大于正交表记号中括号内的指数；选用混合水平正交表，应不大于正交表记号中括号内的指数之和，即安排全部因素（包括考察的因素的交互作用）后应留有空列，利用空列估计试验误差。若安排全部因素（包括考察的因素的交互作用）后未留有空列，进行重复正交设计试验，以估计试验误差。

此例选定的因素为 3 个 3 水平因素 A，B，C，若不考察因素 A，B，C 的交互作用 A×B，A×C，B×C，选用正交表 $L_9(3^4)$ 安排试验方案，所安排的试验方案包含 9 个处理（水平组合）是不完全试验方案；若还要考察因素 A，B，C 的交互作用 A×B，A×C，B×C，则应选用 $L_{27}(3^{13})$ 安排试验方案，所安排的试验方案包含 27 个处理（水平组合）是完全试验方案。

3. 表头设计　所谓表头设计，就是把因素和考察的因素的交互作用分别安排在正交表的适当列上。若不考察因素的交互作用，各因素可随机安排在正交表的各列上；若要考察因素的交互作用，根据该正交表的交互作用列表，将各因素及因素的交互作用安排在正交表的各列上。注意，正交设计试验的主要目的是通过多因素部分试验找到最优水平组合，通常不考察因素的交互作用。此例不考察因素的交互作用，将矿物质元素补饲配方（A）、用量（B）和食盐（C）3 个因素依次安排在正交表 $L_9(3^4)$ 的 1，2，3 列上，4 列为空列，表头设计见表 12-25。

表 12-25 表头设计

列号	1	2	3	4
因素	A	B	C	空

4. 列出试验方案　将正交表 $L_9(3^4)$ 安排因素 A，B，C 的 1，2，3 列中的数字 1，2，3 替换成因素 A，B，C 的实际水平，就得到正交试验方案。表 12-26 就是例 12.8 的正交试验方案。

表 12-26 例 12.8 的正交试验方案

处理	因 素		
	A	B	C
	1	2	3
1	配方Ⅰ（1）	15（1）	0（1）
2	配方Ⅰ（1）	25（2）	4（2）
3	配方Ⅰ（1）	20（3）	8（3）
4	配方Ⅱ（2）	15（1）	4（2）

（续）

处理	因素		
	A 1	B 2	C 3
5	配方Ⅱ（2）	25（2）	8（3）
6	配方Ⅱ（2）	20（3）	0（1）
7	配方Ⅲ（3）	15（1）	8（3）
8	配方Ⅲ（3）	25（2）	0（1）
9	配方Ⅲ（3）	20（3）	4（2）

正交试验方案指明，处理 1 是 $A_1B_1C_1$，即配方Ⅰ、用量 15 g、食盐 0 组合；处理 2 是 $A_1B_2C_2$，即配方Ⅱ、用量 25 g、食盐 4 g 组合；……；处理 9 是 $A_3B_3C_2$，即配方Ⅲ、用量 20 g、食盐 4 g 组合。

二、正交设计试验资料的方差分析

若正交设计试验各个处理都只有一个观测值，称为单个观测值正交设计试验；若正交设计试验各个处理都有两个或两个以上观测值，称为有重复观测值正交设计试验。下面分别介绍单个观测值和有重复观测值正交设计试验资料的方差分析。

（一）单个观测值正交设计试验资料的方差分析

根据例 12.8 的正交试验方案（表 12 - 26）进行试验，试验指标为增重，各个处理都只有 1 个观测值，共有 9 个观测值，试验资料列于表 12 - 27。现对该试验资料进行方差分析。

表 12 - 27　单个观测值正交设计试验资料计算表

处　理	因　素			增重 y_i（kg）
	A (1)	B (2)	C (3)	
1	1	1	1	63.4（y_1）
2	1	2	2	68.9（y_2）
3	1	3	3	64.9（y_3）
4	2	1	2	64.3（y_4）
5	2	2	3	70.2（y_5）
6	2	3	1	65.8（y_6）
7	3	1	3	71.4（y_7）
8	3	2	1	69.5（y_8）
9	3	3	2	73.7（y_9）
T_{i1}	197.2	199.1	198.7	612.1（T）
T_{i2}	200.3	208.6	206.9	
T_{i3}	214.6	204.4	206.5	
$\bar{x}_{i1}$	65.733 3	66.366 7	66.233 3	
$\bar{x}_{i2}$	66.766 7	69.533 3	68.966 7	
$\bar{x}_{i3}$	71.533 3	68.133 3	68.833 3	

该试验的 9 个观测值总变异由因素 A 各水平间变异、因素 B 各水平间变异、因素 C 各水平间变异及试验误差 4 部分组成，该试验资料的平方和与自由度的分解式为

$$\left.\begin{aligned} SS_T &= SS_A + SS_B + SS_C + SS_e, \\ df_T &= df_A + df_B + df_C + df_e. \end{aligned}\right\} \tag{12-7}$$

处理数记为 n；因素 A，B，C 的水平数记为 a，b，c；因素 A，B，C 的各水平的重复数记为 r_a，r_b，r_c。本例，$n=9$，$a=b=c=3$，$r_a=r_b=r_c=3$。

表 12-27 中，T_{ij}（$i=$A，B，C；$j=1$，2，3）为因素 i 第 j 水平试验指标（增重）之和，例如，

因素 A 第 1 个水平试验指标之和　$T_{A1}=y_1+y_2+y_3=63.4+68.9+64.9=197.2$，

因素 A 第 2 个水平试验指标之和　$T_{A2}=y_4+y_5+y_6=64.3+70.2+65.8=200.3$，

因素 A 第 3 个水平试验指标之和　$T_{A3}=y_7+y_8+y_9=71.4+69.5+73.7=214.6$，

利用同样的计算方法计算因素 B，C 各个水平试验指标之和 T_{B1}，T_{B2}，T_{B3}，T_{C1}，T_{C2}，T_{C3}。

$\bar{x}_{ij}$ 为因素 i 第 j 个水平试验指标的平均数，例如，

因素 A 第 1 个水平试验指标的平均数　$\bar{x}_{A1}=T_{A1}/r_a=197.2/3=65.7333$，

因素 A 第 2 个水平试验指标的平均数　$\bar{x}_{A2}=T_{A2}/r_a=200.3/3=66.7667$，

因素 A 第 3 个水平试验指标的平均数　$\bar{x}_{A3}=T_{A3}/r_a=214.6/3=71.5333$。

利用同样的计算方法计算因素 B，C 各水平试验指标的平均数 $\bar{x}_{B1}$、$\bar{x}_{B2}$、$\bar{x}_{B3}$、$\bar{x}_{C1}$、$\bar{x}_{C2}$、$\bar{x}_{C3}$。

T 为 9 个处理试验指标之和，即

$$T=y_1+y_2+\cdots+y_9=63.4+68.9+\cdots+73.7=612.1。$$

单个观测值正交设计试验资料的方差分析步骤如下：

1. 计算各项平方和与自由度

矫正数　$C=\dfrac{T^2}{n}=\dfrac{612.1^2}{9}=41\,629.6011$，

总平方和　$SS_T=\displaystyle\sum_{i=1}^{n}y_i^2-C=(63.4^2+68.9^2+\cdots+73.7^2)-41\,629.6011=101.2489$，

总自由度　$df_T=n-1=9-1=8$，

因素 A 各个水平间平方和

$$SS_A=\frac{1}{r_a}\sum_{j=1}^{a}T_{Aj}^2-C=\frac{197.2^2+200.3^2+214.6^2}{3}-41\,629.6011=57.4289，$$

因素 A 各个水平间自由度　$df_A=a-1=3-1=2$，

因素 B 各个水平间平方和

$$SS_B=\frac{1}{r_b}\sum_{j=1}^{b}T_{Bj}^2-C=\frac{199.1^2+208.6^2+204.4^2}{3}-41\,629.6011=15.1089，$$

因素 B 各个水平间自由度　$df_B=b-1=3-1=2$，

因素 C 各个水平间平方和

$$SS_C=\frac{1}{r_c}\sum_{j=1}^{c}T_{Cj}^2-C=\frac{198.7^2+206.9^2+206.5^2}{3}-41\,629.6011=14.2489，$$

因素 C 各个水平间自由度　$df_C=c-1=3-1=2$，

误差平方和　$SS_e=SS_T-SS_A-SS_B-SS_C$

$$=101.2489-57.4289-15.1089-14.2489=14.4622，$$

误差自由度　$df_e=df_T-df_A-df_B-df_C=8-2-2-2=2$。

2. 列出方差分析表（表 12 - 28），进行 F 检验

表 12 - 28 列于表 12 - 27 资料的方差分析表

变异来源	平方和 SS	自由度 df	均方 MS	F 值	临界 F 值
配方间（A）	57.428 9	2	28.71	3.97^{ns}	$F_{0.05(2,2)} = 19.00$
用量间（B）	15.108 9	2	7.55	1.04^{ns}	
食盐间（C）	14.248 9	2	7.12	< 1	
误差	14.462 2	2	7.23		
总变异	101.248 9	8			

因为 $F_A = 3.97$，$F_B = 1.04$，$F_C < 1$ 均小于 $F_{0.05(2,2)}$，$p > 0.05$，表明 3 个因素各个水平平均增重差异都不显著。其原因可能是本例误差大且误差自由度小（仅为 2），使检验的灵敏度低，从而掩盖了 3 个因素各个水平平均增重的差异显著性。可从表 12 - 27 中选择增重最大的处理 9 $A_3B_3C_2$ 即配方Ⅲ、用量 20 g、食盐 4 g 组合为最优水平组合。

上述单个观测值正交设计试验资料的方差分析，误差是由"空列"来估计的。然而"空列"并不空，实际上是被未考察的因素交互作用所占据。这种误差既包含试验误差，也包含因素的交互作用，称为模型误差。若各因素无交互作用，用模型误差估计试验误差是可行的；若各因素有交互作用，模型误差会夸大试验误差，有可能掩盖因素各水平平均数差异的显著性。试验误差应通过重复观测值来估计。所以，进行正交设计试验最好能有 2 次或 2 次以上的重复。正交设计试验的重复，可采用完全随机设计或随机单位组设计。

（二）有重复观测值正交设计试验资料的方差分析

【例 12.9】 根据例 12.8 的正交试验方案（表 12 - 26）进行试验，重复 2 次，重复采用随机单位组设计，试验资料列于表 12 - 29。对试验资料进行方差分析。

表 12 - 29 有重复观测值正交设计试验资料计算表

处理	因素			增重 y_{ij}（kg）		合计 $y_i.$	平均 $\bar{y}_i.$
	A	B	C	单位组Ⅰ	单位组Ⅱ		
	(1)	(2)	(3)	y_{i1}	y_{i2}		
1	1	1	1	63.4	67.4	130.8	65.40
2	1	2	2	68.9	87.2	156.1	78.05
3	1	3	3	64.9	66.3	131.2	65.60
4	2	1	2	64.3	86.3	150.6	75.30
5	2	2	3	70.2	88.5	158.7	79.35
6	2	3	1	65.8	66.6	132.4	66.20
7	3	1	3	71.4	89.0	160.4	80.20
8	3	2	1	69.5	91.2	160.7	80.35
9	3	3	2	73.7	92.8	166.5	83.25
T_{i1}	418.1	441.8	423.9	$y_{.1} = 612.1$	$y_{.2} = 735.3$	$T = 1347.4$	
T_{i2}	441.7	475.5	473.2				
T_{i3}	487.6	430.1	450.3				
$\bar{x}_{i1}$	69.68	73.63	70.65				
$\bar{x}_{i2}$	73.62	79.25	78.87				
$\bar{x}_{i3}$	81.27	71.68	75.05				

试验的重复数记为 r。n，a，b，c，r_a，r_b，r_c 的意义同前。此例 $r=2$，$n=9$，$a=b=c=3$，$r_a=r_b=r_c=3$。表 12-29 中，$y_{i.}$ 为各个处理试验指标之和，例如 $y_{1.}=63.4+67.4=130.8$；T_{ij}（$i=$A，B，C；$j=1$，2，3）为因素 i 第 j 个水平试验指标之和，利用各处理试验指标之和 $y_{i.}$ 计算。例如，因素 A 第 1 个水平试验指标之和 $T_{A1}=y_{1.}+y_{2.}+y_{3.}=130.8+156.1+131.2=418.1$；$\bar{x}_{ij}$（$i=$A，B，C；$j=1$，2，3）为因素 i 第 j 个水平试验指标的平均数，$\bar{x}_{ij}=T_{ij}/r_ir$。例如，因素 A 第 1 水平试验指标的平均数 $\bar{x}_{A1}=T_{A1}/r_ar=418.1/(3\times2)=69.68$；$y_{.j}$（$j=1$，2）为单位组因素第 j 个单位组试验指标之和，例如 $y_{.1}=63.4+68.9+\cdots+73.7=612.1$；$T$ 为各个处理试验指标之和 $y_{i.}$ 之和，即

$$T=y_{1.}+y_{2.}+\cdots+y_{9.}=130.8+156.1+\cdots+166.5=1\,347.4。$$

对于重复数 $\geqslant2$、且重复采用随机单位组设计的正交设计试验资料，总变异可以划分为处理间变异、单位组间变异和试验误差 3 部分，平方和与自由度分解式为

$$SS_T=SS_t+SS_r+SS_{e2}，$$
$$df_T=df_t+df_r+df_{e2}，$$

其中，SS_T 为总平方和，SS_t 为处理间平方和，SS_r 为单位组间平方和，SS_{e2} 为试验误差平方和，df_T，df_t，df_r，df_{e2} 为相应自由度。

由于处理间变异可进一步划分为因素 A 各水平间变异、因素 B 各水平间变异、因素 C 各水平间变异和模型误差 4 部分，于是，处理间平方和 SS_t 与自由度 df_t 可以再分解为

$$SS_t=SS_A+SS_B+SS_C+SS_{e1}，$$
$$df_t=df_A+df_B+df_C+df_{e1}，$$

其中，SS_{e1} 为模型误差平方和，df_{e1} 为模型误差自由度。

于是，重复数 $\geqslant2$、重复采用随机单位组设计的正交设计试验资料的平方和与自由度的分解式为

$$\left.\begin{array}{l}SS_T=SS_A+SS_B+SS_C+SS_r+SS_{e1}+SS_{e2}，\\ df_T=df_A+df_B+df_C+df_r+df_{e1}+df_{e2}。\end{array}\right\} \tag{12-8}$$

注意，对于重复数 $\geqslant2$、重复采用完全随机设计的正交设计试验，在平方和与自由度分解式（12-8）中无单位组间平方和 SS_r、单位组间自由度 df_r。

有重复观测值正交设计试验资料的方差分析步骤如下：

1. 计算各项平方和与自由度

矫正数 $\quad C=\dfrac{T^2}{nr}=\dfrac{1\,347.4^2}{9\times2}=100\,860.375\,6$，

总平方和 $\quad SS_T=\sum\limits_{i=1}^{n}\sum\limits_{j=1}^{r}y_{ij}^2-C=63.4^2+68.9^2+\cdots+92.8^2-100\,860.375\,6=1\,978.544\,4$，

总自由度 $\quad df_T=nr-1=9\times2-1=17$，

单位组间平方和 $\quad SS_r=\dfrac{1}{n}\sum\limits_{j=1}^{r}y_{.j}^2-C=\dfrac{612.1^2+735.3^2}{9}-100\,860.375\,6=843.235\,5$，

单位组间自由度 $\quad df_r=r-1=2-1=1$，

处理间平方和

$$SS_t=\dfrac{1}{r}\sum\limits_{i=1}^{n}y_{i.}^2-C=\dfrac{130.8^2+156.1^2+\cdots+166.5^2}{2}-100\,860.375\,6=819.624\,4，$$

处理间自由度 $\quad df_t=n-1=9-1=8$，

因素 A 各个水平间平方和

$$SS_A=\dfrac{1}{r_ar}\sum\limits_{j=1}^{a}T_{A_j}^2-C=\dfrac{418.1^2+441.7^2+487.6^2}{3\times2}-100\,860.375\,6=416.334\,4，$$

因素 A 各个水平间自由度　　$df_A = a - 1 = 3 - 1 = 2$，

因素 B 各个水平间平方和

$$SS_B = \frac{1}{r_b r} \sum_{j=1}^{b} T_{B_j}^2 - C = \frac{441.8^2 + 475.5^2 + 430.1^2}{3 \times 2} - 100\,860.375\,6 = 185.207\,7，$$

因素 B 各个水平间自由度　　$df_B = b - 1 = 3 - 1 = 2$，

因素 C 各个水平间平方和

$$SS_C = \frac{1}{r_c r} \sum_{j=1}^{c} T_{C_j}^2 - C = \frac{423.9^2 + 473.2^2 + 450.3^2}{3 \times 2} - 100\,860.375\,6 = 202.881\,1，$$

因素 C 各个水平间自由度　　$df_C = c - 1 = 3 - 1 = 2$，

模型误差平方和　　$SS_{e1} = SS_t - SS_A - SS_B - SS_C$

$$= 819.624\,4 - 416.334\,4 - 185.207\,7 - 202.881\,1 = 15.201\,2，$$

模型误差自由度　　$df_{e1} = df_t - df_A - df_B - df_C = 8 - 2 - 2 - 2 = 2$，

试验误差平方和　　$SS_{e2} = SS_T - SS_r - SS_t = 1\,978.544\,4 - 843.235\,5 - 819.624\,4 = 315.684\,5$，

试验误差自由度　　$df_{e2} = df_T - df_r - df_t = 17 - 1 - 8 = 8$。

2. 列出方差分析表（表 12 - 30），进行 F 检验

表 12 - 30　有重复观测值正交设计试验资料方差分析表

变异来源	平方和 SS	自由度 df	均方 MS	F 值	临界 F 值	
配方间（A）	416.334 4	2	208.17	6.29*	$F_{0.05(2,10)} = 4.10$	$F_{0.01(2,10)} = 7.56$
用量间（B）	185.207 7	2	92.60	2.80ns	$F_{0.05(2,10)} = 4.10$	$F_{0.01(2,10)} = 7.56$
食盐间（C）	202.881 1	2	101.44	3.07ns	$F_{0.05(2,10)} = 4.10$	$F_{0.01(2,10)} = 7.56$
单位组间	843.235 5	1	843.24	—		
模型误差（e1）	15.201 2	2	7.60	<1	$F_{0.05(2,8)} = 4.46$	
试验误差（e2）	315.684 5	8	39.46			
合并误差	330.885 7	10	33.09			
总变异	1 978.544 4	17				

先对模型误差方差 σ_{e1}^2 是否大于试验误差方差 σ_{e2}^2 进行假设检验——F 检验。无效假设：H_0：$\sigma_{e1}^2 = \sigma_{e2}^2$，备择假设：$H_A$：$\sigma_{e1}^2 > \sigma_{e2}^2$，$F$ 值计算公式为 $F = MS_{e1} / MS_{e2}$。

若模型误差方差 σ_{e1}^2 与试验误差方差 σ_{e2}^2 差异不显著，可以认为 σ_{e1}^2 与 σ_{e2}^2 相同，可将 MS_{e1} 与 MS_{e2} 的平方和与自由度分别合并，计算出合并误差均方 MS_e，即 $MS_e = (SS_{e1} + SS_{e2}) / (df_{e1} + df_{e2})$，用合并误差均方 MS_e 进行 F 检验与多重比较，以提高分析的精确度。若模型误差方差 σ_{e1}^2 显著大于试验误差方差 σ_{e2}^2，试验因素之间交互作用显著，MS_{e1} 与 MS_{e2} 不能合并，只能用试验误差均方 MS_{e2} 进行 F 检验与多重比较。

本例 $F = MS_{e1} / MS_{e2} < 1$，不查临界 F 值即可判断 $p > 0.05$，可以认为 σ_{e1}^2 与 σ_{e2}^2 相同，可将 MS_{e1} 与 MS_{e2} 的平方和与自由度分别合并计算出合并误差均方 MS_e，即 $MS_e = (SS_{e1} + SS_{e2}) / (df_{e1} + df_{e2}) = (15.201\,2 + 315.684\,5) / (2 + 8) = 33.09$，并用合并误差均方 MS_e 进行 F 检验与多重比较。因为 $F_{0.05(2,10)} < F_A = 6.29 < F_{0.01(2,10)}$，$0.01 < p < 0.05$，表明矿物质元素补饲配方 A 各个水平架子猪平均增重差异显著；因为 $F_B = 2.80$、$F_C = 3.07$ 均小于 $F_{0.05(2,10)}$，$p > 0.05$，表明用量 B、食盐 C 两个因素各个水平架子猪平均增重差异不显著。

3. 多重比较　分两种情况对因素水平平均数间进行多重比较。

（1）若模型误差方差 σ_{e1}^2 显著大于试验误差方差 σ_{e2}^2，表明因素交互作用显著，各个因素所在列

有可能出现交互作用的混杂。各个因素水平平均数间的差异已不能真正反映因素的主效应，进行各因素水平平均数的多重比较无多大实际意义，应进行各处理平均数的多重比较，以寻求最优水平组合。用试验误差均方 MS_{e2} 进行各处理平均数多重比较。若模型误差方差 σ_{e1}^2 显著大于试验误差方差 σ_{e2}^2，还应进一步试验，以分析因素的交互作用。

（2）若模型误差方差 σ_{e1}^2 与试验误差方差 σ_{e2}^2 差异不显著，可以认为 σ_{e1}^2 与 σ_{e2}^2 相同，说明因素交互作用不显著，各个因素所在列有可能未出现交互作用的混杂，各个因素水平平均数的差异能反映因素的主效应，进行各个因素水平平均数的多重比较有实际意义，并从各个因素水平平均数的多重比较中选出各个因素的最优水平相组合，得到最优水平组合。用合并误差均方 MS_e 进行各个因素水平平均数的多重比较，不进行各处理平均数的多重比较。

此例模型误差方差 σ_{e1}^2 与试验误差方差 σ_{e2}^2 差异不显著，用合并误差均方 MS_e 进行不同矿物质元素补饲配方架子猪平均增重的多重比较。采用 SSR 法，因为 $MS_e=30.05$，$r_a=3$，$r=2$，所以均数标准误 $s_{\bar{x}}$ 为

$$s_{\bar{x}}=\sqrt{\frac{MS_e}{r_a r}}=\sqrt{\frac{33.09}{3\times 2}}=2.35。$$

根据合并误差自由度 $df_e=10$，秩次距 $k=2$，3，从附表 4-6 查出 $\alpha=0.05$，0.01 的临界 SSR 值，将临界 SSR 值乘以均数标准误 $s_{\bar{x}}=2.35$ 计算各个最小显著极差 LSR。临界 SSR 值 LSR 值列于表 12-31。

表 12-31　临界 SSR 值与 LSR 值表

df_e	k	$SSR_{0.05}$	$SSR_{0.01}$	$LSR_{0.05}$	$LSR_{0.01}$
10	2	3.15	4.48	7.40	10.53
	3	3.30	4.73	7.76	11.12

不同矿物质元素补饲配方架子猪平均增重的多重比较见表 12-32。

表 12-32　不同矿物质元素补饲配方架子猪平均增重的多重比较表（SSR 法）

因素 A（配方）	平均数 $\bar{x}_{1j}$		$\bar{x}_{1j}-69.68$	$\bar{x}_{1j}-73.62$
A_3（配方Ⅲ）	81.27	a　A	11.59**	7.65*
A_2（配方Ⅱ）	73.62	b　AB	3.94	
A_1（配方Ⅰ）	69.68	b　B		

将表 12-32 中的差数与表 12-31 中相应的最小显著极差比较，作出统计推断。多重比较结果已标记在表 12-32 中。多重比较结果表明：配方Ⅲ架子猪的平均增重显著高于配方Ⅱ架子猪的平均增重、极显著高于配方Ⅰ架子猪的平均增重；配方Ⅱ与配方Ⅰ架子猪的平均增重差异不显著。

因素 A 的最优水平为 A_3；因为因素 B，C 各个水平架子猪的平均增重差异均不显著，可任一水平，例如因素 B，C 选择平均增重较高的水平 B_2 及 C_2，得最优水平组合为 $A_3B_2C_2$，即配方Ⅲ、用量 25 g、食盐 4 g 组合。注意，这里所选定的最优水平组合为 $A_3B_2C_2$ 不在正交设计试验方案的 9 个处理中，是可供参考的最优水平组合。将 $A_3B_2C_2$ 推广应用前，为了稳妥起见，最好将 $A_3B_2C_2$ 与正交设计试验方案 9 个处理中平均增重最高的处理 9 $A_3B_3C_2$ 作对比试验，以最终确定最优水平组合。

本例模型误差方差 σ_{e1}^2 与试验误差方差 σ_{e2}^2 差异不显著，不进行各个处理平均数的多重比较。为了让读者熟悉有重复观测值正交设计试验资料各个处理平均数的多重比较的方法，仍以本例数据予以说明。

各个处理架子猪平均增重的多重比较，通常采用 LSD 法。本例模型误差方差 σ_{e1}^2 与试验误差方差 σ_{e2}^2 差异不显著，用合并误差均方 MS_e 计算均数差数标准误 $s_{\bar{y}_{i\cdot}-\bar{y}_{j\cdot}}$，

$$s_{\bar{y}_{i\cdot}-\bar{y}_{j\cdot}}=\sqrt{\frac{2MS_e}{r}}=\sqrt{\frac{2\times 33.09}{2}}=5.75。$$

根据合并误差自由度 $df_e=10$，从附表 4-3 查出 $\alpha=0.05$，0.01 的临界 t 值 $t_{0.05(10)}=2.228$，$t_{0.01(10)}=3.169$，将临界 t 值乘以均数差数标准误 $s_{\bar{y}_{i\cdot}-\bar{y}_{j\cdot}}=5.75$，计算 $LSD_{0.05}$，$LSD_{0.01}$，

$$LSD_{0.05}=t_{0.05(10)}\times s_{\bar{y}_{i\cdot}-\bar{y}_{j\cdot}}=2.228\times 5.75=12.81，$$
$$LSD_{0.01}=t_{0.01(10)}\times s_{\bar{y}_{i\cdot}-\bar{y}_{j\cdot}}=3.169\times 5.75=18.22。$$

注意，若模型误差方差 σ_{e1}^2 显著大于试验误差方差 σ_{e2}^2，则用试验误差均方 MS_{e2} 计算均数差数标准误 $s_{\bar{y}_{i\cdot}-\bar{y}_{j\cdot}}$，根据试验误差自由度 df_{e2}，从附表 4-3 查出 $\alpha=0.05$，0.01 的临界 t 值。

各个处理架子猪平均增重的多重比较见表 12-33。

表 12-33　各个处理架子猪平均增重多重比较表（LSD 法）

处理	均数 $\bar{y}_{i\cdot}$	$\bar{y}_{i\cdot}$ -65.40	$\bar{y}_{i\cdot}$ -65.60	$\bar{y}_{i\cdot}$ -66.20	$\bar{y}_{i\cdot}$ -75.30	$\bar{y}_{i\cdot}$ -78.05	$\bar{y}_{i\cdot}$ -79.35	$\bar{y}_{i\cdot}$ -80.20	$\bar{y}_{i\cdot}$ -80.35
9	83.25	17.85*	17.65*	17.05*	7.95	5.20	3.90	3.05	2.90
8	80.35	14.95*	14.75*	14.15*	5.05	2.30	1.00	0.15	
7	80.20	14.80*	14.60*	14.00*	4.90	2.15	0.85		
5	79.35	13.95*	13.75*	13.15*	4.05	1.30			
2	78.05	12.65	12.45	11.85	2.75				
4	75.30	9.90	9.70	9.10					
6	66.20	0.80	0.60						
3	65.60	0.20							
1	65.40								

将表 12-33 中的各个差数与 $LSD_{0.05}=12.81$、$LSD_{0.01}=18.22$ 比较，作出统计推断，多重比较结果用标记符号法标记在表 12-33 中。各个处理架子猪平均增重的多重比较结果表明：处理 9，8，7，5 的架子猪平均增重显著高于处理 6，3，1 的架子猪平均增重；其余各个处理的架子猪平均增重两两差异不显著。

根据不同矿物质元素补饲配方架子猪平均增重的多重比较和各处理架子猪平均增重的多重比较提供的信息，可将包含因素 A 的最优水平 A_3 的处理 9，8，7 即 $A_3B_3C_2$，$A_3B_2C_1$，$A_3B_1C_3$ 与已选出的可供参考的最优水平组合 $A_3B_2C_2$ 作比较试验，以最终确定最优水平组合。

第九节　调查设计

进行动物科学研究，除了进行控制试验，有时需要进行调查研究。调查研究是对已有的事实通过各种方式进行了解，然后用统计方法对获得资料进行分析，目的在于找到已有的事实内涵的规律性。例如，了解畜禽品种及水产资源状况，了解畜禽健康状况，了解畜禽某种疾病发病情况等。由于现场调查立足于实际，所以它是研究和解决实际问题的一种重要手段。动物试验的研究课题，往往是在调查研究的基础上确定的；试验研究的成果，又必须在其推广应用后经调查研究得以证实。

为了使调查研究工作有目的、有计划、有步骤地顺利开展，必须事先拟定一个详细的调查计划。调查计划应包括以下几个内容。

（一）调查研究的目的

任何一项调查研究都要有明确的目的，即通过调查了解什么内容，解决什么问题。例如，畜禽品种资源调查的目的是了解畜禽品种的数量、分布与品种特征、特性等情况；家畜健康状况调查的目的是评定家畜健康水平。调查研究的目的还应该突出重点，一次调查应针对主要问题获得必要的资料，深入分析，为主要问题的解决提出相应的措施和办法。

（二）调查对象与范围

根据调查的目的，确定调查对象、地区和范围。例如，四川省家禽品种资源调查，调查地区为四川省，调查对象为全省各市、县的家禽，调查时间从 2013 年 1 月到 2013 年 12 月。

（三）调查项目

调查项目的确定要紧紧围绕调查目的。调查项目确定正确与否直接关系到调查的质量。因此，项目应尽量齐全，重要的项目不能漏掉；项目内容要具体、明确，不能模棱两可；应按不同的项目顺序用表格列示出来，以达到顺利完成获得资料的目的。例如，家禽品种资源调查项目有种类（鸡、鸭、鹅等）、品种（柴鸡、来航、白洛克等）、数量、体重、产蛋性能等。

调查项目有一般项目和重点项目之分。一般项目主要是指调查对象的一般情况，用于区分和查找，如畜主姓名、住址及编号等。重点项目是调查的核心内容，如品种资源调查中的品种、数量及生产性能等。

调查表的形式分为一览表和卡片。调查项目较少多采用一览表形式，它可以填入许多调查对象情况。调查项目多而复杂可采用卡片形式，一张卡片只填一个调查对象的调查项目，以便汇总和整理，或输入计算机。

（四）样本容量

样本容量的大小关系到调查结果的精确性。样本容量太大，需耗费较多的人力、物力、财力；样本容量太小，抽样误差大，影响调查结果的精确性。确定样本容量的方法在本章第十节介绍。

（五）调查方法

调查分为全面调查和抽样调查两种。全面调查是指对调查对象总体的每一个调查对象逐一调查。全面调查涉及的范围广，工作量大，需耗费大量的人力、物力、财力和时间。

抽样调查是指在调查对象总体中抽取部分有代表性的调查对象作调查，以样本推断总体。常用的抽样方法有以下 5 种：

1. 完全随机抽样　将调查对象总体的每一个调查对象逐一编号，用抽签法或随机数字法随机抽取若干个调查对象组成样本。例如，欲抽样调查某猪场母猪繁殖性能，将母猪逐一编号，用抽签法或随机数字法按所需数量抽样。完全随机抽样适用于均匀程度较好的调查对象总体。

2. 顺序抽样　也称为系统抽样或机械抽样。将调查对象总体的每一个调查对象按其自然状态编号，根据调查所需的数量按一定间隔顺序抽样。例如，对某牧场 500 只奶山羊进行传染性无奶症调查，抽查 50 只。可按编号顺序每隔 10 只抽一只，第一个调查编号应从 1～10 中随机选取。例如随机选取为 7，编号为 7，17，27，…，497 的 50 只奶山羊被抽取组成样本。顺序抽样简便易行，适用于分布均匀的调查对象总体。

3. 分等按比例随机抽样　分等按比例随机抽样也称为分层按比例随机抽样。根据某些特征或变异原因将调查对象总体划分为若干等次（层次），计算出各等次的构成比；根据调查样本容量和各等次的构成比计算出在各等次内抽取的调查对象数目；按照在各等次内抽取调查对象的数目在各等次内随机抽取调查对象，将各等次随机抽取的调查对象合在一起构成调查样本。例如，调查某地奶山羊传染性无奶症感染情况，经初步了解得知，在欲调查的全部地区中，该病感染率为 80%～90% 的地区占 10%，感染率为 60%～80% 的地区占 60%，感染率为 20%～50% 的地区占 30%。应采用分等按比例随机抽样，若抽样调查 1 200 只奶山羊，在感染率为 80%～90% 的地区随机抽取 1 200×10% = 120 只，在感染率为 60%～80% 的地区随机抽取 1 200×60% = 720 只，在感染率为 20%～50% 的地区随机抽取 1 200×30% = 360 只。将在这 3 类地区随机抽取的 120 只、720 只、360 只奶山羊合在一起共 1 200 只奶山羊构成调查样本。分等按比例随机抽样能有效降低抽样误差，适用于分布不太均匀或差异较大的调查对象总体。若分等不正确，会影响抽样的精确性。

4. 随机群组抽样　将调查对象总体划分成若干个群组，以群组为单位随机抽样。即每次抽取的不是一个调查对象，而是一个群组。每次抽取的群组可大小不等，对被抽取群组的每一个调查对象逐一调查。随机群组抽样容易组织，节省人力、物力，适用于差异较大、分布不太均匀的调查对象总体。

5. 多级随机抽样　将调查对象总体逐级划分抽样单位，逐级随机抽样。例如，调查某城市乳牛 1 胎 305 d 产乳量，将该城市乳牛总体划分为三级抽样单位：农场为初级抽样单位，分场为二级抽样单位，乳牛为三级抽样单位；在该城市随机抽取若干个农场，从抽取的每个农场中随机抽取若干个分场，从抽取的每个分场中随机抽取若干头乳牛。此例为三级随机抽样。若调查对象总体很大、且调查对象总体可以逐级划分抽样单位时，常采用多级随机抽样。多级随机抽样可以估计各级的抽样误差、探讨合理的抽样方案。

（六）调查组织工作

调查研究是一项比较复杂的工作，要动员组织大量的人力，需要一定的经费，安排一定的时间，应做好人员分工、经费预算、调查进程安排、调查表的准备及调查资料的整理等工作，保证调查研究工作有计划、有步骤完成。一般在正式调查前，需进行预调查，以检验调查设计的可行性，并培训参与调查的工作人员，以统一标准和方法。

调查若发现问题，应立即解决。要对资料进行检查，保证资料完整、正确，如发现遗漏、错误应及时补充、纠正。资料检查无误后，应妥善保存，避免丢失。

第十节　抽样调查样本容量和控制试验重复数的确定

抽样调查的样本容量不宜太大，也不宜太小；控制试验的重复数不宜太多，也不宜太少。抽样调查的样本容量太大或控制试验的重复数太多，虽然抽样调查或控制试验的精确性高，但工作量大，将耗费大量的人力、物力、财力和时间。抽样调查的样本容量太小或控制试验的重复数太少，虽然工作量小，耗费的人力、物力、财力和时间较少，但将影响调查研究或控制试验的精确性。确定抽样调查样本容量或控制试验重复数，应兼顾耗费的人力、物力、财力和时间不要太多，调查研究或控制试验的精确性不要太低，即调查研究的样本容量或控制试验的重复数要适当。下面介绍抽样调查样本容量和控制试验重复数的确定方法。

一、抽样调查样本容量的确定

（一）平均数抽样调查样本容量的确定

若调查的目的是对服从正态分布的总体平均数作出估计，根据单个样本平均数假设检验 t 检验 t 值的计算公式推导出样本容量 n 的计算公式为

$$n = \frac{t_\alpha^2 s^2}{d^2},\qquad\qquad (12-9)$$

其中，t_α 为自由度为 $n-1$、两尾概率为 α 的临界 t 值；s 为调查指标的标准差，根据以往经验或小型调查计算；d 为允许误差 $(\bar{x}-\mu)$；$1-\alpha$ 为置信度。

进行首次计算，将 $df=\infty$、两尾概率为 α 的临界 t 值 $t_{\alpha(\infty)}$：$t_{0.05(\infty)}=1.96$，$t_{0.01(\infty)}=2.58$ 代入式 （12-9）计算样本容量 n，若 $n<30$，将 $df=n-1$、两尾概率为 α 的临界 t 值 $t_{\alpha(n-1)}$ 代入式 （12-9）计算样本容量 n，直到样本容量 n 稳定为止。

【例 12.10】 进行南阳黄牛体高调查，已测得南阳黄牛体高的标准差 $s=4.07\,\text{cm}$，若置信度为 $1-\alpha=0.95$，允许误差为 $0.5\,\text{cm}$，确定需要调查多少头南阳黄牛。

已知 $1-\alpha=0.95$；将 $s=4.07$，$d=0.5$，$t_{0.05(\infty)}=1.96$ 代入式 （12-9）计算样本容量 n，

$$n = \frac{1.96^2 \times 4.07^2}{0.5^2} = 254.54 \approx 255,$$

需要调查 255 头南阳黄牛才能以 95% 的置信度使抽样调查所得的南阳黄牛体高平均数的允许误差不超过 $0.5\,\text{cm}$。

本例若置信度改为 99%，至少需要调查多少头南阳黄牛才能以 99% 的置信度使抽样调查所得的南阳黄牛体高平均数的允许误差不超过 $0.5\,\text{cm}$？作为练习，留给读者完成。

（二）百分数抽样调查样本容量的确定

若调查的目的是对服从二项分布的总体百分数作出估计，根据单个样本百分数假设检验 u 检验 u 值的计算公式推导出样本容量 n 的计算公式为

$$n = \frac{u_\alpha^2 pq}{\delta^2},\qquad\qquad (12-10)$$

其中，p 为已知总体百分数；$q=1-p$；u_α 为两尾概率为 α 的临界 u 值：$u_{0.05}=1.96$，$u_{0.01}=2.58$；δ 为允许误差 $(\hat{p}-p)$；$1-\alpha$ 为置信度。

若总体百分数 p 未知，可先调查一个样本估计，或令 $p=0.5$ 进行计算。

【例 12.11】 欲了解某地区鸡新城疫感染率，已知鸡新城疫感染率通常为 60%，若允许误差为 3%，置信度为 $1-\alpha=0.95$，确定需要调查多少只鸡。

将 $p=0.6$，$q=1-p=1-0.6=0.4$，$\delta=0.03$，$u_{0.05}=1.96$ 代入式 （12-10）计算样本容量 n，

$$n = \frac{1.96^2 \times 0.6 \times 0.4}{0.03^2} = 1\,024.426\,7 \approx 1\,025,$$

需要调查 1 025 只鸡，才能以 95% 的置信度使调查所得的某地区鸡新城疫感染率允许误差不超过 3%。

若样本百分数接近 0% 或 100% 时，分布呈偏态，应对 x 作反正弦转换，即 $x'=\sin^{-1}\sqrt{x}$。此时至少需要的样本容量 n 的计算公式为

$$n = \left\{ \dfrac{57.3 u_a}{\sin^{-1}\left[\dfrac{d}{\sqrt{p\,(1-p)}}\right]} \right\}^2 \text{。} \qquad (12-11)$$

【例 12.12】 某地抽样调查牛结膜炎发病率，已知牛结膜炎发病率通常为 2%，若允许误差为 0.1%，置信度为 $1-\alpha=0.95$，确定需要调查多少头牛。

将 $p=0.02$，$d=0.001$，$u_{0.05}=1.96$ 代入式（12-11）计算样本容量 n，

$$n = \left\{ \dfrac{57.3 \times 1.96}{\sin^{-1}\left[\dfrac{0.001}{\sqrt{0.02 \times (1-0.02)}}\right]} \right\}^2 = 75\,305.172 \approx 75\,306,$$

需要调查 75 306 头牛，才能以 95% 的置信度使调查所得的牛结膜炎发病率误差不超过 0.1%。

本例若置信度改为 99%，至少需要调查多少头牛才能以 99% 的置信度使调查所得的牛结膜炎发病率误差不超过 0.1%？作为练习，留给读者完成。

二、控制试验重复数的确定

（一）处理数 $k=2$ 配对设计试验重复数的确定

根据配对设计两个样本平均数假设检验 t 检验 t 值的计算公式推导出配对设计试验重复数 n 的计算公式为

$$n = \dfrac{t_a^2 s_d^2}{\bar{d}^2}, \qquad (12-12)$$

其中，s_d 为试验指标差数标准差，根据经验或以往的试验估计；t_a 为自由度为 $n-1$、两尾概率为 α 的临界 t 值；$\bar{d}$ 为预期在 α 水平上达到差异显著的试验指标平均数差值 $(\bar{x}_1-\bar{x}_2)$；$1-\alpha$ 为置信度。

进行首次计算，将 $df=\infty$、两尾概率 $\alpha=0.05$ 或 0.01 的临界 t 值：$t_{0.05(\infty)}=1.96$ 或 $t_{0.01(\infty)}=2.58$ 代入式（12-12）计算试验重复数 n，若 $n \leqslant 15$，将 $df=n-1$、两尾概率 $\alpha=0.05$ 或 0.01 的临界 t 值 $t_{0.05(n-1)}$ 或 $t_{0.01(n-1)}$ 代入式（12-12）计算试验重复数 n，直到试验重复数 n 稳定为止。

【例 12.13】 比较两种配合饲料对猪增重的影响，配对设计，希望以 95% 的置信度在平均数差值达到 1.5 kg 检验出两种配合饲料的平均增重有差异，根据以往经验增重差数标准差 $s_d=2$ kg。确定试验重复数 n。

先将 $t_{0.05(\infty)}=1.96$，$s_d=2$，$\bar{d}=1.5$ 代入式（12-12）计算试验重复数 n，

$$n = \dfrac{1.96^2 \times 2^2}{1.5^2} \approx 7 \text{。}$$

将 $df=7-1=6$、两尾概率 $\alpha=0.05$ 的临界 t 值 $t_{0.05(6)}=2.477$ 代入式（12-12）计算试验重复数 n，

$$n = \dfrac{2.477^2 \times 2^2}{1.5^2} \approx 11 \text{。}$$

将 $df=11-1=10$、两尾概率 $\alpha=0.05$ 的临界 t 值 $t_{0.05(10)}=2.228$ 代入式（12-12）计算试验重复数 n，

$$n = \dfrac{2.228^2 \times 2^2}{1.5^2} \approx 9 \text{。}$$

将 $df=9-1=8$、两尾概率 $\alpha=0.05$ 的临界 t 值 $t_{0.05(8)}=2.306$ 代入式（12-12）计算试验重复数 n，

$$n = \dfrac{2.306^2 \times 2^2}{1.5^2} \approx 9 \text{。}$$

试验重复数 n 已稳定于 9，即该配对设计试验重复数 $n=9$ 才能以 95% 的置信度在平均数差值

达到 1.5 kg 检验出两种配合饲料的平均增重有差异，或者说该配对设计试验重复数 $n=9$ 才能在平均数差值达到 1.5 kg 检验出两种配合饲料的平均增重差异显著。

（二）处理数 $k=2$ 非配对设计试验重复数的确定

若 $n_1=n_2=n$，根据非配对设计两个样本平均数假设检验 t 检验 t 值的计算公式推导出非配对设计试验重复数 n 的计算公式为

$$n=\frac{2t_\alpha^2 s^2}{(\overline{x}_1-\overline{x}_2)^2},\qquad(12-13)$$

其中，t_α 为 $df=2(n-1)$、两尾概率为 α 的临界 t 值；s 为试验指标的标准差，根据经验或以往的试验估计；$(\overline{x}_1-\overline{x}_2)$ 为预期在 α 水平达到差异显著的试验指标平均数差值；$1-\alpha$ 为置信度。

进行首次计算，将 $df=\infty$、两尾概率 $\alpha=0.05$ 或 0.01 的临界 t 值：$t_{0.05(\infty)}=1.96$ 或 $t_{0.01(\infty)}=2.58$ 代入式（12-13）计算试验重复数 n，若 $n\leqslant15$，将 $df=2(n-1)$、两尾概率 $\alpha=0.05$ 或 0.01 的临界 t 值 $t_{0.05,2(n-1)}$ 或 $t_{0.01,2(n-1)}$ 代入式（12-13）计算试验重复数 n，直到试验重复数 n 稳定为止。

【例 12.14】 对于例 12.13，若采用非配对设计，根据以往经验增重标准差 $s=2$ kg，希望以 95% 的置信度在平均增重差值达到 1.5 kg 检验出两种配合饲料的平均增重有差异。确定试验重复数 n。

将 $t_{0.05(\infty)}=1.96$，$s=2$，$\overline{x}_1-\overline{x}_2=1.5$ 代入式（12-13）计算试验重复数 n，

$$n=\frac{2\times1.96^2\times2^2}{1.5^2}=13.66\approx14。$$

将 $df=2\times(14-1)=26$、两尾概率 $\alpha=0.05$ 的临界 t 值 $t_{0.05(26)}=2.056$ 代入式（12-13）计算试验重复数 n，

$$n=\frac{2\times2.056^2\times2^2}{1.5^2}=15.03\approx16。$$

将 $df=2\times(16-1)=30$、两尾概率 $\alpha=0.05$ 的临界 t 值 $t_{0.05(30)}=2.042$ 代入式（12-13）计算试验重复数 n，

$$n=\frac{2\times2.042^2\times2^2}{1.5^2}=14.83\approx15。$$

将 $df=2\times(15-1)=28$、两尾概率 $\alpha=0.05$ 的临界 t 值 $t_{0.05(28)}=2.048$ 代入式（12-13）计算试验重复数 n，

$$n=\frac{2\times2.048^2\times2^2}{1.5^2}=14.91\approx15。$$

试验重复数 n 已稳定于 15，该非配对设计试验重复数 $n=15$ 才能以 95% 的置信度在平均增重差值达到 1.5 kg 检验出两种配合饲料的平均增重有差异，或者说该非配对设计试验重复数 $n=15$ 才能在平均增重差值达到 1.5 kg 才能检验出两种配合饲料的平均增重差异显著。

（三）处理数 $k\geqslant3$ 的试验重复数的确定

若处理数 $k\geqslant3$，根据误差自由度 $df_e\geqslant12$ 估计试验重复数。

1. 完全随机设计 根据误差自由度 $df_e=k(n-1)\geqslant12$ 推导出试验重复数 n 的计算公式为

$$n\geqslant\frac{12}{k}+1\qquad(12-14)$$

根据式（12-14）计算试验重复数 n：$k=3$，$n\geqslant5$；$k=4$，$n\geqslant4$；$k=5$，$n\geqslant4$；$k=6$，$n\geqslant3$；$k>6$，n 仍应不小于 3。

2. 随机单位组设计 根据误差自由度 $df_e=(k-1)(n-1)\geqslant12$ 推导出试验重复数 n 的计算公式为

$$n\geqslant\frac{12}{k-1}+1 \tag{12-15}$$

根据式（12-15）计算试验重复数 n：$k=3$，$n\geqslant7$；$k=4$，$n\geqslant5$；$k=5$，$n\geqslant4$；$k=6$，$n\geqslant4$；$k=7$，$n\geqslant3$；$k>7$，n 仍应不小于 3。

3. 拉丁方设计 根据误差自由度 $df_e=(r-1)(r-2)\geqslant12$ 推导出试验重复数（处理数）$r\geqslant5$，应进行处理数 $r\geqslant5$ 的拉丁方设计试验。若进行处理数 $r=3$、4 的拉丁方设计试验，应将 3×3 拉丁方设计试验重复 6 次、4×4 拉丁方设计试验重复 2 次，使得误差自由度 $df_e=12$。

（四）两个百分数比较的样本容量的确定

设两个样本容量相等 $n_1=n_2=n$，根据两个样本百分数假设检验 u 检验 u 值的计算公式推导出样本容量 n 的计算公式为

$$n=\frac{2u_\alpha^2\,\bar{p}\bar{q}}{d^2}, \tag{12-16}$$

其中，$\bar{p}$ 为合并样本百分数，根据两个样本百分数计算，$\bar{q}=1-\bar{p}$；u_α 为两尾概率为 α 的临界 u 值：$u_{0.05}=1.96$，$u_{0.01}=2.58$；d 为预期在 α 水平上达到差异显著的百分数差值，$1-\alpha$ 为置信度。

【例 12.15】 研究两种痢疾菌苗对鸡白痢病的免疫效果，初步试验表明，甲菌苗有效率为 22/50＝44%，乙菌苗有效率为 28/50＝56%。欲以 95% 的置信度在样本百分数差值达到 10% 检验出两种菌苗免疫效果有差异，确定每组需要接种多少只鸡。

已知 $\hat{p}_1=22/50=44\%$，$\hat{p}_2=28/50=56\%$，两个样本百分数的合并样本百分数 $\bar{p}$ 为

$$\bar{p}=\frac{22+28}{50+50}=0.50,\quad \bar{q}=1-\bar{p}=1-0.50=0.50。$$

将 $u_{0.05}=1.96$，$\bar{p}=0.50$，$\bar{q}=0.50$，$d=0.10$ 代入式（12-16）计算样本容量 n，

$$n=\frac{2\times1.96^2\times0.50\times0.50}{0.10^2}=192.08\approx193。$$

每组需要接种 193 只鸡才能以 95% 的置信度在样本百分数差值达到 10% 检验出两种菌苗免疫效果有差异，或者说每组需要接种 193 只鸡才能在样本百分数差值达到 10% 检验出两种菌苗免疫效果差异显著。

本例若置信度改为 99%，每组需要接种多少只鸡才能以 99% 的置信度在样本百分数差值达到 10% 检验出两种菌苗免疫效果有差异？作为练习，留给读者完成。

注意，控制试验的重复数是指处理实施的试验单位数。若 1 个试验单位是 1 头动物，试验的重复数是指处理实施的动物数；若 1 个试验单位是 1 组动物，试验的重复数是指处理实施的动物组数，若处理只实施在 1 组动物上，不管这组动物的数量有多少，只能认为是实施在 1 个试验单位上，只能获得试验指标的 1 个观测值，无法估计试验误差。

习 题

1. 动物试验的任务是什么？动物试验计划包括哪些内容？

2. 什么是试验方案？怎样拟定一个正确的试验方案？

3. 试验误差的主要来源是什么？怎样避免系统误差、降低随机误差？

4. 试验设计应遵循哪三个基本原则？这三个基本原则的相互关系与作用如何？

5. 常用的试验设计方法有哪几种？各有何优缺点？各在什么情况下应用？

6. 常用的抽样调查的抽样方法有哪几种？各适用于什么调查对象总体？

7. 为了研究 5 种饲料——饲料 1、饲料 2、饲料 3、饲料 4、饲料 5 对乳牛产乳量的影响，用 5 头乳牛进行试验，试验根据泌乳阶段分为 5 期，每期 4 周，采用 5×5 拉丁方设计。试验资料列于下表，括号内数字为产乳量，对试验资料进行方差分析。

5 种饲料对乳牛产乳量影响的 5×5 拉丁方设计试验资料（kg）

牛 号	时 期				
	一	二	三	四	五
I	饲料 5（300）	饲料 1（320）	饲料 2（390）	饲料 3（390）	饲料 4（380）
II	饲料 4（420）	饲料 3（390）	饲料 5（280）	饲料 2（370）	饲料 1（270）
III	饲料 2（350）	饲料 5（360）	饲料 4（400）	饲料 1（260）	饲料 3（400）
IV	饲料 1（280）	饲料 4（400）	饲料 3（390）	饲料 5（280）	饲料 2（370）
V	饲料 3（400）	饲料 2（380）	饲料 1（350）	饲料 4（430）	饲料 5（320）

8. 采用 2×2 交叉设计研究降温对乳牛产乳量的影响。设置通风和洒水降温处理 A_1 和对照 A_2，选用胎次、产犊日期相近的泌乳中期乳牛 8 头，随机分为 B_1 和 B_2 两组，每组 4 头，试验分为 C_1 和 C_2 两期，每期 4 周，试验资料列于下表。检验通风和洒水降温处理与对照的乳牛平均产乳量有无差异。

降温对乳牛产乳量影响的 2×2 交叉设计试验资料 [kg/（头·d）]

		时 期	
		C_1	C_2
处 理		A_1	A_2
	B_{11}	16.40	16.46
B_1 组	B_{12}	19.50	14.20
	B_{13}	18.45	13.05
	B_{14}	14.15	13.55
处 理		A_2	A_1
	B_{21}	13.75	20.10
B_2 组	B_{22}	15.25	17.05
	B_{23}	15.05	18.55
	B_{24}	12.30	13.95

9. 猪饲料配方正交设计试验考察粗蛋白（%）、消化能（kJ）和粗纤维（%）3 个因素，各有 3 个水平；用正交表 $L_9(3^4)$ 安排试验方案；重复 3 次，随机单位组设计；试验指标为猪的日增重（g）。猪饲料配方正交设计试验方案及猪的日增重列于下表。对试验资料进行方差分析。

猪饲料配方正交设计试验方案及猪的日增重

处理	因 素			猪的日增重（g）		
	A 粗蛋白（%）	B 消化能（kJ）	C 粗纤维（%）	单位组 I	单位组 II	单位组 III
1	18（1）	12 970（1）	5（1）	475	470	481
2	18（1）	11 715（2）	7（2）	394	390	399

（续）

处理	因素			猪的日增重（g）		
	A 粗蛋白（%）	B 消化能（kJ）	C 粗纤维（%）	单位组Ⅰ	单位组Ⅱ	单位组Ⅲ
3	18（1）	11 460（3）	9（3）	362	356	368
4	15（2）	12 970（1）	7（2）	445	440	452
5	15（2）	11 715（2）	9（3）	392	385	398
6	15（2）	11 460（3）	5（1）	409	401	416
7	12（3）	12 970（1）	9（3）	354	347	360
8	12（3）	11 715（2）	5（1）	378	371	386
9	12（3）	11 460（3）	7（2）	423	415	430

10. 进行某一地区仔猪断乳体重调查。已测得仔猪断乳体重的标准差 $s=3.4\ kg$。欲以 95% 的置信度使调查所得的样本平均数与总体平均数的允许误差不超过 $0.5\ kg$，确定需要调查多少头仔猪。

11. 某地抽样调查猪蛔虫感染率。根据以往经验，猪蛔虫感染率一般为 45%。若允许误差为 3.2%，置信度为 $1-\alpha=0.95$，确定需要调查多少头猪。

12. 某试验比较 4 个饲料配方对蛋鸡产蛋量的影响，采用随机单位组设计，若以 20 只鸡为一个试验单位，确定该试验需要多少只鸡。

附录一　常用生物统计方法的SAS程序

一、SAS系统简介

SAS是"Statistical Analysis System"的缩写，是用于数据分析与决策支持的大型集成式模块化软件包，具有完备的数据存取、数据管理、数据分析和数据展现功能。尤其是创业产品—统计分析系统部分，由于其具有强大的数据分析能力，一直为业界著名软件，在数据处理和统计分析领域，被誉为国际上的标准软件和最权威的优秀统计软件包，广泛应用于政府行政管理、科研、教育、生产和金融等不同领域，发挥着重要的作用，它是目前使用最为广泛的三大著名统计分析软件之一。

20世纪60年代末期，美国北卡罗来纳州立大学（North Carolina State University）的A. J. Barr和J. H. Goodnight两位教授开始开发SAS统计软件包，1976年该系统完成，创建了美国SAS研究所（SAS Institute Inc.）。当初该系统只能运行于大型计算机系统，1985年出现了当今我们广泛使用的SAS微机版本。1987年推出DOS系统下的SAS6.03版，以后又不断推出Windows下运行的SAS6.11，SAS6.12，SAS8.0，SAS8.2，SAS9.0，SAS9.1，SAS9.2，SAS9.3和SAS9.4等版本。

SAS系统具有统计分析方法丰富、信息储存简单、语言编程能力强、能对数据连续处理、使用简单等特点，它汇集了大量的统计分析方法，从简单的描述统计到复杂的多变量分析，编制了大量的使用简便的统计分析过程。经过多年的发展，SAS现在已经成为一套完整的第四代计算机语言，使用程序方式，用户可以完成所有工作，包括试验设计、统计分析、预测、建模和模拟抽样等。系统中提供的主要分析功能包括：统计分析、经济计量分析、时间序列分析、决策分析、财务分析和全面质量管理工具等。系统由多个功能模块组合而成，其基本部分是BASE SAS模块。在此基础上可根据需要加上SAS系统的其他模块，如SAS/STAT（统计分析）、SAS/GRAPH（绘图）、SAS/QC（质量控制）、SAS/ETS（经济计量学和时间序列分析）、SAS/OR（运筹学）、SAS/IML（交互式矩阵程序设计语言模块）、SAS/FSP（快速数据处理的交互式菜单系统）、SAS/AF（交互式全屏幕软件应用系统）等。

SAS还有一个智能型绘图系统，不仅能绘制各种统计图，还能绘出地图。SAS提供多个统计过程，每个过程均含有极丰富的任选项。用户还可以通过对数据集的一连串加工，实现更为复杂的统计分析。此外，SAS还提供了各类概率分析函数、分位数函数、样本统计函数和随机数生成函数，使用户能方便地实现特殊统计要求。

本章主要以最新版SAS 9.4为例，介绍一些常用生物统计方法的SAS程序。

二、SAS系统的启动与关闭

（一）启动

如果SAS系统安装在C盘的子目录SAS下，在Windows操作系统中，可以直接用鼠标双击桌面上SAS系统的快捷键图标，自动显示主画面（附图1-1），即进入SAS系统。

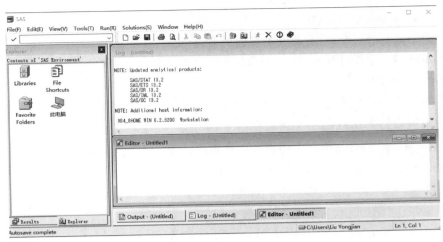

附图 1-1 SAS 主画面

此时屏幕上出现五个窗口，左边垂直放置的 2 个是 Results 和 Explorer 窗口，右边水平放置的 3 个窗口是：Output、Log 和 Editor 窗口（附图 1-1）。

1. **Results 窗口—结果（Results）窗口** 该窗口帮助用户浏览和管理所提交 SAS 程序的输出结果。在该窗口中将 SAS 系统的所有输出结果依次按照目录树的结构加以排列，每一个过程步的结果被表示为一个结点，展开该结点就可进一步看到表示不同输出内容的子结点，使用鼠标右键单击每个结点，就可对输出结果的各部分进行察看、存储、打印、删除等操作。

2. **Explorer 窗口—资源管理器窗口** 该窗口的作用类似于 Windows 操作系统的资源管理器，用于浏览和管理 SAS 系统中的各种文件和文件夹。

3. **Output 窗口—结果输出窗口** 该窗口显示由 SAS 过程所输出的结果。当使用 SAS 作图时，则还会弹出一个 Graph 窗口，相应的统计图会在专门的 Graph 窗口中输出。

结果输出窗口中的内容是分页显示的，每一页最上方均显示相应的页标题，结果生成时的日期和时间。当输出的结果非常多时，为了能够方便地查阅某一部分结果，可以利用结果（Results）窗口中的目录树进行快速定位。结果输出窗口中的内容在保存时会自动被存为默认扩展名为".lst"的纯文本文件。

4. **Log 窗口—日志窗口** 该窗口用于输出程序在运行时的各种有关信息。主要有以下几种内容：程序行（黑色字体），记录执行过的每一条语句；提示（蓝色字体），以 note 开始，提供系统或程序运行的一些常规信息；警告（绿色字体），以 warning 开始，一般在程序中含有系统可以自动更正的小错误时出现，此时会提供错误序列号；错误（红色字体），以 error 开始，当出现该信息说明程序有错误，执行结果必然是不正确的。

Log 窗口中的内容在保存时会自动被存为默认扩展名为".log"的纯文本文件。

5. **Editor 窗口** 系统默认提供的 SAS 程序编辑窗口，也叫增强型程序编辑器（Enhanced Editor）窗口。该窗口的使用类似于 Windows 中的记事本程序，可以在其中编辑（删除、复制、修改、粘贴、恢复）SAS 程序；SAS 9.4 可以用不同颜色显示不同的 SAS 程序部分，并同时进行语法检查，如用深蓝色表示数据步/程序步开始，蓝色表示关键字，棕色表示字符串，浅黄色表示数据块，红色表示可能的错误。此外还可以自动缩进排列程序文本，可以折叠一般程序。

SAS 程序的编写也非常自由，SAS 命令或语句不区分大小写，甚至可以大小写混合出现；一个 SAS 语句可以分成几行来书写（但要保持每个命令的完整性），或者在一行中可以编写几个 SAS 语句。程序编辑器窗口中的内容在保存时自动被存为 SAS 程序格式，实际上就是默认扩展名为

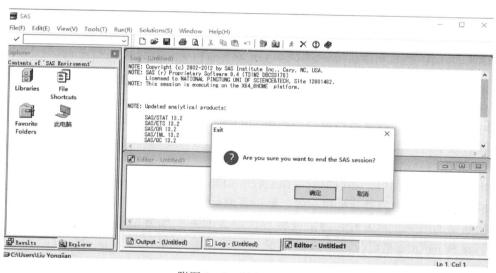

".sas"的纯文本文件。如果该程序是完整而且正确的，即使在没有启动进入 SAS 的情况下，双击该文件，就会自动启动 SAS 系统并运行该程序。

除了增强型编辑器外，SAS 还提供了普通的程序编辑（program editor）窗口。在"菜单栏"可以单击【Window】，选择【New Window】，还可以新建 Editor 窗口。

点击【View】菜单中的 Program editor，Log，Output，Graph，Enhanced Editor 命令可以进入编辑、日志、输出、图形窗口以及新建的 Editor 窗口。按功能键 F5，F6，F7 也可以进入编辑、日志及输出窗口。单击任何一个窗口的 ⊠（关闭）按钮，就可以关闭该窗口。

在 Log、Output 和 Editor 窗口中保存的文件可以用 Word 打开，由于 Word 强大的编辑功能，因此我们通常把 SAS 系统中运行的结果保存后再用 Word 去编辑。

（二）退出

当用完 SAS for Windows，需要退出时，可以单击【File】，选择【Exit】，或者单击 ⊠（关闭）按钮，立即显示如附图 1-2。

附图 1-2　退出 SAS 视窗

如果确认需要退出 SAS for Windows，单击 确定 按钮；如果需要继续使用 SAS for Windows，单击 取消 按钮（附图 1-2）。

三、SAS 程序结构，程序的输入、修改调试和运行

（一）程序结构

SAS 程序由若干个语句组成，多数语句都由特定的关键字开始，语句中可包含变量名、运算符等，它们之间以空格分隔。所有的语句都以";"结束，SAS 对语句所占的行数并无限制，一个语句可占一行，也可占多行；反之，多个语句也可在同一行内。在 SAS 系统中任何一个完整的处理过程均可分为两大步——数据步（Data Step）和过程步（Proc Step）来完成。数据步是用来创建和修改用于统计分析的数据集。过程步则利用已创建的数据集完成特定的统计分析任务。

数据步——将不同来源的数据读入 SAS 系统建立起 SAS 数据集。每一个数据步均由 data 语句开

始，以 run 语句结束。

1. SAS 系统对数据的管理　在 SAS 系统中为了使众多 SAS 文件的管理和使用更为清晰方便，将它们按照不同需要归入若干个 SAS 逻辑库，以此来对 SAS 文件进行访问和管理。一个 SAS 逻辑库实际上就是一个 SAS 文件的集合。

SAS 系统分析处理数据时是调用 SAS 数据集，因此我们首先要建立对应的 SAS 数据集，而数据集又存放在 SAS 逻辑库中，SAS 逻辑库又存放在文件夹下。三者的关系如下：

SAS 数据集（数据文件）→SAS 逻辑库（存数据集）→文件夹（存放逻辑库）

SAS 逻辑库有临时库和永久库两种。临时库只有 1 个（Work），在程序中调用该库中的数据集可以省略库标记 Work，但是这个库中的数据集是临时的。它在每次启动 SAS 系统后自动生成，关闭 SAS 时库中的所有 SAS 文件会被自动删除。永久库有多个 Sashelp、Sasuser 以及自定义的库。用户可以使用 Libname 语句指定永久库名称所对应的文件夹，永久库中的所有文件都将被保留，但库名仍是临时的，每次启动 SAS 系统后都要重新指定。

使用 Libname 命令可以指定库名。它的一般格式如下：

libname 库名"文件夹位置"选项；

如：libname study "c：\ sas \ mydir"，该语句表示在 c：\ sas \ mydir 文件夹下自定义 study 库。

在命令条（附图 1-1 中 √ 后面的框，）中键入 Lib 命令，可以显示现行的数据库（Active Libraries）的信息，再双击其中的数据库，就可以查看该数据库中的数据集以及对应的数据。

2. 数据的三种输入方式　数据的输入方式包括直接输入方式、外部文件读入方式和读入其他格式的数据文件。这里简单介绍这三种数据输入方式常用的语句及其格式。

（1）直接输入方式。一般由 data 语句、input 语句和 cards 语句组合完成。

① data 语句的主要功能是命名将要创建的 SAS 数据集，标志数据步的开始。data 语句的一般形式如下。

data　数据集名；

如：data new；上面已经讲了 SAS 的数据集是存放在 SAS 数据库中的，这里没有特殊说明，new 数据集就存放在临时库 Work 中，因此在日志窗口显示的信息为 Work. new。

② input 语句用于向系统表明如何读入每一条记录。它的主要功能是描述输入记录中的数据，并把输入值赋给相应的变量。input 语句的格式如下。

input 变量名［变量类型 起止列数］...；

方括号表示其中的内容为可选，如果不输入，系统会以默认值代替。

用 input 语句时，外部文件中的数据和 cards 语句后面的数据都采取列表输入的方法，各个变量的值由它们之间的空格来分隔。

input x y z；该语句表示确定 x，y，z 三个变量。

input x1—x10；　该语句表示确定 x1—x10 十个变量。

input x $　y @@；该语句中 $ 指明变量 x 为字符变量，@@ 表明数据是连续读入的。

为从一行读入多个观测值，应使用行保持符 @@ 限制读数指针，使其保持在这一行上读数，直到数据读完为止。

SAS 变量名和其他名称，如数据集名等的命名规则相同，都由 1~8 个字符组成，必须用字母 A，B，C，…，Z 或下划线开头，后面的字符可以是数字、字母或下划线。SAS 变量名中间不能出现空格，不允许在 SAS 变量名中使用特殊符号（如 $、#、&、@）。SAS 系统的保留名称也不能作为变量名使用（如 input，card，_ n _，_ error _，data 等）。

SAS 变量有两种类型—数值型和字符型，字符型变量后面需要加上符号"＄"予以说明。

③ cards 语句用于直接输入数据，标志着数据块的开始，提行的"；"表示数据行的结束。在 cards 的后面必须紧跟数据行，并且在一个数据步中最多只能有一个 cards 语句，格式如下。

cards;

数据块

;

【附例 1.1】以本教材例 5.5 的资料为例，练习直接输入数据的语句（下面语句后的括号里的内容是对前面语句的解释）。

data rabbit; （命名将要建立的数据集为 work. rabbit）

input ID x1 x2@@; （要输入的变量为 ID，x1，x2 三个变量，这里分别表示兔号、注射前的体温和注射后的体温，@@表示连续输入）

cards; （直接输入数据，数据块开始）

```
1  37.8  37.9  2  38.2  39.0  3  38.0  38.9  4  37.6  38.4
5  37.9  37.9  6  38.1  39.0  7  38.2  39.5  8  37.5  38.6
9  38.5  38.8  10  37.9  39.0        （连续输入数据）
```

; （数据块结束）

run;

上面的程序运行以后，在临时库 Work 中就建立了一个 SAS 数据集 Rabbit.

（2）外部文件读入方式。infile 命令可以直接从外部文件读入数据，但该语句必须出现在 input 语句之前。该语句的主要功能是指明外部数据文件的名称，并从这个外部数据文件中读取数据。infile 语句的格式如下。

infile "外部文件的所在位置及名称";

如果附例 1.1 的数据已经事先输好，在硬盘上的"c：＼user"文件夹内存为 rabbit. dat 文件（纯文本格式），该文件内容如下：

```
1  37.8  37.9  2  38.2  39.0  3  38.0  38.9  4  37.6  38.4  5  37.9  37.9
6  38.1  39.0  7  38.2  39.5  8  37.5  38.6  9  38.5  38.8  10  37.9  39.0
```

这时可以使用 infile 命令和 input 语句配合读入数据，程序如下：

data rabbit _1;

infile "c：＼user＼rabbit. dat"; （指定外部数据文本文件名）

input ID x1 x2@@;

run;

上面的程序运行以后，在临时库 Work 中就建立了一个 SAS 数据集 Rabbit _1。

（3）读入其他格式的数据文件。SAS 可以利用 file 菜单上的 Import Data 命令将其他格式的数据文件导入 SAS 系统，创建 SAS 自己的数据集。可以导入的数据文件格式有 dBase 数据库、Excel 工作表、Lotus 的数据库以及纯文本的数据文件等。

这里以 Excel 工作表文件为例讲述如何导入 SAS 系统创建数据集。若在 Excel 工作表中已经输入了数据，并且保存为 Rabbit. xls 文件放在 C：＼SAS（以 Microsoft Excel 5.0/95 工作簿的格式，见附图 1-3，关闭该文件。导入步骤如下。

① 打开【File】菜单上的【Import Data】命令，就会在右边出现一个 Import Wizard 对话框。

② 选择导入的数据格式，从下拉式菜单上选择格式（附图 1-4），单击【Next】按钮。

③ 给出数据文件的位置和文件名，在对话框中键入 C：＼SAS＼rabbit1. xls，或点【Browse】直接从上面选择文件，选好后单击【Next】按钮（附图 1-5）。

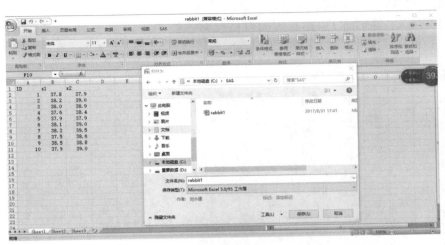

附图 1-3 例 5.5 的资料的 Excel 文件

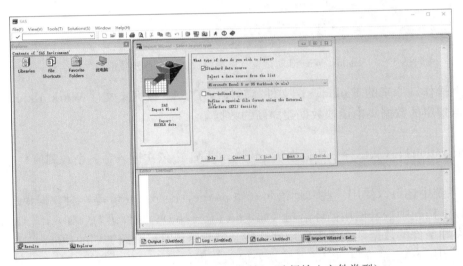

附图 1-4 Import Wizard 对话框（选择输入文件类型）

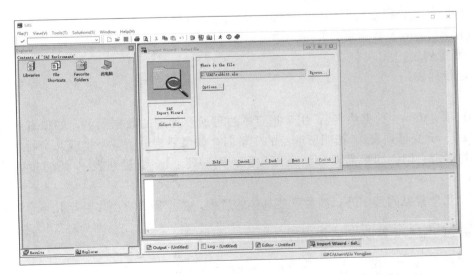

附图 1-5 Import Wizard 对话框（选择输入文件位置与名称）

④ 选择导入的目的地，即指定要创建的数据集的名字和存放的数据库名，先在左面的对话框选择数据库名 Work（临时库），在右面的对话框键入数据集的名字 Rabbit1，选择完后，单击【Finish】按钮，就完成了此次操作（附图 1-6）。

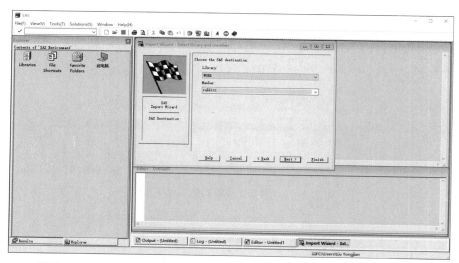

附图 1-6　Import Wizard 对话框（选择存放的库名称及数据集文件名称）

经过以上操作，原来的 Rabbit. xls 文件就转换成了 SAS 数据集文件 Work. Rabbit1，使用 set 语句就可以从指定的数据集中读取数据建立新的数据集。

data B；

set work. rabbit1；（从已存在的数据集 work. rabbit1 中依次读入每一个观测值）

run；

在 SAS 系统中还可以使用一些其他语句（如 merge，keep，drop 等）对数据集进行操作，甚至还可以在以上语句中嵌套使用循环语句（如，do-to-end）、条件语句（如，if-then-else）来读入不同分类和条件的数据，在后面使用到这些命令或语句时再介绍它们的功能。

过程步—调用 SAS 系统中相应的过程来处理和分析数据集中的数据。每一个过程步均以 proc 语句开始，run 语句结束，并且每个语句后均以 "；" 结束。

proc 语句的作用是指定需要调用的过程以及该过程的若干选择项。语句格式为：

proc 过程名 ［data＝数据集名］［选项］；

　　［var 变量列表；］

　　［by 变量列表；］

run；

这里的选项 ［data＝数据集名］，用来指定本过程所要处理的数据集名，如缺省则处理最新建立的数据集；［var 变量列表；］指明所涉及的变量名，如果只想分析某一个或几个特定的变量，则可用 var 语句指定它们；如果需要分组处理数据，则需要 ［by 变量列表；］语句指明分组处理的标志。

除了以上几个常见的选项外，涉及一些具体的过程，根据需要有更多甚至几十个不同的选项。

（二）程序的输入、修改调试和运行

SAS 程序可在 Editor 窗口输入、修改，SAS 程序语句可以使用大写或小写字母或混合使用来输入，每个语句中的单词或数据项间应以空格隔开，每行输入完后加上 "；"，但在数据步中 cards

语句后面的数据行不能加";"，必须等到数据输入完后提行单独加";"。SAS 语句书写格式相当自由，可在各行的任何位置开始语句的书写。一个语句可以连续写在几行中，一行中也可以同时写上几个语句，但每个语句结束后必须用";"隔开。

当一个程序输入完后，是否能运行和结果是否正确，只有将其发送到 SAS 系统中去执行后，在 Log 和 Output 窗口检查才能确定。要运行 SAS 程序，可以点击菜单中的【Run】或【Submit】，或者按功能键 F8，或者直接点击工具栏中的快捷键 。当程序发送到 SAS 系统后，Log 窗口将逐步记下程序运行的过程和出现的错误信息（用红色提示错误）。如果过程步没有错误，运行完成后，通常会在 Output 窗口打印出结果；如果程序运行出错，则需要在 Editor 窗口对程序进行修改。

此外关于其他一些快捷键的设置可以按 F9 查看显示，最常用的功能键 F1 显示帮助信息（Help）。

四、常用生物统计方法的 SAS 程序

下面结合本教材介绍几种常用生物统计分析方法的 SAS 程序，读者应注意，所提供的这些程序并不是一成不变的，根据分析的需要，每一种程序中各语句都有不同的选项，下面的程序只给出了一些最基本的语句。只要大家熟悉并掌握了 SAS 程序，就可以根据需要灵活应用。

（一）描述性统计

在 SAS 中计算基本统计数的过程主要有 means，summary，univariate 等。这 3 个过程的功能是计算基本的统计数（附表 1-1）；完成样本分布位置的 t 检验统计量；通过 by 语句将数据分为若干个子数据集，从而对各个子数据集分别进行独立的统计分析。此外 univariate 过程还具有统计制图的功能。

附表 1-1　上述 3 个基本过程可计算的统计量

统计量	means	summary	univariate
非缺项值数（n）	YES	YES	YES
缺项值数（nmiss）	YES	YES	YES
权重和（sumweight）	YES	YES	YES
均值（mean）	YES	YES	YES
和（sum）	YES	YES	YES
最小值（min）	YES	YES	YES
最大值（max）	YES	YES	YES
全距（range）	YES	YES	YES
未修正平方和（uss）	YES	YES	YES
修正平方和（css）	YES	YES	YES
方差（var）	YES	YES	YES
标准差（std）	YES	YES	YES
标准误差（stderr）	YES	YES	YES
变异系数（cv）	YES	YES	
偏度（skewness）	YES		YES

（续）

统计量	means	summary	univariate
峰度（kurtosis）	YES		YES
学生 t 值（t）	YES	YES	YES
大于 t 值的概率（prt）	YES	YES	YES
中位数（median）			YES
四分位数（quartile）			YES
众数（mode）			YES
泊松相关系数			YES

这里仅简单介绍 means 过程的语句格式和使用。

proc means［data＝〈数据集名〉］［选项］；（指定要分析的数据集名及一些选项）

var〈变量表〉；（指明需要分析的变量）

by〈变量表〉；（指明分组变量）

class〈变量表〉；（指明分类变量）

freq〈变量表〉；（指明频数变量）

weight〈变量表〉；（指明加权变量）

output ＜out＝数据集名＞；（指定统计量的输出数据集名）

如果只执行 proc means 过程而语句中不加入任何选择项（缺损），则结果只输出 n（样本含量），mean（平均数），std /std Dev（标准差），minimum（最小值）和 maximum（最大值）。

利用例 3.1 的数据资料计算 $\bar{x}$，s，cv，$s_{\bar{x}}$，SS，$x_{\max}$，$x_{\min}$，MS。SAS 程序如下。

data   bull；

input x@@；

cards；

500   520   535   560   585   600   480   510   505   490

；

proc means mean std cv stderr css max min var；

run；

summary 过程的使用和 means 过程类似，差别在于 summary 过程通常不输出计算结果，一般在 proc summary 语句选项中设定 print，以给出分析结果。在默认情况下，即不使用 var 语句指定分析变量时，summary 过程仅执行对观测值的计数工作，其他各种统计量的计算都将被忽略。

univariate 过程除可计算基本统计数之外，主要用于计算分位数（Quartile，中位数为一特例，即 50％分位数）、绘制分布图、次数表及正态分布测验等。univariate 过程的重点在于描述变量的分布。

（二）资料正态性检验（例 2.1）

统计推断过程一般要求资料具有正态性，否则要对资料中的数据进行统计转换后再作分析（如两样本均数差异显著性检验以及方差分析都要求资料应满足正态性）。因此有必要研究资料的正态性。

一般用 univariate 过程来检验一个变量是否服从正态分布。下面检验第二章表 2-5 的资料是否服从正态分布。

data sheep；

```
input y@@；
cards；
```

53.0	50.0	51.0	57.0	56.0	51.0	48.0	46.0	62.0	51.0
61.0	56.0	62.0	58.0	46.5	48.0	46.0	50.0	54.5	56.0
40.0	53.0	51.0	57.0	54.0	59.0	52.0	47.0	57.0	59.0
54.0	50.0	52.0	54.0	62.5	50.0	50.0	53.0	51.0	54.0
56.0	50.0	52.0	50.0	52.0	43.0	53.0	48.0	50.0	60.0
58.0	52.0	64.0	50.0	47.0	37.0	52.0	46.0	45.0	42.0
53.0	58.0	47.0	50.0	50.0	45.0	55.0	62.0	51.0	50.0
43.0	53.0	42.0	56.0	54.5	45.0	56.0	54.0	65.0	61.0
47.0	52.0	49.0	49.0	51.0	45.0	52.0	54.0	48.0	57.0
45.0	53.0	54.0	57.0	54.0	54.0	45.0	44.0	52.0	50.0
52.0	52.0	55.0	50.0	54.0	43.0	57.0	56.0	54.0	49.0
55.0	50.0	48.0	46.0	56.0	45.0	45.0	51.0	46.0	49.0
48.5	49.0	55.0	52.0	58.0	54.5				

```
；
proc univariate normal；
run；
```

程序运行后，下面只列出正态性检验的结果。

Tests for Normality

Test	Statistic		p Value	
Shapiro – Wilk	W	0.992 533	Pr<W	0.742 0
Kolmogorov – Smirnov	D	0.073 175	Pr>D	0.095 3
Cramer – von Mises	W – Sq	0.063 562	Pr>W – Sq	>0.250 0
Anderson – Darling	A – Sq	0.375 587	Pr>A – Sq	>0.250 0

以上输出结果给出了 4 种不同方法得出的 P 值，显然它们的 P 值都大于 0.05。其中当 $n \leqslant 2\,000$ 时，应选用 Shapiro – Wilk 的 W 检验。当 W 值越接近 1（或 $P>0.05$），表示资料服从正态分布；反之，W 值偏离 1 越远（或 $P<0.05$），可以认为资料不服从正态分布。

当 $n>2\,000$ 时，采用 Kolmogorov – Smirnov 正态性检验。D 值越小，P 值越大（$P>0.05$），表示资料服从正态分布；反之，D 值越大，P 值越小（$P<0.05$），可以认为资料不服从正态分布。

本例 Shapiro – Wilk 的 W 检验结果为 $W=0.992\,533$，$P=0.742\,0>0.05$，接受 H_0，说明该资料服从正态分布。

（三）t 检验

单个样本平均数的差假设检验、配对试验资料和非配对试验资料的 t 检验可调用 ttest 过程。

1. 单个样本平均数的假设检验（例 5.1）

```
data a；
input y@@；
cards；
```

116 115 113 112 114 117 115 116 114 113

;

proc ttest H0＝114；

    var y；

run；

程序说明：样本平均数与总体平均数的差异显著性检验可调用 means 过程。data 语句产生临时数据集 A，表明数据步的开始；input 语句指明读取变量 y，@@表示读入一条观测值后不换行，连续读入数据，使用@@符号可在一个物理行中输入多条观测值，减少数据输入行；cards 语句表明以下为数据行，数据行下的";"表示数据行结束；proc ttest 语句指明调用 ttest 过程对数据集 A 进行分析，选项 $H_0＝114$ 指定无效假设 $H_0：\mu＝114$；VAR 语句指明对 y 变量进行 means 过程分析；run 语句表示过程步结束，开始运行过程步。

2. 非配对试验资料的 t 检验（例 5.3）

data   b；

input   geneotype   y@@；

cards；

1 1.20 1 1.32 1 1.10 1 1.28 1 1.35 1 1.08 1 1.18 1 1.25

1 1.30 1 1.12 1 1.19 1 1.05 2 2.00 2 1.85 2 1.60 2 1.78

2 1.96 2 1.88 2 1.82 2 1.70 2 1.68 2 1.92 2 1.80

;

proc ttest；

        class genotype；

        var y；

run；

程序说明：input 语句读入处理变量 genotype（品种）和试验结果 y（背膘厚度）；class 语句定义分类变量，ttest 过程要求分类变量只能有两个水平，此处为 1（长白后备种猪）和 2（蓝塘后备种猪）。

对本例中的数据也可以采用循环语句（do‐end）来读入数据，具体程序如下。

data   pig；

do genotype＝1 to 2；

input n；

do i＝1 to n；

input y@@；

output；

end；

end；

drop i；

cards；

12

1.20 1.32 1.10 1.28 1.35 1.08 1.18 1.25 1.30 1.12 1.19 1.05

11

2.00 1.85 1.60 1.78 1.96 1.88 1.82 1.70 1.68 1.92 1.80

;

```
proc ttest;
class genotype;
var   y;
run;
```

程序中 drop 语句的作用是指定不写到数据集中的变量。do 语句与 end 语句是配套使用的，即有一个 do 语句就有一个对应的 end 语句，弄清哪些 do 语句与 end 语句配套有助于我们正确理解程序。在后面的 SAS 程序中我们会经常使用这样的循环语句。下面列出了 SAS 主要输出结果。

Method	Variances	DF	t Value	Pr>|t|
Pooled	Equal	21	−13.24	<.000 1
Satterthwaite	Unequal	19.332	−13.12	<.000 1

Equality of Variances

Method	Num DF	Den DF	F Value	Pr>F
Folded F	10	11	1.51	0.505 8

非配对试验资料的 t 检验的前提条件之一是假定两样本方差的差异不显著，即方差是齐性的。方差的齐性检验结果在 Equality of Variances 部分输出，若 $Pr>F$ 值大于 0.05，就接受 H_0：两样本的方差相等；若 $Pr<F$ 值小于 0.05，就否定 H_0，接受 H_A：两样本的方差不等。

t 检验的结果在 T-Tests 部分输出，第 1 行是假设两样本方差相等时使用 Pooled 方法得出的检验结果，第 2 行是假设两样本方差不等时使用 Satterthwaite 方法得出的近似 t 检验结果。本例 $Pr>F=0.505\,8$ 大于 0.05，所以接受 H_0：两样本的方差相等。因此从 T-Tests 部分的 Equal 一行看 t 检验的结果。$Pr>|t|$ 值 <0.000 1，所以否定 H_0，即两品种后备种猪背膘厚度差异极显著。

3. 配对试验资料的 t 检验（例 5.5）

```
data rabbit;
input ID x1 x2@@;
cards;
1  37.8  37.9  2  38.2  39.0  3  38.0  38.9  4  37.6  38.4
5  37.9  37.9  6  38.1  39.0  7  38.2  39.5  8  37.5  38.6
9  38.5  38.8  10  37.9  39.0
;
proc ttest;
paired x1 * x2;
run;
```

程序说明：input 语句中的变量 x1、x2 分别为同一只家兔注射某种药物前后的体温。ID 代表兔的编号，实际上在分析过程中兔的编号是不进入统计分析的，因此输入数据时可以忽略。paired 语句指定配对变量为 x1 和 x2。下面列出了 SAS 主要输出结果。

DF	t Value	Pr>|t|
9	−5.19	0.000 6

（四）方差分析

对于一般的方差分析（平衡资料，即各处理重复数相等）可用 anova 过程；对于非平衡资料（各处理重复数不等）的方差分析可用 GLM 过程。GLM 过程即广义线性模型（General Liner Model）过程，它使用最小二乘法对数据拟合广义线性模型。GLM 过程中可以进行回归分析、方差分析、协方差分析、剂量—反应模型分析、多元方差分析和偏相关分析等，其功能之强大可见一斑。下面根据不同的试验设计资料分别介绍这两种过程。

1. anova 过程的程序格式

proc anova   选项；
    class   变量；
    model   依变量＝效应/选项；
    means   效应/选项；

程序说明：proc anova 语句中的"选项"：data＝输入数据集，out＝输出数据集，用于存储方差分析结果；class 语句指明分类变量，此语句一定要设定，并且应出现在 model 语句之前；model 语句定义分析所用的线性数学模型，效应可以是主效应（main effect）、交互效应（interaction effect）、嵌套效应（nested effect 又称巢式效应）和混合效应（mixed effect）。

means 语句计算各处理效应的平均数，"选项"用于设定多重比较方法。常用的有 LSD 法、DUNCAN（Duncan 新复极差法）、TUKEY（Tukey 固定极差检验法）、DUNNETT 和 DUNNE-TU（Dunnett 氏最小显著差数两尾和一尾检验法）、SNK（q 法）等。显著水平的确定采用如 alpha＝0.01（表示将显著水平设定为 0.01），缺省为 0.05。

上述语句中，关键语句在于定义线性数学模型。同一试验资料，根据模型不同而异。用于方差分析对应的效应模型主要有如下几个。

主效应模型	model y＝a b c；
交互效应模型	model y＝a b c a＊b a＊c b＊c a＊b＊c；（也可写成 y＝a｜b｜c）
嵌套效应模型	model y＝a b c（a b）；
混合效应模型	model y＝a b（a）c（a）b＊c（a）；
单向方差模型	model y＝a；
多元方差模型	model y1 y2＝a b；
协方差模型	model y＝a x；
简单回归模型	model y＝x1；
多元回归模型	model y＝x1 x2 x3；
多项式回归模型	model y＝x1 x1＊x2；
多变量回归模型	model y1 y2＝x1 x2；

结果输出包括分类变量信息表、方差分析表和多重比较表等。

2. glm 过程的程序格式

proc glm 选项；
class 变量；
model 依变量＝效应/选项；
means 效应/选项；
random 效应/选项；
contrast "对比说明"效应 对比向量；
output out＝输出数据集 predicted｜p＝变量名 residual｜r＝变量名；

程序说明：proc glm 语句设定分析数据集和输出数据集；class 语句指明分类变量，此语句一定要设定，并且应出现在 model 语句之前；model 语句定义分析所用的线性数学模型和结果输出项；means 语句计算平均数，并可选用多种多重比较方法；random 语句指定模型中的随机效应，选项 q 给出期望均方中主效应的所有二次型；contrast 语句用于对比检验；output 语句产生输出数据集，p＝定义 y 预测值变量名，r＝定义误差变量名。

模型定义仍是glm过程使用的关键（同上）。通过设定模型（model），即可对不同的试验设计资料进行分析。当处理效应为固定效应时，通过means语句计算平均数，进行多重比较，当处理效应为随机效应时，可利用random语句或varcomp过程估计方差分量。

3. 几种常用的方差分析的SAS程序

（1）单因素试验各处理重复数相等资料方差分析的SAS程序（例6.1）。

```
data fish;
input tr$ y@@;
cards;
 a1  31.9  a1  27.9  a1  31.8  a1  28.4  a1  35.9
 a2  24.8  a2  25.7  a2  26.8  a2  27.9  a2  26.2
 a3  22.1  a3  23.6  a3  27.3  a3  24.9  a3  25.8
 a4  27.0  a4  30.8  a4  29.0  a4  24.5  a4  28.5
;
proc anova;
    class tr;
    model y=tr;
    means tr/lsd;
    means tr/lsd alpha=0.01;
run;
```

程序说明：单因素试验各处理重复数相等资料方差分析调用anova过程。input语句中的tr变量表示处理，由于本例中各处理（水平）用A1，A2，A3，A4表示，因此在tr后加＄表示该变量是字符型；第一个means语句表示计算各处理平均数并分别采用LSD法进行多重比较，显著水平$\alpha=0.05$；第二个means语句表示显著水平取$\alpha=0.01$用LSD法进行各处理平均数的多重比较。程序运行后的主要分析结果如下。

Source	DF	Sum of Squares	Mean Square	F Value	Pr>F
Model	3	114.268 000 0	38.089 333 3	7.14	0.002 9
Error	16	85.400 000 0	5.337 500 0		
Corrected Total	19	199.668 000 0			

R-Square	Coeff Var	Root MSE	y Mean
0.572 290	8.388 900	2.310 303	27.540 00

Source	DF	Anova SS	Mean Square	F Value	Pr>F
tr	3	114.268 000 0	38.089 333 3	7.14	0.002 9

t Tests (LSD) for y

Alpha	0.05
Error Degrees of Freedom	16
Error Mean Square	5.337 5
Critical Value of t	2.119 91
Least Significant Difference	3.097 5

Means with the same letter
are not significantly different.

t Grouping		Mean	N	tr
	A	31.180	5	a1
	B	27.960	5	a4
C	B	26.280	5	a2
C		24.740	5	a3

Alpha	0.01
Error Degrees of Freedom	16
Error Mean Square	5.3375
Critical Value of t	2.92078
Least Significant Difference	4.2677

t Tests (LSD) for y

Means with the same letter
are not significantly different.

t Grouping		Mean	N	tr
	A	31.180	5	a1
B	A	27.960	5	a4
B		26.280	5	a2
B		24.740	5	a3

（2）单因素试验各处理重复数不等资料的方差分析 SAS 程序（例 6.4）。

```
data sow;
input breed $ y@@;
cards;
b1  21.5  b1  19.5  b1  20.0  b1  22.0  b1  18.0  b1  20.0
b2  16.0  b2  18.5  b2  17.0  b2  15.5  b2  20.0  b2  16.0
b3  19.0  b3  17.5  b3  20.0  b3  18.0  b3  17.0
b4  21.0  b4  18.5  b4  19.0  b4  20.0
b5  15.5  b5  18.0  b5  17.0  b5  16.0
;
proc glm;
        class breed;
        model y=breed;
        means breed/duncan;
        means breed/duncan alpha=0.01;
run;
```

程序说明：单因素试验各处理重复数不等资料方差分析需调用 glm 过程。

（3）两因素交叉分组单独观察值资料方差分析的 SAS 程序（例 6.5）。

```
data mice;
```

```
input a$  b$  y@@;
cards;
  a1  b1  106  a1  b2  116  a1  b3  145
  a2  b1  42   a2  b2  68   a2  b3  115
  a3  b1  70   a3  b2  111  a3  b3  133
  a4  b1  42   a4  b2  63   a4  b3  87
;
proc anova;
        class a  b;
        model y=a  b;
        means  a  b/snk;
        means  a  b/snk alpha=0.01;
run;
```

程序说明：两因素交叉分组单独观察值资料的方差分析需调用 anova 过程。由于 A 的各水平（A1，A2，A3，A4）和 B 因素的各水平（B1，B2，B3）属于字符型，因此 input 语句中变量 A，B 后均需加符号 $。

（4）两因素交叉分组重复观察值试验资料（等重复）方差分析的 SAS 程序（例 6.6）。

```
data ca _ p;
do a=1 to 3;
  do b=1 to 4;
    do n=1 to 3;
      input y@@;
      output;
    end;
  end;
end;
drop n;
cards;
23.5  25.8  27.0  33.2  28.5  30.1  38.0  35.5  33.9  26.5  24.0  25.0
30.5  26.8  25.5  36.5  34.0  33.5  28.0  30.5  24.6  20.5  22.5  19.5
34.5  31.4  29.3  29.0  27.5  28.0  27.5  26.3  28.5  18.5  20.0  19.0
;
proc anova;
        class a b;
        model y=a b a*b;
        means a b a*b /snk;
        means a b a*b /snk alpha=0.01;
run;
```

程序说明：两因素交叉分组重复观察值试验资料（等重复）方差分析可以调用 anova 过程或者 glm 过程。如果调用 glm 过程，其程序步如下。

```
    proc glm;
```

```
        class a b;
        model y=a | b;
        lsmeans a | b/stderr pdiff tdiff;
    run;
```

（5）两因素系统分组次级样本含量相等资料方差分析的 SAS 程序（例 6.7）。

```
data fishmeal;
do a=1 to 3;
  do b=1 to 3;
    do n=1 to 2;
      input y@@;
      output;
    end;
  end;
end;
drop  n;
cards;
82.5 82.4 87.1 86.5 84.0 83.9 86.6 85.8 86.2 85.7
87.0 87.6 82.0 81.5 80.0 80.5 79.5 80.3
 ;
proc anova;
        class   a  b;
        model   y=a b (a);
        test h=a e=b (a);
        means   a/snk e=b (a);
        means   a/snk e=b (a) alpha=0.01;
    run;
```

程序说明：应注意区别两因素系统分组次级样本含量相等资料方差分析的 SAS 程序的模型同前面交叉分组资料方差分析模型的区别。在系统分组资料中分析侧重一级因素，因此本例的 means 语句中只对 A 因素（鱼粉）各水平平均数进行多重比较。

（6）两因素系统分组次级样本含量不等资料方差分析的 SAS 程序（例 6.8）。

```
data sire _ dam;
do sire=1 to 3;
    input n;
    do dam=1 to n;
      input m;
      do n=1 to m;
        input y@@;
        output;
      end;
    end;
end;
drop  n;
```

```
drop m;
cards;
2
9
10.5   8.3   8.8   9.8   10.0   9.5   8.8   9.3   7.3
7
7.0   7.8   8.3   9.0   8.0   7.5   9.3
3
8
12.0   11.3   12.0   10.0   11.0   11.5   11.0   11.3
7
9.5   9.8   10.0   11.8   9.5   10.5   8.3
9
8.0   8.0   7.8   10.3   7.0   8.8   7.3   7.8   9.5
3
8
7.5   6.5   6.8   6.3   8.3   6.8   8.0   8.8
7
9.5   10.5   10.8   9.5   7.8   10.5   10.8
8
11.3   10.5   10.8   9.5   7.3   10.0   11.8   11.0
;
proc glm;
        class  sire  dam;
        model y＝sire  dam (sire);
        test h＝sire e＝dam (sire);
        means  sire/snk e＝dam (sire);
        means  sire/snk e＝dam (sire) alpha＝0.01;
run;
```

（7）对进行反正弦转换后的资料进行方差分析（例6.9）。

```
data cow;
do a＝1 to 4;
    do i＝1 to 7;
        input x@@;
        x＝arsin (sqrt (x/100)) /3.141 59 ＊ 2 ＊ 90;
        output;
    end;
end;
cards;
94.3   64.1   47.7   43.6   50.4   80.5   57.8
26.7   9.4   42.1   30.6   40.9   18.6   40.9
18.0   35.0   20.7   31.6   26.8   11.4   19.7
```

```
;
proc glm;
        class   a;
        model x＝a;
        means   a/duncan;
run;
```

程序说明：实际上本例就是一个单因素试验资料的方差分析，但是资料中的原始资料是百分数资料，为了满足方差分析的基本假定——分布的正态性这一条件，需对各观察值进行反正弦转换（角度转换），然后对转换后的数据进行方差分析。因此在程序中加入了一个进行反正弦转换的函数 x＝arsin（sqrt（x/100））/3.141 59＊2＊90。

（五）独立性检验的 SAS 程序（例 7.8）

独立性检验的 SAS 程序需调用 freq 过程，其程序步结构如下。

```
proc freq;
        tables row - variable ＊ column variable/option;
        weight weight - variable;
run;
```

程序说明：row - variable 与 column variable 分别表示行变量与列变量，tables 语句表示根据行变量与列变量的分类对资料列表，并且可以分别计算理论次数、实际次数与理论分数论次数分别在各对应的行、列以及总和中所占的百分数等；weight - variable/option 表示观测指标的变量；weight 语句中的 option 可以是 nocol（取消打印百分数）、nopercent（取消打印单元百分数）、nofreq（取消打印单元内的观测个数）和 norow（取消打印行百分数）。

例 7.8 的 SAS 程序如下。

```
data buffalo;
do r＝1 to 2;
    do c＝1 to 4;
        input y @@;
        output;
    end;
end;
cards;
10   10   60   10   10   5   20   10
;
proc freq;
        table r ＊ c/chisq;
        weight y;
run;
```

程序说明：table r ＊ c 语句中的选项 chisq，输出结果有三个 χ^2 测试，包括 Pearson 的 χ^2、最小似然比 χ^2（Likelihood Ratio Chi - Square）、孟德—韩金 χ^2（Mantel - Haenszel Chi -Square），输出结果还包括：Φ 系数（Phi Coefficient）、列联系数（Contingency Coefficient）、克尔姆的 V 系数（Cramer's V）。如果是 2×2 表的独立性检验，输出结果中还包括连续性矫正 χ^2（Continuity Adj. Chi - Square）以及费希尔精确性检验（Fisher's Exact Test）。程序运行后的主要分析结果

如下。

Statistic	DF	Value	Prob
Chi - Square	3	7.500 0	0.057 6
Likelihood Ratio Chi - Square	3	7.338 0	0.061 9
Mantel - Haenszel Chi - Square	1	0.468 5	0.493 7
Phi Coefficient		0.235 7	
Contingency Coefficient		0.229 4	
Cramer's V		0.235 7	

（六）直线回归分析

SAS/STAT 模块提供了近 10 个用于回归分析的过程，其中 reg 过程是进行一般线性回归分析最常用的过程，该过程采用最小二乘法拟合线性模型，可产生有关数据的一些描述统计量、参数估计和假设检验以及散点图，输出预测值、残差、学生化残差、置信限等，并可将这些结果输出到一个新的 SAS 数据集中。

这里以例 8.1 为例，主要介绍一元直线回归与直线相关分析的 SAS 程序。

```
data    goose;
input x y@@;
cards;
80   2 350   86   2 400   98   2 720   90   2 500   120   3 150   102   2 680
95   2 630   83   2 400   113   3 080   105   2 920   110   2 960   100   2 860
;
proc reg corr;
        model y＝x / clm cli;
        plot y * x="＋";
run;
```

程序说明：一元直线回归分析可调用 reg 过程。proc 语句选项 corr，要求输出简单相关系数；model 语句是必需语句，定义回归分析模型以及模型中的因变量、自变量、模型选项及结果输出选项，该语句中的变量只能是数据集中的变量，任何形式的变换都必须先产生一个新变量，然后用于分析。选项 cli 表示输出个体预测值 $\hat{y}_i$ 的 95％的置信区间，clm 表示输出因变量期望值（均值）的 95％的置信区间。plot 语句用于绘制变量间的散点图，作出回归直线，该语句定义的两变量可为 model 语句中定义的任何变量。程序运行后的主要分析结果如下，y 和 x 的散点图见附图 1-7。

Analysis of Variance

Source	DF	Sum of Squares	Mean Square	F Value	Pr>F
Model	1	794 340	794 340	213.81	<.000 1
Error	10	37 152	3 715.206 73		
Corrected Total	11	831 492			

Root MSE	60.952 50	R - Square	0.955 3
Dependent Mean	2 720.833 33	Adj R - Sq	0.950 9
Coeff Var	2.240 21		

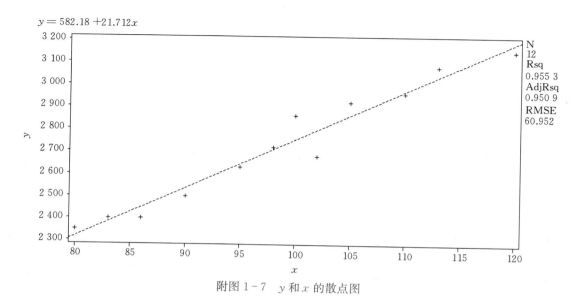

$y = 582.18 + 21.712x$

N 12
Rsq 0.955 3
AdjRsq 0.950 9
RMSE 60.952

附图 1-7 y 和 x 的散点图

Parameter Estimates

Variable	DF	Parameter Estimate	Standard Error	t Value	Pr>|t|
Intercept	1	582. 184 97	147. 315 33	3. 95	0. 002 7
x	1	21. 712 17	1. 484 88	14. 62	<. 000 1

（七）协方差分析（例 10.1）

```
data cov;
do tr=0 to 3;
    do i=1 to 12;
        input x y @@;
        output;
    end;
end;
drop i;
cards;
1.50  12.40  1.85  12.00  1.35  10.80  1.45  10.00  1.40  11.00  1.45  11.80
1.50  12.50  1.55  13.40  1.40  11.20  1.50  11.60  1.60  12.60  1.70  12.50
1.35  10.20  1.20  9.40  1.45  12.20  1.20  10.30  1.40  11.30  1.30  11.40
1.15  12.80  1.30  10.90  1.35  11.60  1.15  8.50  1.35  12.20  1.20  9.30
1.15  10.00  1.10  10.60  1.10  10.40  1.05  9.20  1.40  13.00  1.45  13.50
1.30  13.00  1.70  14.80  1.40  12.30  1.45  13.20  1.25  12.00  1.30  12.80
1.20  12.40  1.00  9.80  1.15  11.60  1.10  10.60  1.00  9.20  1.45  13.90
1.35  12.80  1.15  9.30  1.10  9.60  1.20  12.40  1.05  11.20  1.10  11.00
;
proc glm;
        class   tr;
```

```
model y＝tr x /solution；
means tr/duncan；
lsmeans tr/stderr  pdiff  tdiff；
run；
```

程序说明：协方差分析可调用 glm 过程。class 语句指明了分类变量为 tr（这里代表处理，其中 0 表示对照组，1，2，3 分别代表配方 1，配方 2，配方 3），且必须在 model 语句之前。model 语句定义协方差分析的数学模型。选项 solution 给出参数的估计值；在 means 语句中，多重比较选用 Duncan 法（SSR 法）；lsmeans 语句计算效应的最小二乘估计的平均数（lsm）；stderr 给出 lsm 的标准误；tdiff 和 pdiff 要求显示检验 h_0：lsm (i) ＝lsm (j) 的 t 值和概率值。程序运行后的主要分析结果如下。

Source	DF	Sum of Squares	Mean Square	F Value	Pr>F
Model	4	59. 295 425 03	14. 823 856 26	17. 01	<. 000 1
Error	43	37. 467 699 97	0. 871 341 86		
Corrected Total	47	96. 763 125 00			

R – Square	Coeff Var	Root MSE	y Mean
0. 612 789	8. 139 134	0. 933 457	11. 468 75

Source	DF	Type III SS	Mean Square	F Value	Pr>F
tr	3	20. 434 647 20	6. 811 549 07	7. 82	0. 000 3
x	1	47. 614 800 03	47. 614 800 03	54. 65	<. 000 1

Parameter	Estimate		Standard Error	t Value	Pr>|t|
Intercept	2. 840 209 420	B	1. 155 967 88	2. 46	0. 018 1
tr 0	−1. 973 266 803	B	0. 522 263 90	−3. 78	0. 000 5
tr 1	−1. 238 309 896	B	0. 401 310 79	−3. 09	0. 003 5
tr 2	−0. 163 306 116	B	0. 408 126 78	−0. 40	0. 691 0
tr 3	0. 000 000 000	B	.	.	.
x	7. 199 818 553		0. 973 968 38	7. 39	<. 000 1

tr	y LSMEAN	Standard Error	Pr>|t|	LSMEAN Number
0	10. 339 203 9	0. 335 497 3	<. 000 1	1
1	11. 074 160 8	0. 271 295 0	<. 000 1	2
2	12. 149 164 6	0. 269 696 8	<. 000 1	3
3	12. 312 470 7	0. 311 995 3	<. 000 1	4

Least Squares Means for Effect tr

t for H0：LSMean (i) ＝LSMean (j) / Pr＞|t|

Dependent Variable：y

i/j	1	2	3	4
1		−1.648 65 0.106 5	−4.155 01 0.000 2	−3.778 29 0.000 5
2	1.648 651 0.106 5		−2.816 93 0.007 3	−3.085 66 0.003 5
3	4.155 005 0.000 2	2.816 933 0.007 3		−0.400 14 0.691 0
4	3.778 294 0.000 5	3.085 663 0.003 5	0.400 136 0.691 0	

（八）几种试验设计资料方差分析的 SAS 程序

第十二章中主要讲了单因素完全随机设计（包括非配对设计）、单因素随机单位组设计（包括配对设计）、拉丁方设计等几种试验设计方法。由于其中一些试验设计方法的试验资料方差分析的 SAS 程序在前面已经涉及，这里主要介绍单因素随机单位组设计试验资料和拉丁方设计资料方差分析的 SAS 程序。

1. 单因素随机单位组设计试验资料方差分析的 SAS 程序（例 12.3）

```
data piglet；
do A＝1 to 5；
    do B＝1 to 4；
        input x@@；
        output；
    end；
end；
cards；
205   168   222   230   230   198   242   255 252   248   305   260
200   158   183   196   265   275   315   282
；
proc anova；
        class   A   B；
        model   x＝A B；
        means   A /snk；
        means   A /snk alpha＝0.01；
run；
```

程序说明：单因素随机单位组设计试验资料的方差分析实际上采用的是两因素交叉分组单个观测值试验资料的方差分析法，因此调用 ANOVA 过程。试验处理因素为 A（水平数为 5），单位组因素为 B（水平数为 4）。若 F 检验显著或极显著，主要对各处理平均数进行多重比较。

2. 拉丁方设计试验资料方差分析的 SAS 程序（例12.4）

```
data laying；
do row＝1 to 5；
    do col＝1 to 5；
        input   tem $ x@@；
        output；
    end；
end；
cards；
D 23  E 21  A 24  B 21  C 19
A 22  C 20  E 20  D 21  B 22
E 20  A 25  B 26  C 22  D 23
B 25  D 22  C 25  E 21  A 23
C 19  B 20  D 24  A 22  E 19
；
proc anova；
        class row col tem；
        model x＝row col tem；
        means tem /snk；
        means tem /snk alpha＝0.01；
run；
```

程序说明：拉丁方设计试验资料方差分析，是将两个单位组因素（横行 row、直列 col）与试验因素（温度 tem）一起，按照 3 因素单个观测值试验资料的方差分析法进行。若 F 检验显著或极显著，主要对各处理（温度）平均数进行多重比较。

附录二　常用生物统计方法的R脚本

一、R简介

R是一个有着强大统计分析及作图功能的软件系统，最先由 Ross Ihaka 和 Robert Gentleman 共同创立，在 GNU 协议 General Public License 下免费发行，现由 R 开发核心小组维护。

现在越来越多的人开始接触、学习和使用 R，R 具有免费、统计分析能力突出、作图功能强大、帮助功能完善、可移植性强、拓展与开发能力强大和不依赖操作系统等优点。

R的核心开发与维护小组通过 R 的主页（http://cran.r-project.org）及时发布有关信息，包括 R 的简介、R 的更新及宏包信息、R 常用手册、已出版的关于 R 的图书等。R 的 CRAN 社区是我们获得软件和资源的主要场所，通过它或其镜像站点可以下载最新版本及大量的程序包（packages）。

二、R的安装、启动与退出

1. R的安装　从 CRAN 社区选择 32 或 64 位软件下载最新的封装好的 R 安装程序到本地计算机，运行可执行的安装文件，通常缺省的安装目录为"C：\ Program Files \ R \ R-x. x. x"，其中"x. x. x"为版本号，目前最高版本为 3.6.0，安装时可以改变目录。R 从 2.2.0 以后还可以选择中文作为基本语言，这样 R 的图形用户界面，即 RGui 窗口的菜单都是中文的（附图 2-1）。

附图 2-1　RGui 操作界面

2. R的启动　安装完成后点击桌面上的 R x. x. x 图标就可启动 R-Gui。R 是按照问答的方式运行的，如果在命令提示符"＞"后键入命令并回车，R 就完成一些操作。

3. R的退出　在命令行键入 q（）或点击 RGui 右上角的"×"，退出时可选择保存工作空间（附图 2-2），缺省文件名为 R 安装目录的 bin 子目录下的 R. RData，以后可以通过命令 load（）或通过菜单"文件"下的"加载工作空间"加载，进而继续前一次的工作。

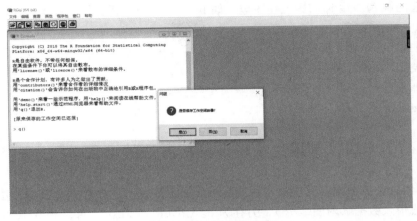

附图 2-2　退出 R 视窗

三、R 程序包的安装与载入

1. R 程序包的安装　R 程序包的安装有三种方式：菜单方式、命令方式和本地安装。

（1）菜单方式。在联网条件下，按步骤"程序包→安装程序包→选择 CRAN 镜像服务器（附图 2-3）→选定程序包（附图 2-4）"进行实时安装。

附图 2-3　CRAN 镜像服务器选择对话框　　附图 2-4　程序包选择对话框

（2）命令方式。在联网条件下，在命令提示符后键入

＞install. packages（"agricolae"）

完成程序包 agricolae 的安装。

（3）本地安装。先从 CRAN 社区下载需要的程序包及与之关联的程序包，再按第一种方式通过"程序包"菜单中的"Install package（s）from local files..."，选定本机的程序包进行安装。

2. R程序包的载入 除R的标准程序包（如base包）外，新安装的程序包在使用前必须先载入，有两种方式：菜单方式和命令方式。

（1）菜单方式。按步骤“程序包→载入程序包...”，再从已有的程序包中选定需要的一个加载。

（2）命令方式。在命令提示符后键入

```
>library ("agricolae")
```

来加载程序包agricolae。

四、常用生物统计分析方法的R脚本

R语言可利用各种数据源，其中最常用的是Excel源数据。建立数据文件的方法是：打开Excel软件，按格式录入数据（附图2-5），另存为d：\data*.csv文件。当在R控制台提示符>后输入：read.table（"d:/data/*.csv"，header=T），即可读取该数据文件。

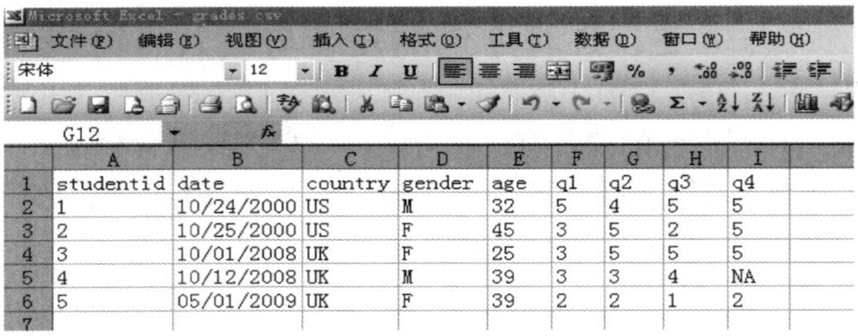

	A	B	C	D	E	F	G	H	I
1	studentid	date	country	gender	age	q1	q2	q3	q4
2	1	10/24/2000	US	M	32	5	4	5	5
3	2	10/25/2000	US	F	45	3	5	2	5
4	3	10/01/2008	UK	F	25	3	5	5	5
5	4	10/12/2008	UK	M	39	3	3	4	NA
6	5	05/01/2009	UK	F	39	2	2	1	2
7									

附图2-5 Excel源数据格式

（注：第一行为变量名，其他单元格为对应变量数据；NA表示数据缺失）

（一）资料的整理与描述

R的stats包提供了对资料进行整理的函数，其中table（）可以制作次数分布表，hist（）可以绘制直方图。也提供了统计描述的函数，如length（）、mean（）和sd（）等。

1. 计量资料的整理 例2.1资料是计量资料，对其整理的R脚本如下。

```
x<-c (53.0, 50.0, 51.0, 57.0, 56.0, 51.0, 48.0, 46.0, 62.0, 51.0,
      61.0, 56.0, 62.0, 58.0, 46.5, 48.0, 46.0, 50.0, 54.5, 56.0,
      40.0, 53.0, 51.0, 57.0, 54.0, 59.0, 52.0, 47.0, 57.0, 59.0,
      54.0, 50.0, 52.0, 54.0, 62.5, 50.0, 50.0, 53.0, 51.0, 54.0,
      56.0, 50.0, 52.0, 50.0, 52.0, 43.0, 53.0, 48.0, 50.0, 60.0,
      58.0, 52.0, 64.0, 50.0, 47.0, 37.0, 52.0, 46.0, 45.0, 42.0,
      53.0, 58.0, 47.0, 50.0, 50.0, 45.0, 55.0, 62.0, 51.0, 50.0,
      43.0, 53.0, 42.0, 56.0, 54.5, 45.0, 56.0, 54.0, 65.0, 61.0,
      47.0, 52.0, 49.0, 49.0, 51.0, 45.0, 52.0, 54.0, 48.0, 57.0,
      45.0, 53.0, 54.0, 57.0, 54.0, 54.0, 45.0, 44.0, 52.0, 50.0,
      52.0, 52.0, 55.0, 50.0, 54.0, 43.0, 57.0, 56.0, 54.0, 49.0,
      55.0, 50.0, 48.0, 46.0, 56.0, 45.0, 45.0, 51.0, 46.0, 49.0,
      48.5, 49.0, 55.0, 52.0, 58.0, 54.5)
counts<-table (cut (x, breaks=seq (36.0, 66.0, 3)))    #求各组组限及统计次数
data.frame (counts)
```

hist（x，breaks=36.0+（0：10）* 3，xlab="weight"，ylab="frequency"）#绘制直方图

2. 资料的描述 对例3.1资料进行描述的 R 脚本如下。

```
weight<-c（500，520，535，560，585，600，480，510，505，490）
descri<-function（x）{
        n<-length（x）
        m<-mean（x）
        s<-sd（x）
        cv<-s/m * 100
        data.frame（n=n，mean=m，sd=s，cv=cv）
}
descri（weight）
```

（二）资料的正态性检验

R 的 stats 包提供的 shapiro.test（ ）函数可对单变量进行 Shapiro-Wilk 正态性检验，ks.test（ ）函数可进行 Kolmogorov-Smirnov 正态性检验；nortest 包提供的函数 lillie.test( )、cvm.test( )和 ad.test( )可分别进行更精确的 Kolmogorov-Smirnov 检验、Cramer-Von Mises 正态性检验和 Anderson-Darling 正态性检验。SAS 规定当样本含量 $n \leqslant 2\,000$ 时，结果以 Shapiro-Wilk（W 检验）为准，当样本含量 $n > 2\,000$ 时，结果以 Kolmogorov-Smirnov（D 检验）为准。

对例2.1的表 2-5 资料进行正态性检验的 R 脚本如下。

```
x<-c（53.0，50.0，51.0，57.0，56.0，51.0，48.0，46.0，62.0，51.0，
      61.0，56.0，62.0，58.0，46.5，48.0，46.0，50.0，54.5，56.0，
      40.0，53.0，51.0，57.0，54.0，59.0，52.0，47.0，57.0，59.0，
      54.0，50.0，52.0，54.0，62.5，50.0，50.0，53.0，51.0，54.0，
      56.0，50.0，52.0，50.0，52.0，43.0，53.0，48.0，50.0，60.0，
      58.0，52.0，64.0，50.0，47.0，37.0，52.0，46.0，45.0，42.0，
      53.0，58.0，47.0，50.0，50.0，45.0，55.0，62.0，51.0，50.0，
      43.0，53.0，42.0，56.0，54.5，45.0，56.0，54.0，65.0，61.0，
      47.0，52.0，49.0，49.0，51.0，45.0，52.0，54.0，48.0，57.0，
      45.0，53.0，54.0，57.0，54.0，54.0，45.0，44.0，52.0，50.0，
      52.0，52.0，55.0，50.0，54.0，43.0，57.0，56.0，54.0，49.0，
      55.0，50.0，48.0，46.0，56.0，45.0，45.0，51.0，46.0，49.0，
      48.5，49.0，55.0，52.0，58.0，54.5）
shapiro.test（x）#Shapiro-Wilk 法
library（nortest）
lillie.test（x）#Kolmogorov-Smirnov 法
cvm.test（x）#Cramer-Von Mises 法
ad.test（x）#Anderson-Darling 法
```

（三）t 检验

单个样本平均数的假设检验、两个样本平均数的假设检验都可用 R 的 t.test（ ）函数来实现，其调用格式如下：

```
t.test（x，y=NULL，alternative=c（"two.sided"，"less"，"greater"），
```

mu＝0，paired＝FALSE，var. equal＝FALSE，conf. level＝0.95）

参数 alternative＝c（" two. sided "，" less "，" greater "）要求进行两尾（two. sided）或一尾（小于（less）或大于（greater））检验；参数 mu＝0 指定单个样本平均数假设检验时，原总体平均数为 0；参数 paired＝FALSE 指定两个样本是配对（TRUE）还是非配对（FALSE）；参数 var. equal＝FALSE 指定非配对设计两个样本方差同质（TRUE）还是不同质（FALSE）；参数 conf. level＝0.95 指定区间估计时置信水平为 0.95。

1. 单个样本平均数的假设测验（例 5.1）

x＜-c（116，115，113，112，114，117，115，116，114，113）

t. test（x，alternative＝" two. sided "，mu＝114）

2. 非配对设计两个样本平均数的假设测验（例 5.3）

G1＜-c（1.20，1.32，1.10，1.28，1.35，1.08，1.18，1.25，1.30，1.12，1.19，1.05）

G2＜-c（2.00，1.85，1.60，1.78，1.96，1.88，1.82，1.70，1.68，1.92，1.80）

var. test（G2，G1，alternative＝" two. sided "）＃方差同质性检验

t. test（G1，G2，var. equal＝TRUE，alternative＝" two. sided "）

3. 配对设计两个样本平均数的假设检验（例 5.5）

P1＜-c（37.8，38.2，38.0，37.6，37.9，38.1，38.2，37.5，38.5，37.9）

P2＜-c（37.9，39.0，38.9，38.4，37.9，39.0，39.5，38.6，38.8，39.0）

t. test（P1，P2，paired＝TRUE，alternative＝" two. sided "）

（四）方差分析

方差分析可用 aov（ ）函数来实现，其调用格式如下

aov（formula，data＝NULL，projections＝FALSE，qr＝TRUE，
    contrasts＝NULL，...）

由于试验设计的不同，方差分析时数学模型的书写是关键，将 R 常见的表达式及符号归纳如附表 2-1、附表 2-2。

附表 2-1　R 常见的表达式及符号

试验设计	数学模型的表达式
单因素完全随机设计	y～A
含单个协变量的单因素完全随机设计	y～x+A
两因素交叉分组完全随机设计	y～A＊B
含两个协变量的两因素完全随机设计	y～x1+x2+A＊B
单因素随机区组设计	y～B+A（B 是区组因子）
两因素系统分组完全随机设计	y～A+Error（B/A）

附表 2-2　R 常见的符号归纳

符　号	用　法
～	分隔符，左边为响应变量，右边为解释变量。如 y～A+B+C
＋	分隔解释变量
:	变量间的互作项。如 y～A+B+A：B
＊	包含互作项的所有可能项。如 y～A＊B＊C 等价于 y～A+B+C+A：B+A：C+B：C+A：B：C
.	包含除响应变量外的所有变量。如一个数据框包含变量 y、A、B 和 C，则 y～. 等价于 y～A+B+C

利用 R 的 agricolae 包中的函数 LSD. test（）、duncan. test（）和 SNK. test（）可实现平均数的多重比较，依次为最小显著差数法、SSR 法和 q 法。LSD. test（）的调用格式如下：

LSD. test（y，trt，DFerror，MSerror，alpha=0.05，

　　p. adj=c（"none"，"holm"，"hommel"，"hochberg"，"bonferroni"，"BH"，"BY"，"fdr"），

　　group=TRUE，main=NULL，console=FALSE）

duncan. test（）的调用格式如下：

duncan. test（y，trt，DFerror，MSerror，alpha=0.05，

　　group=TRUE，main=NULL，console=FALSE）

SNK. test（）的调用格式如下：

SNK. test（y，trt，DFerror，MSerror，alpha=0.05，

　　group=TRUE，main=NULL，console=FALSE）

1. 各处理重复数相等的单因素完全随机设计试验资料的方差分析（例 6.1）

```
library（agricolae）
setwd（"d:/data2"）
mydata<-read. table（"lt61. csv"，header=TRUE，sep=","）
model<-aov（weight~ff，data=mydata）
summary（model）
compari<-duncan. test（model，"ff"，alpha=0.01，console=TRUE）
plot（compari，variation="IQR"）
```

2. 各处理重复数不等的单因素完全随机设计试验资料的方差分析（例 6.4）

```
library（agricolae）
setwd（"d:/data2"）
mydata<-read. table（"lt64. csv"，header=TRUE，sep=","）
model<-aov（weight~variety，data=mydata）
summary（model）
compari<-duncan. test（model，"variety"，alpha=0.01，console=TRUE）
plot（compari，variation="IQR"）
```

3. 两因素交叉分组单个观测值试验资料的方差分析（例 6.5）

```
library（agricolae）
setwd（"d:/data2"）
mydata<-read. table（"lt65. csv"，header=TRUE，sep=","）
model<-aov（weight~line+dose，data=mydata）
anova（model）
windows（width=7，height=3.5）
par（mfrow=c（1，2））
compari1<-SNK. test（model，"line"，alpha=0.05，console=TRUE）
compari2<-SNK. test（model，"dose"，alpha=0.05，console=TRUE）
plot（compari1，variation="IQR"）
plot（compari2，variation="IQR"）
```

4. 两因素交叉分组完全随机设计试验资料的方差分析（例 6.6）

```
library（agricolae）
```

```
setwd ("d:/data2")
mydata<-read. table ("lt66. csv", header=TRUE, sep=", ")
model1<-aov (weight~con _ca * con _p, data=mydata)
summary (model1)
windows (width=9, height=3. 5)
op<-par (mfrow=c (1, 2))
plot (weight~con _ca+con _p, data=mydata)
with (mydata, interaction. plot (con _ca, con _p, weight, trace. label=" con _p "))
with (mydata, interaction. plot (con _p, con _ca, weight, trace. label=" con _ca "))
compari1<-SNK. test (model1, " con _ca ", alpha=0. 05, console=TRUE)
compari2<-SNK. test (model1, " con _p ", alpha=0. 05, console=TRUE)
model2<-aov (weight~trt, data=mydata)
summary (model2)
windows (width=9, height=3. 5)
op<-par (mfrow=c (1, 1))
compari<-LSD. test (model2, " trt ", alpha=0. 01, console=TRUE)
plot (compari, variation=" IQR ")
```

5. 两因素系统分组完全随机设计试验资料的方差分析 (例 6.7)

```
setwd ("d:/data2")
mydata<-read. table (" lt67. csv ", header=TRUE, sep=", ")
fit<-aov (digest~fm+Error (anim/ (fm)), mydata)
summary (fit)
comp<-with (mydata, duncan. test (digest, fm, DFerror=6, MSerror=4. 24))
comp $ group
plot (comp)
```

6. 单因素随机单位组设计试验资料的方差分析 (例 12.3)

```
library (agricolae)
setwd ("d:/data2")
mydata<-read. table (" lt123. csv ", header=TRUE, sep=", ")
model<-aov (weight~ug+add, data=mydata)
anova (model)
windows (width=7, height=3. 5)
par (mfrow=c (1, 2))
compari1<-SNK. test (model, " add ", alpha=0. 05, console=TRUE)
plot (compari1, variation=" IQR ")
```

7. 拉丁方设计试验资料的方差分析 (例 12.5)

```
library (agricolae)
setwd ("d:/data2")
mydata<-read. table (" lt125. csv ", header=TRUE, sep=", ")
model<-aov (eggp~peri+crowd+temp, data=mydata)
anova (model)
windows (width=7, height=3. 5)
```

```
par (mfrow＝c (1，1))
x＜-SNK. test (model，" temp"，alpha＝0.05，console＝TRUE)
plot (x，variation＝" IQR")
```

（五）独立性检验

1. 次数资料的独立性检验，可用 chisq. test（ ）来实现，其调用格式如下

chisq. test (x，y＝NULL，correct＝TRUE，p＝rep (1/length (x)，length (x))，
　　　　　　rescale. p＝FALSE，simulate. p. value＝FALSE，B＝2000)

参数 correct＝TRUE 指定对 χ^2 进行连续性矫正；p＝rep (1/length (x)，length (x)) 指定理论概率；rescale. p＝FALSE 表示各属性的概率之和不为 1；simulate. p. value＝FALSE 指定 Monte Carlo 模批中不必计算 P 值；B＝2000 指定 Monte Carlo 测验的重复数为 2000。

2. 次数资料的独立性检验（例 8.6）

```
x＜-c (10，10，60，10，10，5，20，10)
dim (x) ＜-c (4，2)          ♯2x4 列联表
chisq. test (x，correct＝FALSE)
```

（六）直线回归分析

线性回归分析主要在于建立线性回归方程并对其作显著性测验，可用 lm（ ）函数实现，其选项包括：lm（formula，data）。线性相关分析主要在于估算相关系数并作显著性测验，可用 cor. test（ ）函数实现。

直线回归分析（例 8.1）

```
mydata＜-read. table (" d:/data2/lt81. csv"，header＝T，sep＝"，")
plot (mydata $ x，mydata $ y)
fit＜-lm (y～x，data＝mydata)
anova (fit)
summary (fit)
abline (fit)
```

（七）协方差分析

单因素完全随机设计试验资料的协方差分析（例 10.1）

```
library （HH）
library （agricolae）
library （effects）
windows (width＝9，height＝3.5)
mydata＜-read. table (" d:/data2/lt101. csv"，header＝T，sep＝"，")
fit＜-ancova (w50d～rw＋fodder，data＝mydata)
anova (fit)
means1＜-effect (" fodder"，fit)
tuk＜-glht (fit，linfct＝mcp (fodder＝" Tukey"))
plot (cld (tuk，level＝.05)，col＝" lightgrey")
```

附录三　课程实验

在附录一和附录二中分别介绍了 SAS 编程和 R 脚本实现常用统计分析。利用计算机和统计分析软件实现资料的统计分析是重要的实践教学环节，不同学校的课程实验学时有所不同，本附录建议安排如下 7 个试验，可供课程实验时参考。

试验 1　资料的整理与描述

试验性质：综合性。

试验目的：掌握数据文件建立的方法，利用 SAS 或 R 对资料进行整理，能用统计表或统计图呈现资料整理的结果。

试验材料：计算机，SAS 9.4，FREQ 和 GCHART 等过程；R 的 table（ ）、hist（ ）和 barplot（ ）等函数。

试验内容：

1.1　某品种 100 头猪的血红蛋白含量（g/100 mL）列于附表 3 - 1。

附表 3 - 1　某品种 100 头猪的血红蛋白含量（g/100 mL）

13.4	13.8	14.4	14.7	14.8	14.4	13.9	13.0	13.0	12.8	12.5	12.3	12.1	11.8	11.0	10.1
11.1	10.1	11.6	12.0	12.0	12.7	12.6	13.4	13.5	13.5	14.0	15.0	15.1	14.1	13.5	13.5
13.2	12.7	12.8	16.3	12.1	11.7	11.2	10.5	10.5	11.3	11.8	12.2	12.4	12.8	12.8	13.3
13.6	14.1	14.5	15.2	15.3	14.6	14.2	13.7	13.4	12.9	12.9	12.4	12.3	11.9	11.1	10.7
10.8	11.4	11.5	12.2	12.1	12.8	9.5	12.3	12.5	12.7	13.0	13.1	13.9	14.2	14.9	12.4
13.1	12.5	12.7	12.0	12.4	11.6	11.5	10.9	11.1	11.6	12.6	13.2	13.8	14.1	14.7	15.6
15.7	14.7	14.0	13.9												

对该试验资料进行整理，制作次数分布表，绘制直方图。

1.2　随机抽测甲、乙两地某品种各 8 头成年母牛的体高（cm）列于附表 3 - 2。

附表 3 - 2　甲、乙两地某品种各 8 头成年母牛的体高（cm）

甲地	137	133	130	128	127	119	136	132
乙地	128	130	129	130	131	132	129	130

分别对甲、乙两地的该品种成年母牛的体高进行描述，计算平均数、标准差、方差和变异系数，并比较甲、乙两地该品种成年母牛体高的变异程度。

SAS 程序代码或 R 脚本：

运行结果：

试验 2 资料的正态性检验

试验性质：综合性。

试验目的：掌握资料正态性检验的方法，能利用 SAS 或 R 实现上述分析。

试验材料：计算机，SAS 9.4，过程 UNIVARIATE；R 的 stats 包提供的函数 shapiro. test
（ ）、ks. test （ ），nortest 包提供的函数 lillie. test （ ）、cvm. test （ ）和 ad. test （ ）。

试验内容：

某品种 100 头猪的血红蛋白含量（g/100 mL）列于附表 3-3。

附表 3-3　某品种 100 头猪的血红蛋白含量（g/100 mL）

13.4	13.8	14.4	14.7	14.8	14.4	13.9	13.0	13.0	12.8	12.5	12.3	12.1	11.8	11.0	10.1
11.1	10.1	11.6	12.0	12.0	12.7	12.6	13.4	13.5	13.5	14.0	15.0	15.1	14.1	13.5	13.5
13.2	12.7	12.8	16.3	12.1	11.7	11.2	10.5	10.5	11.3	11.8	12.2	12.4	12.8	12.8	13.3
13.6	14.1	14.5	15.2	15.3	14.6	14.2	13.7	13.4	12.9	12.9	12.4	12.3	11.9	11.1	10.7
10.8	11.4	11.5	12.2	12.1	12.8	9.5	12.3	12.5	12.7	13.0	13.1	13.9	14.2	14.9	12.4
13.1	12.5	12.7	12.0	12.4	11.6	11.5	10.9	11.1	11.6	12.6	13.2	13.8	14.1	14.7	15.6
15.7	14.7	14.0	13.9												

对该试验资料进行正态性检验。

SAS 程序或 R 脚本：

运行结果：

试验 3 平均数的假设检验

试验性质：综合性。

试验目的：掌握平均数假设检验和总体平均数区间估计的方法，能利用 SAS 或 R 实现上述分析。

试验材料：计算机，SAS 9.4，TTEST 过程；R 的 t. test （ ）和 var. test （ ）等函数。

试验内容：

3.1　单个样本平均数的假设检验

随机抽测 10 只某品种家兔的直肠温度，测定值为：38.7，39.0，38.9，39.6，39.1，39.8，38.5，39.7，39.2，38.4（℃）。已知该品种兔直肠温度的总体平均数 $\mu_0 = 39.5$（℃）。检验该样本是否抽测自直肠温度平均数为 $\mu_0 = 39.5$（℃）的总体。

3.2　非配对设计两个样本平均数的假设检验

随机抽测甲品种 8 头、乙品种 10 头成年母牛的体高（cm）列于附表 3-4，检验甲、乙品种成年母牛的平均体高是否相同。

附表 3-4 随机抽测甲品种 8 头、乙品种 10 头成年母牛的体高（cm）

甲品种	137	133	130	138	127	129	136	132		
乙品种	118	120	119	122	117	124	117	125	115	110

3.3 配对设计两个样本平均数的假设检验

从某猪场 10 窝大白猪仔猪中每窝抽取性别相同、体重接近的仔猪 2 头，将这 2 头仔猪随机分配到两个饲料组，进行饲料对比试验，试验时间 30 d，仔猪增重资料列于附表 3-5。检验两种饲料饲喂的仔猪平均增重是否相同。

附表 3-5 饲料对比试验仔猪增重（kg）

窝 号	1	2	3	4	5	6	7	8	9	10
饲料Ⅰ	10.0	11.2	12.1	10.5	11.1	9.8	10.8	12.5	12.0	9.9
饲料Ⅱ	9.5	10.5	11.8	9.5	12.0	8.8	9.7	11.2	11.0	9.0

SAS 程序代码或 R 脚本：

运行结果：

试验 4 独立性检验

试验性质： 综合性。

试验目的： 掌握次数资料的独立性检验，能利用 SAS 或 R 实现上述分析。

试验材料： 计算机，SAS 9.4，FREQ 过程；R 的 chisq. test（）函数。

试验内容：

4.1 2×2 列联表资料的独立性检验

某生物药品厂研制出一批新的鸡瘟疫苗，为检验其免疫力，用 200 只鸡进行试验，以旧疫苗为对照。在新疫苗注射的 100 只鸡中患病的 10 只，不患病的 90 只；对照组的 100 只鸡中患病的 15 只，不患病的 85 只。检验新旧疫苗的免疫力是否相同。

4.2 3×4 列联表资料的独立性检验

将牛的肉用性能外形划分为优、良、中、下 4 个等级，调查 3 个保种基地某品种牛的肉用性能外形，调查结果列于附表 3-6。检验 3 个保种基地该品种牛的肉用性能外形 4 个等级构成比是否相同。

附表 3-6 3 个保种基地某品种牛的肉用性能外形 4 个等级调查结果

保种基地	等级			
	优	良	中	下
甲	10	10	60	10
乙	10	5	20	10
丙	5	5	23	6

SAS 程序代码或 R 脚本：

运行结果：

试验 5　单因素试验资料的方差分析

试验性质：综合性。

试验目的：掌握单因素试验资料方差分析的方法，能利用 SAS 或 R 实现单因素完全随机设计、单因素随机单位组设计和单因素拉丁方设计试验资料的方差分析。

试验材料：计算机，SAS 9.4，ANOVA 过程，GLM 过程；R 的 aov（ ）和 box（ ）等函数以及 agricolae 包中的 LSD. test（ ）、duncan. test（ ）和 SNK. test（ ）等函数。

试验内容：

5.1　单因素完全随机设计试验资料的方差分析

在同样饲养管理条件下，3 个品种猪的增重列于附表 3 - 7，检验 3 个品种猪的增重是否相同。

附表 3 - 7　3 个品种猪的增重（kg）

品　种	增重 x_{ij}									
A_1	16	12	18	19	13	11	15	10	17	18
A_2	10	13	11	9	12	14	8	15	13	8
A_3	11	8	13	6	7	14	9	12	10	11

5.2　单因素随机单位组设计试验资料的方差分析

5 种不同中草药饲料添加剂（分别记为 A_1，A_2，A_3，A_4，A_5）比较试验，重复 4 次，随机单位组设计（附表 3 - 8）。试选出对仔猪增重效果最好的添加剂。

附表 3 - 8　5 种不同中草药饲料添加剂饲喂各头仔猪的增重（g）

添加剂（A）	单位组（B）			
	B_1	B_2	B_3	B_4
A_1	205	168	222	230
A_2	230	198	242	255
A_3	252	248	305	260
A_4	200	158	183	196
A_5	265	275	315	282

5.3　单因素拉丁方设计试验资料的方差分析

为了研究 5 种饲料——饲料 1、饲料 2、饲料 3、饲料 4、饲料 5 对乳牛产乳量的影响，用 5 头乳牛进行试验，试验根据泌乳阶段分为 5 期，每期 4 周，采用 5×5 拉丁方设计。试验资料列于附表 3 - 9，括号内数字为产乳量，对试验资料进行方差分析。

附表 3-9　5 种饲料对乳牛产乳量影响的 5×5 拉丁方设计试验资料（kg）

牛　号	时　期				
	一	二	三	四	五
Ⅰ	饲料 5（300）	饲料 1（320）	饲料 2（390）	饲料 3（390）	饲料 4（380）
Ⅱ	饲料 4（420）	饲料 3（390）	饲料 5（280）	饲料 2（370）	饲料 1（270）
Ⅲ	饲料 2（350）	饲料 5（360）	饲料 4（400）	饲料 1（260）	饲料 3（400）
Ⅳ	饲料 1（280）	饲料 4（400）	饲料 3（390）	饲料 5（280）	饲料 2（370）
Ⅴ	饲料 3（400）	饲料 2（380）	饲料 1（350）	饲料 4（430）	饲料 5（320）

SAS 程序代码或 R 脚本：

运行结果：

试验 6　多因素试验资料的方差分析

试验性质：综合性。

试验目的：掌握多因素试验资料方差分析的方法，能利用 SAS 或 R 实现两因素交叉分组完全随机设计、两因素系统分组完全随机设计和两因素随机单位组设计试验资料的方差分析。

试验材料：计算机，SAS 9.4，ANOVA 过程，GLM 过程；R 的 aov（ ）和 box（ ）等函数以及 agricolae 包中的 LSD. test（ ）、duncan. test（ ）和 SNK. test（ ）等函数。

试验内容：

6.1　两因素交叉分组单独观察值资料的方差分析

为了比较 4 种饲料（A_1，A_2，A_3，A_4）和猪的 3 个品种（B_1，B_2，B_3）的优劣，从每个品种随机抽取 4 头猪分别饲喂 4 种饲料。分栏饲养、位置随机排列。每头猪 60～90 日龄的日增重（g）列于附表 3-10，进行方差分析。

附表 3-10　4 种饲料 3 个品种猪 60～90 日龄日增重（g）

	A_1	A_2	A_3	A_4
B_1	505	545	590	530
B_2	490	515	535	505
B_3	445	515	510	495

6.2　两因素交叉分组完全随机设计试验资料的方差分析

为了从 3 种不同原料和 3 种不同温度中选择使酒精产量最高的水平组合，进行了两因素试验，每一个水平组合重复 4 次，不同原料及不同温度发酵的酒精产量（kg）列于附表 3-11，进行方差分析。

附表 3-11　3 种原料 3 种温度发酵的酒精产量（kg）

原料 A	温度 B											
	B₁（30 ℃）				B₂（35 ℃）				B₃（40 ℃）			
A₁	41	49	23	25	11	12	25	24	6	22	26	11
A₂	47	59	50	40	43	38	33	36	8	22	18	14
A₃	48	35	53	59	55	38	47	44	30	33	26	19

6.3　两因素系统分组完全随机设计试验资料的方差分析

3 头公牛各随机交配 2 头母牛，其女儿第一胎 305 d 产乳量观测值列于附表 3-12，进行方差分析。

附表 3-12　3 头公牛与配 6 头母牛的女儿第一胎 305 d 产乳量（kg）

公牛 S	母牛 D	女儿产乳量	
1	1	5 700	5 700
	2	6 900	7 200
2	3	5 500	4 900
	4	5 500	7 400
3	5	4 600	4 000
	6	5 300	5 200

SAS 程序或 R 脚本：

运行结果：

试验 7　直线回归分析

试验性质：综合性。

试验目的：掌握直线回归分析的方法，能利用 SAS 软件实现直线回归分析。

试验材料：计算机，SAS 9.4，过程 GPLOT 和 REG；R 的函数 plot（ ）和 lm（ ）。

试验内容：

10 头育肥猪的增重 y（kg）与饲料消耗 x（kg）观测值列于附表 3-13。请对该资料进行直线回归分析。

附表 3-13　10 头育肥猪的增重 y 与饲料消耗 x（kg）

饲料消耗 x	191	167	194	158	200	179	178	174	170	175
增重 y	33	11	42	24	38	44	38	37	30	35

SAS 程序代码或 R 脚本：

运行结果：

附录四　常用数理统计表

附表 4-1　标准正态分布表

$$\Phi(u) = \frac{1}{\sqrt{2\pi}} \int_{-\infty}^{u} e^{-\frac{u^2}{2}} \mathrm{d}u \ (u \leqslant 0)$$

u	0.00	0.01	0.02	0.03	0.04	0.05	0.06	0.07	0.08	0.09	u
-0.0	0.5000	0.4960	0.4920	0.4880	0.4840	0.4801	0.4761	0.4721	0.4681	0.4641	-0.0
-0.1	0.4602	0.4562	0.4522	0.4483	0.4443	0.4404	0.4364	0.4325	0.4286	0.4247	-0.1
-0.2	0.4207	0.4168	0.4129	0.4090	0.4052	0.4013	0.3974	0.3936	0.3897	0.3859	-0.2
-0.3	0.3821	0.3783	0.3745	0.3707	0.3669	0.3632	0.3594	0.3557	0.3520	0.3483	-0.3
-0.4	0.3446	0.3409	0.3372	0.3336	0.3300	0.3264	0.3228	0.3192	0.3156	0.3121	-0.4
-0.5	0.3085	0.3050	0.3015	0.2981	0.2946	0.2912	0.2877	0.2843	0.2810	0.2776	-0.5
-0.6	0.2743	0.2709	0.2676	0.2643	0.2611	0.2578	0.2546	0.2514	0.2483	0.2451	-0.6
-0.7	0.2420	0.2389	0.2358	0.2327	0.2297	0.2266	0.2236	0.2206	0.2177	0.2148	-0.7
-0.8	0.2119	0.2090	0.2061	0.2033	0.2005	0.1977	0.1949	0.1922	0.1894	0.1867	-0.8
-0.9	0.1841	0.1814	0.1788	0.1762	0.1736	0.1711	0.1685	0.1660	0.1635	0.1611	-0.9
-1.0	0.1587	0.1562	0.1539	0.1515	0.1492	0.1469	0.1446	0.1423	0.1401	0.1379	-1.0
-1.1	0.1357	0.1335	0.1314	0.1292	0.1271	0.1251	0.1230	0.1210	0.1190	0.1170	-1.1
-1.2	0.1151	0.1131	0.1112	0.1093	0.1075	0.1056	0.1038	0.1020	0.1003	0.09853	-1.2
-1.3	0.09680	0.09510	0.09342	0.09176	0.09012	0.08851	0.08691	0.08534	0.08379	0.08226	-1.3
-1.4	0.08076	0.07927	0.07780	0.07636	0.07493	0.07353	0.07215	0.07078	0.06944	0.06811	-1.4
-1.5	0.06681	0.06552	0.06426	0.06301	0.06178	0.06057	0.05938	0.05821	0.05705	0.05592	-1.5
-1.6	0.05480	0.05370	0.05262	0.05155	0.05050	0.04947	0.04846	0.04746	0.04648	0.04551	-1.6
-1.7	0.04457	0.04363	0.04272	0.04182	0.04093	0.04006	0.03920	0.03836	0.03754	0.03673	-1.7
-1.8	0.03593	0.03515	0.03438	0.03362	0.03288	0.03216	0.03144	0.03074	0.03005	0.02938	-1.8
-1.9	0.02872	0.02807	0.02743	0.02680	0.02619	0.02559	0.02500	0.02442	0.02385	0.02330	-1.9
-2.0	0.02275	0.02222	0.02169	0.02118	0.02068	0.02018	0.01970	0.01923	0.01876	0.01831	-2.0
-2.1	0.01786	0.01743	0.01700	0.01659	0.01618	0.01578	0.01539	0.01500	0.01463	0.01426	-2.1
-2.2	0.01390	0.01355	0.01321	0.01287	0.01255	0.01222	0.01191	0.01160	0.01130	0.01101	-2.2
-2.3	0.01072	0.01044	0.01017	$0.0^2 9903$	$0.0^2 9642$	$0.0^2 9387$	$0.0^2 9137$	$0.0^2 8894$	$0.0^2 8656$	$0.0^2 8424$	-2.3
-2.4	$0.0^2 8198$	$0.0^2 7976$	$0.0^2 7760$	$0.0^2 7549$	$0.0^2 7344$	$0.0^2 7143$	$0.0^2 6947$	$0.0^2 6756$	$0.0^2 6569$	$0.0^2 6387$	-2.4
-2.5	$0.0^2 6210$	$0.0^2 6037$	$0.0^2 5868$	$0.0^2 5703$	$0.0^2 5543$	$0.0^2 5386$	$0.0^2 5234$	$0.0^2 5085$	$0.0^2 4940$	$0.0^2 4799$	-2.5
-2.6	$0.0^2 4661$	$0.0^2 4527$	$0.0^2 4396$	$0.0^2 4269$	$0.0^2 4145$	$0.0^2 4025$	$0.0^2 3907$	$0.0^2 3793$	$0.0^2 3681$	$0.0^2 3573$	-2.6
-2.7	$0.0^2 3467$	$0.0^2 3364$	$0.0^2 3264$	$0.0^2 3167$	$0.0^2 3072$	$0.0^2 2980$	$0.0^2 2890$	$0.0^2 2803$	$0.0^2 2718$	$0.0^2 2635$	-2.7

（续）

u	0.00	0.01	0.02	0.03	0.04	0.05	0.06	0.07	0.08	0.09	u
−2.8	$0.0^2$25 55	$0.0^2$24 77	$0.0^2$24 01	$0.0^2$23 27	$0.0^2$22 56	$0.0^2$21 86	$0.0^2$21 18	$0.0^2$20 52	$0.0^2$19 88	$0.0^2$19 26	−2.8
−2.9	$0.0^2$18 66	$0.0^2$18 07	$0.0^2$17 50	$0.0^2$16 95	$0.0^2$16 41	$0.0^2$15 89	$0.0^2$15 38	$0.0^2$14 89	$0.0^2$14 41	$0.0^2$13 95	−2.9
−3.0	$0.0^2$13 50	$0.0^2$13 06	$0.0^2$12 64	$0.0^2$12 23	$0.0^2$11 83	$0.0^2$11 44	$0.0^2$11 07	$0.0^2$10 70	$0.0^2$10 35	$0.0^2$10 01	−3.0
−3.1	$0.0^3$96 76	$0.0^3$93 54	$0.0^3$90 43	$0.0^3$87 40	$0.0^3$84 47	$0.0^3$81 64	$0.0^3$78 88	$0.0^3$76 22	$0.0^3$73 64	$0.0^3$71 14	−3.1
−3.2	$0.0^3$68 71	$0.0^3$66 37	$0.0^3$64 10	$0.0^3$61 90	$0.0^3$59 76	$0.0^3$57 70	$0.0^3$55 71	$0.0^3$53 77	$0.0^3$51 90	$0.0^3$50 09	−3.2
−3.3	$0.0^3$48 34	$0.0^3$46 65	$0.0^3$45 01	$0.0^3$43 42	$0.0^3$41 89	$0.0^3$40 41	$0.0^3$38 97	$0.0^3$37 58	$0.0^3$36 24	$0.0^3$34 95	−3.3
−3.4	$0.0^3$33 69	$0.0^3$32 48	$0.0^3$31 31	$0.0^3$30 18	$0.0^3$29 00	$0.0^3$28 03	$0.0^3$27 01	$0.0^3$26 02	$0.0^3$25 07	$0.0^3$24 15	−3.4
−3.5	$0.0^3$23 26	$0.0^3$22 41	$0.0^3$21 58	$0.0^3$20 78	$0.0^3$20 01	$0.0^3$19 26	$0.0^3$18 54	$0.0^3$17 85	$0.0^3$17 18	$0.0^3$16 53	−3.5
−3.6	$0.0^3$15 91	$0.0^3$15 31	$0.0^3$14 73	$0.0^3$14 17	$0.0^3$13 63	$0.0^3$13 11	$0.0^3$12 61	$0.0^3$12 13	$0.0^3$11 66	$0.0^3$11 21	−3.6
−3.7	$0.0^3$10 78	$0.0^3$10 36	$0.0^4$99 61	$0.0^4$95 74	$0.0^4$92 01	$0.0^4$88 42	$0.0^4$84 96	$0.0^4$81 62	$0.0^4$78 41	$0.0^4$75 32	−3.7
−3.8	$0.0^4$72 35	$0.0^4$69 48	$0.0^4$66 73	$0.0^4$64 07	$0.0^4$61 52	$0.0^4$59 06	$0.0^4$56 69	$0.0^4$54 42	$0.0^4$52 23	$0.0^4$50 12	−3.8
−3.9	$0.0^4$48 10	$0.0^4$46 15	$0.0^4$44 27	$0.0^4$42 47	$0.0^4$40 74	$0.0^4$39 08	$0.0^4$37 47	$0.0^4$35 94	$0.0^4$34 46	$0.0^4$33 04	−3.9
−4.0	$0.0^4$31 67	$0.0^4$30 36	$0.0^4$29 10	$0.0^4$27 89	$0.0^4$26 73	$0.0^4$25 61	$0.0^4$24 54	$0.0^4$23 51	$0.0^4$22 52	$0.0^4$21 57	−4.0
−4.1	$0.0^4$20 66	$0.0^4$19 78	$0.0^4$18 94	$0.0^4$18 14	$0.0^4$17 37	$0.0^4$16 62	$0.0^4$15 91	$0.0^4$15 23	$0.0^4$14 58	$0.0^4$13 95	−4.1
−4.2	$0.0^4$13 35	$0.0^4$12 77	$0.0^4$12 22	$0.0^4$11 68	$0.0^4$11 18	$0.0^4$10 69	$0.0^5$10 22	$0.0^5$97 74	$0.0^5$93 45	$0.0^5$89 34	−4.2
−4.3	$0.0^5$85 40	$0.0^5$81 63	$0.0^5$78 01	$0.0^5$74 55	$0.0^5$71 24	$0.0^5$68 07	$0.0^5$65 03	$0.0^5$62 12	$0.0^5$59 34	$0.0^5$56 68	−4.3
−4.4	$0.0^5$54 13	$0.0^5$51 69	$0.0^5$49 35	$0.0^5$47 12	$0.0^5$44 98	$0.0^5$42 94	$0.0^5$40 98	$0.0^5$39 11	$0.0^5$37 32	$0.0^5$35 61	−4.4
−4.5	$0.0^5$33 98	$0.0^5$32 41	$0.0^5$30 92	$0.0^5$29 49	$0.0^5$28 13	$0.0^5$26 82	$0.0^5$25 58	$0.0^5$24 39	$0.0^5$23 25	$0.0^5$22 16	−4.5
−4.6	$0.0^5$21 12	$0.0^5$20 13	$0.0^5$19 19	$0.0^5$18 28	$0.0^5$17 42	$0.0^5$16 60	$0.0^5$15 81	$0.0^5$15 06	$0.0^5$14 34	$0.0^5$13 66	−4.6
−4.7	$0.0^5$13 01	$0.0^5$12 39	$0.0^5$11 79	$0.0^5$11 23	$0.0^5$10 69	$0.0^5$10 17	$0.0^6$96 30	$0.0^6$92 11	$0.0^6$87 65	$0.0^6$83 39	−4.7
−4.8	$0.0^6$79 33	$0.0^6$75 47	$0.0^6$71 78	$0.0^6$68 27	$0.0^6$64 92	$0.0^6$61 73	$0.0^6$58 69	$0.0^6$55 80	$0.0^6$53 04	$0.0^6$50 42	−4.8
−4.9	$0.0^6$47 92	$0.0^6$45 54	$0.0^6$43 27	$0.0^6$41 11	$0.0^6$39 06	$0.0^6$37 11	$0.0^6$35 25	$0.0^6$33 48	$0.0^6$31 79	$0.0^6$30 19	−4.9

$$\Phi(u) = \frac{1}{\sqrt{2\pi}} \int_{-\infty}^{u} e^{-\frac{u^2}{2}} du \quad (u \geqslant 0)$$

u	0.00	0.01	0.02	0.03	0.04	0.05	0.06	0.07	0.08	0.09	u
0.0	0.500 0	0.504 0	0.508 0	0.512 0	0.516 0	0.519 9	0.523 9	0.527 9	0.531 9	0.535 9	0.0
0.1	0.539 8	0.543 8	0.547 8	0.551 7	0.555	0.559 6	0.563 6	0.567 5	0.571 4	0.575 3	0.1
0.2	0.579 3	0.583 2	0.587 1	0.591 0	0.594 8	0.598 7	0.602 6	0.606 4	0.610 3	0.614 1	0.2
0.3	0.617 9	0.621 7	0.625 5	0.629 3	0.633 1	0.636 8	0.640 6	0.644 3	0.648 0	0.651 7	0.3
0.4	0.655 4	0.659 1	0.662 8	0.666 4	0.670 0	0.673 6	0.677 2	0.680 8	0.684 4	0.687 9	0.4
0.5	0.691 5	0.695 0	0.698 5	0.701 9	0.705 4	0.708 8	0.712 3	0.715 7	0.719 0	0.722 4	0.5
0.6	0.725 7	0.729 1	0.732 4	0.735 7	0.738 9	0.742 2	0.745 4	0.748 6	0.751 7	0.754 9	0.6
0.7	0.758 0	0.761 1	0.764 2	0.767 3	0.770 3	0.773 4	0.776 4	0.779 4	0.782 3	0.785 2	0.7
0.8	0.788 1	0.791 0	0.793 9	0.796 7	0.799 5	0.802 3	0.805 1	0.807 8	0.810 6	0.813 3	0.8
0.9	0.815 9	0.818 6	0.821 2	0.823 8	0.826 4	0.828 9	0.831 5	0.834 0	0.836 5	0.838 9	0.9

（续）

u	0.00	0.01	0.02	0.03	0.04	0.05	0.06	0.07	0.08	0.09	u
1.0	0.841 3	0.843 8	0.846 1	0.848 5	0.850 8	0.853 1	0.855 4	0.857 7	0.859 9	0.862 1	1.0
1.1	0.864 3	0.866 5	0.868 6	0.870 8	0.872 9	0.874 9	0.877 0	0.879 0	0.881 0	0.883 0	1.1
1.2	0.884 9	0.886 9	0.888 8	0.890 7	0.892 5	0.894 4	0.896 2	0.898 0	0.899 7	0.901 47	1.2
1.3	0.903 20	0.904 90	0.906 58	0.908 24	0.909 88	0.911 49	0.913 09	0.914 66	0.916 21	0.917 74	1.3
1.4	0.919 24	0.920 73	0.922 20	0.923 64	0.925 07	0.926 47	0.927 85	0.929 22	0.930 56	0.931 89	1.4
1.5	0.933 19	0.934 48	0.935 74	0.936 99	0.938 22	0.939 43	0.940 62	0.941 79	0.942 95	0.944 08	1.5
1.6	0.945 20	0.946 30	0.947 38	0.948 45	0.949 50	0.950 53	0.951 54	0.952 54	0.953 52	0.954 49	1.6
1.7	0.955 43	0.956 37	0.957 28	0.958 18	0.959 07	0.959 94	0.960 80	0.961 64	0.962 46	0.963 27	1.7
1.8	0.964 07	0.964 85	0.965 62	0.966 38	0.967 12	0.967 84	0.968 56	0.969 26	0.969 95	0.970 62	1.8
1.9	0.971 28	0.971 93	0.972 57	0.973 20	0.973 81	0.974 41	0.975 00	0.975 58	0.976 15	0.976 70	1.9
2.0	0.977 25	0.977 78	0.978 31	0.978 82	0.979 32	0.979 82	0.980 30	0.980 77	0.981 24	0.981 69	2.0
2.1	0.982 14	0.982 57	0.983 00	0.983 41	0.983 82	0.984 22	0.984 61	0.985 00	0.985 37	0.985 74	2.1
2.2	0.986 10	0.986 45	0.986 79	0.987 13	0.987 45	0.987 78	0.988 09	0.988 40	0.988 70	0.988 99	2.2
2.3	0.989 28	0.989 56	0.989 83	$0.9^2$00 97	$0.9^2$03 58	$0.9^2$0 613	$0.9^2$08 63	$0.9^2$11 06	$0.9^2$13 44	$0.9^2$15 76	2.3
2.4	$0.9^2$18 02	$0.9^2$20 24	$0.9^2$22 40	$0.9^2$24 51	$0.9^2$26 56	$0.9^2$28 57	$0.9^2$30 53	$0.9^2$32 44	$0.9^2$34 31	$0.9^2$36 13	2.4
2.5	$0.9^2$37 90	$0.9^2$39 63	$0.9^2$41 32	$0.9^2$42 97	$0.9^2$44 57	$0.9^2$46 14	$0.9^2$47 66	$0.9^2$48 15	$0.9^2$50 60	$0.9^2$52 01	2.5
2.6	$0.9^2$53 39	$0.9^2$54 73	$0.9^2$56 04	$0.9^2$57 31	$0.9^2$58 55	$0.9^2$59 75	$0.9^2$60 93	$0.9^2$62 07	$0.9^2$63 19	$0.9^2$64 27	2.6
2.7	$0.9^2$65 33	$0.9^2$66 36	$0.9^2$67 36	$0.9^2$68 33	$0.9^2$69 28	$0.9^2$70 20	$0.9^2$71 10	$0.9^2$71 97	$0.9^2$72 82	$0.9^2$73 65	2.7
2.8	$0.9^2$74 45	$0.9^2$75 23	$0.9^2$75 99	$0.9^2$76 73	$0.9^2$77 44	$0.9^2$78 14	$0.9^2$78 82	$0.9^2$79 48	$0.9^2$80 12	$0.9^2$80 74	2.8
2.9	$0.9^2$81 34	$0.9^2$81 93	$0.9^2$82 50	$0.9^2$83 05	$0.9^2$83 59	$0.9^2$84 11	$0.9^2$84 62	$0.9^2$85 11	$0.9^2$85 59	$0.9^2$86 05	2.9
3.0	$0.9^2$86 50	$0.9^2$86 94	$0.9^2$87 36	$0.9^2$87 77	$0.9^2$88 17	$0.9^2$88 56	$0.9^2$88 93	$0.9^2$89 30	$0.9^2$89 65	$0.9^2$89 99	3.0
3.1	$0.9^3$03 24	$0.9^3$06 46	$0.9^3$09 57	$0.9^3$12 60	$0.9^3$15 53	$0.9^3$18 36	$0.9^3$21 12	$0.9^3$23 78	$0.9^3$26 36	$0.9^3$28 86	3.1
3.2	$0.9^3$31 29	$0.9^3$33 63	$0.9^3$35 90	$0.9^3$38 10	$0.9^3$40 24	$0.9^3$42 30	$0.9^3$44 29	$0.9^3$46 23	$0.9^3$48 10	$0.9^3$49 91	3.2
3.3	$0.9^3$51 66	$0.9^3$53 35	$0.9^3$54 99	$0.9^3$56 58	$0.9^3$58 11	$0.9^3$59 59	$0.9^3$61 03	$0.9^3$62 42	$0.9^3$63 76	$0.9^3$65 05	3.3
3.4	$0.9^3$66 31	$0.9^3$67 52	$0.9^3$69 69	$0.9^3$69 82	$0.9^3$70 91	$0.9^3$71 97	$0.9^3$72 99	$0.9^3$73 98	$0.9^3$74 93	$0.9^3$75 85	3.4
3.5	$0.9^3$76 74	$0.9^3$77 59	$0.9^3$78 42	$0.9^3$79 22	$0.9^3$79 99	$0.9^3$80 74	$0.9^3$81 46	$0.9^3$82 15	$0.9^3$82 82	$0.9^3$83 47	3.5
3.6	$0.9^3$84 09	$0.9^3$84 69	$0.9^3$85 27	$0.9^3$85 83	$0.9^3$86 37	$0.9^3$86 89	$0.9^3$87 39	$0.9^3$87 87	$0.9^3$88 34	$0.9^3$88 79	3.6
3.7	$0.9^3$89 22	$0.9^3$89 64	$0.9^4$00 39	$0.9^4$04 26	$0.9^4$07 99	$0.9^4$11 58	$0.9^4$15 04	$0.9^4$18 38	$0.9^4$21 59	$0.9^4$24 68	3.7
3.8	$0.9^4$27 65	$0.9^4$30 52	$0.9^4$33 27	$0.9^4$35 93	$0.9^4$38 48	$0.9^4$40 94	$0.9^4$43 31	$0.9^4$45 58	$0.9^4$47 77	$0.9^4$49 83	3.8
3.9	$0.9^4$51 90	$0.9^4$53 85	$0.9^4$55 73	$0.9^4$57 53	$0.9^4$59 26	$0.9^4$60 92	$0.9^4$62 53	$0.9^4$64 06	$0.9^4$65 54	$0.9^4$66 96	3.9
4.0	$0.9^4$68 33	$0.9^4$69 64	$0.9^4$70 90	$0.9^4$72 11	$0.9^4$73 27	$0.9^4$74 39	$0.9^4$75 46	$0.9^4$76 49	$0.9^4$77 48	$0.9^4$78 43	4.0
4.1	$0.9^4$79 34	$0.9^4$80 22	$0.9^4$81 06	$0.9^4$81 86	$0.9^4$82 63	$0.9^4$83 38	$0.9^4$84 09	$0.9^4$84 77	$0.9^4$85 42	$0.9^4$86 05	4.1
4.2	$0.9^4$86 65	$0.9^4$87 23	$0.9^4$87 78	$0.9^4$88 32	$0.9^4$88 82	$0.9^4$89 31	$0.9^4$89 78	$0.9^5$02 26	$0.9^5$06 55	$0.9^5$10 66	4.2
4.3	$0.9^5$14 60	$0.9^5$18 37	$0.9^5$21 99	$0.9^5$25 45	$0.9^5$28 76	$0.9^5$31 93	$0.9^5$34 97	$0.9^5$37 88	$0.9^5$40 66	$0.9^5$43 32	4.3
4.4	$0.9^5$45 87	$0.9^5$48 31	$0.9^5$50 65	$0.9^5$52 88	$0.9^5$55 02	$0.9^5$57 06	$0.9^5$59 02	$0.9^5$60 89	$0.9^5$62 68	$0.9^5$64 39	4.4

（续）

u	0.00	0.01	0.02	0.03	0.04	0.05	0.06	0.07	0.08	0.09	u
4.5	$0.9^5$66 02	$0.9^5$67 59	$0.9^5$69 08	$0.9^5$70 51	$0.9^5$71 87	$0.9^5$73 18	$0.9^5$74 42	$0.9^5$75 61	$0.9^5$76 75	$0.9^5$77 84	4.5
4.6	$0.9^5$78 88	$0.9^5$79 87	$0.9^5$80 81	$0.9^5$81 72	$0.9^5$82 58	$0.9^5$83 40	$0.9^5$84 19	$0.9^5$84 94	$0.9^5$85 66	$0.9^5$86 34	4.6
4.7	$0.9^5$86 99	$0.9^5$87 61	$0.9^5$88 21	$0.9^5$88 77	$0.9^5$89 31	$0.9^5$89 83	$0.9^6$03 20	$0.9^6$07 89	$0.9^6$12 35	$0.9^6$16 61	4.7
4.8	$0.9^6$20 67	$0.9^6$24 53	$0.9^6$28 22	$0.9^6$31 73	$0.9^6$35 08	$0.9^6$38 27	$0.9^6$41 31	$0.9^6$44 20	$0.9^6$46 96	$0.9^6$49 58	4.8
4.9	$0.9^6$52 08	$0.9^6$54 46	$0.9^6$56 73	$0.9^6$58 89	$0.9^6$60 94	$0.9^6$62 89	$0.9^6$64 75	$0.9^6$66 52	$0.9^6$68 21	$0.9^6$69 81	4.9

附表 4-2　标准正态分布的双侧分位数 u_α 值表

p	p									
	0.01	0.02	0.03	0.04	0.05	0.06	0.07	0.08	0.09	0.10
0.0	2.575 829	2.326 348	2.170 090	2.053 749	1.959 964	1.880 794	1.811 911	1.750 686	1.695 398	1.644 854
0.1	1.598 193	1.554 774	1.514 102	1.475 791	1.439 531	1.405 072	1.372 204	1.340 755	1.310 579	1.231 552
0.2	1.253 565	1.226 528	1.200 359	1.174 987	1.150 349	1.126 391	1.103 063	1.080 319	1.058 122	1.036 433
0.3	1.015 222	0.994 458	0.974 114	0.954 165	0.934 589	0.915 365	0.896 473	0.877 896	0.859 617	0.841 621
0.4	0.823 894	0.806 421	0.789 192	0.772 193	0.755 415	0.738 847	0.722 479	0.706 303	0.690 309	0.674 490
0.5	0.658 838	0.643 345	0.628 006	0.612 813	0.597 760	0.582 841	0.568 051	0.553 385	0.538 836	0.524 401
0.6	0.510 073	0.495 850	0.481 727	0.467 699	0.453 762	0.439 913	0.426 148	0.412 463	0.398 855	0.385 320
0.7	0.371 856	0.358 459	0.345 125	0.331 853	0.318 639	0.305 481	0.292 375	0.279 319	0.266 311	0.253 347
0.8	0.240 426	0.227 545	0.214 702	0.201 893	0.189 118	0.176 374	0.163 658	0.150 969	0.138 304	0.125 661
0.9	0.113 039	0.100 434	0.087 845	0.075 270	0.062 707	0.050 154	0.037 608	0.025 069	0.012 533	0.000 000

附表 4-3　t 值表（两尾）

自由度 df	概率 p						
	0.500	0.200	0.100	0.050	0.025	0.010	0.005
1	1.000	3.078	6.314	12.706	25.452	63.657	127.321
2	0.816	1.886	2.920	4.303	6.205	9.925	14.089
3	0.765	1.638	2.353	3.182	4.176	5.841	7.453
4	0.741	1.533	2.132	2.776	3.495	4.032	4.773
5	0.727	1.476	2.015	2.571	3.163	3.707	4.317
6	0.718	1.440	1.943	2.447	2.969	3.499	4.029
7	0.711	1.415	1.895	2.365	2.841	3.355	3.832
8	0.706	1.397	1.860	2.306	2.752	3.250	3.690
9	0.703	1.383	1.833	2.262	2.685	3.169	3.581
10	0.700	1.372	1.812	2.228	2.634		

（续）

自由度 df	概率 p						
	0.500	0.200	0.100	0.050	0.025	0.010	0.005
11	0.697	1.363	1.796	2.201	2.593	3.106	3.497
12	0.695	1.356	1.782	2.179	2.560	3.055	3.428
13	0.694	1.350	1.771	2.160	2.533	3.012	3.372
14	0.692	1.345	1.761	2.145	2.510	2.977	3.326
15	0.691	1.341	1.753	2.131	2.490	2.947	3.286
16	0.690	1.337	1.746	2.120	2.473	2.921	3.252
17	0.689	1.333	1.740	2.110	2.458	2.898	3.222
18	0.688	1.330	1.734	2.101	2.445	2.878	3.197
19	0.688	1.328	1.729	2.093	2.433	2.861	3.174
20	0.687	1.325	1.725	2.086	2.423	2.845	3.153
21	0.686	1.323	1.721	2.080	2.414	2.831	3.135
22	0.686	1.321	1.717	2.074	2.406	2.819	3.119
23	0.685	1.319	1.714	2.069	2.398	2.807	3.104
24	0.685	1.318	1.711	2.064	2.391	2.797	3.090
25	0.684	1.316	1.708	2.060	2.385	2.787	3.078
26	0.684	1.315	1.706	2.056	2.379	2.779	3.067
27	0.684	1.314	1.703	2.052	2.373	2.771	3.056
28	0.683	1.313	1.701	2.048	2.368	2.763	3.047
29	0.683	1.311	1.699	2.045	2.364	2.756	3.038
30	0.683	1.310	1.697	2.042	2.360	2.750	3.030
35	0.682	1.306	1.690	2.030	2.342	2.724	2.996
40	0.681	1.303	1.684	2.021	2.329	2.704	2.971
45	0.680	1.301	1.680	2.014	2.319	2.690	2.952
50	0.680	1.299	1.676	2.008	2.310	2.678	2.937
55	0.679	1.297	1.673	2.004	2.304	2.669	2.925
60	0.679	1.296	1.671	2.000	2.299	2.660	2.915
70	0.678	1.294	1.667	1.994	2.290	2.648	2.899
80	0.678	1.292	1.665	1.989	2.284	2.638	2.887
90	0.677	1.291	1.662	1.986	2.279	2.631	2.878
100	0.677	1.290	1.661	1.982	2.276	2.625	2.871
120	0.677	1.289	1.658	1.980	2.270	2.617	2.860
∞	0.674	1.282	1.645	1.960	2.241	2.576	2.807

附表 4-4　F 值表（右尾，方差分析用）

df_1（较大均方的自由度）

df_2	1	2	3	4	5	6	7	8	9	10	11	12	14	16	20	24	30	40	50	75	100	200	500	∞
1	161	200	216	225	230	234	237	239	241	242	243	244	245	246	248	249	250	251	252	253	253	254	254	254
	4 052	4 999	5 403	5 625	5 764	5 859	5 928	5 981	6 022	6 056	6 082	6 106	6 142	6 169	6 208	6 234	6 258	6 286	6 302	6 323	6 334	6 352	6 361	6 366
2	18.51	19.00	19.16	19.25	19.30	19.33	19.36	19.37	19.38	19.39	19.40	19.41	19.42	19.43	19.44	19.45	19.46	19.47	19.47	19.48	19.49	19.49	19.50	19.50
	98.50	99.00	99.17	99.25	99.30	99.33	99.36	99.37	99.39	99.40	99.41	99.42	99.43	99.44	99.45	99.45	99.47	99.48	99.48	99.48	99.49	99.49	99.50	99.50
3	10.13	9.55	9.28	9.12	9.01	8.94	8.89	8.85	8.81	8.79	8.76	8.74	8.71	8.69	8.66	8.64	8.62	8.59	8.58	8.56	8.55	8.54	8.53	8.53
	34.12	30.82	29.46	28.71	28.24	27.91	27.67	27.49	27.34	27.23	27.14	27.05	26.92	26.83	26.69	26.60	26.50	26.41	26.35	26.28	26.23	26.18	26.14	26.12
4	7.71	6.94	6.59	6.39	6.26	6.16	6.09	6.04	6.00	5.96	5.94	5.91	5.87	5.84	5.80	5.77	5.75	5.72	5.70	5.68	5.66	5.65	5.64	5.63
	21.20	18.00	16.69	15.98	15.52	15.21	14.98	14.80	14.66	14.54	14.45	14.37	14.24	14.15	14.02	13.93	13.83	13.74	13.69	13.62	13.57	13.52	13.48	13.46
5	6.61	5.79	5.41	5.19	5.05	4.95	4.88	4.82	4.78	4.74	4.70	4.68	4.64	4.60	4.56	4.53	4.50	4.46	4.44	4.42	4.40	4.38	4.37	4.36
	16.26	13.27	12.06	11.39	10.97	10.67	10.45	10.27	10.15	10.05	9.96	9.89	9.77	9.68	9.55	9.47	9.38	9.29	9.24	9.17	9.13	9.08	9.04	9.02
6	5.99	5.14	4.76	4.53	4.39	4.28	4.21	4.15	4.10	4.06	4.03	4.00	3.96	3.92	3.87	3.84	3.81	3.77	3.75	3.72	3.71	3.69	3.68	3.67
	13.75	10.92	9.78	9.15	8.75	8.47	8.26	8.10	7.98	7.87	7.79	7.72	7.60	7.52	7.39	7.31	7.23	7.14	7.09	7.02	6.99	6.94	6.90	6.88
7	5.59	4.74	4.35	4.12	3.97	3.87	3.79	3.73	3.68	3.63	3.60	3.57	3.52	3.49	3.44	3.41	3.38	3.34	3.32	3.29	3.28	3.25	3.24	3.23
	12.25	9.55	8.45	7.85	7.46	7.19	7.00	6.84	6.71	6.62	6.54	6.47	6.35	6.27	6.15	6.07	5.98	5.90	5.85	5.78	5.75	5.70	5.67	5.65
8	5.32	4.46	4.07	3.84	3.69	3.58	3.50	3.44	3.39	3.34	3.31	3.28	3.23	3.20	3.15	3.12	3.08	3.05	3.03	3.00	2.98	2.96	2.94	2.93
	11.26	8.65	7.59	7.01	6.63	6.37	6.19	6.03	5.91	5.82	5.74	5.67	5.56	5.48	5.36	5.28	5.20	5.11	5.06	5.00	4.96	4.91	4.88	4.86
9	5.12	4.26	3.86	3.63	3.48	3.37	3.29	3.23	3.18	3.13	3.10	3.07	3.02	2.98	2.93	2.90	2.86	2.82	2.80	2.77	2.76	2.73	2.72	2.71
	10.56	8.02	6.99	6.42	6.06	5.80	5.62	5.47	5.35	5.26	5.18	5.11	5.00	4.92	4.80	4.73	4.64	4.56	4.51	4.45	4.41	4.36	4.33	4.31
10	4.96	4.10	3.71	3.48	3.33	3.22	3.14	3.07	3.02	2.97	2.94	2.91	2.86	2.82	2.77	2.74	2.70	2.67	2.64	2.61	2.59	2.56	2.55	2.54
	10.04	7.56	6.55	5.99	5.64	5.39	5.20	5.06	4.94	4.85	4.78	4.71	4.60	4.52	4.41	4.33	4.25	4.17	4.12	4.05	4.01	3.96	3.93	3.91

（续）

df_1（较大均方的自由度）

df_2	1	2	3	4	5	6	7	8	9	10	11	12	14	16	20	24	30	40	50	75	100	200	500	∞
11	4.84	3.98	3.59	3.36	3.20	3.09	3.01	2.95	2.90	2.86	2.82	2.79	2.74	2.70	2.65	2.61	2.57	2.53	2.50	2.47	2.45	2.42	2.41	2.40
	9.65	7.20	6.22	5.67	5.32	5.07	4.88	4.74	4.63	4.54	4.46	4.40	4.29	4.21	4.06	4.02	3.94	3.86	3.80	3.74	3.70	3.66	3.62	3.60
12	4.75	3.88	3.49	3.26	3.11	3.00	2.92	2.85	2.80	2.76	2.72	2.69	2.64	2.60	2.54	2.50	2.46	2.42	2.40	2.36	2.35	2.32	2.31	2.30
	9.33	6.93	5.95	5.41	5.06	4.82	4.65	4.50	4.39	4.30	4.22	4.16	4.05	3.98	3.86	3.78	3.70	3.61	3.56	3.49	3.46	3.41	3.38	3.36
13	4.67	3.80	3.41	3.18	3.02	2.92	2.84	2.77	2.72	2.67	2.63	2.60	2.55	2.51	2.46	2.42	2.38	2.34	2.32	2.28	2.26	2.24	2.22	2.21
	9.07	6.70	5.74	5.20	4.86	4.62	4.44	4.30	4.19	4.10	4.02	3.96	3.85	3.78	3.67	3.59	3.51	3.42	3.37	3.30	3.27	3.21	3.18	3.16
14	4.60	3.74	3.34	3.11	2.96	2.85	2.77	2.70	2.65	2.60	2.56	2.53	2.48	2.44	2.39	2.35	2.31	2.27	2.24	2.21	2.19	2.16	2.14	2.13
	8.86	6.51	5.56	5.03	4.69	4.46	4.28	4.14	4.03	3.94	3.86	3.80	3.70	3.62	3.51	3.43	3.34	3.26	3.21	3.14	3.11	3.06	3.02	3.00
15	4.54	3.68	3.29	3.06	2.90	2.79	2.70	2.64	2.59	2.55	2.51	2.48	2.43	2.39	2.33	2.29	2.25	2.21	2.18	2.15	2.12	2.10	2.08	2.07
	8.68	6.36	5.42	4.89	4.56	4.32	4.14	4.00	3.89	3.80	3.73	3.67	3.56	3.48	3.36	3.29	3.20	3.12	3.07	3.00	2.97	2.92	2.80	2.87
16	4.49	3.63	3.24	3.01	2.85	2.74	2.66	2.59	2.54	2.49	2.45	2.42	2.37	2.33	2.28	2.24	2.20	2.16	2.13	2.09	2.07	2.04	2.02	2.01
	8.53	6.23	5.29	4.77	4.44	4.20	4.03	3.89	3.78	3.69	3.61	3.55	3.45	3.37	3.25	3.18	3.10	3.01	2.96	2.89	2.86	2.80	2.77	2.75
17	4.45	3.59	3.20	2.96	2.81	2.70	2.62	2.55	2.50	2.45	2.41	2.38	2.33	2.29	2.23	2.19	2.15	2.11	2.08	2.04	2.02	1.99	1.97	1.96
	8.41	6.11	5.18	4.67	4.34	4.10	3.93	3.79	3.68	3.59	3.52	3.45	3.35	3.27	3.16	3.08	3.00	2.92	2.86	2.79	2.76	2.70	2.67	2.65
18	4.42	3.55	3.16	2.93	2.77	2.66	2.58	2.51	2.46	2.41	2.37	2.34	2.29	2.25	2.19	2.15	2.11	2.07	2.04	2.00	1.98	1.95	1.93	1.92
	8.28	6.01	5.09	4.58	4.25	4.01	3.85	3.71	3.60	3.51	3.44	3.37	3.27	3.19	3.07	3.00	2.91	2.83	2.78	2.71	2.68	2.62	2.59	2.57
19	4.38	3.52	3.13	2.90	2.74	2.63	2.55	2.48	2.43	2.38	2.34	2.31	2.26	2.21	2.15	2.11	2.07	2.02	2.00	1.96	1.94	1.91	1.90	1.88
	8.18	5.93	5.01	4.50	4.17	3.94	3.77	3.63	3.52	3.43	3.36	3.30	3.19	3.12	3.00	2.92	2.84	2.76	2.70	2.63	2.60	2.54	2.51	2.49
20	4.35	3.49	3.10	2.87	2.71	2.60	2.52	2.45	2.40	2.35	2.31	2.28	2.23	2.18	2.12	2.08	2.04	1.99	1.96	1.92	1.90	1.87	1.85	1.84
	8.10	5.85	4.94	4.43	4.10	3.87	3.71	3.56	3.45	3.37	3.30	3.23	3.13	3.05	2.94	2.86	2.77	2.69	2.63	2.56	2.53	2.47	2.44	2.42
22	4.30	3.44	3.05	2.82	2.66	2.55	2.47	2.40	2.35	2.30	2.26	2.23	2.18	2.13	2.07	2.02	1.98	1.93	1.91	1.87	1.84	1.81	1.80	1.78
	7.94	5.72	4.82	4.31	3.99	3.76	3.59	3.45	3.35	3.26	3.18	3.12	3.02	2.94	2.83	2.75	2.67	2.58	2.53	2.46	2.42	2.37	2.33	2.31

（续）

df_2	\multicolumn{24}{c}{df_1（较大均方的自由度）}
	1	2	3	4	5	6	7	8	9	10	11	12	14	16	20	24	30	40	50	75	100	200	500	∞
24	4.26	3.40	3.01	2.78	2.62	2.51	2.43	2.36	2.30	2.26	2.22	2.18	2.13	2.09	2.02	1.98	1.94	1.89	1.86	1.82	1.80	1.76	1.74	1.73
	7.82	5.61	4.72	4.22	3.90	3.67	3.50	3.36	3.25	3.17	3.09	3.03	2.93	2.85	2.74	2.66	2.58	2.49	2.44	2.36	2.33	2.27	2.23	2.21
26	4.22	3.37	2.95	2.74	2.59	2.47	2.39	2.32	2.27	2.22	2.18	2.15	2.10	2.05	1.99	1.95	1.90	1.85	1.82	1.78	1.76	1.72	1.70	1.69
	7.72	5.53	4.64	4.14	3.82	3.59	3.42	3.29	3.17	3.09	3.02	2.96	2.85	2.77	2.66	2.58	2.50	2.41	2.36	2.28	2.25	2.19	2.15	2.13
28	4.20	3.34	2.95	2.71	2.56	2.44	2.36	2.29	2.24	2.19	2.15	2.12	2.06	2.02	1.96	1.91	1.87	1.81	1.78	1.75	1.72	1.69	1.67	1.65
	7.64	5.45	4.57	4.07	3.76	3.53	3.36	3.23	3.11	3.03	2.95	2.90	2.80	2.71	2.60	2.52	2.44	2.35	2.30	2.22	2.18	2.13	2.09	2.06
30	4.17	3.32	2.92	2.69	2.53	2.42	2.34	2.27	2.21	2.16	2.13	2.09	2.04	1.99	1.93	1.89	1.84	1.79	1.76	1.72	1.69	1.66	1.64	1.62
	7.56	5.39	4.51	4.02	3.70	3.47	3.30	3.17	3.06	2.98	2.90	2.84	2.73	2.66	2.55	2.47	2.38	2.29	2.24	2.16	2.13	2.07	2.03	2.01
36	4.11	3.26	2.86	2.63	2.48	2.36	2.28	2.21	2.15	2.10	2.06	2.03	1.98	1.93	1.87	1.82	1.78	1.72	1.69	1.65	1.62	1.59	1.56	1.55
	7.39	5.25	4.38	3.89	3.58	3.35	3.18	3.04	2.94	2.86	2.78	2.72	2.62	2.54	2.43	2.35	2.26	2.17	2.12	2.04	2.00	1.94	1.90	1.87
42	4.07	3.22	2.83	2.59	2.44	2.32	2.24	2.17	2.11	2.06	2.02	1.99	1.94	1.89	1.82	1.78	1.73	1.68	1.64	1.60	1.57	1.54	1.51	1.49
	7.27	5.15	4.29	3.80	3.49	3.26	3.10	2.96	2.86	2.77	2.70	2.64	2.54	2.46	2.35	2.26	2.17	2.08	2.02	1.94	1.91	1.85	1.80	1.78
50	4.03	3.18	2.79	2.56	2.40	2.29	2.20	2.13	2.07	2.02	1.98	1.95	1.90	1.85	1.78	1.74	1.69	1.63	1.60	1.55	1.52	1.48	1.46	1.44
	7.17	5.06	4.20	3.72	3.41	3.18	3.02	2.88	2.78	2.70	2.62	2.56	2.46	2.39	2.26	2.18	2.10	2.00	1.94	1.86	1.82	1.76	1.71	1.68
60	4.00	3.15	2.76	2.52	2.37	2.25	2.17	2.10	2.04	1.99	1.95	1.92	1.86	1.81	1.75	1.70	1.65	1.59	1.56	1.50	1.48	1.44	1.41	1.39
	7.08	4.98	4.13	3.65	3.34	3.12	2.95	2.82	2.72	2.63	2.56	2.50	2.40	2.32	2.20	2.12	2.03	1.93	1.87	1.79	1.74	1.68	1.63	1.60
70	3.98	3.13	2.74	2.50	2.35	2.23	2.14	2.07	2.01	1.97	1.93	1.89	1.84	1.79	1.72	1.67	1.62	1.56	1.53	1.47	1.45	1.40	1.37	1.35
	7.01	4.92	4.08	3.60	3.29	3.07	2.91	2.77	2.67	2.59	2.51	2.45	2.35	2.28	2.15	2.07	1.98	1.88	1.82	1.74	1.69	1.62	1.56	1.53
80	3.96	3.11	2.72	2.48	2.33	2.21	2.12	2.05	1.99	1.95	1.91	1.88	1.82	1.77	1.70	1.65	1.60	1.54	1.51	1.45	1.42	1.38	1.35	1.32
	6.96	4.88	4.04	3.56	3.25	3.04	2.87	2.74	2.64	2.55	2.48	2.41	2.32	2.24	2.11	2.03	1.94	1.84	1.78	1.70	1.65	1.57	1.52	1.49
100	3.94	3.09	2.70	2.46	2.30	2.19	2.10	2.03	1.97	1.92	1.89	1.85	1.79	1.75	1.68	1.63	1.57	1.51	1.48	1.42	1.39	1.34	1.30	1.28
	6.90	4.82	3.98	3.51	3.20	2.99	2.82	2.69	2.59	2.51	2.43	2.36	2.26	2.19	2.06	1.98	1.89	1.79	1.73	1.64	1.59	1.51	1.46	1.43
150	3.91	3.06	2.67	2.43	2.27	2.16	2.07	2.00	1.94	1.89	1.85	1.82	1.76	1.71	1.64	1.59	1.54	1.47	1.44	1.37	1.34	1.29	1.25	1.22
	6.81	4.75	3.91	3.44	3.14	2.92	2.76	2.62	2.53	2.44	2.37	2.30	2.20	2.12	2.00	1.91	1.83	1.72	1.66	1.56	1.51	1.43	1.37	1.33
200	3.89	3.04	2.65	2.41	2.26	2.14	2.05	1.98	1.92	1.87	1.83	1.80	1.74	1.69	1.62	1.57	1.52	1.45	1.42	1.35	1.32	1.26	1.22	1.19
	6.76	4.71	3.88	3.41	3.11	2.90	2.73	2.60	2.50	2.41	2.34	2.28	2.17	2.09	1.97	1.88	1.79	1.69	1.62	1.53	1.48	1.39	1.33	1.28
400	3.86	3.02	2.62	2.39	2.23	2.12	2.03	1.96	1.90	1.85	1.81	1.78	1.72	1.67	1.60	1.54	1.49	1.42	1.38	1.32	1.28	1.22	1.16	1.13
	6.70	4.66	3.83	3.36	3.06	2.85	2.69	2.55	2.46	2.37	2.29	2.23	2.12	2.04	1.92	1.84	1.74	1.64	1.57	1.47	1.42	1.32	1.24	1.19
1000	3.85	3.00	2.61	2.37	2.22	2.10	2.02	1.95	1.89	1.84	1.80	1.76	1.70	1.65	1.58	1.53	1.47	1.41	1.36	1.30	1.26	1.19	1.13	1.08
	6.66	4.52	3.80	3.34	3.04	2.82	2.66	2.53	2.43	2.34	2.25	2.20	2.09	2.01	1.89	1.81	1.71	1.61	1.54	1.44	1.38	1.28	1.19	1.11
∞	3.84	2.99	2.60	2.37	2.21	2.09	2.01	1.94	1.88	1.83	1.79	1.75	1.69	1.64	1.57	1.52	1.46	1.40	1.35	1.28	1.24	1.17	1.11	1.00
	6.64	4.60	3.78	3.32	3.02	2.80	2.64	2.51	2.43	2.32	2.24	2.18	2.07	1.99	1.87	1.79	1.69	1.59	1.52	1.41	1.36	1.25	1.15	1.00

附表 4-5 q 值表

自由度 df	显著水平 α	秩次距 k																		
		2	3	4	5	6	7	8	9	10	11	12	13	14	15	16	17	18	19	20
2	0.05	6.08	8.33	9.80	10.83	11.74	12.44	13.03	13.54	13.99	14.39	14.75	15.08	15.38	15.65	15.91	16.14	16.37	16.57	16.77
	0.01	14.04	19.02	22.29	24.72	26.63	28.20	29.53	30.68	31.69	32.59	33.40	34.13	34.81	35.43	36.00	36.53	37.03	37.50	37.95
3	0.05	4.50	5.91	6.82	7.50	8.04	8.48	8.85	9.18	9.46	9.72	9.95	10.15	10.35	10.52	10.84	10.69	10.98	11.11	11.24
	0.01	8.26	10.62	12.27	13.33	14.24	15.00	15.64	16.20	16.69	17.13	17.53	17.89	18.22	18.52	19.07	18.81	19.32	19.55	19.77
4	0.05	3.93	5.04	5.76	6.29	6.71	7.05	7.35	7.60	7.83	8.03	8.21	8.37	8.52	8.66	8.79	8.91	9.03	9.13	9.23
	0.01	6.51	8.12	9.17	9.96	10.85	11.10	11.55	11.93	12.27	12.57	12.84	13.09	13.32	13.53	13.73	13.91	14.08	14.24	14.40
5	0.05	3.64	4.60	5.22	5.67	6.03	6.33	6.58	6.80	6.99	7.17	7.32	7.47	7.60	7.72	7.83	7.93	8.03	8.12	8.21
	0.01	5.70	6.98	7.80	8.42	8.91	9.32	9.67	9.97	10.24	10.48	10.70	10.89	11.08	11.24	11.40	11.55	11.68	11.81	11.93
6	0.05	3.46	4.34	4.90	5.30	5.63	5.90	6.12	6.32	6.49	6.65	6.79	6.92	7.03	7.14	7.24	7.34	7.43	7.51	7.59
	0.01	5.24	6.33	7.03	7.56	7.97	8.32	8.61	8.87	9.10	9.30	9.48	9.65	9.81	9.95	10.08	10.21	10.32	10.43	10.54
7	0.05	3.35	4.16	4.68	5.06	5.36	5.61	5.82	6.00	6.16	6.30	6.43	6.55	6.66	6.76	6.85	6.94	7.02	7.10	7.17
	0.01	4.95	5.92	6.54	7.01	7.37	7.68	7.94	8.17	8.37	8.55	8.71	8.86	9.00	9.12	9.24	9.35	9.46	9.55	9.65
8	0.05	3.26	4.04	4.53	4.89	5.17	5.40	5.60	5.77	5.92	6.05	6.18	6.29	6.39	6.48	6.57	6.65	6.73	6.80	6.87
	0.01	4.74	5.64	6.20	6.62	6.96	7.24	7.47	7.68	7.86	8.03	8.18	8.31	8.44	8.55	8.66	8.76	8.85	8.94	9.03
9	0.05	3.20	3.95	4.41	4.76	5.02	5.24	5.43	5.59	5.74	5.87	5.98	6.09	6.19	6.28	6.36	6.44	6.51	6.58	6.64
	0.01	4.60	5.43	5.96	6.35	6.66	6.91	7.13	7.33	7.49	7.65	7.78	7.91	8.03	8.13	8.23	8.33	8.41	8.49	8.57
10	0.05	3.15	3.88	4.33	4.65	4.91	5.12	5.30	5.46	5.60	5.72	5.83	5.93	6.03	6.11	6.19	6.27	6.34	6.40	6.47
	0.01	4.48	5.27	5.77	6.14	6.43	6.67	6.87	7.05	7.21	7.36	7.48	7.60	7.71	7.81	7.91	7.99	8.08	8.15	8.23
11	0.05	3.11	3.82	4.26	4.57	4.82	5.03	5.20	5.35	5.49	5.61	5.71	5.81	5.90	5.98	6.06	6.13	6.20	6.27	6.33
	0.01	4.39	5.15	5.62	5.97	6.25	6.48	6.67	6.84	6.99	7.13	7.25	7.36	7.46	7.56	7.65	7.73	7.81	7.88	7.95
12	0.05	3.08	3.77	4.20	4.51	4.75	4.95	5.12	5.27	5.39	5.51	5.61	5.71	5.80	5.88	5.95	6.02	6.09	6.15	6.21
	0.01	4.32	5.05	5.55	5.84	6.10	6.32	6.51	6.67	6.81	6.94	7.06	7.17	7.26	7.36	7.44	7.52	7.59	7.66	7.73
13	0.05	3.06	3.73	4.15	4.45	4.69	4.88	5.05	5.19	5.32	5.45	5.53	5.63	5.71	5.79	5.86	5.93	5.99	6.05	6.11
	0.01	4.26	4.96	5.40	5.73	5.98	6.19	6.37	6.53	6.67	6.79	6.90	7.01	7.10	7.19	7.27	7.35	7.42	7.48	7.55

（续）

自由度 df	显著水平 α	2	3	4	5	6	7	8	9	10	11	12	13	14	15	16	17	18	19	20
								秩 次 距 k												
14	0.05	3.03	3.70	4.11	4.41	4.64	4.83	4.99	5.13	5.25	5.36	5.46	5.55	5.64	5.71	5.79	5.85	5.91	5.97	6.03
	0.01	4.21	4.89	5.23	5.63	5.88	6.08	6.26	6.41	6.54	6.66	6.77	6.87	6.96	7.05	7.13	7.20	7.27	7.33	7.39
15	0.05	3.01	3.67	4.08	4.37	4.59	4.78	4.94	5.08	5.20	5.31	5.40	5.49	5.57	5.65	5.72	5.78	5.85	5.90	5.96
	0.01	4.17	4.84	5.25	5.56	5.80	5.99	6.16	6.31	6.44	6.55	6.66	6.76	6.84	6.93	7.00	7.07	7.14	7.20	7.26
16	0.05	3.00	3.65	4.05	4.33	4.56	4.74	4.90	5.03	5.15	5.26	5.35	5.44	5.52	5.59	5.66	5.73	5.79	5.84	5.90
	0.01	4.13	4.79	5.19	5.49	5.72	5.92	6.08	6.22	6.35	6.46	6.56	6.66	6.74	6.82	6.90	6.97	7.03	7.09	7.15
17	0.05	2.98	3.63	4.02	4.30	4.52	4.70	4.86	7.99	5.11	5.21	5.31	5.39	5.47	5.54	5.61	5.67	5.73	5.79	5.84
	0.01	4.10	4.74	5.14	5.43	5.66	5.85	6.01	6.15	6.27	6.38	6.48	6.57	6.66	6.73	6.81	6.87	6.94	7.00	7.05
18	0.05	2.97	3.61	4.00	4.28	4.49	4.67	4.82	4.96	5.07	5.17	5.27	5.35	5.43	5.50	5.57	5.63	5.69	5.74	5.79
	0.01	4.07	4.70	5.09	5.38	5.60	5.79	5.94	6.08	6.20	6.31	6.41	6.50	6.58	6.65	6.73	6.79	6.85	6.91	6.97
19	0.05	2.96	3.59	3.98	4.25	4.47	4.65	4.79	4.92	5.04	5.14	5.23	5.31	5.39	5.46	5.53	5.59	5.65	5.70	5.75
	0.01	4.05	4.67	5.05	5.33	5.55	5.73	5.89	6.02	6.16	6.25	6.34	6.43	6.51	6.58	6.65	6.72	6.78	6.84	6.89
20	0.05	2.95	3.58	3.96	4.23	4.45	4.62	4.77	4.90	5.01	5.11	5.20	5.28	5.36	5.43	5.49	5.55	5.61	5.66	5.71
	0.01	4.02	4.64	5.02	5.29	5.51	5.69	5.84	5.97	6.09	6.19	6.28	6.37	6.45	6.52	6.59	6.65	6.71	6.77	6.82
24	0.05	2.92	3.53	3.90	4.17	4.37	4.54	4.68	4.81	4.92	5.05	5.10	5.18	5.25	5.32	5.38	5.44	5.49	5.55	5.59
	0.01	4.02	4.55	4.91	5.17	5.37	5.54	5.69	5.81	5.92	6.02	6.11	6.19	6.26	6.33	6.39	6.45	6.51	6.56	6.61
30	0.05	2.89	3.49	3.85	4.10	4.30	4.46	4.60	4.72	4.82	4.92	5.00	5.08	5.15	5.21	5.27	5.33	5.38	5.43	5.47
	0.01	3.96	4.45	4.80	5.05	5.24	5.40	5.54	5.65	5.76	5.85	5.93	6.01	6.08	6.14	6.20	6.26	6.31	6.36	6.41
40	0.05	2.86	3.44	3.79	4.04	4.23	4.39	4.52	4.63	4.73	4.82	4.90	4.98	5.04	5.11	5.16	5.22	5.27	5.31	5.36
	0.01	3.82	4.37	4.70	4.93	5.11	5.26	5.39	5.50	5.60	5.69	5.76	5.83	5.90	5.96	6.02	6.07	6.12	6.16	6.21
60	0.05	2.83	3.40	3.74	3.98	4.16	4.31	4.44	4.55	4.65	4.73	4.81	4.88	4.94	5.00	5.06	5.11	5.15	5.20	5.24
	0.01	3.76	4.28	4.59	4.82	4.99	5.13	5.25	5.36	5.45	5.53	5.60	5.67	5.73	5.78	5.84	5.89	5.93	5.97	6.01
120	0.05	2.80	3.36	3.68	3.92	4.10	4.24	4.36	4.47	4.56	4.64	4.71	4.78	4.84	4.90	4.95	5.00	5.04	5.09	5.13
	0.01	3.70	4.20	4.50	4.71	4.87	5.01	5.12	5.21	5.30	5.37	5.44	5.50	5.56	5.61	5.66	5.71	5.75	5.79	5.85
∞	0.05	2.77	3.31	3.63	3.86	4.03	4.17	4.29	4.39	4.47	4.55	4.62	4.68	4.74	4.80	4.85	4.89	4.93	4.97	5.01
	0.01	3.64	4.12	4.40	4.60	4.76	4.88	4.99	5.08	5.16	5.23	5.29	5.35	5.40	5.45	5.49	5.54	5.57	5.61	5.65

附表 4-6 *SSR* 值表

自由度 df	显著水平 α	秩 次 距 k													
		2	3	4	5	6	7	8	9	10	12	14	16	18	20
1	0.05	18.0	18.0	18.0	18.0	18.0	18.0	18.0	18.0	18.0	18.0	18.0	18.0	18.0	18.0
	0.01	90.0	90.0	90.0	90.0	90.0	90.0	90.0	90.0	90.0	90.0	90.0	90.0	90.0	90.0
2	0.05	6.09	6.09	6.09	6.09	6.09	6.09	6.09	6.09	6.09	6.09	6.09	6.09	6.09	6.09
	0.01	14.0	14.0	14.0	14.0	14.0	14.0	14.0	14.0	14.0	14.0	14.0	14.0	14.0	14.0
3	0.05	4.50	4.50	4.50	4.50	4.50	4.50	4.50	4.50	4.50	4.50	4.50	4.50	4.50	4.50
	0.01	8.26	8.50	8.60	8.70	8.80	8.90	8.90	9.00	9.00	9.00	9.10	9.20	9.30	9.30
4	0.05	3.93	4.00	4.02	4.02	4.02	4.02	4.02	4.02	4.02	4.02	4.02	4.02	4.02	4.02
	0.01	6.51	6.80	6.90	7.00	7.10	7.10	7.20	7.20	7.30	7.30	7.40	7.40	7.50	7.50
5	0.05	3.64	3.74	3.79	3.83	3.83	3.83	3.83	3.83	3.83	3.83	3.83	3.83	3.83	3.83
	0.01	5.70	5.96	6.11	6.18	6.26	6.33	6.40	6.44	6.50	6.60	6.60	6.70	6.70	6.80
6	0.05	3.46	3.58	3.64	3.68	3.68	3.68	3.68	3.68	3.68	3.68	3.68	3.68	3.68	3.68
	0.01	5.24	5.51	5.65	5.73	5.81	5.88	5.95	6.00	6.00	6.10	6.20	6.20	6.30	6.30
7	0.05	3.35	3.47	3.54	3.58	3.60	3.61	3.61	3.61	3.61	3.61	3.61	3.61	3.61	3.61
	0.01	4.95	5.22	5.37	5.45	5.53	5.61	5.69	5.73	5.80	5.80	5.90	5.90	6.00	6.00
8	0.05	3.26	3.39	3.47	3.52	3.55	3.56	3.56	3.56	3.56	3.56	3.56	3.56	3.56	3.56
	0.01	4.74	5.00	5.14	5.23	5.32	5.40	5.47	5.51	5.5	5.6	5.7	5.7	5.8	5.8
9	0.05	3.20	3.34	3.41	3.47	3.50	3.51	3.52	3.52	3.52	3.52	3.52	3.52	3.52	3.52
	0.01	4.60	4.86	4.99	5.08	5.17	5.25	5.32	5.36	5.40	5.50	5.50	5.60	5.70	5.70
10	0.05	3.15	3.30	3.37	3.43	3.46	3.47	3.47	3.47	3.47	3.47	3.47	3.47	3.47	3.48
	0.01	4.48	4.73	4.88	4.96	5.06	5.12	5.20	5.24	5.28	5.36	5.42	5.48	5.54	5.55
11	0.05	3.11	3.27	3.35	3.39	3.43	3.44	3.45	3.46	3.46	3.46	3.46	3.46	3.47	3.48
	0.01	4.39	4.63	4.77	4.86	4.94	5.01	5.06	5.12	5.15	5.24	5.28	5.34	5.38	5.39
12	0.05	3.08	3.23	3.33	3.36	3.48	3.42	3.44	3.44	3.46	3.46	3.46	3.46	3.47	3.48
	0.01	4.32	4.55	4.68	4.76	4.84	4.92	4.96	5.02	5.07	5.13	5.17	5.22	5.24	5.26
13	0.05	3.06	3.21	3.30	3.36	3.38	3.41	3.42	3.44	3.45	3.45	3.46	3.46	3.47	3.47
	0.01	4.26	4.48	4.62	4.69	4.74	4.84	4.88	4.94	4.98	5.04	5.08	5.13	5.14	5.15
14	0.05	3.03	3.18	3.27	3.33	3.37	3.39	3.41	3.42	3.44	3.45	3.46	3.46	3.47	3.47
	0.01	4.21	4.42	4.55	4.63	4.70	4.78	4.83	4.87	4.91	4.96	5.00	5.04	5.06	5.07
15	0.05	3.01	3.16	3.25	3.31	3.36	3.38	3.40	3.42	3.43	3.44	3.45	3.46	3.47	3.47
	0.01	4.17	4.37	4.50	4.58	4.64	4.72	4.77	4.81	4.84	4.90	4.94	4.97	4.99	5.00
16	0.05	3.00	3.15	3.23	3.30	3.34	3.37	3.39	3.41	3.43	3.44	3.45	3.46	3.47	3.47
	0.01	4.13	4.34	4.45	4.54	4.60	4.67	4.72	4.76	4.79	4.84	4.88	4.91	4.93	4.94

（续）

自由度 df	显著水平 α	秩　次　距　k													
		2	3	4	5	6	7	8	9	10	12	14	16	18	20
17	0.05	2.98	3.13	3.22	3.28	3.33	3.36	3.38	3.40	3.42	3.44	3.45	3.46	3.47	3.47
	0.01	4.10	4.30	4.41	4.50	4.56	4.63	4.68	4.72	4.75	4.80	4.83	4.86	4.88	4.89
18	0.05	2.97	3.12	3.21	3.27	3.32	3.35	3.37	3.39	3.41	3.43	3.45	3.46	3.47	3.47
	0.01	4.07	4.27	4.38	4.46	4.53	4.59	4.64	4.68	4.71	4.76	4.79	4.82	4.84	4.85
19	0.05	2.96	3.11	3.19	3.26	3.31	3.35	3.37	3.39	3.41	3.43	3.44	3.46	3.47	3.47
	0.01	4.05	4.24	4.35	4.43	4.50	4.56	4.61	4.64	4.67	4.72	4.76	4.79	4.81	4.82
20	0.05	2.95	3.10	3.18	3.25	3.30	3.34	3.36	3.38	3.40	3.43	3.44	3.46	3.46	3.47
	0.01	4.02	4.22	4.33	4.40	4.47	4.53	4.58	4.61	4.65	4.69	4.73	4.76	4.78	4.79
22	0.05	2.93	3.08	3.17	3.24	3.29	3.32	3.35	3.37	3.39	3.42	3.44	3.45	3.46	3.47
	0.01	3.99	4.17	4.28	4.36	4.42	4.48	4.53	4.57	4.60	4.65	4.68	4.71	4.74	4.75
24	0.05	2.92	3.07	3.15	3.22	3.28	3.31	3.34	3.37	3.38	3.41	3.44	3.45	3.46	3.47
	0.01	3.96	4.14	4.24	4.33	4.39	4.44	4.49	4.53	4.57	4.62	4.64	4.67	4.70	4.72
26	0.05	2.91	3.06	3.14	3.21	3.27	3.30	3.34	3.36	3.38	3.41	3.43	3.45	3.46	3.47
	0.01	3.93	4.11	4.21	4.30	4.36	4.41	4.46	4.50	4.53	4.58	4.62	4.65	4.67	4.69
28	0.05	2.90	3.04	3.13	3.20	3.26	3.30	3.33	3.35	3.37	3.40	3.43	3.45	3.46	3.47
	0.01	3.91	4.08	4.18	4.28	4.34	4.39	4.43	4.47	4.51	4.56	4.60	4.62	4.65	4.67
30	0.05	2.89	3.04	3.12	3.20	3.25	3.29	3.32	3.35	3.37	3.40	3.43	3.44	3.46	3.47
	0.01	3.89	4.06	4.16	4.22	4.32	4.36	4.41	4.45	4.48	4.54	4.58	4.61	4.63	4.65
40	0.05	2.86	3.01	3.10	3.17	3.22	3.27	3.30	3.33	3.35	3.39	3.42	3.44	3.46	3.47
	0.01	3.82	3.99	4.10	4.17	4.24	4.30	4.31	4.37	4.41	4.46	4.51	4.54	4.57	4.59
60	0.05	2.83	2.98	3.08	3.14	3.20	3.24	3.28	3.31	3.33	3.37	3.40	3.43	3.45	3.47
	0.01	3.76	3.92	4.03	4.12	4.17	4.23	4.27	4.31	4.34	4.39	4.44	4.47	4.50	4.53
100	0.05	2.80	2.95	3.05	3.12	3.18	3.22	3.26	3.29	3.32	3.36	3.40	3.42	3.45	3.47
	0.01	3.71	3.86	3.98	4.06	4.11	4.17	4.21	4.25	4.29	4.35	4.38	4.42	4.45	4.48
∞	0.05	2.77	2.92	3.02	3.09	3.15	3.19	3.23	3.26	3.29	3.34	3.38	3.41	3.44	3.47
	0.01	3.64	3.80	3.90	3.98	4.04	4.09	4.14	4.17	4.20	4.26	4.31	4.34	4.38	4.41

附表 4-7 χ² 值表（右尾）

自由度 df	概　率　p									
	0.995	9.990	0.975	0.950	0.900	0.100	0.050	0.025	0.010	0.005
1					0.02	2.71	3.84	5.02	6.63	7.88
2	0.01	0.02	0.05	0.10	0.21	4.61	5.99	7.38	9.21	10.60
3	0.07	0.11	0.22	0.35	0.58	6.25	7.81	9.35	11.34	12.84
4	0.21	0.30	0.48	0.71	1.06	7.78	9.49	11.14	13.28	14.86
5	0.41	0.55	0.83	1.15	1.61	9.24	11.07	12.83	15.09	16.75
6	0.68	0.87	1.24	1.64	2.20	10.64	12.59	14.45	16.81	18.55
7	0.99	1.24	1.69	2.17	2.83	12.02	14.07	16.01	18.48	20.28
8	1.34	1.65	2.18	2.73	3.49	13.36	15.51	17.53	20.09	21.96
9	1.73	2.09	2.70	3.33	4.17	14.68	16.92	19.02	21.69	23.59
10	2.16	2.56	3.25	3.94	4.87	15.99	18.31	20.48	23.21	25.19
11	2.60	3.05	3.82	4.57	5.58	17.28	19.68	21.92	24.72	26.76
12	3.07	3.57	4.40	5.23	6.30	18.55	21.03	23.34	26.22	28.30
13	3.57	4.11	5.01	5.89	7.04	19.81	22.36	24.74	27.69	29.82
14	4.07	4.66	5.63	6.57	7.79	21.06	23.68	26.12	29.14	31.32
15	4.60	5.23	6.27	7.26	8.55	22.31	25.00	27.49	30.58	32.80
16	5.14	5.81	6.91	7.96	9.31	23.54	26.30	28.85	32.00	34.27
17	5.70	6.41	7.56	8.67	10.09	24.77	27.59	30.19	33.41	35.72
18	6.26	7.01	8.23	9.39	10.86	25.99	28.87	31.53	34.81	37.16
19	5.84	7.63	8.91	10.12	11.65	27.20	30.14	32.85	36.19	38.58
20	7.43	8.26	9.59	10.85	12.44	28.41	31.41	34.17	37.57	40.00
21	8.03	8.90	10.28	11.59	13.24	29.62	32.67	35.48	38.93	41.40
22	8.64	9.54	10.98	12.34	14.04	30.81	33.92	36.78	40.29	42.80
23	9.26	10.20	11.69	13.09	14.85	32.01	35.17	38.08	41.64	44.18
24	9.89	10.86	12.40	13.85	15.66	33.20	36.42	39.36	42.98	45.56
25	10.52	11.52	13.12	14.61	16.47	34.38	37.65	40.65	44.31	46.93
26	11.16	12.20	13.84	15.38	17.29	35.56	38.89	41.92	45.61	48.29
27	11.81	12.88	14.57	16.15	18.11	36.74	40.11	43.19	46.96	49.64
28	12.46	13.56	15.31	16.93	18.94	37.92	41.34	44.46	48.28	50.99
29	13.12	14.26	16.05	17.71	19.77	39.09	42.56	45.72	49.59	52.34
30	13.79	14.95	16.79	18.49	20.60	40.26	43.77	46.98	50.89	53.67
40	20.71	22.16	24.43	26.51	29.05	51.80	55.76	59.34	63.69	66.77
50	27.99	29.71	32.36	34.76	37.69	63.17	67.50	71.42	76.15	79.49
60	35.53	37.48	40.48	43.19	46.46	74.40	79.08	83.30	88.38	91.95
70	43.28	45.44	48.76	51.74	55.33	85.53	90.53	95.02	100.42	104.22
80	51.17	53.54	57.15	60.39	64.28	96.58	101.88	106.03	112.33	116.32
90	59.20	61.75	65.65	69.13	73.29	107.56	113.14	118.14	124.12	128.30
100	67.33	70.06	74.22	77.93	82.36	118.50	124.34	129.56	135.81	140.17

附表 4-8 *r* 与 *R* 临界值表

自由度 df	显著水平 α	相关分析所涉及的变量总个数 M				自由度 df	显著水平 α	相关分析所涉及的变量总个数 M			
		2	3	4	5			2	3	4	5
1	0.05	0.997	0.997	0.999	0.999	24	0.05	0.388	0.470	0.523	0.562
	0.01	1.000	1.000	1.000	1.000		0.01	0.496	0.565	0.609	0.642
2	0.05	0.950	0.975	0.983	0.987	25	0.05	0.381	0.462	0.514	0.553
	0.01	0.990	0.995	0.997	0.998		0.01	0.487	0.555	0.600	0.633
3	0.05	0.878	0.930	0.950	0.961	26	0.05	0.374	0.454	0.506	0.545
	0.01	0.59	0.976	0.982	0.987		0.01	0.478	0.546	0.590	0.624
4	0.05	0.811	0.881	0.912	0.930	27	0.05	0.367	0.446	0.498	0.536
	0.01	0.917	0.949	0.962	0.970		0.01	0.470	0.538	0.582	0.615
5	0.05	0.754	0.863	0.874	0.898	28	0.05	0.361	0.439	0.490	0.529
	0.01	0.874	0.917	0.937	0.949		0.01	0.463	0.530	0.573	0.606
6	0.05	0.707	0.795	0.839	0.867	29	0.05	0.355	0.432	0.482	0.521
	0.01	0.834	0.886	0.911	0.927		0.01	0.456	0.522	0.565	0.598
7	0.05	0.666	0.758	0.807	0.838	30	0.05	0.349	0.426	0.476	0.514
	0.01	0.798	0.855	0.885	0.904		0.01	0.449	0.514	0.558	0.519
8	0.05	0.632	0.726	0.777	0.811	35	0.05	0.325	0.397	0.445	0.482
	0.01	0.765	0.827	0.860	0.882		0.01	0.418	0.481	0.523	0.556
9	0.05	0.602	0.697	0.750	0.786	40	0.05	0.304	0.373	0.419	0.455
	0.01	0.735	0.800	0.836	0.861		0.01	0.393	0.454	0.494	0.526
10	0.05	0.576	0.671	0.726	0.763	45	0.05	0.288	0.353	0.397	0.432
	0.01	0.708	0.776	0.814	0.840		0.01	0.372	0.430	0.470	0.501
11	0.05	0.553	0.648	0.703	0.741	50	0.05	0.273	0.336	0.379	0.412
	0.01	0.684	0.753	0.793	0.821		0.01	0.354	0.410	0.449	0.479
12	0.05	0.532	0.627	0.683	0.722	60	0.05	0.250	0.308	0.348	0.380
	0.01	0.661	0.732	0.773	0.802		0.01	0.325	0.377	0.414	0.442
13	0.05	0.514	0.608	0.664	0.703	70	0.05	0.232	0.286	0.324	0.354
	0.01	0.641	0.712	0.755	0.785		0.01	0.302	0.351	0.386	0.413
14	0.05	0.497	0.590	0.646	0.686	80	0.05	0.217	0.269	0.304	0.332
	0.01	0.623	0.694	0.737	0.768		0.01	0.283	0.330	0.362	0.389
15	0.05	0.482	0.574	0.630	0.670	90	0.05	0.205	0.254	0.288	0.315
	0.01	0.606	0.677	0.721	0.752		0.01	0.267	0.312	0.343	0.368
16	0.05	0.468	0.559	0.615	0.655	100	0.05	0.195	0.241	0.274	0.300
	0.01	0.590	0.662	0.706	0.738		0.01	0.254	0.297	0.327	0.351
17	0.05	0.456	0.545	0.601	0.641	125	0.05	0.174	0.216	0.246	0.269
	0.01	0.575	0.647	0.691	0.724		0.01	0.228	0.266	0.294	0.316
18	0.05	0.444	0.532	0.587	0.628	150	0.05	0.159	0.198	0.225	0.247
	0.01	0.561	0.633	0.678	0.710		0.01	0.208	0.244	0.270	0.290
19	0.05	0.433	0.520	0.575	0.615	200	0.05	0.138	0.172	0.196	0.215
	0.01	0.549	0.620	0.665	0.698		0.01	0.181	0.212	0.234	0.253
20	0.05	0.423	0.509	0.563	0.604	300	0.05	0.113	0.141	0.160	0.176
	0.01	0.537	0.608	0.652	0.685		0.01	0.148	0.174	0.192	0.208
21	0.05	0.413	0.498	0.522	0.592	400	0.05	0.098	0.122	0.139	0.153
	0.01	0.526	0.596	0.641	0.674		0.01	0.128	0.151	0.167	0.180
22	0.05	0.404	0.488	0.542	0.582	500	0.05	0.088	0.109	0.124	0.137
	0.01	0.515	0.585	0.630	0.663		0.01	0.115	0.135	0.150	0.162
23	0.05	0.396	0.479	0.532	0.572	1 000	0.05	0.062	0.077	0.088	0.097
	0.01	0.505	0.574	0.619	0.652		0.01	0.081	0.096	0.106	0.115

注：变量总个数 M=2 为临界 *r* 值；变量总个数 M=3、4、5 为临界 *R* 值。

附表 4-9　符号检验用 K 临界值表

n	$p(1):$ 0.10 / $p(2):$ 0.20	0.05 / 0.10	0.025 / 0.05	0.01 / 0.02	0.005 / 0.01
4	0				
5	0	0			
6	0	0	0		
7	1	0	0	0	
8	1	1	0	0	0
9	2	1	1	0	0
10	2	1	1	0	0
11	2	2	1	1	0
12	3	2	2	1	1
13	3	3	2	1	1
14	4	3	2	2	1
15	4	3	3	2	2

附表 4-10　符号秩和检验用 T 临界值表

n	$p(2):$ 0.10 / $p(1):$ 0.05	0.05 / 0.025	0.02 / 0.01	0.01 / 0.005	n	$p(2):$ 0.10 / $p(1):$ 0.05	0.05 / 0.025	0.02 / 0.01	0.01 / 0.005
5	0								
6	2	0			16	35	29	23	19
7	3	2	0		17	41	34	27	23
8	5	3	1	0	18	47	40	32	27
9	8	5	3	1	19	53	46	37	32
10	10	8	5	3	20	60	52	43	37
11	13	10	7	5	21	67	58	49	42
12	17	13	9	7	22	75	65	55	48
13	21	17	12	9	23	83	73	62	54
14	25	21	15	12	24	91	81	69	61
15	30	25	19	15	25	100	89	76	68

附表 4 – 11 秩和检验用 T 临界值表

	p（1）	p（2）
每组1行	0.05	0.1
2行	0.025	0.05
3行	0.01	0.02
4行	0.005	0.01

n_1（较小者）	0	1	2	3	4	5	6	7	8	9	10
2				3~8	3~15	3~17	4~18	4~20	4~22	4~24	5~25
							3~19	8~21	3~23	3~25	4~26
3	6~15	6~18	7~20	8~22	8~25	9~27	10~29	10~32	11~34	11~37	12~39
			6~21	7~23	7~26	8~28	8~31	9~33	9~36	10~38	10~41
					6~27	6~30	7~32	7~35	7~38	8~40	8~42
							6~33	6~36	6~39	7~41	7~44
4	11~25	12~28	13~31	14~34	15~37	16~40	17~43	18~46	19~49	20~52	21~55
	10~26	11~29	12~32	13~35	14~38	14~42	15~45	16~46	17~51	18~54	19~57
		10~30	11~33	11~37	12~40	13~43	13~47	14~50	15~53	15~57	16~60
		10~34	10~38	11~41	11~45	12~48	12~52	13~55	13~59	14~62	
5	19~36	20~40	21~44	23~47	24~51	26~54	27~58	28~62	30~65	31~69	33~72
	17~38	18~42	20~45	21~49	22~53	23~57	24~61	26~64	27~68	28~72	29~76
	16~39	17~43	18~47	19~51	20~56	21~59	22~67	23~67	24~71	25~75	26~79
	15~40	16~44	16~49	17~53	18~57	19~61	20~55	21~69	23~73	22~78	23~82
6	28~50	29~55	31~59	33~63	35~67	37~71	38~76	40~80	42~84	44~88	46~92
	26~52	27~57	29~61	31~65	32~70	34~71	35~79	37~83	38~88	40~92	42~69
	24~54	25~59	27~63	28~68	29~73	30~78	32~82	33~87	34~92	36~96	39~101
	23~55	24~60	25~65	26~70	27~75	28~80	30~84	31~89	32~94	33~99	34~104
7	39~66	41~71	43~76	45~81	47~86	49~91	52~95	54~100	56~105	58~110	61~114
	36~69	38~74	40~79	42~84	44~89	46~94	48~99	50~104	52~109	54~114	56~119
	34~71	35~77	37~82	39~37	40~93	42~98	41~103	45~109	47~114	49~119	51~124
	32~73	34~78	35~84	37~89	38~95	40~100	41~106	43~111	44~117	46~122	47~128
8	51~85	54~90	56~96	59~101	62~106	64~112	67~117	69~123	72~128	75~133	71~139
	49~87	51~93	53~99	55~105	58~110	60~116	62~122	65~127	67~133	70~138	72~144
	45~91	47~97	49~103	51~109	53~115	56~120	58~126	60~132	62~138	64~144	66~150
	43~93	45~99	47~105	49~111	51~117	53~123	54~130	56~136	58~142	60~148	62~154
9	66~105	65~111	72~117	75~123	78~129	81~135	84~141	87~147	90~153	93~159	96~165
	62~109	65~115	68~121	71~127	73~134	76~140	79~146	82~152	84~159	87~165	90~171
	59~112	61~119	63~126	66~132	68~139	71~145	73~152	76~158	78~165	81~171	82~178
	56~115	58~122	61~128	63~135	65~142	67~149	69~156	72~162	74~169	76~176	78~183
10	82~128	80~134	89~141	92~148	96~154	99~161	103~167	106~174	110~180	113~187	117~193
	78~132	81~139	84~416	88~152	91~159	94~166	97~173	100~180	103~187	107~193	110~200
	94~136	77~148	79~151	82~158	85~165	88~172	91~179	93~187	96~194	99~201	102~208
	71~139	73~147	76~154	79~161	81~169	84~176	86~184	89~191	92~198	94~206	97~213

附表 4-12 秩和检验用 H 临界值表

N	n_1	n_2	n_3	p	
				0.05	0.01
7	3	2	2	4.71	
	3	3	1	5.14	
8	3	3	2	5.36	
	4	2	2	5.33	
	4	3	1	5.21	
	5	2	1	5.00	
9	3	3	3	5.60	7.20
	4	3	2	5.44	6.44
	4	4	1	4.97	6.07
	5	2	2	5.16	6.53
	5	3	1	4.96	
10	4	3	3	5.73	6.75
	4	4	2	5.45	7.04
	5	3	2	5.25	6.82
	5	4	1	4.99	6.95
11	4	4	3	5.60	7.14
	5	3	3	5.65	7.08
	5	4	2	5.27	7.12
	5	5	1	5.13	7.31
12	4	4	4	5.69	7.65
	5	4	3	5.63	7.44
	5	5	2	5.34	7.27
13	5	4	4	5.62	7.76
	5	5	3	5.71	7.54
14	5	5	4	5.64	7.79
15	5	5	5	5.78	7.98

附表 4 - 13 等级相关系数 r_s 临界值表

n	p			
	0.10	0.05	0.02	0.01
4	1.000			
5	0.900	1.000	1.000	
6	0.829	0.886	0.943	1.000
7	0.714	0.786	0.893	0.929
8	0.643	0.738	0.833	0.811
9	0.600	0.700	0.783	0.833
10	0.564	0.648	0.745	0.794
11	0.536	0.618	0.709	0.755
12	0.503	0.587	0.678	0.727
13	0.484	0.560	0.648	0.703
14	0.464	0.538	0.626	0.679
15	0.446	0.521	0.604	0.654
16	0.429	0.503	0.582	0.635
17	0.414	0.485	0.566	0.615
18	0.401	0.472	0.550	0.600
19	0.391	0.460	0.535	0.584
20	0.380	0.447	0.520	0.570
25	0.337	0.398	0.466	0.511
30	0.306	0.362	0.425	0.467
35	0.283	0.335	0.394	0.433
40	0.264	0.313	0.368	0.405
45	0.248	0.294	0.347	0.382
50	0.235	0.279	0.329	0.336
60	0.214	0.255	0.300	0.331
70	0.198	0.235	0.278	0.307
80	0.185	0.220	0.260	0.287
90	0.174	0.207	0.245	0.271
100	0.165	0.197	0.233	0.257

附表 4-14　随机数字表

（Ⅰ）

03 47 44 73 86	36 96 47 36 61	46 98 63 71 62	33 26 16 80 45	60 11 14 10 95
97 74 24 67 62	42 81 14 57 20	42 53 32 37 32	27 07 36 07 51	24 51 79 89 73
16 76 62 27 66	56 50 26 71 07	32 90 79 78 53	13 55 38 58 59	88 97 54 14 10
12 56 85 99 26	96 96 68 27 31	05 03 72 93 15	57 12 10 14 21	88 26 49 81 76
55 59 56 35 64	38 54 82 46 22	31 62 43 09 90	06 18 44 32 53	23 83 01 50 30
16 22 77 94 39	49 54 43 54 82	17 37 93 23 78	87 35 20 96 43	84 26 34 91 64
84 42 17 53 31	57 24 55 06 88	77 04 74 47 67	21 76 33 50 25	83 92 12 06 76
63 01 63 78 59	16 95 55 67 19	98 10 50 71 75	12 86 73 58 07	44 39 52 38 79
33 21 12 34 29	78 64 56 07 82	52 42 07 44 38	15 51 00 13 42	99 66 02 79 54
57 60 86 32 44	09 47 27 96 54	49 17 46 09 62	90 52 84 77 27	08 02 73 43 28
18 18 07 92 46	44 17 16 58 09	79 83 86 19 62	06 76 50 03 10	55 23 64 05 05
26 62 38 97 75	84 16 07 44 99	83 11 46 32 24	20 14 85 88 45	10 93 72 88 71
23 43 40 64 74	82 97 77 77 81	07 45 32 14 08	32 98 94 07 72	93 83 79 10 75
52 36 28 19 95	50 92 26 11 97	00 56 76 31 38	80 22 02 53 53	86 60 42 04 53
37 85 94 35 12	43 39 50 08 30	42 34 07 96 88	54 42 06 87 98	35 85 29 48 39
70 29 17 12 13	40 33 20 38 26	13 89 51 03 74	17 76 37 13 04	07 74 21 19 30
56 62 18 37 35	96 83 50 87 75	97 12 25 93 47	70 33 24 03 54	97 77 46 44 80
99 49 57 22 77	88 42 95 45 72	16 64 36 16 00	04 43 18 66 79	94 77 24 21 90
16 08 15 04 72	33 27 14 34 09	45 59 34 68 49	12 72 07 34 45	99 27 72 95 14
31 16 93 32 43	50 27 89 87 19	20 15 37 00 49	52 85 66 60 44	38 68 88 11 30
68 34 30 13 70	55 74 30 77 40	44 22 78 84 26	04 33 46 09 52	68 07 97 06 57
74 57 25 65 76	59 29 97 68 60	71 91 38 67 54	03 58 18 24 76	15 54 55 95 52
27 42 37 86 53	48 55 90 65 72	96 57 69 36 30	96 46 92 42 45	97 60 49 04 91
00 39 68 29 61	66 37 32 20 30	77 84 57 03 29	10 45 65 04 26	11 04 96 67 24
29 94 98 94 24	68 49 69 10 82	53 75 91 93 30	34 25 20 57 27	40 48 73 51 92
16 90 82 66 59	83 62 64 11 12	69 19 00 71 74	60 47 21 28 68	02 02 37 03 31
11 27 94 75 06	06 09 19 74 66	02 94 37 34 02	76 70 90 30 86	38 45 94 30 38
35 24 10 16 20	33 32 51 26 38	79 78 45 04 91	16 92 53 56 16	02 75 50 95 98
38 23 16 86 38	42 38 97 01 50	87 75 66 81 41	40 01 74 91 62	48 51 84 08 32
31 96 25 91 47	96 44 33 49 13	34 86 82 53 91	00 52 43 48 85	27 55 26 89 62
66 67 40 67 14	64 05 71 95 86	11 05 65 09 68	76 83 20 37 90	57 16 00 11 66
14 90 84 45 11	75 73 88 05 90	52 27 41 14 86	22 98 12 22 08	07 52 74 95 80
68 05 51 58 00	33 96 02 75 19	07 60 62 93 55	59 33 82 43 90	49 37 38 44 59
20 46 78 73 90	97 51 40 14 02	04 02 33 31 08	39 54 16 49 36	47 95 93 13 30
64 19 58 97 79	15 06 15 93 20	01 90 10 75 06	40 78 78 89 62	02 67 74 17 33
05 26 93 70 60	22 35 85 15 13	92 03 51 59 77	59 56 78 06 83	52 91 05 70 74
07 97 10 88 23	09 98 42 99 64	61 71 63 99 15	06 51 29 16 93	58 05 77 09 51
68 71 86 85 85	54 87 66 47 54	73 32 08 11 12	44 95 92 63 16	29 56 24 29 48
26 99 61 65 53	58 37 78 80 70	42 10 50 67 42	32 17 55 85 74	94 44 67 16 94
14 65 52 68 75	87 59 36 22 41	26 78 63 06 55	13 08 27 01 50	15 29 39 39 43
17 53 77 58 71	71 41 61 50 72	12 41 94 96 26	44 95 27 36 99	02 96 74 30 82
90 26 59 21 19	23 52 23 33 12	96 93 02 18 39	07 02 18 36 07	25 99 32 70 23
41 23 52 55 99	31 04 49 69 96	10 47 48 45 88	13 41 43 89 20	97 17 14 49 17
90 20 50 81 69	31 99 73 68 68	35 81 33 03 76	24 30 12 48 60	18 99 10 72 34
91 25 38 05 90	94 58 28 41 36	45 37 59 03 09	90 35 57 29 12	82 62 54 65 60
34 50 57 74 37	98 80 33 00 91	09 77 93 19 82	79 94 80 04 04	45 07 31 66 49
85 22 04 39 43	73 81 53 94 79	33 62 46 86 28	08 31 54 46 31	53 94 13 38 47
09 79 13 77 48	73 82 97 22 21	05 03 27 24 83	72 89 44 05 60	35 80 39 94 88
88 75 80 18 14	22 95 75 42 49	39 32 82 22 49	02 48 07 70 37	16 04 61 67 87
60 96 23 70 00	39 00 03 06 90	55 85 78 38 36	94 37 30 69 32	90 89 00 76 33

（Ⅱ）　　　　　　　　　　　　　　　　　　　　　　　（续）

53 74 23 99 67	61 02 28 69 84	94 62 67 86 24	98 33 41 19 95	47 53 53 38 09
63 38 06 86 54	90 00 65 26 94	02 32 90 23 07	79 62 67 80 60	75 91 12 81 19
35 30 58 21 46	06 72 17 10 94	25 21 31 75 96	49 28 24 00 49	55 65 79 78 07
63 45 36 82 69	65 51 18 37 88	31 38 44 12 45	32 82 85 88 65	54 34 81 85 35
98 25 37 55 28	01 91 82 61 46	74 71 12 94 97	24 02 71 37 07	03 92 18 66 75
02 63 21 17 69	71 50 80 89 56	38 15 70 11 48	43 40 45 86 98	00 83 26 21 03
64 55 22 21 82	48 22 28 06 00	01 54 13 43 91	82 78 12 23 29	06 66 24 12 27
85 07 26 13 89	01 10 07 82 04	09 63 69 36 03	69 11 15 53 80	13 29 45 19 28
58 54 16 24 15	51 54 44 82 00	82 61 65 04 69	38 18 65 18 97	85 72 13 49 21
32 85 27 84 87	61 48 64 56 26	90 18 48 13 26	37 70 15 42 57	65 65 80 39 07
03 92 18 27 46	57 99 16 96 56	00 33 72 85 22	84 64 38 56 98	99 01 30 98 64
62 95 30 27 59	57 75 41 66 48	86 97 80 61 45	23 53 04 01 63	45 76 08 64 27
08 45 93 15 22	60 21 75 46 91	98 77 27 85 42	28 88 61 08 84	69 62 03 42 73
07 08 55 18 40	45 44 75 13 90	24 94 96 61 02	57 55 66 83 15	73 42 37 11 61
01 85 89 95 66	51 10 19 34 88	15 84 97 19 75	12 76 39 43 78	64 63 91 08 25
72 84 71 14 35	19 11 58 49 26	50 11 17 17 76	86 31 57 20 18	95 60 78 46 75
88 78 28 16 84	13 52 53 94 53	75 45 69 30 96	73 89 65 70 31	99 17 43 48 76
45 17 75 65 57	28 40 19 72 12	25 12 73 75 67	90 40 60 81 19	24 62 01 61 16
96 76 28 12 54	22 01 11 94 25	71 96 16 16 88	68 64 36 74 45	19 59 50 88 92
43 31 67 72 30	24 02 94 08 63	38 32 36 66 02	69 36 38 25 39	48 03 45 15 22
50 44 66 44 21	66 06 58 05 62	68 15 54 38 02	42 35 48 96 32	14 52 41 52 48
22 66 22 15 86	26 63 75 41 99	58 42 36 72 24	53 37 52 18 51	03 37 18 39 11
96 24 40 14 51	23 22 30 88 57	95 67 47 29 83	94 69 30 06 07	18 16 38 78 85
31 73 91 61 91	60 20 72 93 48	98 57 07 23 69	65 95 39 69 58	56 80 30 19 44
78 60 73 99 84	43 89 94 36 45	56 69 47 07 41	90 22 91 07 12	78 35 34 08 72
84 37 90 61 56	70 10 23 98 05	85 11 34 76 60	76 48 45 34 60	01 64 18 30 96
36 67 10 08 23	98 93 35 08 86	99 29 76 29 81	33 34 91 58 93	63 14 44 99 81
07 28 59 07 48	89 64 58 89 75	83 85 62 27 89	30 14 78 56 27	86 63 59 80 02
10 15 83 87 66	79 24 31 66 56	21 48 24 06 93	91 98 94 05 49	01 47 59 38 00
55 19 68 97 65	03 73 52 16 56	00 53 55 90 87	33 42 29 38 87	22 15 88 83 34
53 81 29 13 39	35 01 20 71 34	62 35 74 82 14	55 73 19 09 03	56 54 29 56 93
51 86 32 68 92	33 98 74 66 99	40 14 71 94 58	45 94 49 38 81	14 44 99 81 07
35 91 70 29 13	80 03 54 07 27	96 94 78 32 66	50 95 52 74 33	13 80 55 62 54
37 71 67 95 13	20 02 44 95 94	64 85 04 05 72	01 32 90 76 14	53 89 74 60 41
93 66 13 83 27	92 79 64 64 77	28 54 96 53 84	48 14 52 98 94	56 07 93 89 30
02 96 08 45 65	13 05 00 41 84	93 07 34 72 59	21 45 57 09 77	19 48 56 27 44
49 33 43 48 35	82 88 33 69 96	72 36 04 19 76	47 45 15 18 60	82 11 08 95 97
84 60 71 62 46	40 80 81 30 37	34 39 23 05 38	25 15 35 71 30	88 12 57 21 77
18 17 30 88 71	44 91 14 88 47	89 23 30 63 15	56 54 20 47 89	99 82 93 24 98
79 69 10 61 78	71 32 76 95 62	87 00 22 58 40	92 54 01 75 25	43 11 71 99 31
75 93 36 87 83	56 20 14 82 11	74 21 97 90 65	96 12 68 63 86	74 54 13 26 94
38 30 92 29 03	06 28 81 39 38	62 25 06 84 63	61 29 08 93 67	04 32 92 08 09
51 29 50 10 34	31 57 75 95 80	51 97 02 74 77	76 15 48 49 44	18 55 63 77 09
21 61 38 86 24	37 79 81 53 74	73 24 16 10 33	52 83 90 94 76	70 47 14 54 36
29 01 23 87 88	58 02 39 37 67	42 10 14 20 92	16 55 23 42 45	54 96 09 11 06
95 33 95 22 00	18 74 72 00 18	38 79 58 69 32	81 76 80 26 92	82 80 84 25 39
90 84 60 79 80	24 36 59 87 38	82 07 53 89 35	96 35 23 79 18	05 98 90 07 35
46 40 62 98 82	54 97 20 56 95	15 74 80 08 32	10 46 70 50 80	67 72 16 42 79
20 31 89 03 43	38 46 82 68 72	32 12 82 59 70	80 60 47 18 97	63 49 30 21 38
71 59 73 03 50	08 22 23 71 77	01 01 93 20 49	82 96 59 26 94	60 39 67 98 68

附表 4-15　常用正交表

(1) $L_4(2^3)$

处　理	列　号		
	1	2	3
1	1	1	1
2	1	2	2
3	2	1	2
4	2	2	1

注：任意两列的交互作用列为第三列。

(2) $L_8(2^7)$

处　理	列　号						
	1	2	3	4	5	6	7
1	1	1	1	1	1	1	1
2	1	1	1	2	2	2	2
3	1	2	2	1	1	2	2
4	1	2	2	2	2	1	1
5	2	1	2	1	2	1	2
6	2	1	2	2	1	2	1
7	2	2	1	1	2	2	1
8	2	2	1	2	1	1	2

$L_8(2^7)$ 表头设计

因素数	列　号						
	1	2	3	4	5	6	7
3	A	B	A×B	C	A×C	B×C	
4	A	B	A×B	C	A×C	B×C	D
			C×D		B×D	A×D	
4	A	B	A×B	C	A×C	D	A×D
		C×D		B×D		B×C	
5	A	B	A×B	C	A×C	D	E
	D×E	C×D	C×E	B×D	B×E	A×E	A×B
						B×C	

$L_8(2^7)$ 两列间的交互作用列表

1	2	3	4	5	6	7	列号
(1)	3	2	5	4	7	6	1
	(2)	1	6	7	4	5	2
		(3)	7	6	5	4	3
			(4)	1	2	3	4
				(5)	3	2	5
					(6)	1	6
						(7)	7

（3）$L_8(4\times2^4)$

处 理	列 号				
	1	2	3	4	5
1	1	1	1	1	1
2	1	2	2	2	2
3	2	1	1	2	2
4	2	2	2	1	1
5	3	1	2	1	2
6	3	2	1	2	1
7	4	1	2	2	1
8	4	2	1	1	2

（4）$L_9(3^4)$

处 理	列 号			
	1	2	3	4
1	1	1	1	1
2	1	2	2	2
3	1	3	3	3
4	2	1	2	3
5	2	2	3	1
6	2	3	1	2
7	3	1	3	2
8	3	2	1	3
9	3	3	2	1

注：任意两列间的交互作用列为另外两列。

（5）$L_{16}(4^5)$

处 理	列 号				
	1	2	3	4	5
1	1	1	1	1	1
2	1	2	2	2	2
3	1	3	3	3	3
4	1	4	4	4	4
5	2	1	2	3	4
6	2	2	1	4	3
7	2	3	4	1	2
8	2	4	3	2	1
9	3	1	3	4	2
10	3	2	4	3	1
11	3	3	1	2	4
12	3	4	2	1	3
13	4	1	4	2	3
14	4	2	3	1	4
15	4	3	2	4	1
16	4	4	1	3	2

注：任意两列间的交互作用列为另外三列。

汉英名词对照表

χ^2 的连续性矫正　chi-square of continuity adjustment

χ^2 检验　test of chi-square

I 型错误　type I error

II 型错误　type II error

F 分布　F distribution

F 检验　F-test

Logistic 生长曲线　logistic growth curve

q 检验　q-test

SSR 法　shortest significant ranges

t 分布　t-distribution

t 检验　t-test

备择假设　alternative hypothesis

必然事件　certain event

必然现象　inevitable phenomena

变异系数　variation coefficient

标准差　standard deviation

标准误　standard error

标准型拉丁方　standard latin square

标准正态变量　standard normal variable

标准正态分布　standard normal distribution

标准正态离差　standard normal deviate

泊松分布　Poisson's distribution

伯努利试验　Bernoulli trial

不可能事件　impossible event

不确定性现象　indefinite phenomena

不显著　non-significant

参数估计　parametric estimation

乘积和　sum of products

抽样单位　sampling unit

抽样分布　sampling distribution

抽样调查　sampling investigation

抽样误差　sampling error

处理效应　treatment effect

次数分布　frequency distribution

单一自由度的独立比较　independent comparison of single degree of freedom

单一自由度的正交比较　orthogonal comparison of single degree of freedom

单因素试验　single-factor experiment

倒数转换　reciprocal transformation

等级相关分析　rank correlation analysis

等级相关系数　coefficient of rank correlation

等级资料　ranked data

点估计　point estimation

独立性检验　test for independence

对数转换　logarithmic transformation

多项式回归　polynomial regression

多项式回归分析　polynomial regression analysis

多因素试验　multiple-factor or factorial experiment

多元非线性回归　multiple nonlinear regression

多元非线性回归分析　multiple nonlinear regression analysis

多元回归分析　multiple regression analysis

多元线性回归分析　multiple linear regression analysis

多元相关分析　multiple correlation analysis

多重比较　multiple comparisons

二项分布　binomial distribution

反正弦转换　arcsine transformation

方差　variance

方差分量　variance components

方差分析　analysis of variance

方差一致性　test for homogeneity of variances

非参数检验　non-parametric test

分布的正态性　normality of distribution

分布列　distribution series

分布密度　distribution density

分层随机抽样　stratified random sampling

分等按比例随机抽样　random sampling with graded ratio

分量　component

符号检验　sign test

符号秩和检验　signed rank-sum test

复合事件　compound event

复相关分析　analysis of multiple correlation

复相关系数　multiple correlation coefficient

概率　probability

概率分布　probability distribution

高斯乘数　Gauss multiplier

个体　individual

古典概率　classical probability

古典概型　classical model

固定模型　fixed model

固定效应　fixed effect

观测值　observation

互作效应　interaction effect

回归常数项　regression constant

回归方程　regression equation

回归分析　regression analysis

回归估计值　regression estimate

回归截距　regression intercept

回归平面　regression plane

混合模型　mixed model

基本事件　elementary event

极差　range

极显著　very significant

几何平均数　geometric mean

假设检验　hypothesis testing，test of hypothesis

检验功效（检验力，把握度）　power of test

简单随机抽样　simple random sampling

简单效应　simple effect

交变试验　change-over experiment

交叉分组资料　data of cross-over classification

交叉设计　cross-over design

交互作用（互作）　interaction

接受域　acceptance region

精确性（精确度）　precision

局部控制　local control

决定系数　coefficient of determination

均方（样本方差）　mean square，MS

均积　mean products

可加性　additivity

拉丁方　latin square

拉丁方设计　latin square design

离散型随机变量　discrete random variable

连续型随机变量　continuous random variable

两侧检验　two-sided test

两尾检验　two-tailed test

偏回归系数　partial regression coefficient

偏相关　partial correlation

偏相关分析　partial correlation analysis

偏相关系数　partial correlation coefficient

频率　frequency

平方根转换　square root transformation

平方和　sum of squares

平均数　mean

期望均方　expected mean squares，EMS

期望值　expected value

区间估计　interval estimation

曲线回归分析　curvilinear regression analysis

全距（极差）　range

全面试验　overall experiment

全面调查　overall investigation

确定性现象　definite phenomena

散点图　scatter diagram

生物统计　biometrics，biostatistics

事件　event

试验　trial

试验处理　experimental treatment

试验单位　experimental unit

试验方案　experimental scheme

试验设计　experimental design

试验误差　experimental error

试验因素　experimental factor

试验因素的水平　level of experimental factor

试验指标　experimental index

适合性检验　test for goodness of fit

数据转换　data transformation

数量性状　quantitative character

数量性状资料　data of quantitative characteristics

数学模型　mathematical model

数学期望　mathematical expectation

顺序抽样　ordinal sampling

算术平均数　arithmetic mean

随机变量　random variable

随机抽样　random sampling

随机单位组设计　randomized block design

随机群组抽样　randomized cluster sampling

随机事件　random event

随机试验　random trial

随机误差（抽样误差）　random error，sampling error

随机现象　random phenomena

随机效应　random effect

随机样本　random sample

条形图　bar

调查设计　investigation design
调和平均数　harmonic mean
统计概率　statistical probability
统计数　statistic
统计推断　statistical inference
完全随机抽样　completely randomized sampling
完全随机设计　completely randomized design
无偏估计　unbiased estimate
无限总体　infinite population
无效假设　null hypothesis
误差　error
系统分组　hierarchical classification
系统分组资料　data of hierarchical classification
系统误差　systematic error
显著　significant
显著水平　significance level
显著性检验　test of significance
线图　linear chart
相关分析　correlation analysis
相关系数　coefficient of correlation
相关指数　correlation index
小概率原理　principle of little probability
协方差　covariance
协方差分析　analysis of covariance
样本　sample
样本标准差　standard deviation
样本点　sample point
样本容量　sample size
一侧检验　one-sided test
一尾检验　one-tailed test
一致性　homogeneity
依变量　dependent variable
因素水平　level of factor
有限总体　finite population

圆图　pie chart
长条图　bar chart
折线图　broken-line chart
整群随机抽样　cluster random sampling
正规方程组　normal equations
正交表　orthogonal form
正交设计　orthogonal design
正交设计试验　experiment of orthogonal design
正交系数　orthogonal coefficient
正态分布　normal distribution
正态性　normality
直方图　histogram
直线回归　linear regression
直线回归方程　linear regression equation
质量性状　qualitative character
质量性状资料　data of qualitative character
秩和检验　rank-sum test
置信度　confidence level
置信概率　confidence probability
置信区间　confidence interval
置信限　confidence limit
中位数　median
众数　mode
重复　repetition
主效应　main effect
准确性（准确度）　accuracy
综合性试验　comprehensive experiment
总体　population
总体标准误　the overall standard error
最小显著差数　least significant difference，LSD
最小显著极差　least significant ranges，LSR
最优多元线性回归方程　the best multiple linear regression equation

主要参考文献

北京大学数学力学系数学专业概率统计.1976.正交设计.北京：人民教育出版社.

陈善林，张浙.1987.统计发展史.上海：立信会计图书用品社.

董大钧.1993.SAS统计分析软件应用指南.北京：电子工业出版社.

范福仁.1980.生物统计学（修订本）.南京：江苏科学技术出版社.

方开泰，许建伦.1987.统计分布.北京：科学出版社.

盖钧镒.试验统计方法.2000.北京：中国农业出版社.

高惠璇，李东风，耿直等.1995.SAS系统与基础统计分析.北京：北京大学出版社.

高山林.1994.生物统计学.北京：中国农业出版社.

郭祖超.1988.医用数理统计方法.3版.北京：人民卫生出版社.

贵州农学院.1989.生物统计附试验设计.2版.北京：农业出版社.

李春喜，王文林.1997.生物统计学.北京：科学出版社.

林德光.1982.生物统计的数学原理.沈阳：辽宁人民出版社.

林少宫.1978.基础概率与数理统计.2版.北京：人民教育出版社.

刘来福，程书肖.1988.生物统计.北京：北京师范大学出版社.

（美）李景均.1995.试验统计学导论.潘玉春，刘明孚，译.哈尔滨：黑龙江教育出版社.

（美）G.W.斯奈迪格.1964.应用于农学和生物学实验的数理统计方法.杨纪珂，等，译.北京：科学出版社.

（美）R.G.D.斯蒂尔，J.H.托里.1976.数理统计的原理与方法.杨纪珂，等，译.北京：科学出版社.

（美）S.西格尔.1986.非参数统计.北星译.北京：科学出版社.

明道绪.1988.生物统计.北京：中国农业科学技术出版社.

明道绪.1991.兽医统计方法.成都：成都科技大学出版社.

明道绪.2006.高级生物统计.北京：中国农业出版社.

明道绪.2013.田间试验与统计分析.3版 北京：科学出版社.

明道绪.2014.生物统计附试验设计.5版.北京：中国农业出版社.

莫惠栋.1984.农业试验设计.上海：上海科学技术出版社.

南京农业大学.1988.田间试验与统计方法.2版.北京：农业出版社.

彭昭英.2000.SAS系统应用开发指南.北京：北京希望电子出版社.

（日）吉田实.1984.畜牧试验设计.关彦华，等，译.北京：农业出版社.

（日）山田淳三.1965.统计方法在畜牧上的应用.刘瑞三，译.上海：上海科学技术出版社.

上海第一医学院卫生统计教研.1979.医用统计方法.上海：上海科学技术出版社.

上海师范大学数学系概率统计教研.1978.回归分析及其试验设计.上海：上海教育出版社.

沈恒范.概率论讲义.2版.1982.北京：人民教育出版社.

沈永欢等.1999.实用数学手册.北京：科学出版社.

王梓坤.1976.概率论基础及其应用.北京：科学出版社.

西北农学院.1988.概率基础与数理统计.北京：农业出版社.

徐继初.1992.生物统计及试验设计.北京：农业出版社.

杨纪珂等.1983.应用生物统计.北京：科学出版社.

杨纪珂，齐翔林.1985.现代生物统计.合肥：安徽教育出版社.

杨茂成.1990.兽医统计学.北京：中国展望出版社.

杨树勤.1991.卫生统计学.2版.北京：人民卫生出版社.

俞渭江，郭卓元.1995.畜牧试验统计.贵阳：贵州科技出版社.

赵仁熔，余松烈.1979.田间试验方法.北京：农业出版社.

中国科学院数学研究所统计组.1973.常用数理统计方法.北京：科学出版社.

中国科学院数学研究所概率统计室.1974.常用数理统计表.北京：科学出版社.

中国科学院数学研究所数理统计组.1974.回归分析方法.北京：科学出版社.

中国科学院数学研究所数理统计组.1975.正交试验法.北京：人民教育出版社.

中国科学院数学研究所统计组.1977.方差分析.北京：科学出版社.

Damaraju Raghavarao. 1983. Statistical Techniques in Agricultural and Biological Research. Oxford and I. B. H. Publication Co.

D. C. Montogomery. 1976. Design and Analysis of Experiments. John Wiley and Soins.

Kasch. D. 1983. Biommetrie Einfuhrung in die Biostatistik. VEB Deutcher Landwirtschaftsverlag Berlin.

O. N. Bishop. 1980. Statistics for Biology. 3rd. Longman Group Lincited.

Robert. R. S. ，F. J. Rohlf. 1977. Biometry. W. H. Freeman and Company. New York.

S. Chattecjee and B. Price. 1977. Regression Analysis by Example. John Wiley and Soins.

T. A. Bancroft. 1968. Topics in Intermediate Statistical Methods. Vol. 1，Iowa State University Press, Ames，Iowa，U. S. A.

T. J. Bailey. 1981. Statistical Methods in Biology. 2nd. Hodder and Stoughton.

Weber. E. 1980. Grundriβ der biologischen Statistik. Gustav Fischer Verlag Stuttgart New York.

W. G. Cochran. 1977. Sampling Techniques. 3rd. John Wiley and Soins.

图书在版编目（CIP）数据

生物统计附试验设计/明道绪，刘永建主编．—6
版．—北京：中国农业出版社，2019.11（2021.11重印）
普通高等教育农业农村部"十三五"规划教材　全国
高等农林院校"十三五"规划教材　四川省"十二五"普
通高等教育本科规划教材　全国高等农林院校教材经典系
列
ISBN 978-7-109-25986-7

Ⅰ.①生… Ⅱ.①明… ②刘… Ⅲ.①生物统计-高
等学校-教材　Ⅳ.①Q-332

中国版本图书馆 CIP 数据核字（2019）第 220079 号

中国农业出版社出版
地址：北京市朝阳区麦子店街 18 号楼
邮编：100125
责任编辑：何　微　　文字编辑：朱　雷
版式设计：杜　然　　责任校对：刘丽香
印刷：北京通州皇家印刷厂
版次：1980 年 10 月第 1 版　　2019 年 11 月第 6 版
印次：2021 年 11 月第 6 版北京第 5 次印刷
发行：新华书店北京发行所
开本：889mm×1194mm　1/16
印张：20.75
字数：570 千字
定价：57.50 元